书中精彩案例欣赏

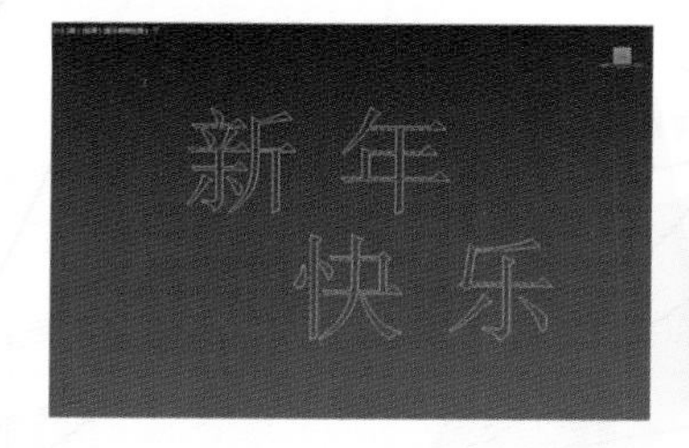

霓虹灯灯牌模型 1

霓虹灯灯牌模型 2

霓虹灯灯牌模型 3

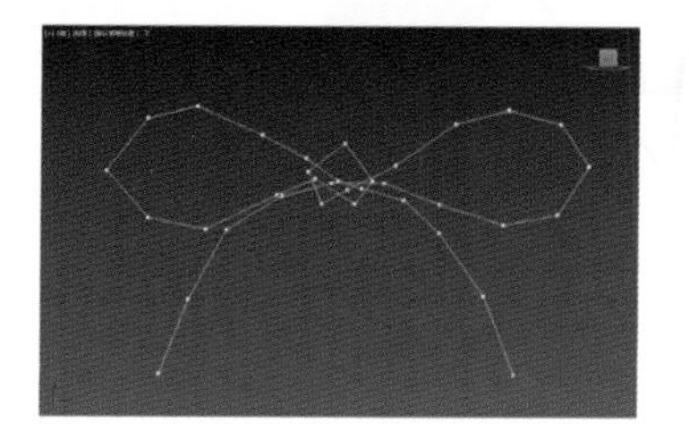
蝴蝶绳结模型 1

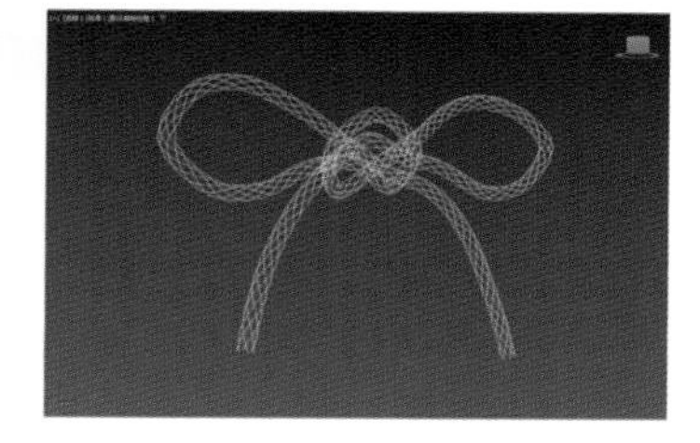
蝴蝶绳结模型 2

蝴蝶绳结模型 3

咖啡机模型 1

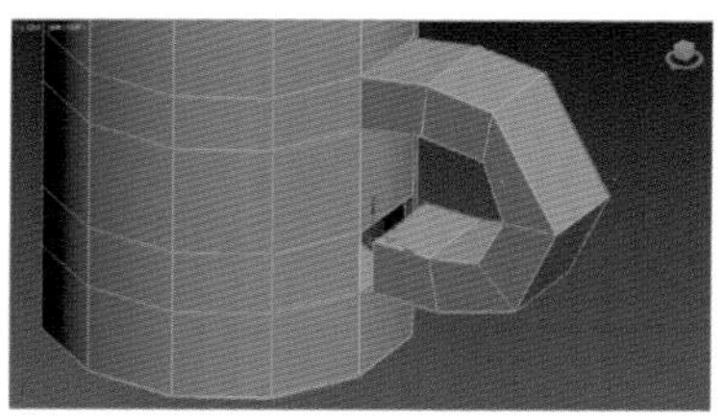
咖啡机模型 2

咖啡机模型 3

水龙头流水动画 1

水龙头流水动画 2

水龙头流水动画 3

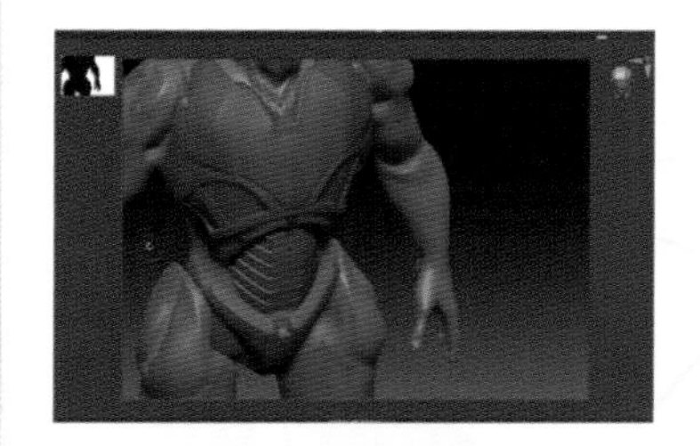
次时代角色模型 1

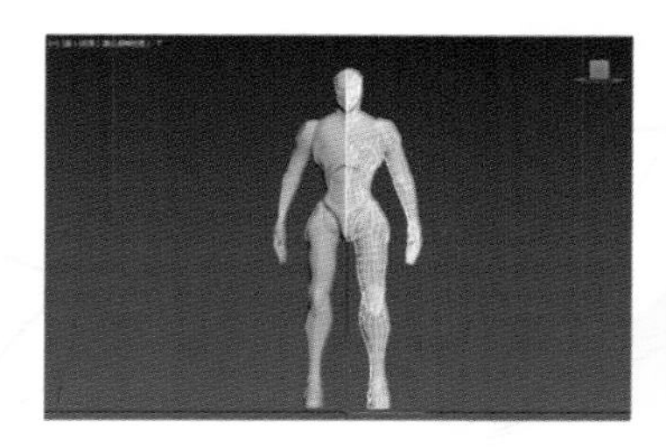
次时代角色模型 2

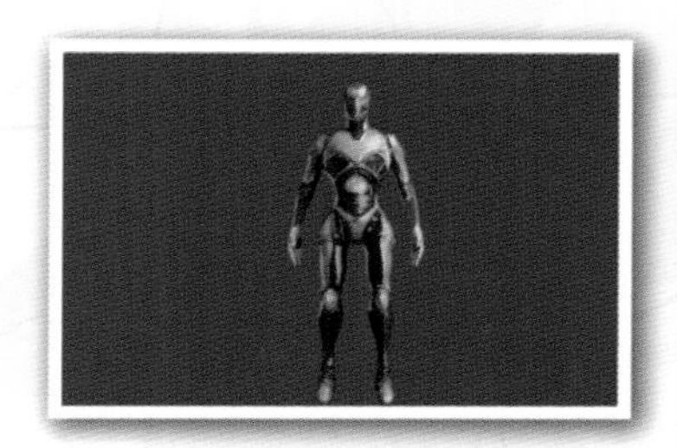
次时代角色模型 3

书中精彩案例欣赏

毛发动画效果 1

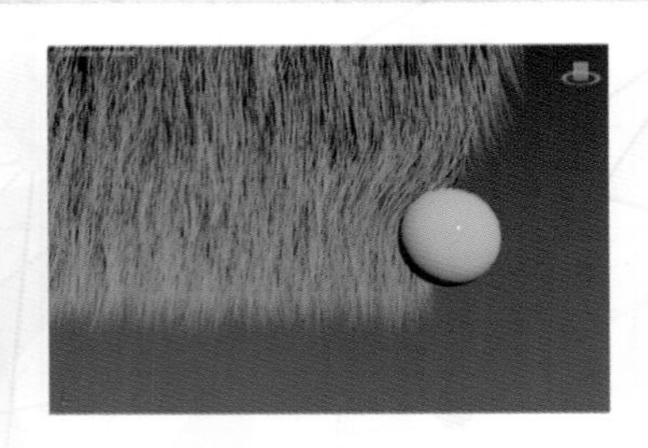
毛发动画效果 2

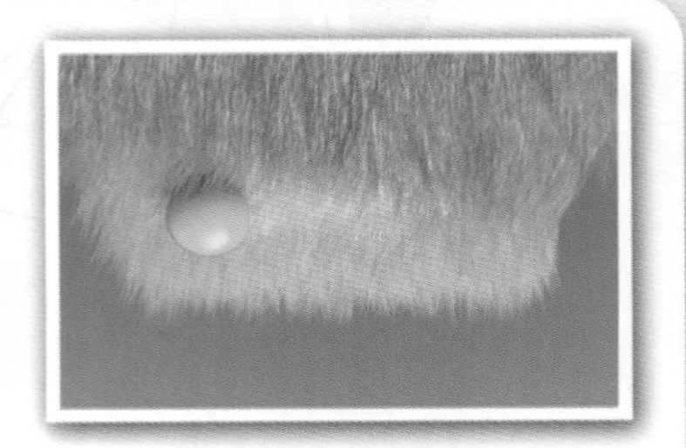
毛发动画效果 3

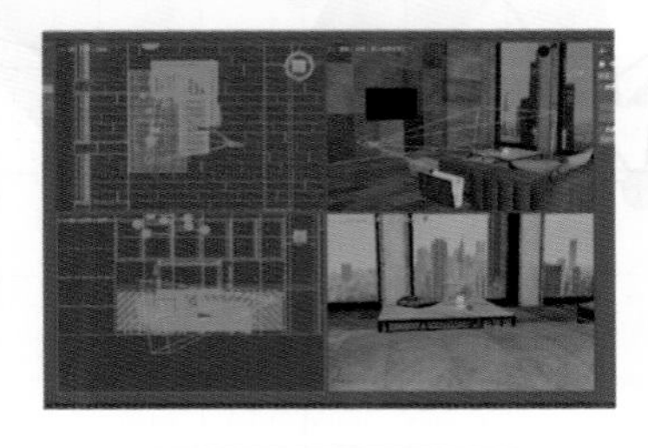
摄影机运动动画 1

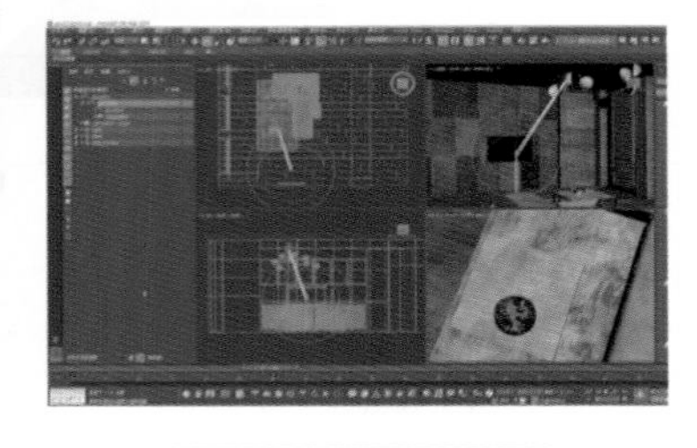
摄影机运动动画 2

摄影机运动动画 3

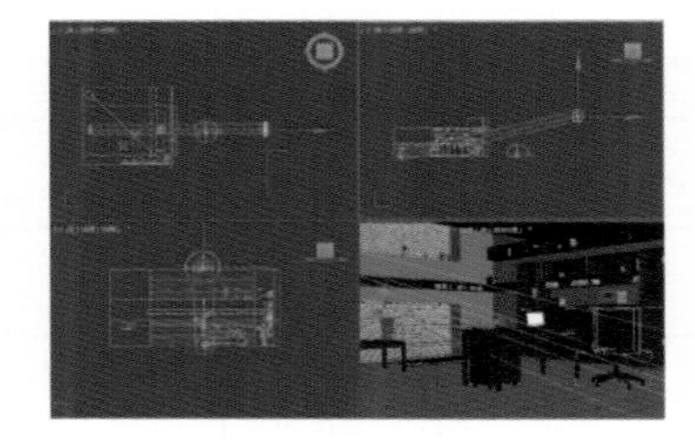
渲染室内场景效果 1

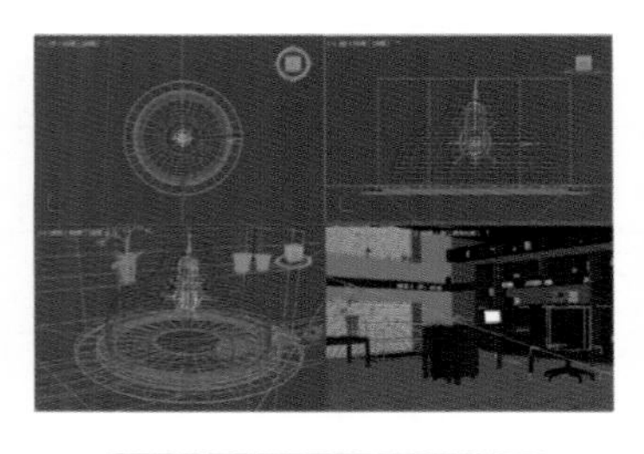
渲染室内场景效果 2

渲染室内场景效果 3

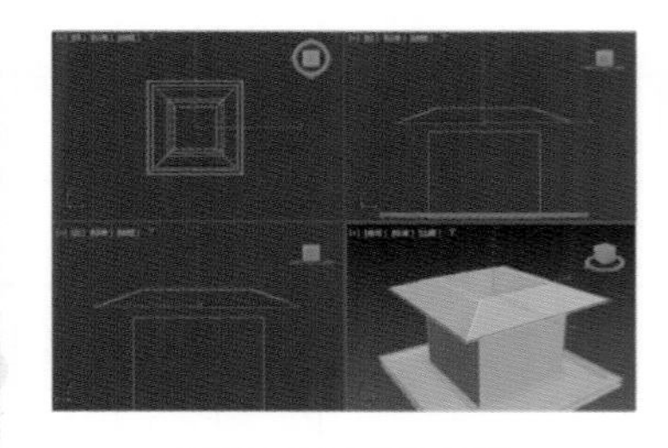
游戏复合场景 1

游戏复合场景 2

游戏复合场景 3

渲染室外场景效果 1

渲染室外场景效果 2

孟祥玲　耿晓娜　李　莹　编　著

3ds Max案例全解析

（微视频版）

内容简介

本书以通俗易懂的语言、翔实生动的案例全面介绍使用 3ds Max 2024 制作三维动画的方法与技巧。全书共分 10 章，内容包括 3ds Max 2024 入门、二维图形建模、多边形建模、材质与贴图、摄影机与灯光、动画技术、动力学技术、毛发系统、渲染技术和综合案例解析等，帮助提升读者三维设计的实战能力。

本书具有很强的实用性，可以作为高等学校艺术设计类相关专业的教材，也可作为从事三维动画设计和三维动画建模制作人员的参考书。与书中内容同步的案例操作教学视频可供读者随时扫码学习。

本书配套的电子课件和实例源文件可以到 http://www.tupwk.com.cn/downpage 网站下载，也可以通过扫描前言中的二维码获取。扫描前言中的视频二维码可以直接观看教学视频。

图书在版编目(CIP)数据

3ds Max案例全解析：微视频版 / 孟祥玲, 耿晓娜, 李莹编著.
北京：清华大学出版社, 2025. 5. -- ISBN 978-7-302-68980-5
Ⅰ. TP391.414
中国国家版本馆CIP数据核字第2025SR0739号

责任编辑：胡辰浩
封面设计：高娟妮
版式设计：妙思品位
责任校对：成凤进
责任印制：沈　露

出版发行：清华大学出版社
网　　址：https://www.tup.com.cn，https://www.wqxuetang.com
地　　址：北京清华大学学研大厦A座　　**邮　　编：**100084
社 总 机：010-83470000　　**邮　　购：**010-62786544
投稿与读者服务：010-62776969，c-service@tup.tsinghua.edu.cn
质 量 反 馈：010-62772015，zhiliang@tup.tsinghua.edu.cn
印 装 者：三河市铭诚印务有限公司
经　　销：全国新华书店
开　　本：185mm×260mm　　**印　　张：**18　　**插　　页：**1　　**字　　数：**449千字
版　　次：2025年5月第1版　　**印　　次：**2025年5月第1次印刷
定　　价：108.00元

产品编号：106324-01

前言 PREFACE

随着数字媒体行业的蓬勃发展，三维建模成为近年来最引人注目的技术之一。3ds Max 作为一款功能强大的建模软件，凭借其丰富的建模工具和强大的功能，成为众多三维技术人员的首选工具之一。优质的三维模型可以为后续的制作流程提供良好的基础，对于后续制作的材质贴图、光照效果和动画等环节都至关重要。本书将全面解析 3ds Max 2024 的三维动画设计流程，帮助读者提升建模实战技能。

主要内容

本书内容丰富、讲解深入透彻，案例精彩、实用性强。读者可以通过本书全面学习 3ds Max 2024 软件的各个操作模块，并在实际项目中得以应用和实践。同时，本书可以帮助读者快速掌握三维动画建模的精髓，高质量完成各类三维设计工作。

第 1 章：介绍 3ds Max 的工作环境，及其工作界面中各个区域的功能。这将为读者进一步的 3D 建模、动画和渲染学习打下坚实的基础。

第 2 章：从引导读者从基础的二维图形创建入手，逐步深入到复杂的编辑技巧，确保读者能够充分理解并掌握二维图形建模的核心概念和技巧。

第 3 章：介绍多边形建模的基本概念和原理，这是三维建模领域的核心技能之一。读者可通过实例掌握 3ds Max 中多边形建模的基本原理和技巧。

第 4 章：介绍材质编辑器的界面与功能，以及常用的材质类型，并通过实例讲解如何拆分模型的 UV 并为其制作贴图，从而使读者对 3ds Max 中的材质与贴图功能有一个全面的了解。

第 5 章：介绍 3ds Max 中摄影机和灯光照明的运用技巧，结合实例学习如何通过精确控制摄影机和灯光来增强场景的视觉效果。

第 6 章：通过案例操作帮助读者掌握三维动画的制作技巧，包括设置动画方式、控制动画、设置关键点过滤器、关键点切线，以及使用曲线编辑器设置循环动画等技巧。

第 7 章：介绍如何使用 3ds Max 中的动力学系统来制作球体掉落动画、物体碰撞动画、布料模拟动画，以及液体模拟系统。

第 8 章：介绍 3ds Max 中“Hair 和 Fur(WSM)”修改器的基础知识，并通过参数解析和丰富的实例操作，指导读者制作逼真的地毯毛发效果和毛发动画效果。

第 9 章：介绍内置的 Arnold 渲染器和 VRay 6 渲染器的工作原理、特点以及它们在实际应用中的差异。

第 10 章：通过次时代角色建模和游戏复合场景建模提升建模技巧，熟练掌握 3ds Max 建模的常用方法与技巧。

主要特色

❑ 图文并茂，内容全面，轻松易学

本书内容涵盖了三维动画设计流程中从基础到高级的设计技巧和实战案例，让读者可以系统地学习三维动画制作的精髓。书中配有丰富的案例图片和详细的操作步骤，能够帮助读者更直观地了解制作过程，从而加深对内容的理解。通过通俗易懂的语言和逻辑清晰的讲解，使得读者能够轻松地理解并掌握软件的各个功能模块。

❑ 案例精彩，实用性强，随时随地扫码学习

本书在进行案例讲解时，配备有相应的教学视频，详细讲解操作要领，以帮助读者快速领会操作技巧。书中提供丰富多样的制作案例，涵盖不同的制作难度和风格，重点围绕实际工作中的项目需求展开，以帮助读者掌握 3ds Max 的关键技巧和方法，让读者真正快速地掌握软件应用实战技能。

❑ 配套资源丰富，全方位扩展应用能力

本书提供电子课件和实例源文件，读者可以扫描下方右侧的二维码或通过登录本书信息支持网站 (http://www.tupwk.com.cn/downpage) 下载相关资料。扫描下方左侧的二维码可以直接观看本书配套的教学视频。

扫一扫　看视频

扫码推送配套资源到邮箱

本书分为 10 章，由哈尔滨理工大学的孟祥玲、黑龙江财经学院的耿晓娜和哈尔滨远东理工学院的李莹合作编写完成，其中孟祥玲编写了第 1、3、4、9 章，耿晓娜编写了第 2、5、6 章，李莹编写了第 7、8、10 章。由于作者水平有限，本书难免有不足之处，欢迎广大读者批评指正。我们的邮箱是 992116@qq.com，电话是 010-62796045。

编　者

2025 年 1 月

目录 CONTENTS

第1章 3ds Max 2024 入门

第2章 二维图形建模

第3章 多边形建模

第 4 章 材质与贴图

第 5 章 摄影机与灯光

第 6 章 动画技术

第 7 章 动力学技术

第 8 章 毛发系统

第 9 章 渲染技术

第 10 章 综合案例解析

第 1 章
3ds Max 2024 入门

3ds Max 是一款由 Autodesk 公司开发的强大的三维建模、动画和渲染软件，其强大的功能和灵活的工作流程赢得了众多三维艺术家的青睐。本章将从 3ds Max 2024 的界面布局和基础操作开始介绍，帮助读者熟悉 3ds Max 2024 的工作环境，并迅速掌握其工作界面中各个区域的功能。

1.1　3ds Max 2024概述

Autodesk公司旗下的3ds Max软件一直处于行业的前沿，持续推动着数字艺术的发展与创新，使用户能够创造出生动、逼真的三维场景和角色，并通过动画、渲染等技术将其呈现出来。从建筑设计到角色动画，从产品渲染到特效制作，为用户提供了丰富多样的工具和功能，满足了不同行业的需求，因此3ds Max成为众多三维艺术家的首选工具之一。3ds Max 2024启动界面如图1-1所示。

在当今数字技术蓬勃发展的背景下，艺术家们越来越倾向于运用计算机进行绘画、动画、雕刻、渲染等方面的创作。通过将艺术与数字技术相互融合，艺术家们可以利用3ds Max创作出更加富有表现力和感染力的作品。这不仅扩宽了艺术的边界，也为观众带来了全新的艺术体验。这种数字化的创作方式不仅使得艺术创作更加高效和精确，同时也为艺术作品注入了更多的创新和前卫元素，推动了艺术行业的发展和进步。

图1-1　3ds Max 2024启动界面

3ds Max已经经历了多个版本的演进，不断融合最新的技术和功能，3ds Max 2024则进一步提升了用户的创作体验和工作效率，已成为行业中不可或缺的工具之一。比如，在三维建模功能中，增强了重新拓扑工具，自动将多边形网格数据重建为干净的四边形拓扑，以高度精确的精度增强设计；增强了智能挤出，使用灵活的挤出操作(例如切割和重叠)以交互方式在三维对象上挤出面，自动重建相邻面并将其缝合。在动画和效果中，更新了运动路径，可以直接在视口中预览和调整动画路径。在渲染功能中，增强了集成的Arnold渲染器，使用Arnold GPU渲染器可以实时查看场景更改，包括照明、材质和摄影机。在安全功能中，新增了安全改进。

1.2　3ds Max 2024应用范围

3ds Max 2024强大的功能和直观的界面使得艺术家们能够轻松地进行三维建模、动画制作、场景设计等工作。从影视特效到产品设计，从建筑可视化到虚拟现实应用，都能看到3ds Max的身影。3ds Max已成为行业内首选的三维设计和制作软件之一。

在电影和动画制作领域，3ds Max被广泛应用于角色建模、场景搭建、特效制作等。许多知名的动画电影都采用了3ds Max来制作，如2016年广受欢迎的电影《疯狂动物城》，就展现了其强大的创作能力和影响力。

在游戏开发领域，3ds Max被用于制作游戏角色、场景、道具、动画绑定和毛发部分等，其强大的建模和动画功能使得游戏开发者能够快速高效地创建出高质量的游戏内容，为玩家呈现出栩栩如生的游戏世界。三维作品如图1-2所示。

图1-2　3ds Max三维作品

1.3　欢迎界面

双击桌面上的3ds Max 2024图标启动软件，启动界面如图1-3所示。软件启动后，会自动弹出欢迎界面，并不断循环显示软件概述、欢迎使用3ds Max、在视口中导航、资源库等6个选项卡，此界面可为用户提供全面的指导。稍后会打开如图1-4所示的3ds Max 2024的工作界面。

1.3.1　工作界面

3ds Max 2024的工作界面主要包括菜单栏、主工具栏、Ribbon 工具栏、场景资源管理器、工作视图、命令面板、提示行和状态行、时间滑块、轨迹栏、状态栏、主动画控制件、时间控件和视口导航控件等多个区域，如图1-4所示。初学者必须熟练掌握这些区域的使用方法。

图1-3　3ds Max 2024启动界面

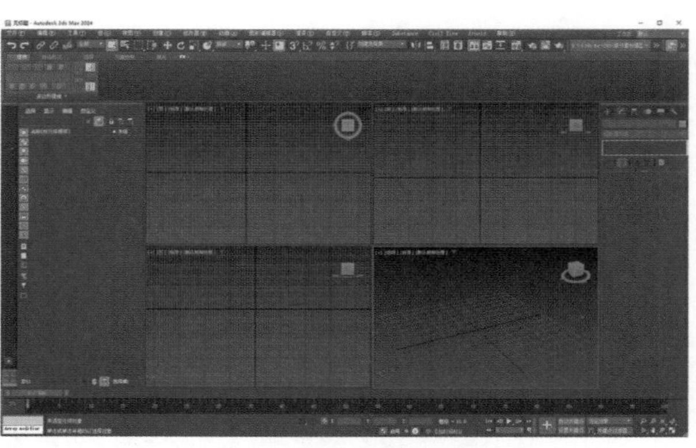

图1-4　3ds Max 2024的工作界面

1.3.2　菜单栏

菜单栏位于工具栏上方，包含3ds Max 2024软件中的所有命令，如图1-5所示。菜单栏中包括文件、编辑、工具、组、视图、创建、修改器、动画、图形编辑器、渲染、自定义、脚本、Substance、Civil View、Arnold和帮助菜单。

无标题 - Autodesk 3ds Max 2024
文件(F)　编辑(E)　工具(T)　组(G)　视图(V)　创建(C)　修改器(M)　动画(A)　图形编辑器(D)　渲染(R)　自定义(U)　脚本(S)　Substance　Civil View　Arnold　帮助(H)

图1-5　菜单栏

在菜单栏中，可以看到一些常用命令的后面有对应的快捷键提示，如图1-6所示。熟练掌握这些快捷键，用户能够更加灵活地在项目中进行相应的操作，提升工作效率。

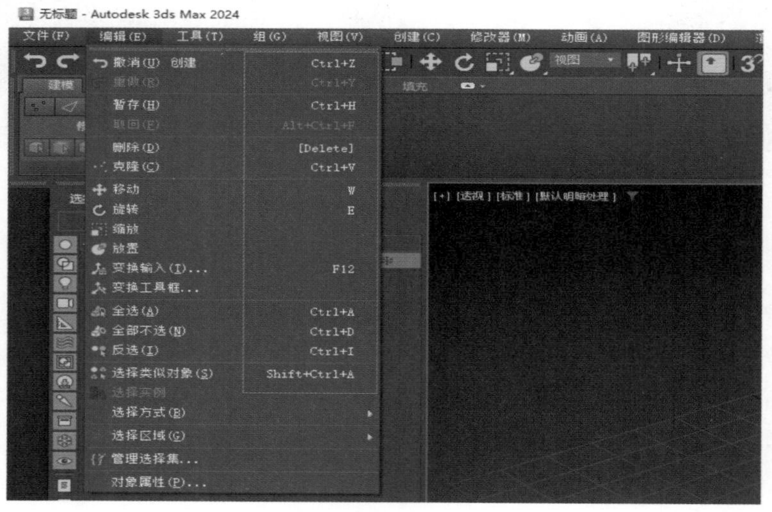

图1-6　快捷键提示

有些命令后面带有省略号，如图1-7所示，表示选择该命令后会弹出相应的对话框，如图1-8所示。这些对话框通常用于设置命令的参数，以便用户根据需要进行调整。

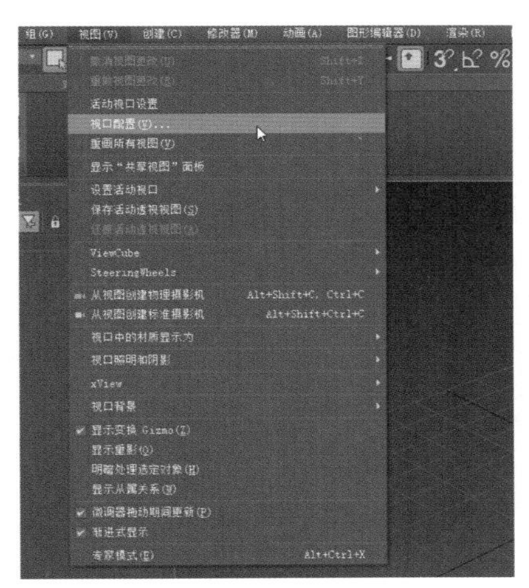

图 1-7　命令后面带有省略号

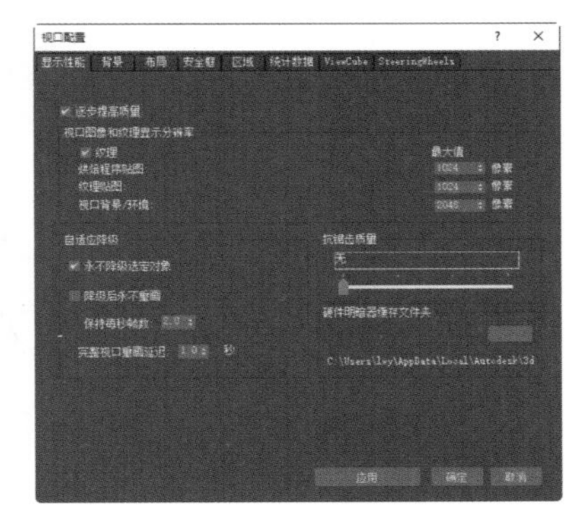

图 1-8　打开对话框

部分命令为浅灰色，表示该命令可能只能在特定情况下或者特定对象上执行。如果选择的对象或当前的操作状态不符合命令执行的条件，那么该命令会显示为浅灰色。例如，场景中没有选择任何对象时，就无法激活“克隆”命令，如图 1-9 所示。

在项目制作过程中，用户还可以通过单击菜单栏上方的双排虚线，将菜单栏单独提取出来自由移动，如图 1-10 所示，用户可以根据其工作习惯和屏幕布局来自定义 3ds Max 2024 的用户界面。

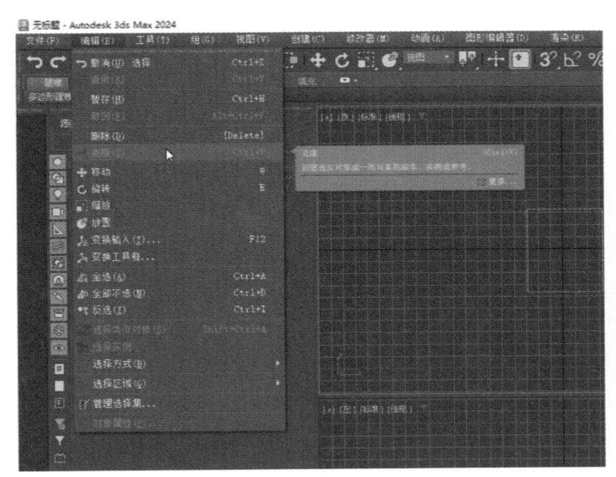

图 1-9　命令为浅灰色

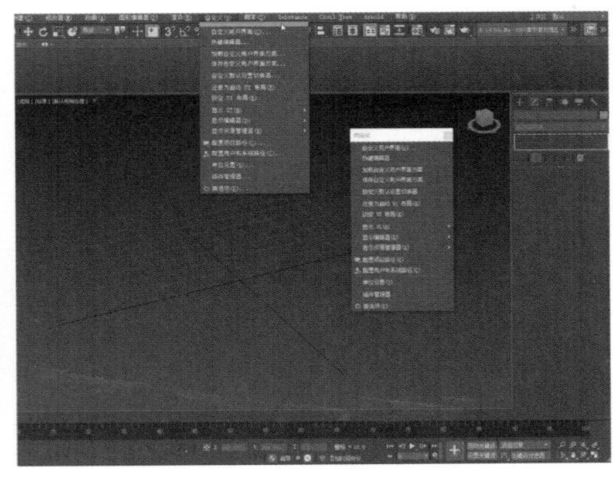

图 1-10　提取菜单栏

1.3.3　主工具栏

3ds Max 2024 中的很多命令均可通过单击工具栏上的各种按钮来实现，如图 1-11 所示。默认情况下，仅主工具栏已打开，停靠在界面的顶部。在菜单栏中选择“自定义” | “显示 UI” | “显示主工具栏”命令，可以将主工具栏显示或隐藏。

图 1-11　工具栏

其他几个工具栏已隐藏，若要切换工具栏，可在主工具栏的空白区域右击，然后从弹出的快捷菜单中选择需要显示的工具栏，如图 1-12 所示。

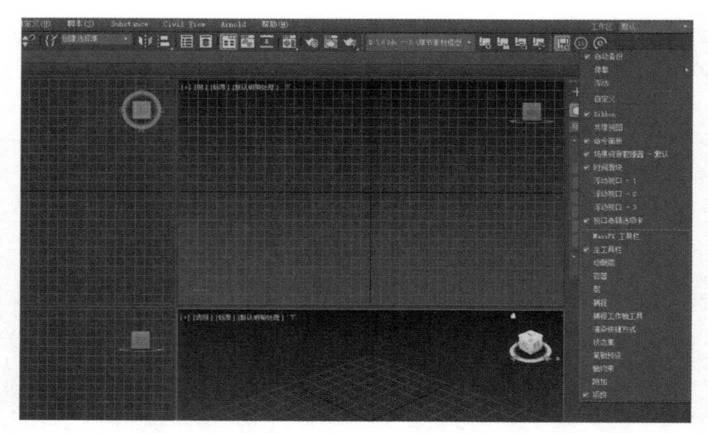

图1-12　右击主工具栏的空白区域显示其余的工具栏

1.3.4　Ribbon 工具栏

Ribbon工具栏将不同类型的工具和命令按照功能分类，包含建模、自由形式、选择、对象绘制和填充五部分，以便用户快速找到所需要的功能。在主工具栏的空白处右击，在弹出的菜单中选择Ribbon命令，如图1-13所示，即可将Ribbon工具栏显示出来。

单击“显示完整的功能区”按钮，可以向下将Ribbon工具栏完全展开。选择“建模”选项卡，Ribbon工具栏就会显示与多边形建模相关的命令，如图1-14所示。当鼠标未选择几何体时，该命令区域呈灰色。

图1-13　选择Ribbon命令

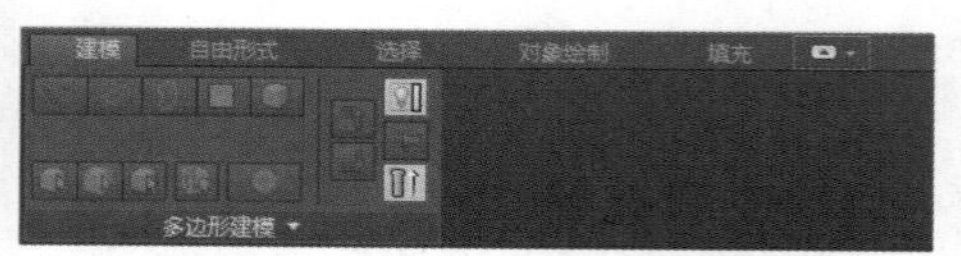

图1-14　完全展开Ribbon工具栏

选择几何体，进入多边形的子层级后，再选择“建模”选项卡中相应的按钮，该区域可显示相应子层级内的全部建模命令，且以非常直观的图标形式显示。图1-15所示为多边形“顶点”层级内的命令图标。

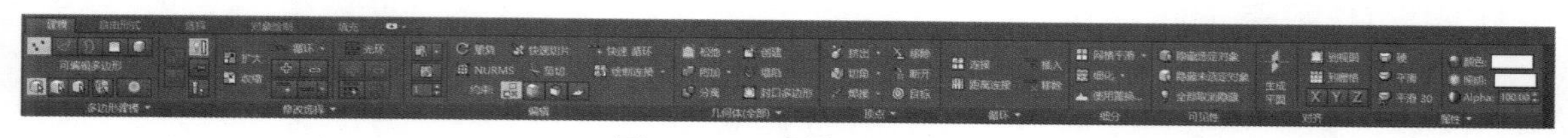

图1-15　“建模”选项卡

选择“自由形式”选项卡，其中包括的命令按钮如图1-16所示，需要选中几何体才能激活相应的命令。利用“自由形式”选项卡中的命令，用户可通过绘制的方式修改几何体的形态。

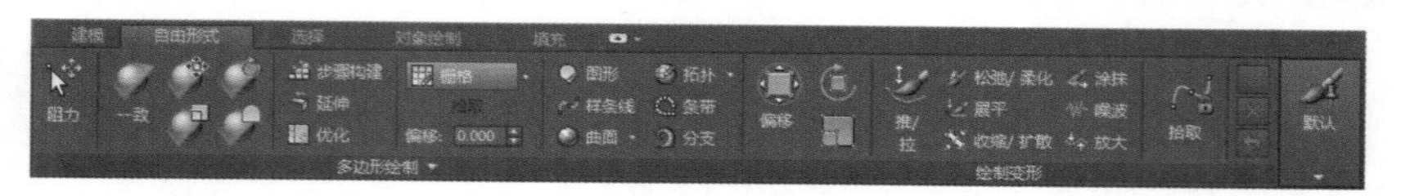

图1-16　“自由形式”选项卡

选择“选择”选项卡，其中包括的命令按钮如图1-17所示。只有进入多边形物体的子层级后才能显示“选择”选项卡。未选择物体时，此选项卡内容为空。

图1-17　“选择”选项卡

选择“对象绘制”选项卡，其中包括的命令按钮如图1-18所示。该选项卡中的命令按钮允许用户为鼠标设置一个模型，以绘制的方式在场景中或物体对象的表面进行复制绘制。

图1-18　“对象绘制”选项卡

进入多边形的子层级后，选择“填充”选项卡中相应的按钮，该区域可显示相应子层级内的全部建模命令，且以非常直观的图标形式显示。图1-19所示为多边形“顶点”层级内的命令图标。

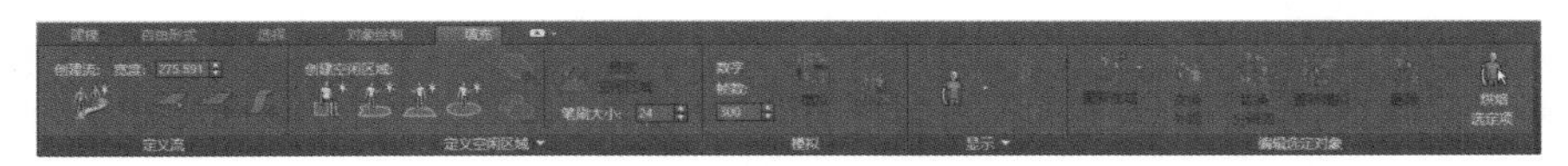

图1-19　“填充”选项卡

1.3.5　场景资源管理器

“场景资源管理器”面板停靠在3ds Max 2024工作界面左侧，用户能够便捷地查看、排序、过滤和选择场景中的所有对象。如果界面中没有显示场景资源管理器面板，用户在菜单栏中选择“工具”|“场景资源管理器”命令，即可打开“场景资源管理器”面板，如图1-20所示。通过单击“场景资源管理器”面板底部的“按层排序”和“按层次排序”按钮，用户可以设置场景资源管理器在不同的排序模式之间进行切换。

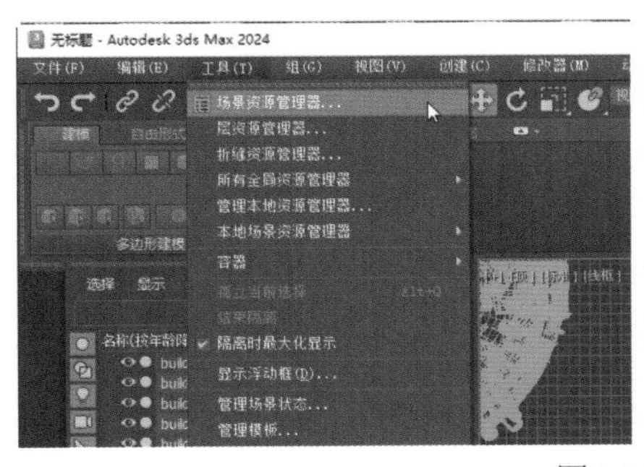

图1-20　打开“场景资源管理器”面板

1.3.6 工作视图

在3ds Max 2024的工作界面中，工作视图占据了软件大部分的界面空间。在默认状态下，工作视图是以单一视图显示的，包括顶视图、左视图、前视图和透视图4个视图，如图1-21所示，按Alt+W快捷键可最大化活动视口。带有高亮显示边框的视口始终处于活动状态，用户可以对场景中的对象进行观察和编辑。

单击界面左下角的“创建新的视图布局选项卡”按钮，打开“标准视口布局”面板，用户可以自己选择需要的布局视口，如图1-22所示。

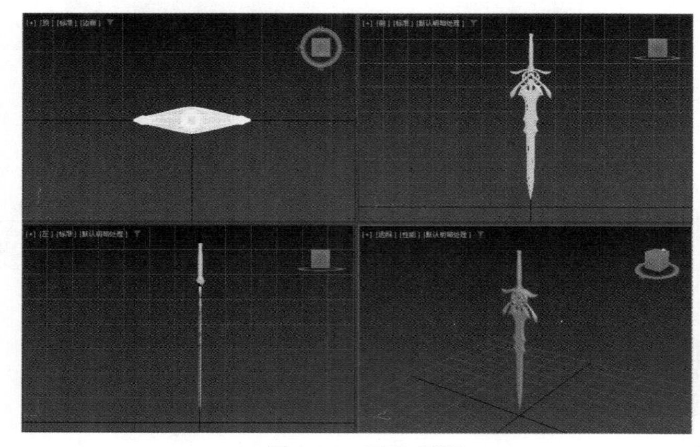

图1-21 工作视图

图1-22 “标准视口布局”面板

当多视口布局处于活动状态且视口最大化时，先按住Windows键(有时会标记为“开始”)，然后按下并松开Shift键，将打开一个覆盖界面，可以切换到不同视口，如图1-23所示。

图1-23 切换到其他视口

注意

单击软件界面右下角的“最大化视口切换”按钮，可以将默认的四视口区域切换至一个视口区域显示。当视口区域为一个时，可以通过按下相应的快捷键进行各个操作视口的切换。切换至顶视图的快捷键是T；切换至前视图的快捷键是F；切换至左视图的快捷键是L；切换至透视图的快捷键是P。当选择了一个视图时，可按Win +Shift快捷键来切换至下一视图。

1.3.7 命令面板

命令面板位于3ds Max 2024工作界面的右侧，由“创建”面板、“修改”面板、“层次”面板、“运动”面板、“显示”面板和“实用程序”面板组成。下面简单介绍前三个面板。

1. “创建”面板

“创建”面板提供用于创建对象的控件，包括几何体、图形、灯光、摄影机、辅助对象、空间扭曲和系统，如图1-24所示。

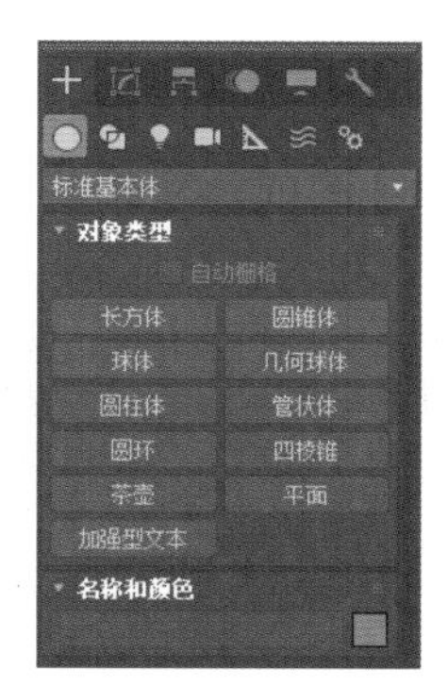

图1-24 “创建”面板

2. “修改”面板

“修改”面板主要用于调整场景对象的参数，使用该面板中的修改器也可以调整对象的几何形态，如图1-25所示。

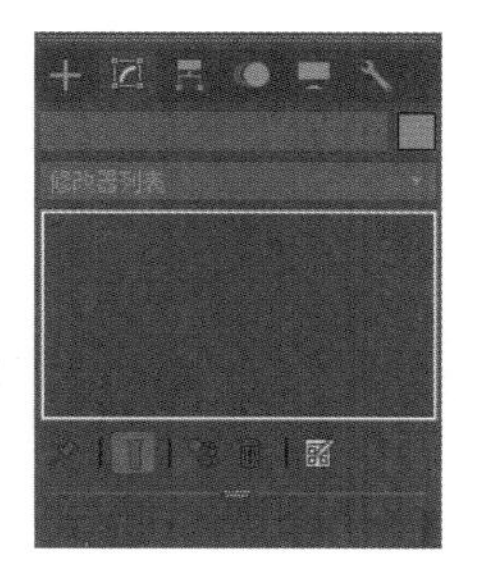

图1-25 “修改”面板

3. “层次”面板

在“层次”面板中，用户可以调整对象之间的层次链接关系，如图1-26所示。

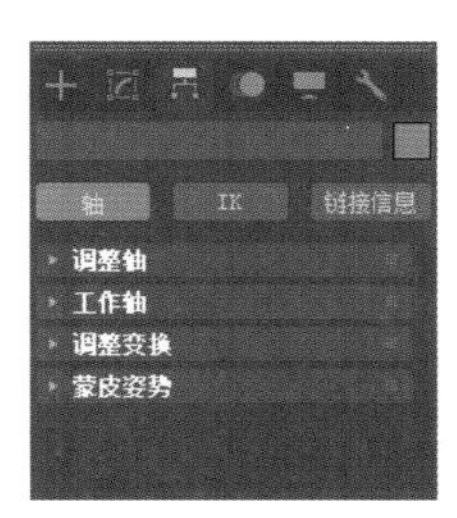

图1-26 “层次”面板

1.3.8 状态栏

状态栏位于3ds Max 2024界面的底部，如图1-27所示，提供有关场景和活动命令的提示和状态信息，在坐标显示区域可以输入变换值。

图1-27　状态栏

1.3.9 提示行和状态行

提示行和状态行可以显示当前有关场景和活动命令的提示和操作状态，二者位于时间滑块和轨迹栏的下方，如图1-28所示。

图1-28　提示行和状态行

1.3.10 动画和时间控件

主动画控件及用于在视口中进行动画播放的时间控件位于视口导航控件左侧，如图1-29所示。

图1-29　主动画控件

另外两个重要的动画控件是时间滑块和轨迹栏，位于主动画控件上方，它们均可处于浮动和停靠状态，如图1-30所示。

图1-30　时间滑块和轨迹栏

注意

按Ctrl+Alt快捷键并单击，可以保证时间轨迹右侧的帧位置不变，只更改左侧的时间帧位置。按Ctrl+Alt快捷键并按鼠标中键，可以保证时间轨迹的长度不变，只改变两端的时间帧位置。按Ctrl+Alt快捷键并右击，可以保证时间轨迹左侧的时间帧位置不变，只更改右侧的时间帧位置。

1.3.11 视口导航控件

视口导航控件是用来控制视口显示和导航的按钮，位于整个3ds Max 2024界面的右下方，如图1-31所示。按钮在启用时会呈高亮显示。按Esc键或在视口中右击，可以退出当前模式。

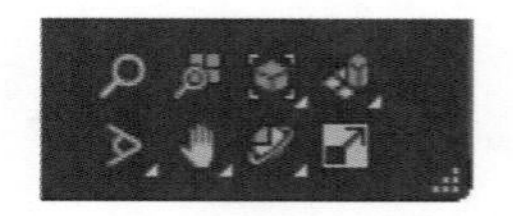

图1-31　视口导航控件

1.4 基础操作

介绍了3ds Max 2024的工作界面后，接下来分别介绍3ds Max 2024中的选择对象、变换对象、捕捉命令、复制对象等常用建模命令。

1.4.1 选择对象

在建模和设置动画过程中，选择对象是最基础也是使用最频繁的操作之一。用户选择场景中的对象之后，才能对其进行某个操作。3ds Max 2024作为一款面向对象的程序，场景中的每个对象可以对不同的命令集做出响应。

1. 选择对象工具

“选择对象”工具是非常重要的工具，主要用来选择对象，用户可以在主工具栏中单击“选择对象”按钮，如图1-32所示，在复杂的场景中选择单个或多个对象。

图1-32 单击“选择对象”工具

2. 区域选择

单击“矩形选择区域”按钮，默认情况下，拖动鼠标时创建的是矩形区域。将光标悬浮停靠在“矩形选择区域”按钮上，按下鼠标左键不放，弹出的下拉列表中包含了所有区域选择的工具，如图1-33所示，有“矩形选择区域”按钮、“圆形选择区域”按钮、“围栏选择区域”按钮、“套索选择区域”按钮和“绘制选择区域”按钮5种类型。创建区域并释放鼠标后，区域内和区域触及的所有对象均被选定。

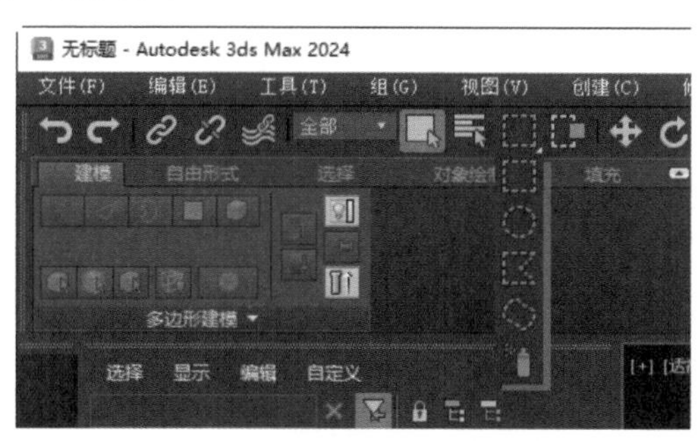

图1-33 “矩形选择区域”下拉列表

注意

使用“绘制选择区域”按钮进行对象选择时，在默认情况下，笔刷可能较小，这时需要对笔刷的大小进行合理的设置。在菜单栏中选择“自定义”|“首选项”命令，打开“首选项设置”对话框。在该对话框的“常规”选项卡中，通过设置“场景选择”选项组中的“绘制选择笔刷大小”参数即可调整笔刷的大小，如图1-34所示。

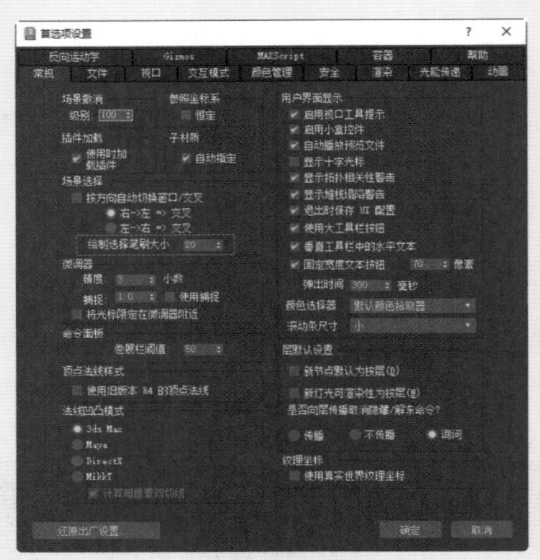

图1-34 “首选项设置”对话框

3. 实例：使用窗口与交叉模式选择对象

“窗口/交叉”按钮在默认情况下为“交叉”模式，在“交叉”模式中，选框仅需碰到对象的一部分，即可选中该对象。在“窗口”模式中，要选择的对象只有框选在选框内才能被选中。

【例1-1】 本实例将讲解如何分别使用窗口与交叉模式选择场景中的对象。 视频

01 启动3ds Max 2024，在场景中分别创建一个长方体模型、一个茶壶模型和一个球体模型，如图1-35所示。

02 在默认状态下，3ds Max 2024主工具栏中的“窗口/交叉”按钮处于“交叉”模式，如图1-36所示。

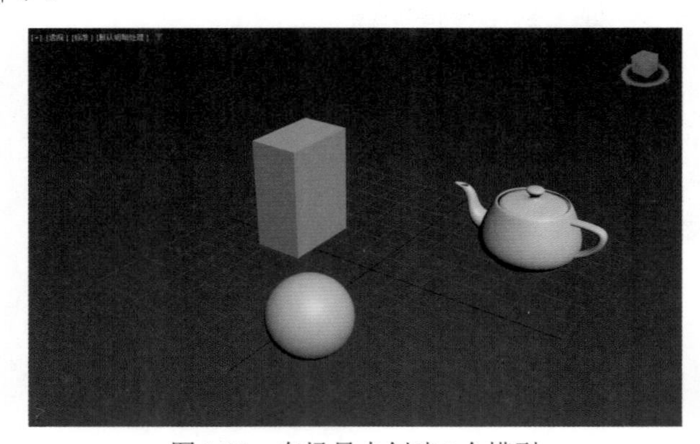

图1-35 在场景中创建3个模型

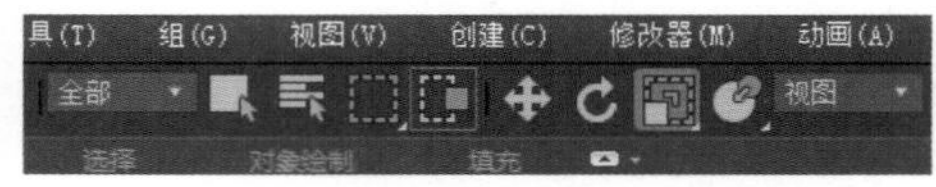

图1-36 默认为“交叉”模式

03 此时，当用户在视图中通过单击并拖动鼠标的方式选择对象时，只需框选对象的一部分，即可将对象选中，如图1-37所示。

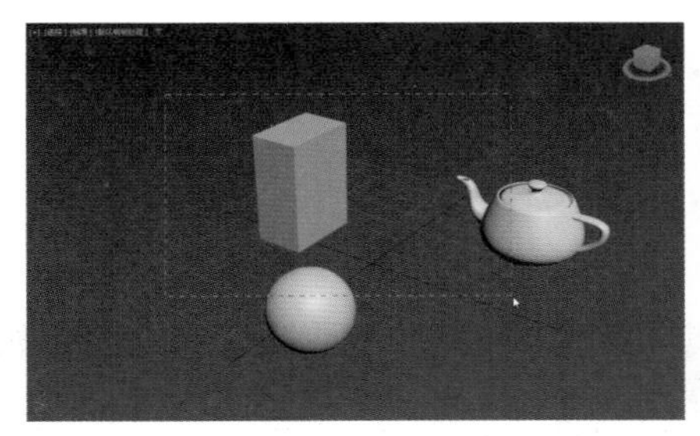
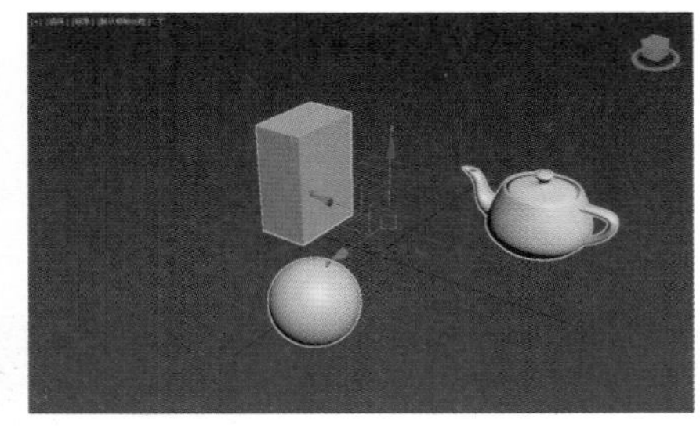

图1-37 框选对象的一部分即可选中对象

04 在主工具栏中单击处于"交叉"模式的"窗口/交叉"按钮，将状态切换为"窗口"模式，如图1-38所示。

05 再次在视口中通过单击并拖动鼠标的方式选择对象，只有将3个对象全部框选后才能够全部选中，如图1-39所示。

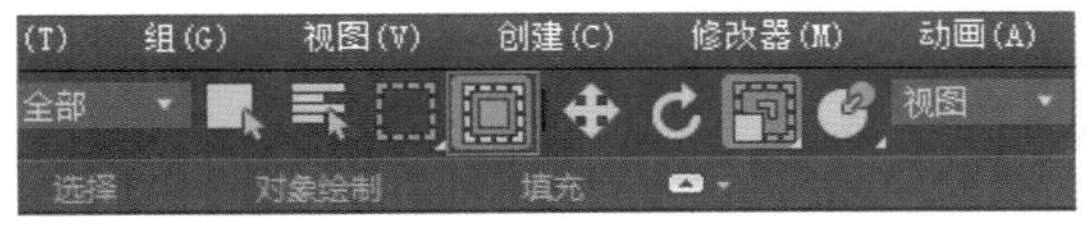

图1-38 将状态切换为"窗口"模式

图1-39 将3个对象全部框选后才能够选中

06 除了可以在主工具栏中切换"窗口"与"交叉"选择的模式，也可以像在AutoCAD软件中根据鼠标的选择方向自动在"窗口"与"交叉"之间进行切换。在菜单栏中选择"自定义"|"首选项"命令，如图1-40所示。

07 打开"首选项设置"对话框，在"常规"选项卡的"场景选择"选项组中，选中"按方向自动切换窗口/交叉"复选框，如图1-41所示。

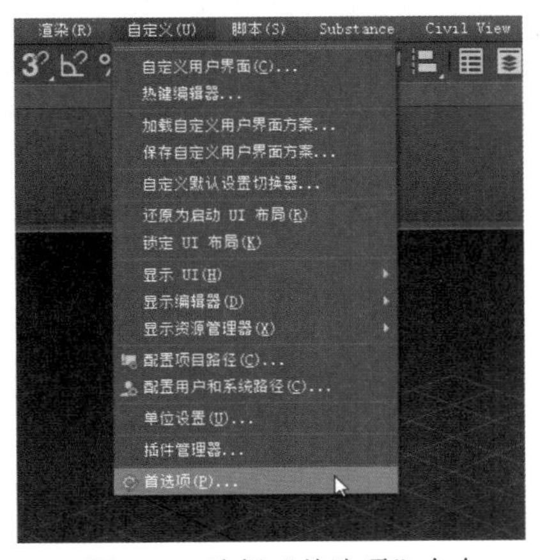

图1-40 选择"首选项"命令

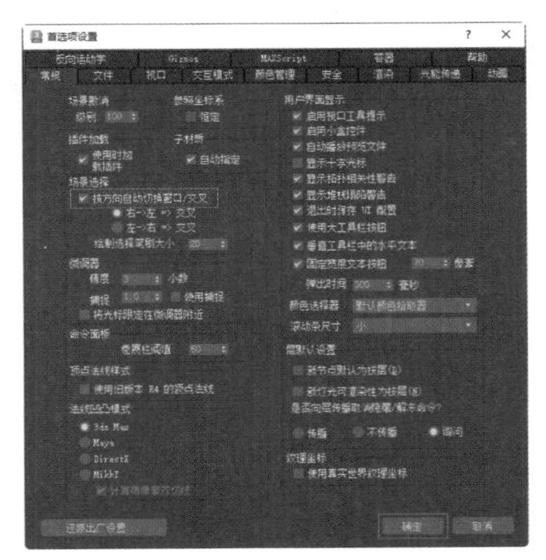

图1-41 选中"按方向自动切换窗口/交叉"复选框

4. 实例：按名称选择

单击“按名称选择”按钮，打开“从场景选择”对话框，场景中所有模型的名称都会显示在其中，可以按照模型的名称来选择模型。

【例1-2】 本实例将讲解如何按名称选择场景中的对象。 视频

01 启动3ds Max 2024，单击“创建”面板中的“茶壶”按钮，如图1-42所示。

02 在场景中创建3个茶壶模型，如图1-43所示

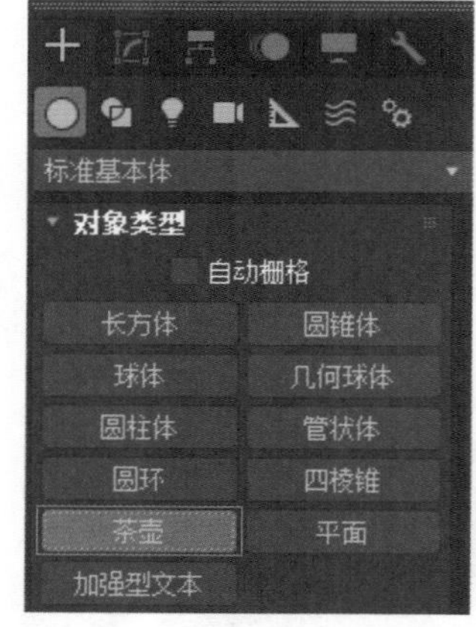

图1-42 单击“茶壶”按钮

图1-43 在场景中创建3个茶壶模型

03 单击主工具栏中的“按名称选择”按钮，如图1-44所示。

04 系统弹出“从场景选择”对话框，如图1-45所示，用户可以在该对话框中通过选择对象的名称来选择场景中的模型。此外，在3ds Max 2024中，更加方便的名称选择方式为直接在“场景资源管理器”中选择对象的名称。

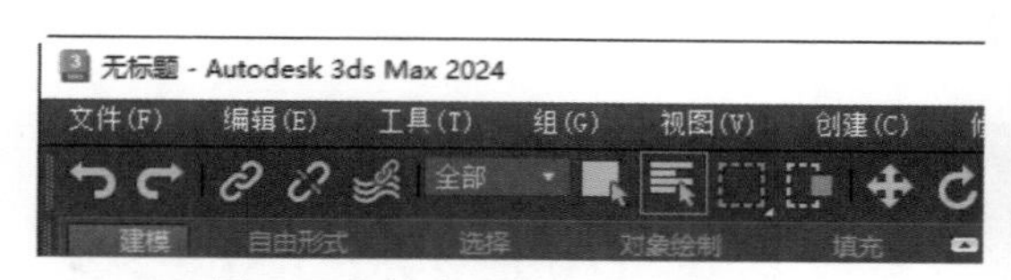

图1-44 单击“按名称选择”按钮

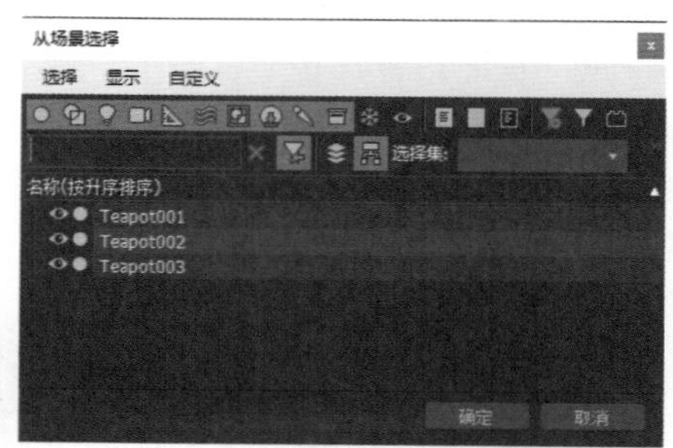

图1-45 “从场景选择”对话框

5. 实例：选择类似对象

使用“选择类似对象”命令可以快速选择场景中复制或者使用同一命令创建的多个物体。

【例1-3】 本实例将讲解如何使用“选择类似对象”命令快速选择场景中复制或者使用同一命令创建的多个物体。 视频

01 选择场景中的任意一个茶壶对象，如图1-46所示。

02 右击并从弹出的菜单中选择“选择类似对象”命令，如图1-47所示。

图1-46 选择其中一个对象

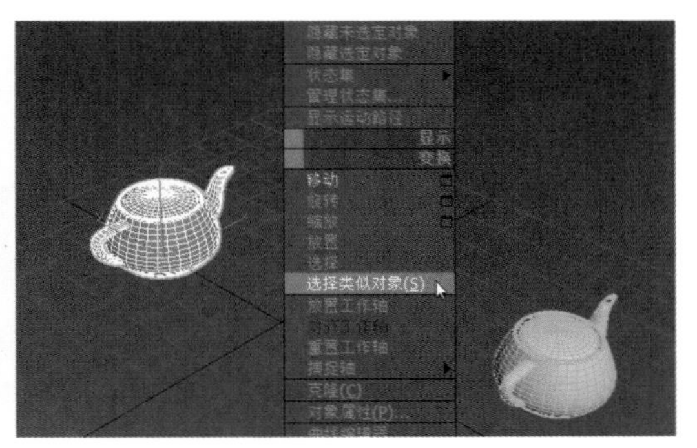

图1-47 选择“选择类似对象”命令

03 场景中的另外2个茶壶模型也被快速地一并选中，模型显示效果如图1-48所示。

图1-48 模型显示效果

6. 实例：对象组合

在制作项目时，如果场景中对象数量过多，选择会非常困难。这时，在菜单栏中选择“组”|“组”命令，打开“组”对话框，用户可以在“组名”文本框中自定义组名，单击“确定”按钮即可将所选的模型组合在一起。对象成组后，可以被视为单个的对象，在视口中单击组中的任意一个对象即可选择整个组。

【例1-4】 本实例将讲解如何组合场景中的对象。

01 打开素材文件后，按住Ctrl键以选中场景中的多个对象，结果如图1-49所示。

02 在菜单栏中选择“组”|“组”命令，如图1-50所示。

图1-49 选中多个对象

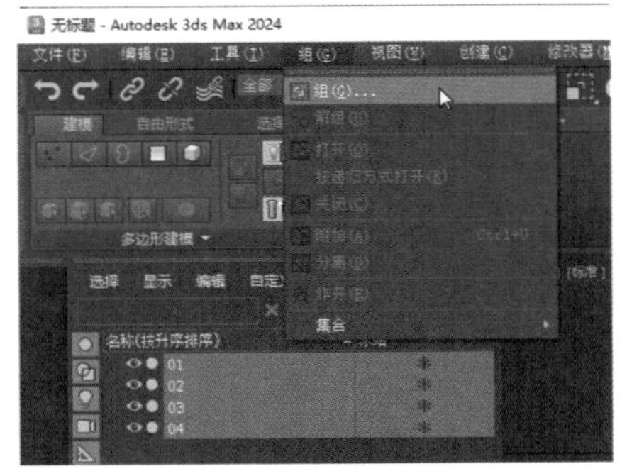

图1-50 选择“组”命令

03 打开“组”对话框，在“组名”文本框中输入组的名称，如图1-51所示。单击“确定”按钮，即可将选中的对象组合在一起。

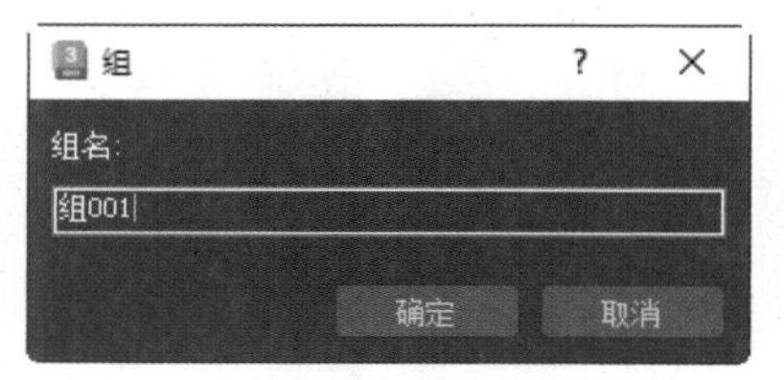

图1-51 “组”对话框

在菜单栏中选择“组”|“打开”命令，可单独选择组合中的对象。如果选择“组”|“分离”命令，则可以将当前选定的物体从组合中分离出去。如果执行“组”|“关闭”命令，可关闭组合对象。如果选定分离出来的对象，执行“组”|“附加”命令，可将其重新组合到组中。

7. 孤立当前选项

在状态栏中单击“孤立当前选项”按钮，如图1-52所示，或按Alt+Q快捷键，可暂时隐藏除选择的对象以外的所有对象。这样，用户就可以专注于需要选择的对象，不会因周围的环境分散注意力。

图1-52 单击“孤立当前选项”按钮

1.4.2 变换对象

3ds Max 2024为用户提供了多个对场景中的对象进行变换操作的按钮，这些按钮被集成到主工具栏中，如图1-53所示，以便于改变对象在场景中的位置、方向及大小。

图1-53 变换对象工具

下面详细介绍变换操作的三种方法。

01 通过单击主工具栏中对应的按钮(如“选择并移动”按钮、“选择并旋转”按钮等)直接切换变换操作。

02 还可以通过右击场景中的对象，在弹出的菜单中选择“移动”“旋转”“缩放”或“放置”变换命令，进行变换操作，如图1-54所示。

03 使用3ds Max 2024提供的快捷键来切换变换操作。例如，“选择并移动”工具的快捷键为W，“选择并旋转”工具的快捷键为E，“选择并缩放”工具的快捷键为R，“选择并放置”工具的快捷键为Y。

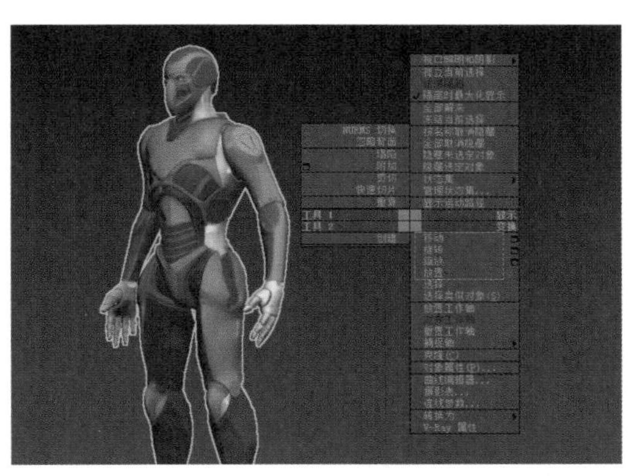
图 1-54 在弹出的菜单中选择变换命令

1.4.3 捕捉命令

主工具栏上的捕捉工具有4种，分别是“2D、2.5D和3D捕捉切换”“角度捕捉切换”“百分比捕捉切换”“微调器捕捉切换”，如图1-55所示。

图1-55 捕捉工具

1. 实例：捕捉开关的使用方法

长按“捕捉开关”按钮，在打开的下拉列表中分别是2D捕捉、2.5D捕捉和3D捕捉按钮，如图1-56左图所示。右击“捕捉开关”按钮，打开“栅格和捕捉设置”窗口，如图1-56右图所示，用户可按照自己的需求选中其中的复选框。下面将主要介绍使用频率较高的2.5D和3D的捕捉模式。

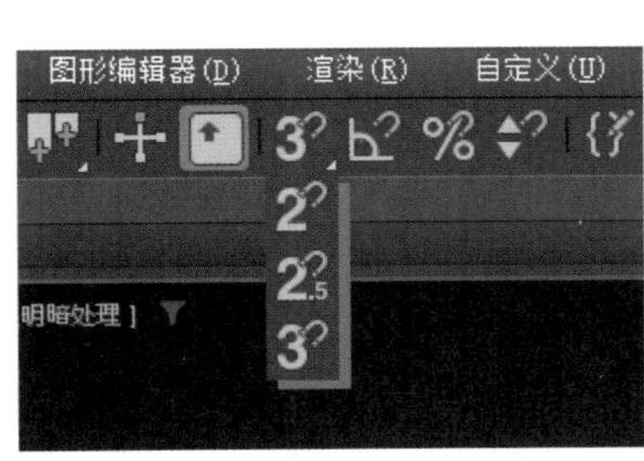

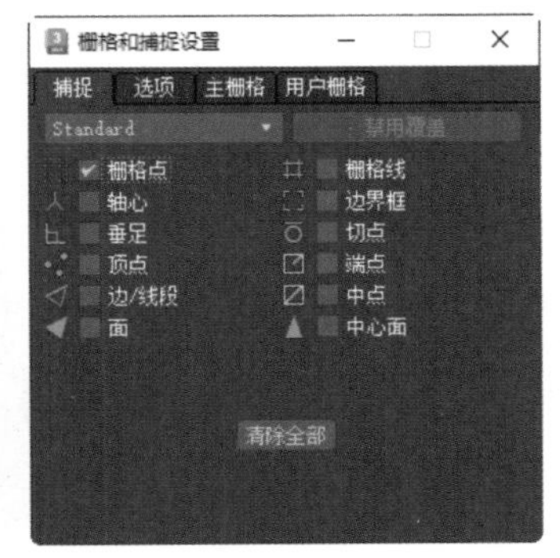

图1-56 “捕捉开关”及“栅格和捕捉设置”窗口

【例1-5】 本实例将讲解如何使用捕捉开关。视频

01 在“创建”面板中单击“长方体”按钮，在场景中分别创建一个正方体模型和一个长方体模型，如图1-57所示。

02 在主工具栏中右击“捕捉开关”按钮，打开“栅格和捕捉设置”窗口，取消选中“栅格点”复选框，然后选中“顶点”复选框，如图1-58所示。

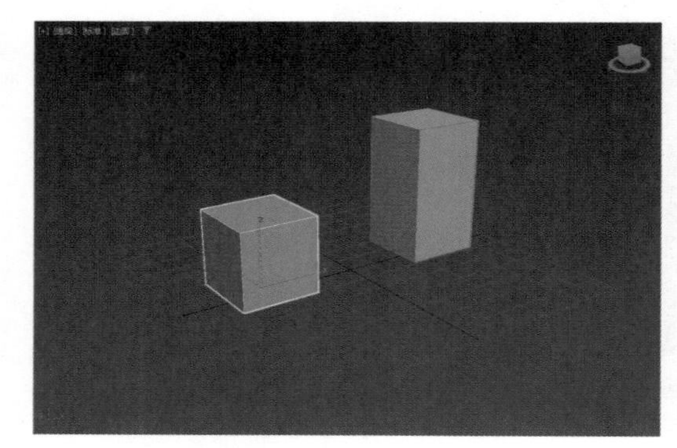

图1-57　创建模型

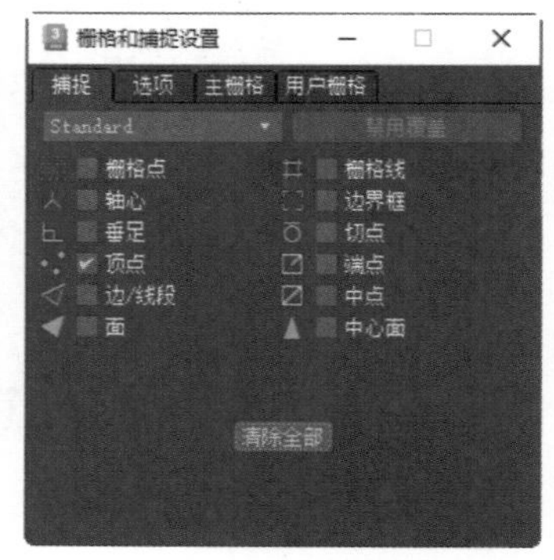

图1-58　选中“顶点”复选框

03 在主工具栏中单击“捕捉开关”按钮，激活后按钮呈蓝色亮显状态，如图1-59所示。

04 在场景中拖曳正方体模型上的任意顶点，即可捕捉到正方体的任意顶点，如图1-60所示，3D捕捉模式常用于透视视图或者正交视图。

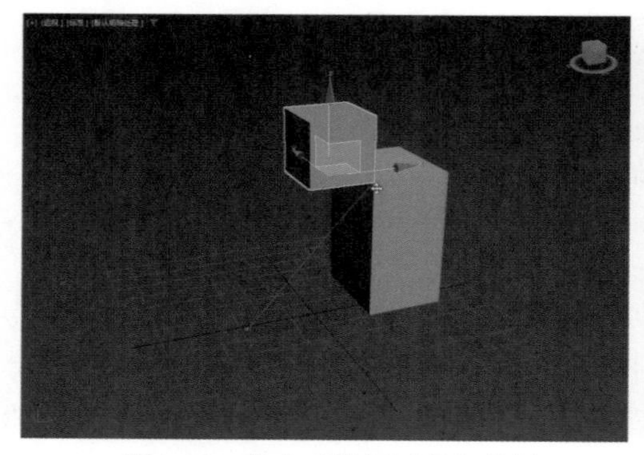

图1-59　单击“捕捉开关”按钮

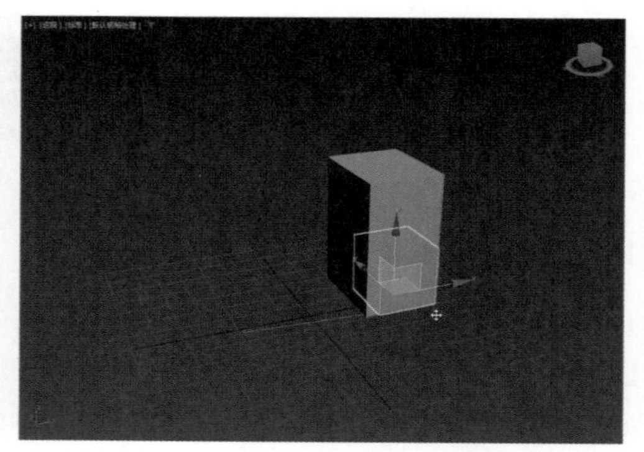

图1-60　拖曳正方体模型上的任意顶点

05 有时在类似的顶视图中，使用3D捕捉模式无法进行很精准的捕捉，用户可以在主工具栏中长按“捕捉开关”按钮，然后在下拉列表中单击“2.5D捕捉”按钮。

06 分别按T键和L键切换至顶视图和左视图，按照步骤4进行操作，如图1-61所示，2.5D捕捉模式常用于前视图、后视图、左视图、右视图、顶视图、底视图。

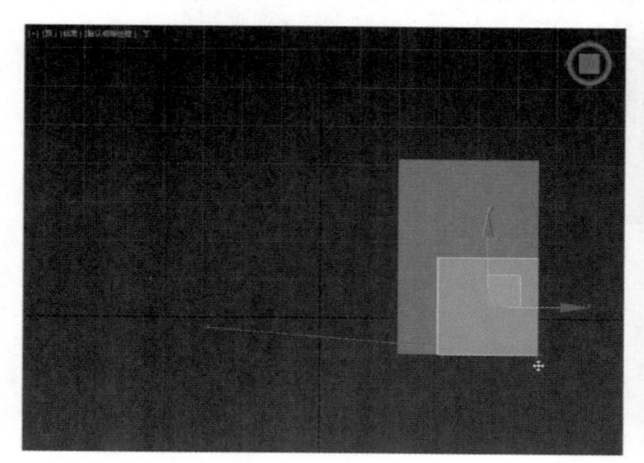

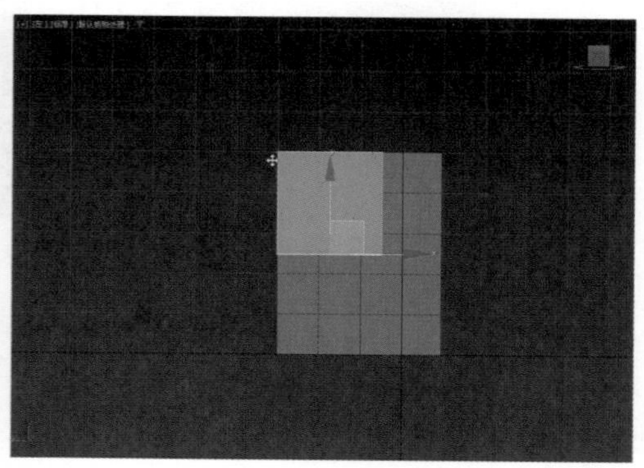

图1-61　按照步骤4进行操作

2. 角度捕捉与百分比捕捉

使用“角度捕捉切换”工具可对所选对象进行精确的旋转操作，使用“百分比捕捉切换”工具可对所选对象进行精确的缩放操作。

在“角度捕捉切换”工具或“百分比捕捉切换”工具上右击，打开“栅格和捕捉设置”窗口，如图1-62所示，在“选项”选项卡中分别对“角度”和“百分比”进行设置。

设置好这两个参数后，用户在使用“角度捕捉切换”工具或“百分比捕捉切换”工具时，都以设置的参数为最小增量来进行。例如，设置“角度”为45°，在使用“角度捕捉切换”工具时，旋转将以45°的倍数进行。

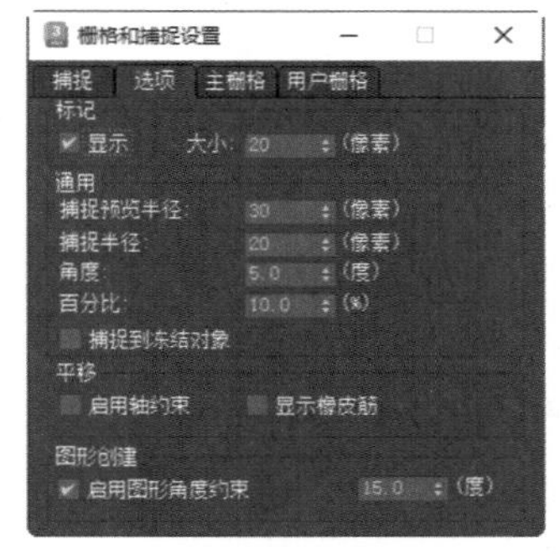

图1-62 “栅格和捕捉设置”对话框

3. 实例：轴心配合捕捉

用户在学习建模时必须遵守规范，模型之间不能出现重面。重面部分在渲染时会产生很多噪点，甚至发黑，如图1-63所示，这是一种非常严重的重面渲染效果，出现了无数的噪点和大面积的黑块。精密的模型之间不能有缝隙，否则渲染图就会有漏光的风险。另外，有的缝隙是不容易被发现的，需要把视图放大很多倍后才能被发现，如图1-64所示。要避免缝隙的产生，就会使用到捕捉功能。

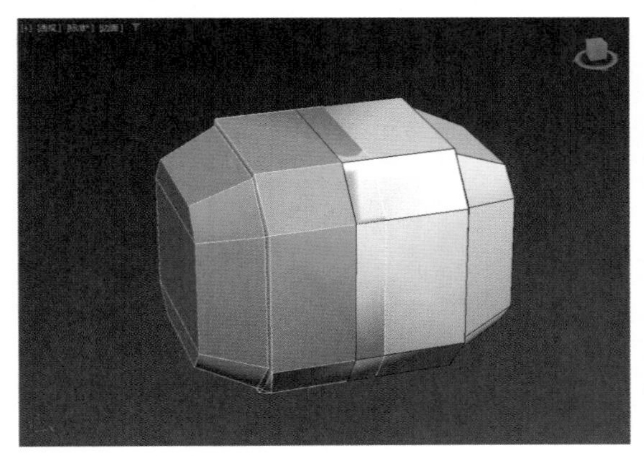

图1-63 模型出现重面

图1-64 模型之间有缝隙

【例1-6】本实例将讲解坐标轴心和捕捉功能的综合运用。视频

01 打开素材(锤子)文件后，按F键切换至前视图，如图1-65所示。

02 在主工具栏中右击“捕捉开关”按钮，打开“栅格和捕捉设置”窗口，选择“选项”选项卡，然后选中“启用轴约束”复选框，如图1-66所示。

03 此时场景中的坐标轴中心发生了变化，如图1-67所示。

04 选择锤头左半边的模型，将其移动时，很难与右半边的模型边界完美重合，如图1-68所示。

05 在命令面板中选择“层次”面板，在“调整轴”卷展栏中单击“仅影响轴”按钮，如图1-69所示。

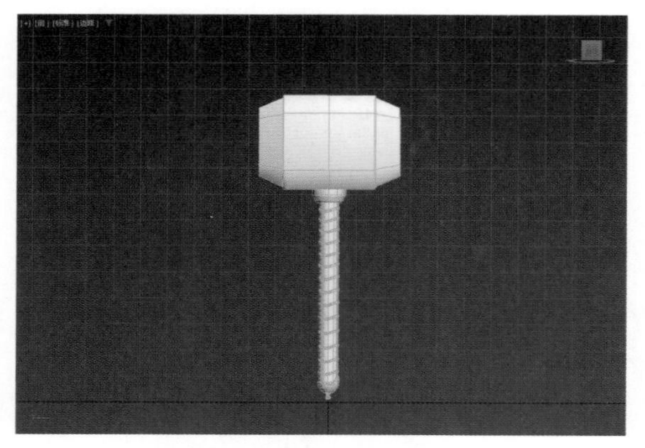

图1-65　切换至前视图

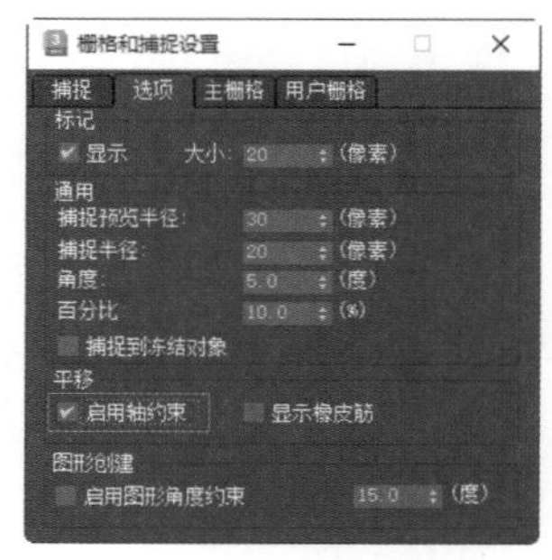

图1-66　选中“启用轴约束”复选框

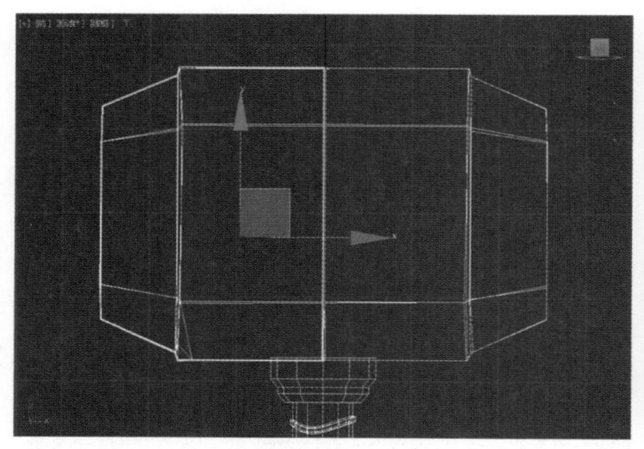

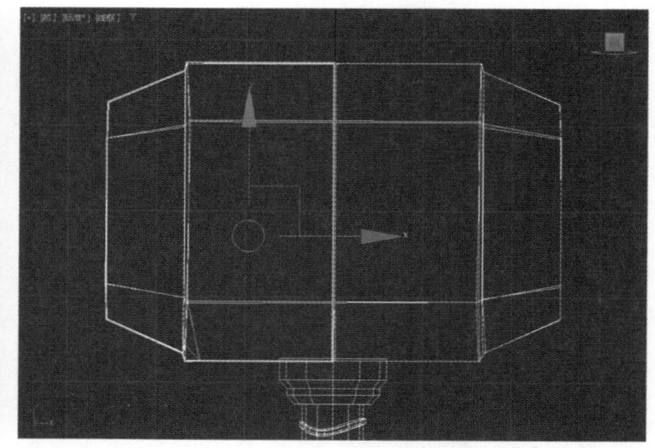

图1-67　坐标轴中心发生变化前后的效果

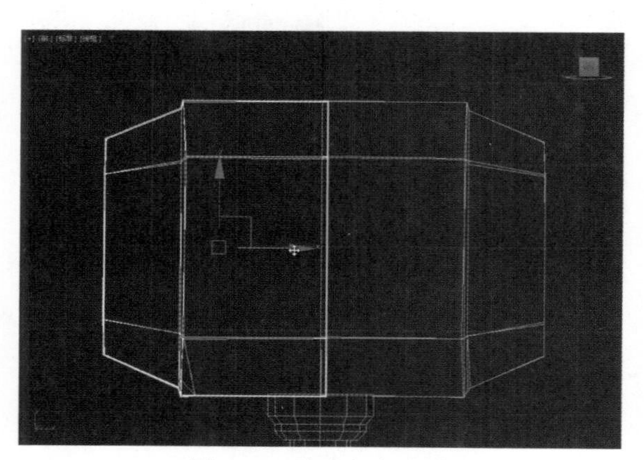

图1-68　移动左半边模型

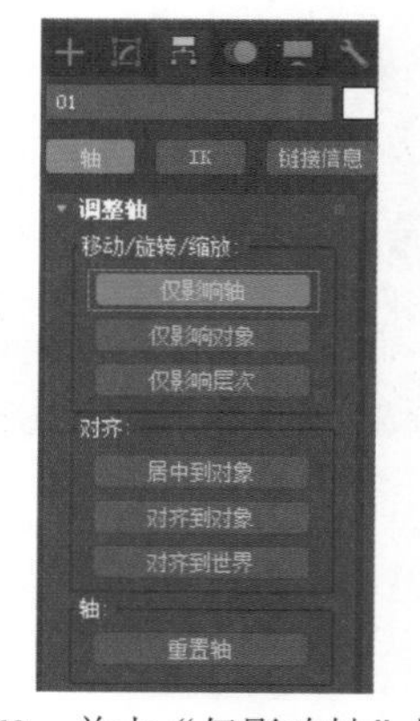

图1-69　单击“仅影响轴”按钮

06 按F键切换至前视图，在主工具栏中长按“捕捉开关”按钮，然后在下拉列表中单击“2.5D捕捉”按钮，使用鼠标选择X轴并向左侧拖曳至如图1-70所示的顶点上。

07 再次单击“仅影响轴”按钮，取消命令，选择X轴并向左侧拖曳使左半边模型与右半边模型重合，模型中间的缝隙问题就得到了解决，如图1-71所示。

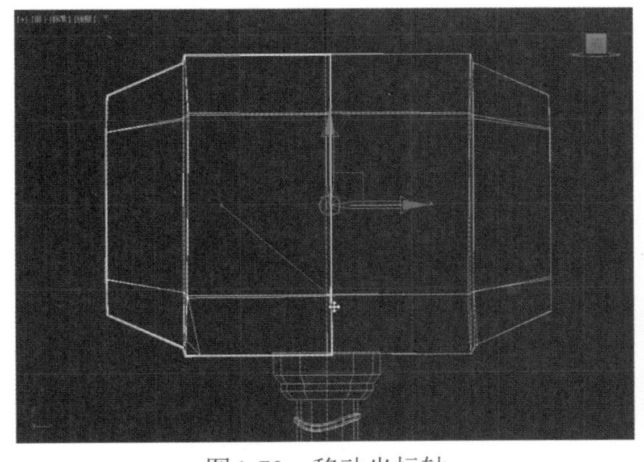

图1-70　移动坐标轴

图1-71　模型中间的缝隙问题得到了解决

4. 微调捕捉器

“微调器捕捉切换”工具可以用来设置微调器单次单击的增加值或减少值。若要设置微调器捕捉的参数，可以右击“微调器捕捉切换”工具，然后在弹出的“首选项设置”对话框中选择“常规”选项卡，接着在“微调器”选项组中设置相关参数，如图1-72所示。

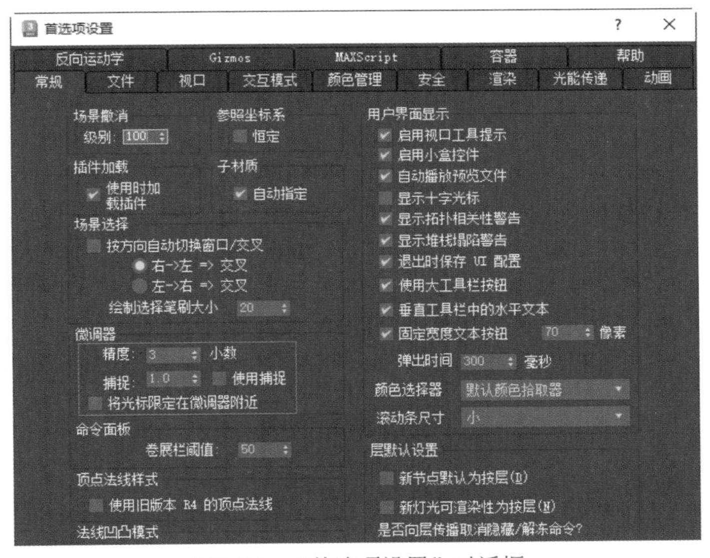

图1-72　“首选项设置”对话框

1.4.4　复制对象

在3ds Max 2024中进行三维对象的制作时，用户经常需要使用一些相同的模型来搭建场景。此时就需要用到3ds Max 2024的“复制”功能。在3ds Max 2024中，复制对象的命令有多种，下面逐一进行介绍。

1. 克隆

“克隆”命令的使用频率极高。3ds Max 2024提供了以下几种克隆方式供用户选择。

01 使用菜单栏命令克隆对象。选择场景中的对象后，在菜单栏中选择“编辑”|“克隆”命令，在打开的“克隆选项”对话框中，用户可以对所选对象进行复制操作，如图1-73所示。

02 使用四元菜单栏命令克隆对象。选择场景中的对象并右击，弹出四元菜单，在“变换”组中选择“克隆”命令，可对所选对象进行复制操作，如图1-74所示。

03 使用快捷键克隆对象。3ds Max 2024为用户提供了两种快捷键方式克隆对象，一种是使用Ctrl+V快捷键克隆对象；另一种是按住Shift键，并配合拖曳等操作克隆对象。

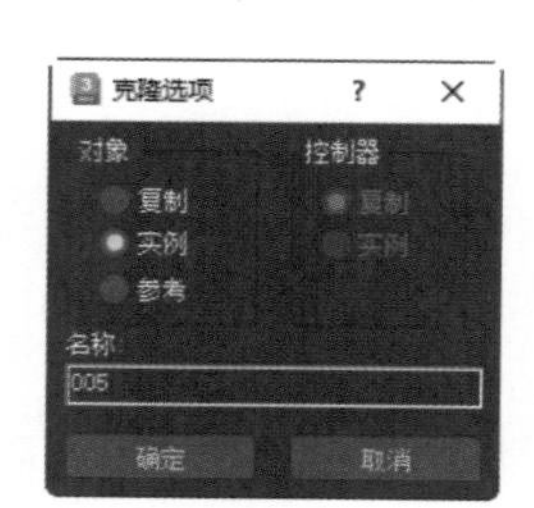

图1-73 “克隆选项”对话框

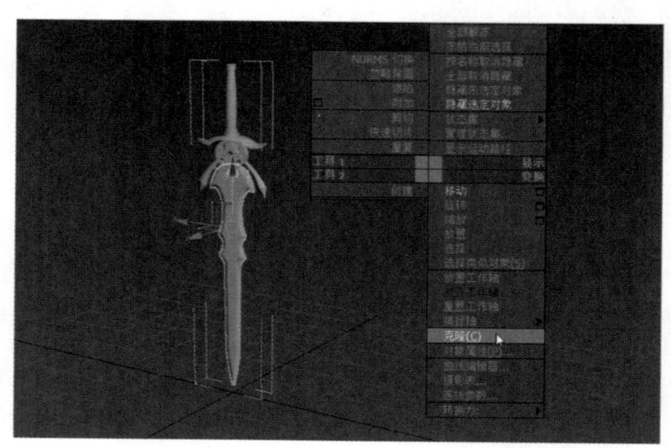

图1-74 从四元菜单中选择“克隆”命令

注意

使用这两种快捷键方式克隆对象时，系统弹出的“克隆选项”对话框有少许差别，如图1-75所示。如果选中“复制”单选按钮，系统将创建一个与原始对象完全无关的克隆对象，修改克隆对象时也不会影响原始对象；如果选中“实例”单选按钮，系统将创建与原始对象完全可以交互影响的克隆对象，修改克隆对象或原始对象时将会影响到另一个对象；如果选中“参考”单选按钮，系统将创建与原始对象有关的克隆对象，克隆对象是基于原始对象的，就像实例一样(克隆对象与原始对象可以拥有自身特有的修改器)。

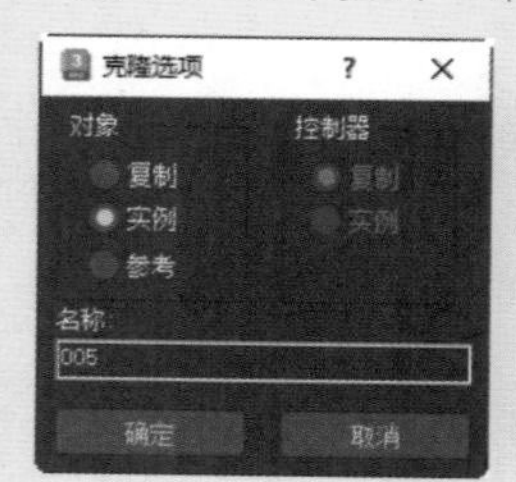

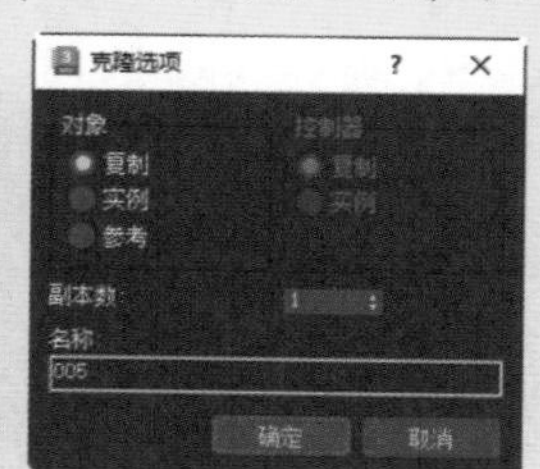

图1-75 “克隆选项”对话框

2. 快照

使用3ds Max 2024的“快照”命令，能够随着时间克隆动画对象。用户可以在动画的任意一帧创建单个克隆对象，或沿动画路径为多个克隆对象设置间隔。间隔既可以是均匀的时间间隔，也可以是均匀的距离间隔。在菜单栏中选择“工具”|“快照”命令，打开“快照”对话框，如图1-76所示。

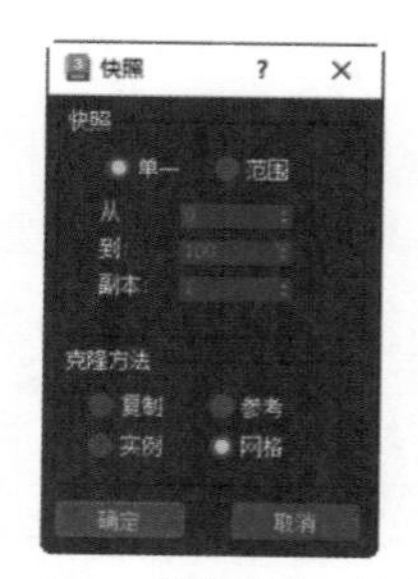

图1-76 “快照”对话框

3. 镜像

在制作模型时，如果遇到对称的物体，可以使用镜像功能将对象根据任意轴生成对称的副本。另外，使用“镜像”命令提供的“不克隆”选项，可以实现镜像操作但不复制对象，效果相当于将对象翻转或移到新的方向。

镜像具有交互式对话框，更改设置时，可以在活动视口中看到效果，即可以看到镜像显示的预览，“镜像”对话框如图1-77所示。

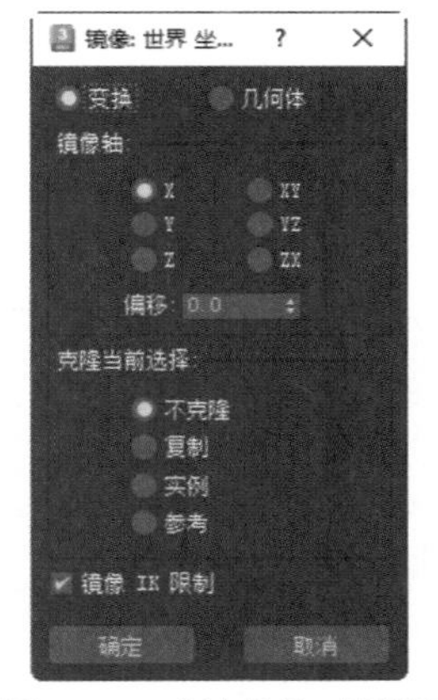

图1-77 “镜像”对话框

4. 阵列

使用“阵列”命令可以帮助用户在视图中创建重复的对象。这一命令可以给出所有三个阵列变换或者所有三个阵列维度上的精准控制，包括沿着一个或多个轴缩放的能力。在菜单栏中选择“工具”|“阵列”命令，打开的“阵列”对话框如图1-78所示。

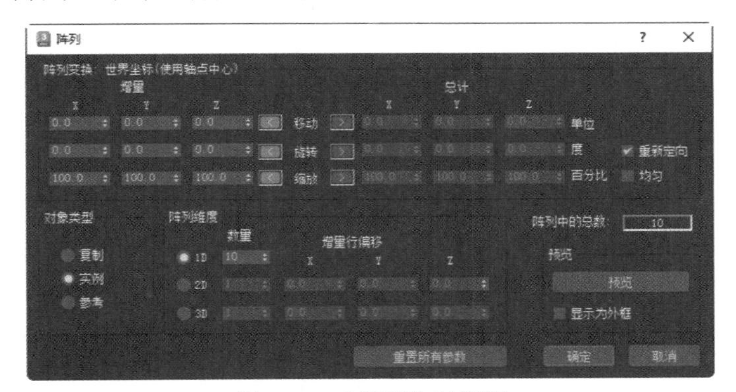

图1-78 “阵列”对话框

1.5 项目管理

项目文件又称工程文件，3ds Max 2024的项目管理主要是对各类元素进行详细归类，将不同类型的数据文件分别存储于项目文件对应的子文件夹中，以方便用户将打包完成的文件转移至不同的计算机中。例如，在另一台计算机中打开之前已完成的3ds Max 2024项目文件，3ds Max 2024会根据文件分类自动读取相关的数据。3ds Max 2024项目文件需要建模师在创作之初就有意识地进行设置，在之后的制作过程中，3ds Max 2024会自动将文件保存在相对应的文件名称下。在开始制作项目前完成3ds Max 2024项目文件的设置，有助于用户更好地整理整个场景中的相关元素，从而提高工作效率。

打开3ds Max 2024软件，在菜单栏中执行“文件”|“项目”命令，弹出的下拉列表中有不同的项目创建方式，选择“创建默认项目”命令，如图1-79所示，打开“选择文件夹”对话框，用户可以选择项目文件的存放路径，如图1-80所示，所有项目文件名称尽量不要出现中文(中文可能会导致在制作过程中文件有损坏或之后无法打开所保存的文件)，单击“选择文件夹”按钮，完成新项目的创建。

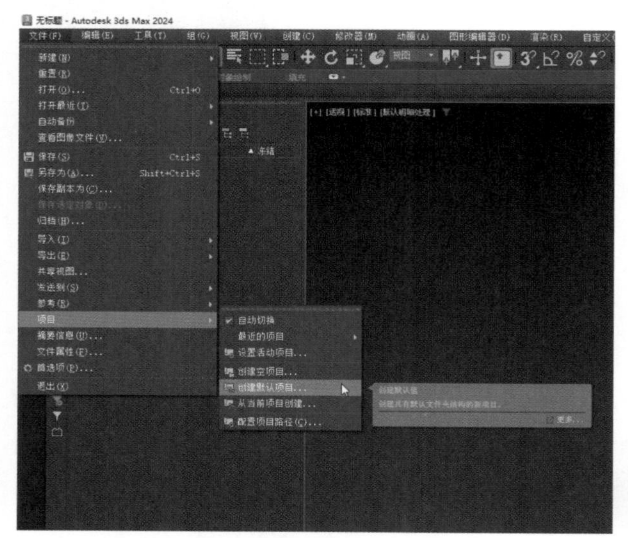

图1-79　选择“创建默认项目”命令

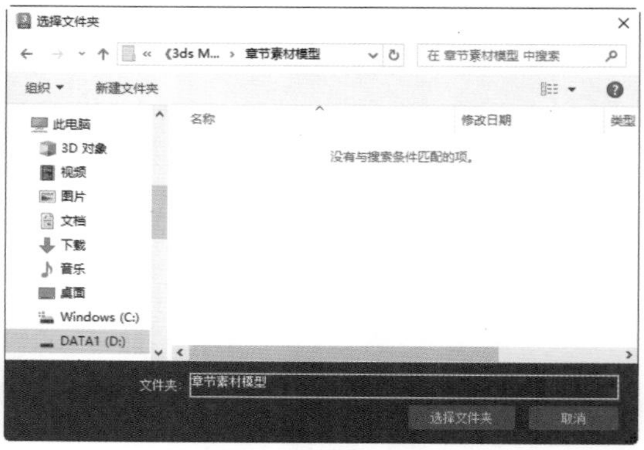

图1-80　“选择文件夹”对话框

项目创建成功后，打开指定的项目文件夹，项目文件夹包含15个子文件夹，如图1-81所示，它是一个或多个文件的集合。在创建项目文件后，各类元素将被统一归档到用户所设置的文件地址中。scenes文件夹主要用于存储场景中创建的所有模型文件，工程文件即可保存在scenes文件夹中；各种模型的贴图文件保存在sceneassets文件夹中。在3ds Max 2024软件的“项目”工具栏中可以看到最近创建的项目文件，如图1-82所示。

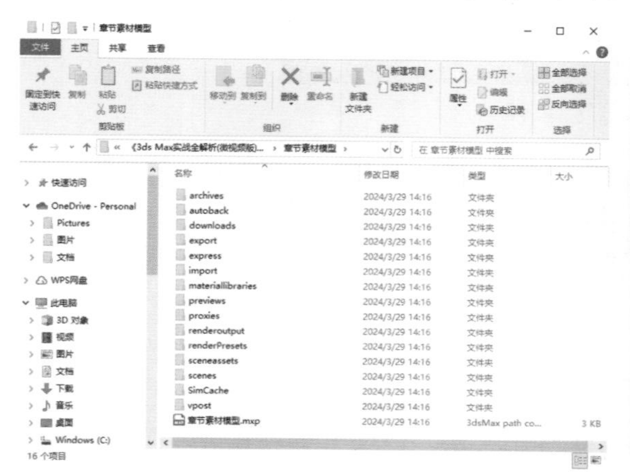

图1-81　项目文件夹

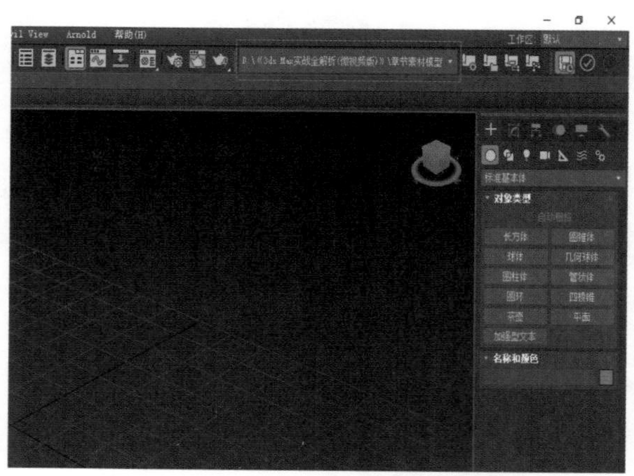

图1-82　显示最近创建的项目文件

1.6 存储文件

3ds Max 2024为用户提供了多种保存文件的途径，用户可以将文件存储和定期备份。当完成某一阶段的工作后，最重要的操作就是存储文件。在创作三维作品时，3ds Max 2024有时会突然自动结束任务，这就需要用户养成定期备份的习惯，如将3ds Max 2024工程文件移至另一台计算机上进行操作，或者将文件临时存储为一个备份文件以备将来修改等。

1.6.1 保存文件

在菜单栏中选择“文件”|“保存”命令，如图1-83所示，或按Ctrl+S快捷键，可以完成当前文件的存储。

图1-83 选择“保存”命令

1.6.2 另存为文件

“另存为”命令也是最常用的存储文件方式之一，在菜单栏中选择“文件”|“另存为”命令，如图1-84所示。打开“文件另存为”对话框，如图1-85所示。

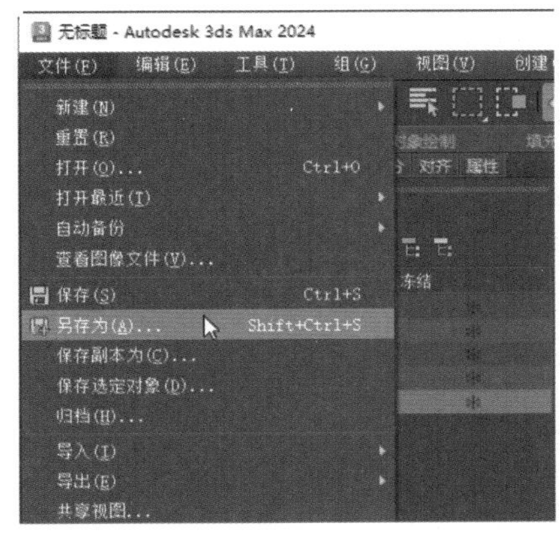

图1-84 选择“另存为”命令

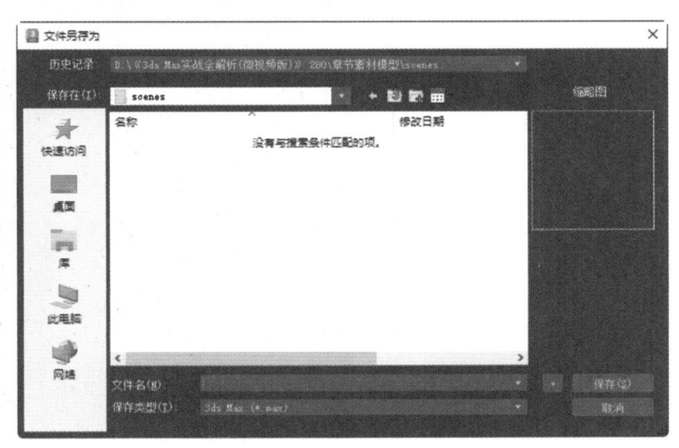

图1-85 “文件另存为”对话框

在“保存类型”下拉列表中，3ds Max 2024为用户提供了多种不同的保存文件版本，用户可根据自身需要将文件另存为当前版本文件、3ds Max 2021文件、3ds Max 2022文件、3ds Max 2023文件或3ds Max角色文件，如图1-86所示。设置好保存类型后单击“保存”按钮，即可确保在不更改原文件的状态下，将新的项目文件另存为一份新的文件，以供下次使用。

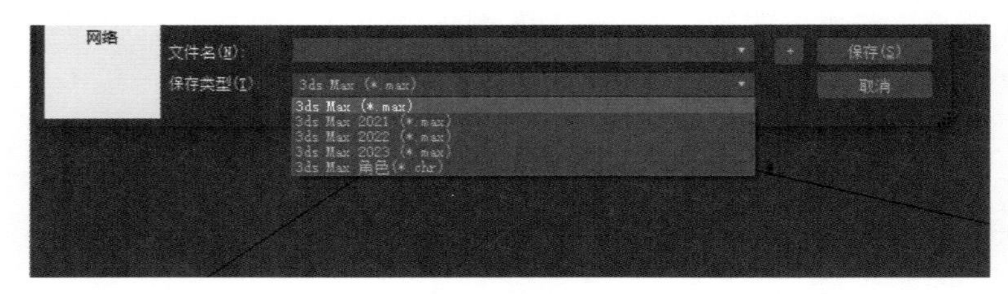

图1-86　不同的保存文件版本

1.6.3　保存增量文件

3ds Max 2024提供了一种“保存增量文件”的存储模式，用户可以通过在当前文件的名称后添加数字后缀的方法对工作中的文件进行存储。

执行“保存增量文件”操作的方法主要有以下两种。

01 在菜单栏中选择“文件”|“保存副本为”命令，打开“将文件另存为副本”对话框，在该对话框中设置文件的保存路径，然后单击“保存”按钮。

02 在菜单栏中选择“文件”|“另存为”命令，或按Shift+Ctrl+S快捷键，打开“文件另存为”对话框，在该对话框中单击“文件名”文本框右侧的+按钮。

1.6.4　保存选定对象

3ds Max 2024的“保存选定对象”功能允许用户将复杂场景中的一个或多个模型单独保存起来。在菜单栏中选择“文件”|“保存选定对象”命令，如图1-87所示，在打开的对话框中进行相应的设置后，即可将选择的对象单独保存为一个文件。需要注意的是，“保存选定对象”命令需要在场景中先选择单个模型，方可激活该命令。

图1-87　选择“保存选定对象”命令

1.6.5 归档

使用3ds Max 2024的“归档”命令可以对当前文件、文件中使用的贴图文件及其路径名称进行整理并保存为ZIP压缩文件。在菜单栏中选择“文件”|“归档”命令，如图1-88所示，打开“文件归档”对话框，设置好文件的保存路径后，单击“保存”按钮即可，如图1-89所示。在归档处理期间，还会显示日志窗口，使用外部程序来创建压缩的归档文件。处理完成后，生成的ZIP文件将会存储在指定路径的文件夹内。

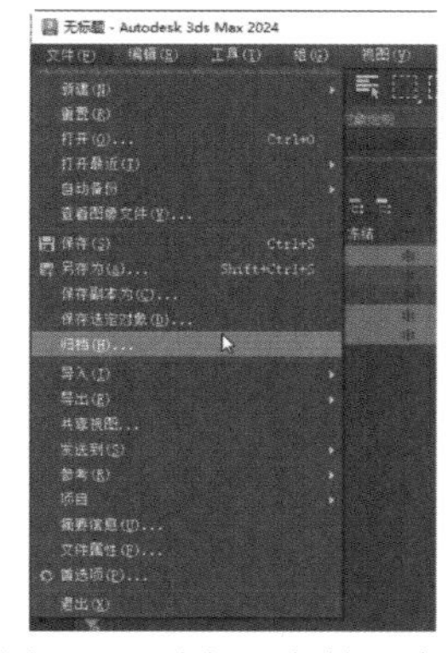

图1-88 选择“归档”命令

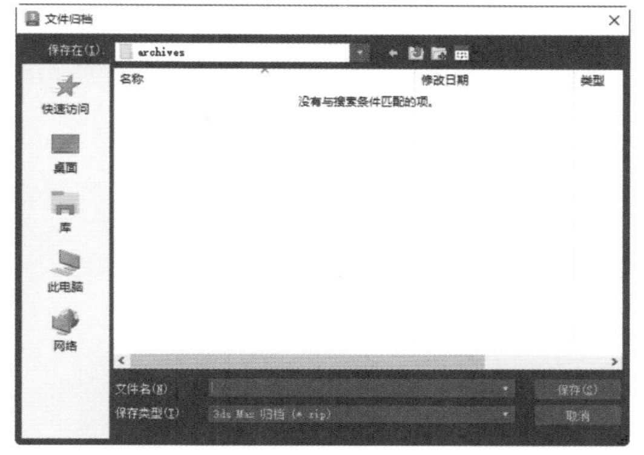

图1-89 打开“文件归档”对话框

1.6.6 资源收集器

用户在制作复杂的场景文件时，常常需要将大量的贴图应用于模型上，这些贴图的位置可能在硬盘中极为分散，不易查找。使用3ds Max 2024所提供的“资源收集器”命令，可以非常便捷地将当前文件用到的所有贴图及IES光度学文件以复制或移动的方式放置于指定的文件夹内。需要注意的是，“资源收集器”不收集用于置换贴图的贴图或作为灯光投影的贴图。

在“实用程序”面板中，单击“更多”按钮，如图1-90所示，在弹出的“实用程序”对话框中选择“资源收集器”命令，如图1-91所示，然后单击“确定”按钮。

“资源收集器”面板中的参数如图1-92所示。

图1-90 单击“更多”按钮

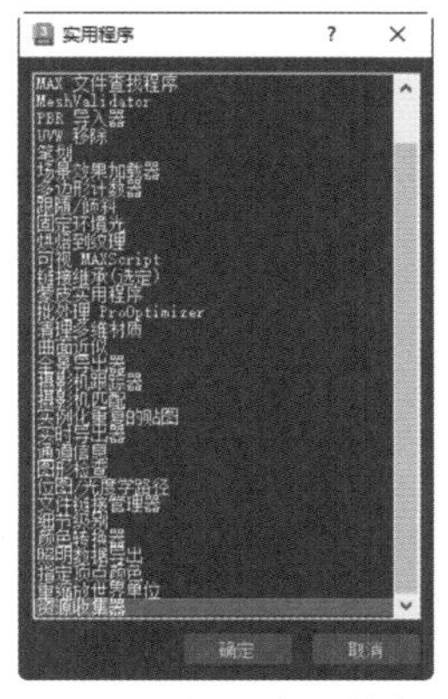

图1-91 选择“资源收集器”命令

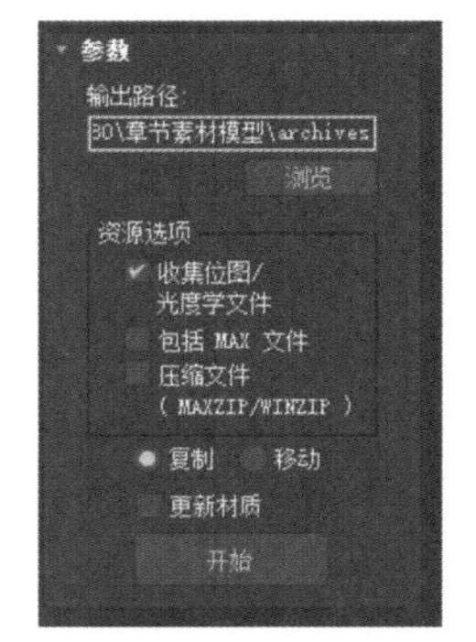

图1-92 “资源收集器”面板中的参数

- 输出路径：显示当前输出路径。使用“浏览”按钮可以更改此选项。
- “浏览”按钮 浏览 ：单击此按钮，可显示用于选择输出路径的Windows文件对话框。
- 收集位图/光度学文件：选中该复选框，“资源收集器”将场景位图和光度学文件放置到输出目录中，默认设置为选中状态。
- 包括MAX文件：选中该复选框，“资源收集器”将场景自身(.max文件)放置到输出目录中。
- 压缩文件：选中该复选框，将文件压缩到ZIP文件中，并将其保存在输出目录中。
- 复制/移动：选中“复制”单选按钮，可在输出目录中制作文件的副本；选中“移动”单选按钮，可移动文件(该文件将从保存的原始目录中删除)。默认设置为“复制”。
- 更新材质：选中该复选框，可更新材质路径。
- “开始”按钮 开始 ：单击该按钮，可根据此按钮上方的设置收集资源文件。

1.7 习题

1. 简述捕捉命令中2.5D捕捉和3D捕捉的区别。
2. 简述窗口与交叉模式在选择对象时的区别。
3. 在3ds Max 2024中如何为多个对象设置集合？
4. 简述如何在3ds Max 2024场景中保存.3ds和.obj文件。

第 2 章

二维图形建模

二维图形建模是在全行业被广泛应用的建模技法，也是制作大部分模型的方法。本章将通过介绍 3ds Max 2024 提供的二维图形创建和编辑命令，帮助用户理解并掌握二维图形建模的核心概念和技巧。

2.1　二维图形建模简介

二维线条是一种矢量图形，可以由绘图软件创建，如Illustrator、CorelDRAW、AutoCAD等，用户创建的矢量图形在以AI或DWG格式存储后，即可直接导入3ds Max 2024中。

3ds Max 2024提供了一系列二维图形建模工具，能够精确地控制模型的流线形状，特别是在创建光滑的表面和有连续曲面特征的模型时，如果后续项目需要，还可以将二维图形模型转换为多边形模型，如图2-1所示。因此，要想掌握二维图形建模方法，就必须学会建立和编辑二维图形。

图2-1　二维图形建模

2.2　样条线

在“创建”面板中选择“图形”选项卡，即可显示二维图形的创建工具(其中包括13种创建工具)，如图2-2所示，选择其中的一种工具后，即可在场景中创建二维图形。

此外，在“图形”选项卡中单击“样条线”下拉按钮，如图2-3所示，在弹出的下拉列表中，用户还可以选择图形的类型，3ds Max 2024为不同类型的图形提供的绘图命令各不相同。

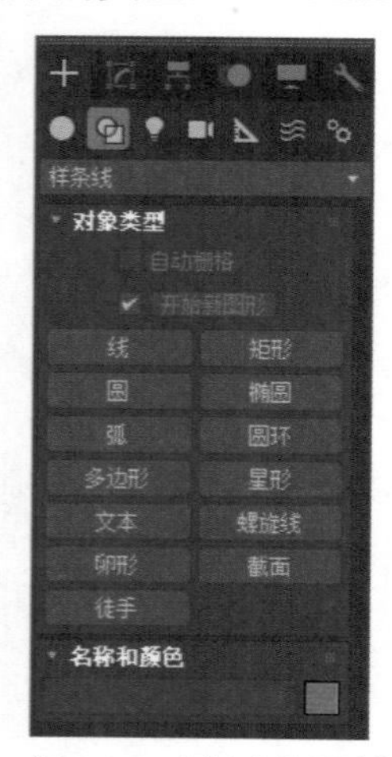

图2-2　“创建”面板

图2-3　单击“样条线”下拉按钮

2.2.1 线

线在二维图形建模中是最常用的一种样条线，其使用方法非常灵活，形状也不受约束。利用“创建”面板中的“线”工具，用户可以创建各种所需的图形，创建效果如图2-4所示。

在“创建”面板的“图形”选项卡中单击“线”工具按钮后，“创建方法”卷展栏中将显示两种创建类型，分别为“初始类型”和“拖动类型”，如图2-5所示。

其中，“初始类型”包括“角点”和“平滑”两种，“拖动类型”包括“角点”“平滑”和Bezier三种，各选项的功能说明如下。

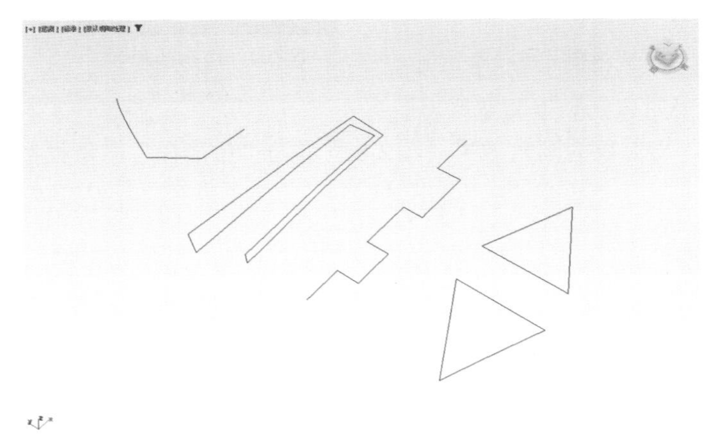

图2-4 利用“线”工具创建图形

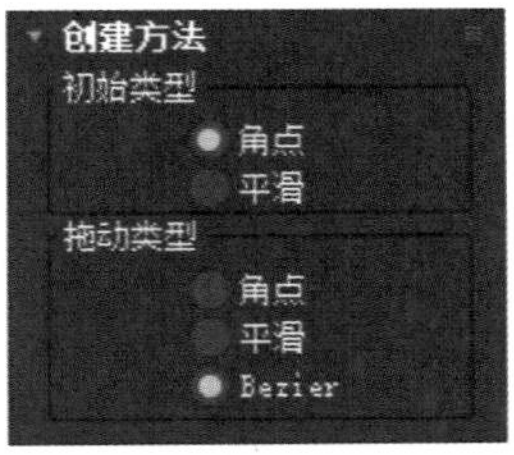

图2-5 “创建方法”卷展栏

(1)“初始类型”组

- “角点”单选按钮：使用该选项创建的线将产生一个尖端，且样条线在顶点的任意一边都是线性的。
- “平滑”单选按钮：使用该选项后，将通过顶点来产生一条平滑的曲线。曲线的曲率大小由相邻顶点的间距决定。

(2)“拖动类型”组

- “角点”单选按钮：使用该选项创建的线将产生一个尖端，且样条线在顶点的任意一边都是线性的。
- “平滑”单选按钮：使用该选项后，将通过顶点来产生一条平滑的曲线。曲线的曲率大小由相邻顶点的间距决定。
- Bezier单选按钮：通过顶点产生一条平滑、可调整的曲线，在每个顶点拖动鼠标可以设置曲率的值和曲线的方向。

2.2.2 矩形

使用“创建”面板中的“矩形”工具，用户可以在场景中以绘制的方式创建矩形样条线对象，创建效果如图2-6所示。

矩形的参数如图2-7所示，各选项的功能说明如下。

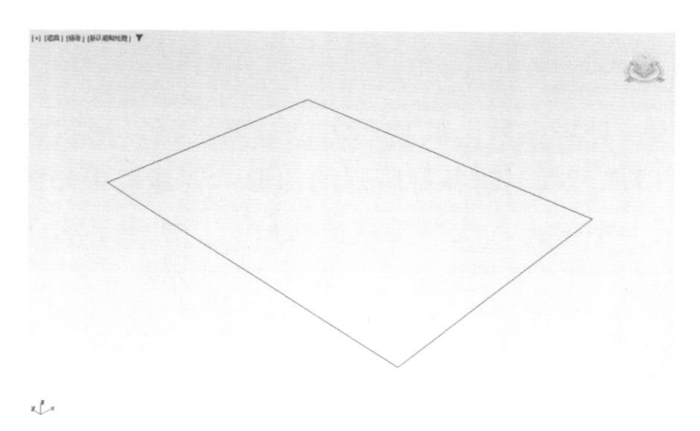

图2-6　创建的矩形样条线对象

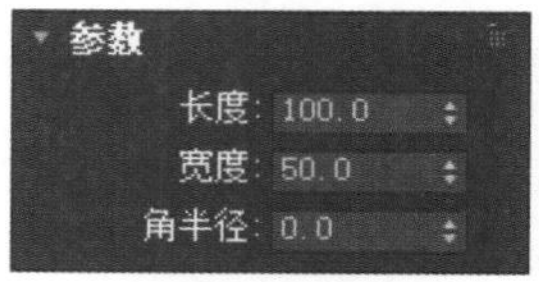

图2-7　矩形的参数

- 长度/宽度微调框：设置矩形对象的长度和宽度。
- "角半径"微调框：设置矩形对象的圆角效果，图2-8所示为"角半径"微调框数值为20的效果。

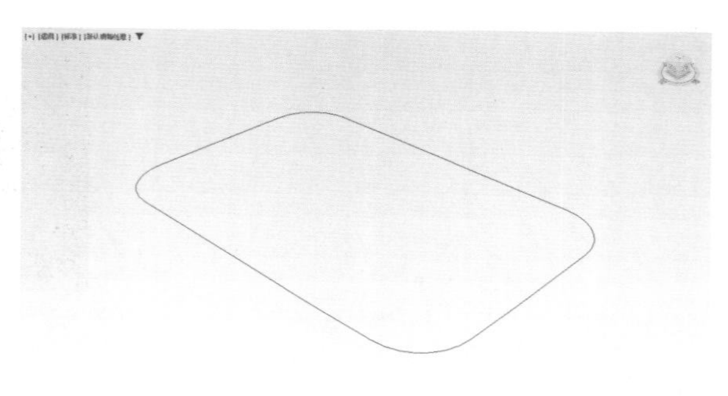

图2-8　"角半径"数值为20的效果

2.2.3　文本

使用"文本"工具可以很方便地在视图中以绘制的方式创建文字效果的样条线对象，如图2-9所示。此外，用户还可以根据模型设计的需要更改字体的类型、大小和样式。

文本的参数如图2-10所示，各选项的功能说明如下。

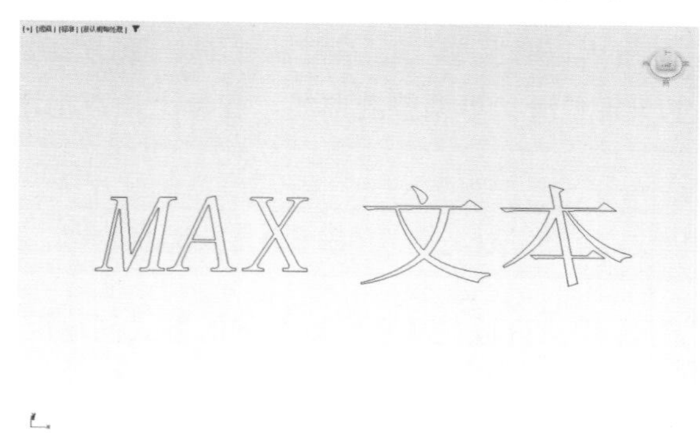

图2-9　文字效果的样条线对象

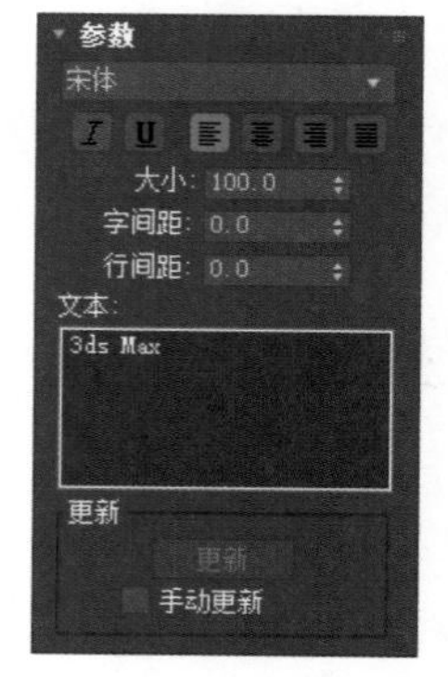

图2-10　文本的参数

- “字体列表”下拉按钮：单击该下拉按钮，在弹出的下拉列表中可以选择文本的字体。
- “斜体”按钮I：设置文本为斜体，图2-11所示分别为单击该按钮前后的字体效果对比。

图2-11 单击“斜体”按钮前后的字体效果对比

- “下画线”按钮U：为文本设置下画线，图2-12所示分别为单击该按钮前后的字体效果对比。

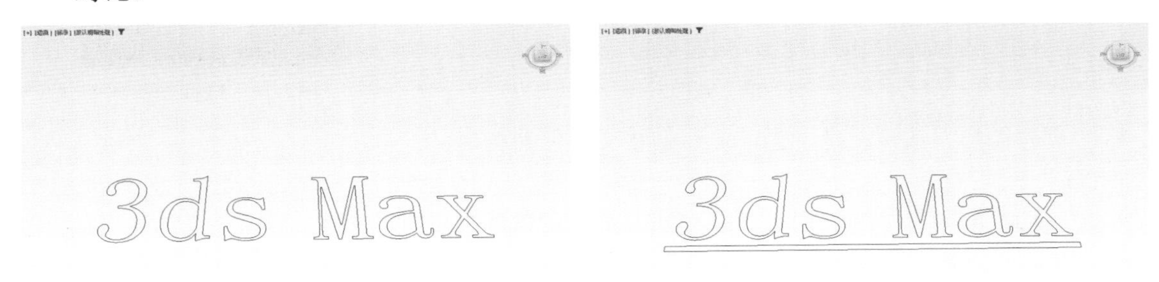

图2-12 单击“下画线”按钮前后的字体效果对比

- “左对齐”按钮、“居中对齐”按钮和“右对齐”按钮：分别用于将文本与边界框的左侧、中央和右侧对齐。
- “分散对齐”按钮：分隔所有文本以填充边界框的范围。
- “大小”微调框：设置文本高度。
- “字间距”微调框：调整文本的字间距。
- “行间距”微调框：调整文本的行间距，该选项仅在图形中包含多行文本时起作用。
- “文本”输入框：用于输入多行文本。
- “手动更新”复选框：选中该复选框后，输入编辑框中的文本未在视口中显示，直到单击“更新”按钮时才会显示。

2.2.4 截面

在“创建”面板中单击“截面”按钮，即可在场景中以绘制的方式创建截面对象，创建效果如图2-13所示。需要特别注意的是，截面工具需要配合几何体对象才能产生截面图形。

截面的参数如图2-14所示，各选项的功能说明如下。

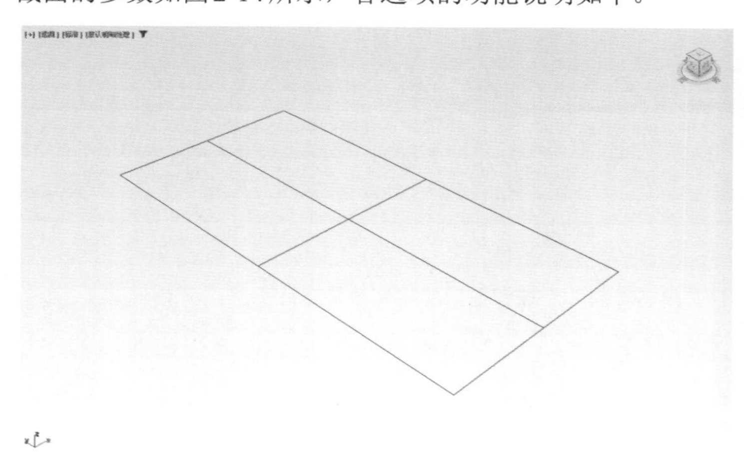

图2-13　截面对象

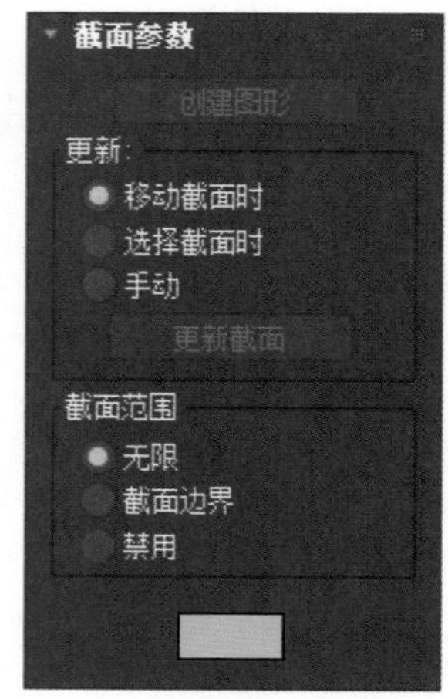

图2-14　截面的参数

- “创建图形”按钮：基于当前显示的相交线创建图形。

(1)“更新”组

- “移动截面时”单选按钮：在移动或调整截面图形时更新相交线。
- “选择截面时”单选按钮：在选择截面图形但未移动时，更新相交线。
- “手动”单选按钮：仅在单击“更新截面”按钮时更新相交线。
- “更新截面”按钮：单击该按钮更新相交点，以便与截面对象的当前位置匹配。

(2)“截面范围”组

- “无限”单选按钮：截面平面在所有方向上都是无限的，从而使横截面位于其平面中的任意网格几何体上。
- “截面边界”单选按钮：仅在截面图形边界内或与其接触的对象中生成横截面。
- “禁用”单选按钮：不显示或生成横截面。

2.2.5 徒手

“徒手”工具为手绘能力较强的用户提供了一种在3ds Max 2024软件中使用手绘板或鼠标直接绘图的曲线绘制方式，绘制效果如图2-15所示。

徒手的参数如图2-16所示，各选项的功能说明如下。

- “显示结”复选框：显示样条线上的结。

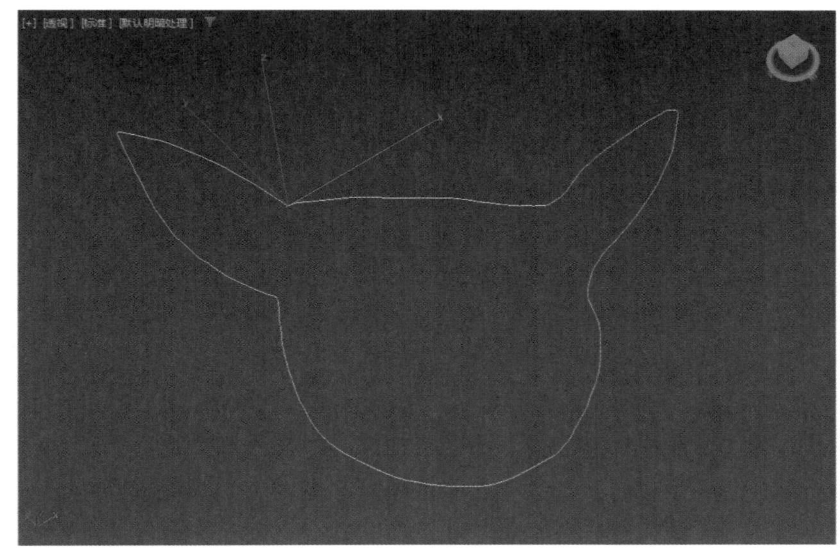

图2-15 直接绘制曲面

图2-16 徒手样条线的参数

(1) “创建”组

- “粒度”微调框：创建结之前获取的光标位置采样数。
- “阈值”微调框：设置创建新结之前光标必须移动的距离。该值越大，距离越远。
- “约束”复选框：将样条线约束到场景中的选定对象，图2-17所示为启用约束功能后在摆件模型上绘制的曲线效果。

图2-17 约束绘制曲线效果

- “拾取对象”按钮：启用对象选择模式，用于约束对象。完成对象拾取时，再次单击该按钮完成操作。
- “清除”按钮：清除选定对象列表。
- “释放按钮时结束创建”复选框：选中该复选框时，在释放鼠标按钮时创建徒手样条线。未选中该复选框时，再次按下鼠标按钮时继续绘制图形，并自动连接样条线的开口端；要完成绘制，必须按Esc 键或在视口中右击。

(2) “选项”组

- 弯曲/变直单选按钮：设置结之间的线段是弯曲的还是直的。
- “闭合”复选框：选中该复选框后，在样条线的起点和终点之间绘制一条线以将其闭合。
- “法线”复选框：选中该复选框后，在视口中显示受约束样条线的法线。
- “偏移”微调框：使手绘样条线的位置向远离约束对象曲面的方向偏移。

(3) “统计信息”组

- “样条线数”文本框：显示图形中样条线的数量。
- “原始结数”文本框：显示绘制样条线时自动创建的结数。
- “新结数”文本框：显示新结数。

2.2.6 其他二维图形

在“创建”面板的“图形”选项卡中，对于“样条线”类型来说，除上述介绍的几种工具按钮，还有“圆”按钮、“椭圆”按钮、“弧”按钮、“圆环”按钮、“多边形”按钮、“星形”按钮、“螺旋线”按钮、“卵形”按钮等工具按钮，绘制效果如图2-18所示。此外，单击“样条线”下拉按钮，从弹出的下拉列表中选择“扩展样条线”选项，在显示的面板中还将出现“墙矩形”“通道”“角度”“T形”和“宽法兰”工具按钮，如图2-19所示。使用这些工具按钮创建对象的方法及参数设置与前面介绍的内容基本相同，这里不再重复讲解。

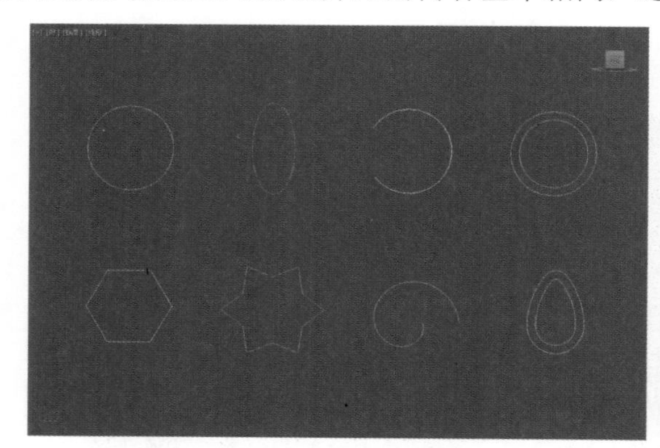

图2-18 其他二维图形绘制效果

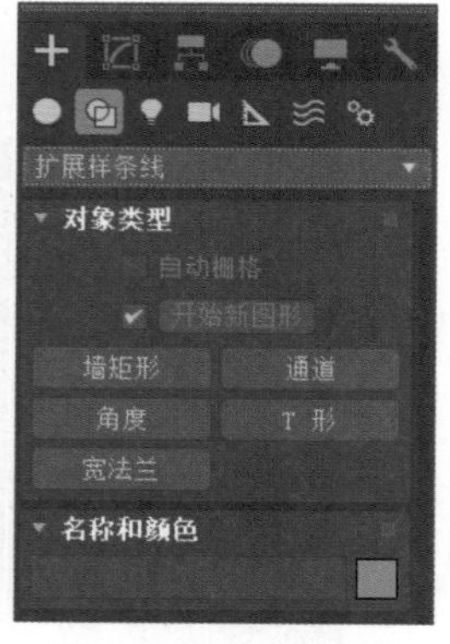

图2-19 扩展样条线

2.3 编辑样条线

3ds Max 2024提供的样条线对象，不管是规则图形还是不规则图形，都可以被塌陷成一个可编辑样条线对象。在执行塌陷操作后，参数化的二维图形将不能再访问之前的创建参数，其属性名称在堆栈中会变成“可编辑样条线”，可以进入其子对象层级进行编辑，从而改变其局部形态。二维对象包含“顶点”“线段”和“样条线”3个子对象，如图2-20所示。下面分别介绍它们的特点和编辑方法。

图2-20 二维对象的3个子对象

2.3.1 转换为可编辑样条线

将二维图形塌陷为可编辑样条线的方法有三种。第一种方法是选择二维图形，在视图中的任意位置右击并在弹出的快捷菜单中选择“转换为:”|“转换为可编辑样条线”命令，如图2-21所示。

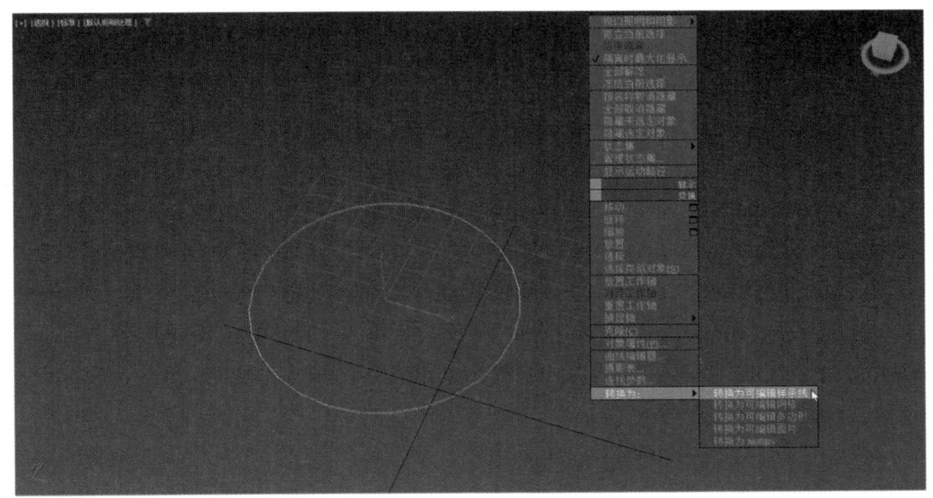

图2-21 选择“转换为可编辑样条线”命令

第二种方法是选择图形，在“修改”面板中单击“修改器列表”下拉按钮，从弹出的下拉列表中选择“编辑样条线”命令，添加“编辑样条线”修改器来编辑样条线，如图2-22所示。

第三种方法是选择二维图形，在“修改”面板中右击修改器堆栈，从弹出的快捷菜单中选择“可编辑样条线”命令，如图2-23所示。

在将二维图形转换为可编辑样条线后，在“修改”面板中共有5个卷展栏，分别是“渲染”卷展栏、“插值”卷展栏、“选择”卷展栏、“软选择”卷展栏和“几何体”卷展栏，如图2-24所示。下面讲解其中较为常用的工具。

图2-22 添加“编辑样条线”修改器

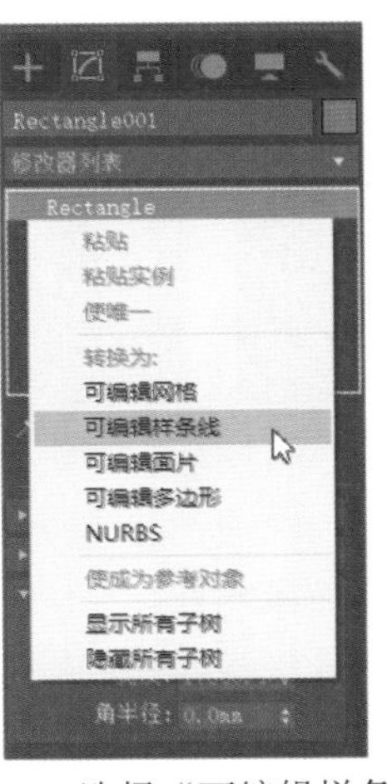

图2-23 选择“可编辑样条线”命令

Rectangle001
修改器列表
可编辑样条线
渲染
插值
选择
软选择
几何体

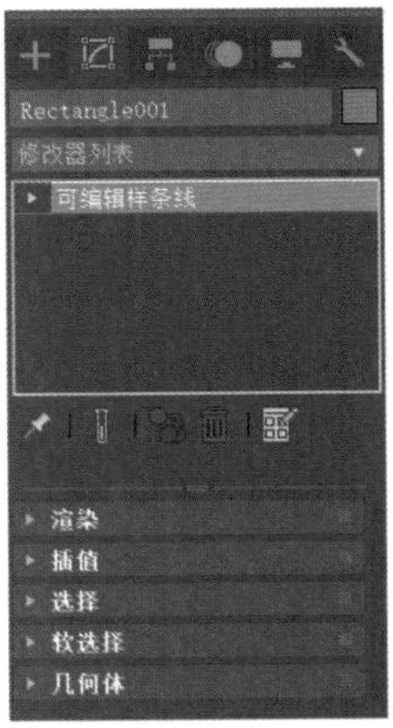

图2-24 “修改”面板中的5个卷展栏

2.3.2 “渲染”卷展栏

“渲染”卷展栏的参数如图2-25所示，各选项的功能说明如下。

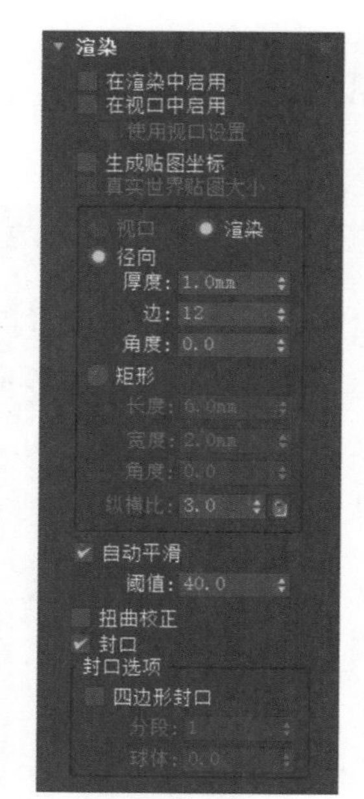

图2-25 “渲染”卷展栏参数

- “在渲染中启用”复选框：选中该复选框后，可以渲染曲线。
- “在视口中启用”复选框：选中该复选框后，可以在视口中看到曲线的网格形态。
- “使用视口设置”复选框：用于设置不同的渲染参数，并显示由“视口”设置生成的网格。只有在启用“在视口中启用”复选框时，该复选框才可以使用。
- “生成贴图坐标”复选框：选中该复选框可应用贴图坐标。
- “真实世界贴图大小”复选框：控制应用于该对象的纹理贴图材质所使用的缩放方法。
- “视口”单选按钮：选中该单选按钮后，可为该图形指定径向或矩形参数，当选中“在视口中启用”复选框时，图形的效果将显示在视口中。
- “渲染”单选按钮：选中该单选按钮后，可为该图形指定径向或矩形参数，当选中“在视口中启用”复选框时，渲染或查看后图形的效果将显示在视口中。
- “径向”单选按钮：将3D网格显示为圆柱形对象。
- “厚度”微调框：指定曲线的直径。默认设置为1.0mm，图2-26所示分别为“厚度”微调框数值为0.5和2时的图形显示效果对比。

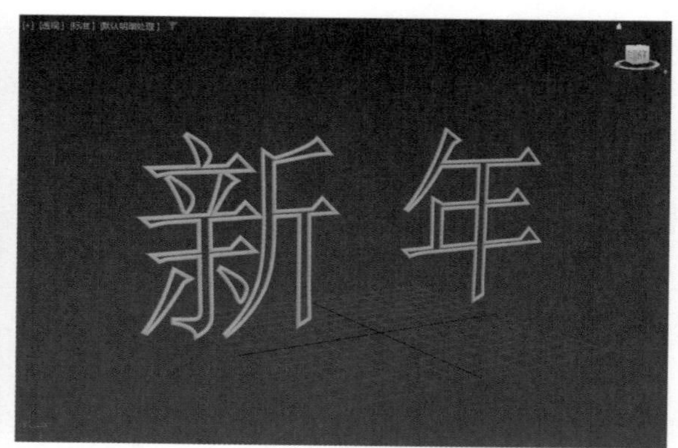

图2-26 “厚度”为不同数值时的效果对比

- “边”微调框：设置样条线网格在视口或渲染器中的边(面)数，图2-27所示分别为“边”微调框数值为3和12时的图形显示效果对比。
- “角度”微调框：调整视口或渲染器中横截面的旋转位置。
- “矩形”单选按钮：将样条线网格图形显示为矩形。
- “长度”微调框：指定沿着Y轴的横截面大小。
- “宽度”微调框：指定沿着X轴的横截面大小。

图2-27 “边”为不同数值时的效果对比

- “角度”微调框：调整视口或渲染器中横截面的旋转位置。
- “纵横比”微调框：用于设置长度与宽度的比率。
- “锁定”按钮：可以锁定纵横比。
- “自动平滑”复选框：选中该复选框后，可使用“阈值”设置指定的阈值自动平滑样条线。
- “阈值”微调框：以度数为单位指定阈值角度，如果相邻线段之间的角度小于阈值角度，则可以将任何两个相接的样条线分段放到相同的平滑组中。

2.3.3 “插值”卷展栏

“插值”卷展栏的参数如图2-28所示，各选项的功能说明如下。

图2-28 “插值”卷展栏参数

- “步数”微调框：用来设置每个顶点之间的分段数量，控制样条线的平滑度。图2-29所示分别为“步数”微调框数值为1和6时的图形显示效果对比。

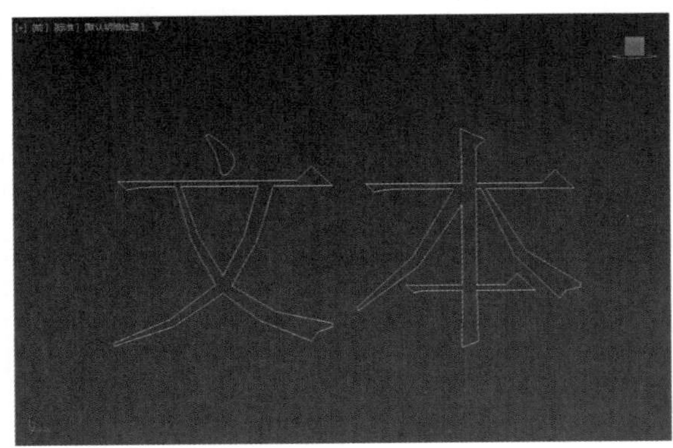

图2-29 “步数”为不同数值时的效果对比

- “优化”复选框：选中该复选框后，可以从样条线的直线线段中删除不需要的步数。
- “自适应”复选框：选中该复选框后，可以自动设置每个样条线的步数，以生成平滑曲线。

2.3.4 “选择”卷展栏

“选择”卷展栏的参数如图2-30所示，各选项的功能说明如下。

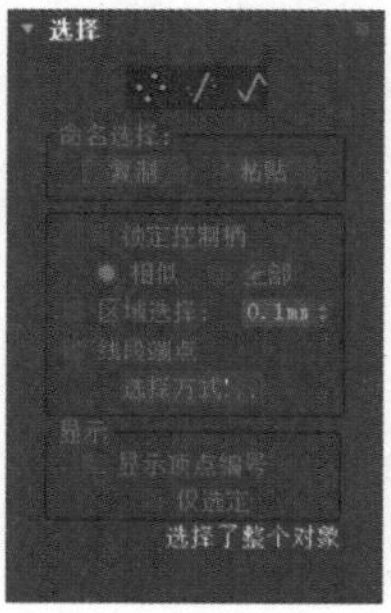

图2-30 “选择”卷展栏参数

- “顶点”按钮：进入“顶点”子层级。
- “线段”按钮：进入“线段”子层级。
- “样条线”按钮：进入“样条线”子层级。

(1) “命名选择”组

- “复制”按钮：将命名选择放置到复制缓冲区。
- “粘贴”按钮：从复制缓冲区中粘贴命名选择。
- “锁定控制柄”复选框：通常每次只能变换一个顶点的切线控制柄，使用“锁定控制柄”控件可以同时变换多个Bezier和Bezier角点控制柄。
- “区域选择”复选框：允许用户自动选择单击顶点的特定半径中的所有顶点。
- “线段端点”复选框：通过单击线段选择顶点。
- “选择方式”按钮：选择所选样条线或线段上的顶点。

(2) “显示”组

- “显示顶点编号”复选框：选中该复选框后，程序将在任何子对象层级的所选样条线的顶点旁边显示顶点编号，如图2-31所示。
- “仅选定”复选框：选中该复选框后，仅在所选顶点旁边显示顶点编号，如图2-32所示。

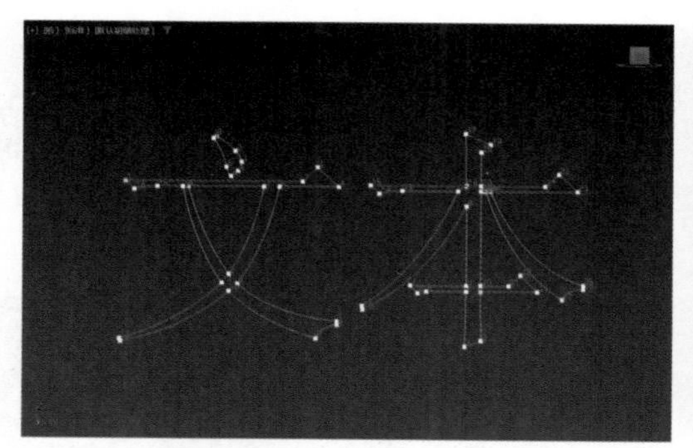

图2-31 选中“显示顶点编号”复选框后的效果

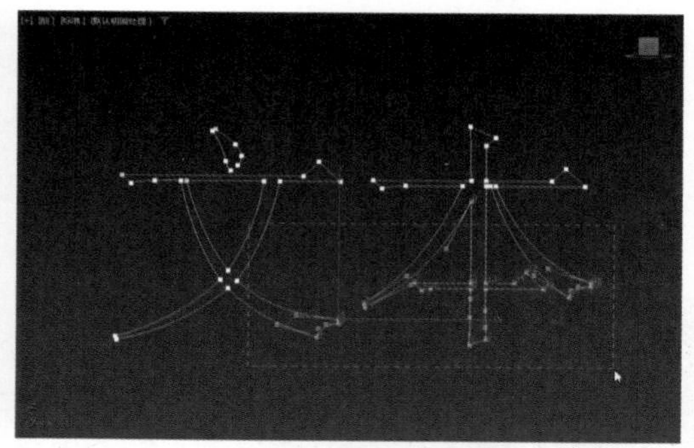

图2-32 选中“仅选定”复选框后的效果

2.3.5 “软选择”卷展栏

“软选择”卷展栏的参数如图2-33所示，各选项的功能说明如下。

- “使用软选择”复选框：选中该复选框，可开启软选择功能。
- “边距离”复选框： 选中该复选框，将软选择限制到指定距离。
- “衰减”微调框：定义影响区域的距离。
- “收缩”微调框：沿着垂直轴收缩曲线。
- “膨胀”微调框：沿着垂直轴膨胀曲线。

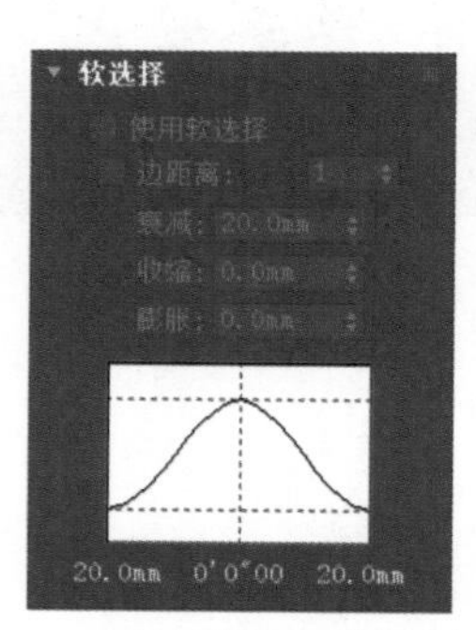

图2-33 “软选择”卷展栏参数

2.3.6 “几何体”卷展栏

“几何体”卷展栏的参数如图2-34所示，各选项的功能说明如下。

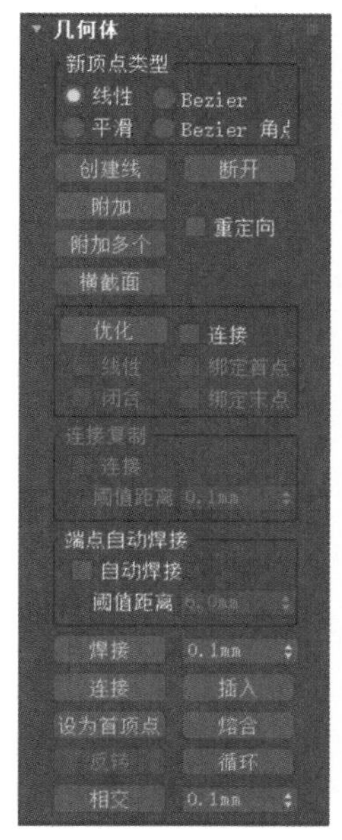

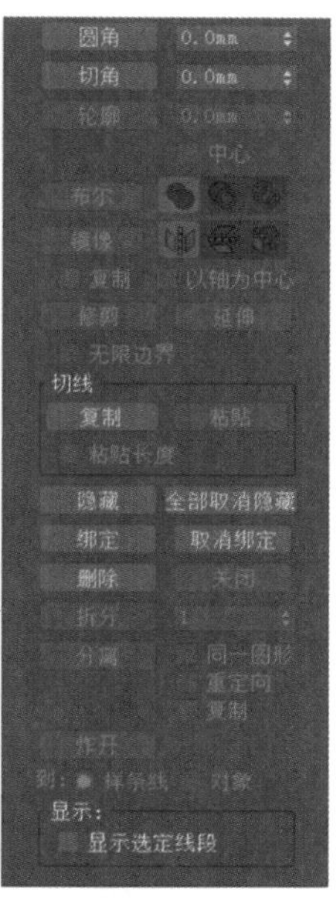

图2-34 “几何体”卷展栏参数

(1) “新顶点类型”组

- “线性”单选按钮：新顶点将具有线性切线。
- “平滑”单选按钮：新顶点将具有平滑切线。
- Bezier单选按钮：新顶点将具有Bezier切线。
- “Bezier角点”单选按钮：新顶点将具有Bezier角点切线。
- “创建线”按钮创建线：将更多样条线添加到所选样条线。
- “断开”按钮断开：从选定的一个或多个顶点拆分样条线。
- “附加”按钮附加：允许用户将场景中的另一条样条线附加到所选样条线。
- “附加多个”按钮附加多个：单击此按钮，将显示“附加多个”对话框，其中包含场景中所有其他图形的列表，选择要附加到当前可编辑样条线的形状，然后单击“确定”按钮即可完成操作。
- “横截面”按钮横截面：在横截面形状外创建样条线框架。

(2) “端点自动焊接”组

- “自动焊接”复选框：启用“自动焊接”后，会自动焊接在与同一样条线的另一个端点的阈值距离内放置和移动的端点顶点。此功能可以在对象层级和所有子对象层级使用。
- “阈值距离”微调框：“阈值距离”微调器是一个近似设置，用于控制在自动焊接顶点之前，顶点可以与另一个顶点接近的程度，默认设置为6.0。
- “焊接”按钮焊接：将两个端点顶点或同一样条线中的两个相邻顶点转换为一个顶点。
- “连接”按钮连接：连接两个端点顶点，以生成一个线性线段，无论端点顶点的切线值是多少。

- “插入”按钮 插入 ：插入一个或多个顶点，以创建其他线段。
- “设为首顶点”按钮 设为首顶点 ：指定所选形状中的哪个顶点是第一个顶点。
- “熔合”按钮 熔合 ：将所有选定顶点移至它们的平均中心位置，如图2-35所示。

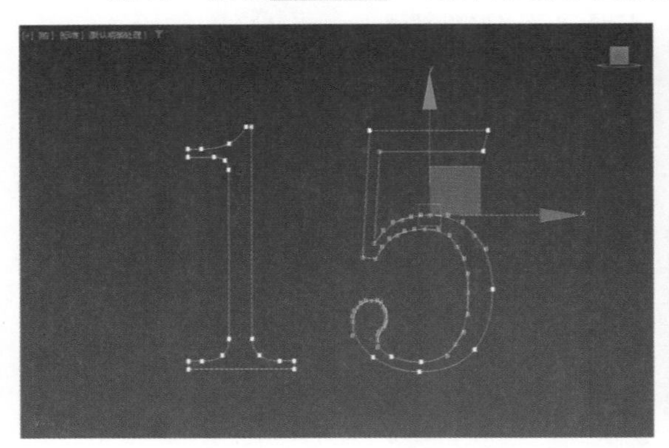
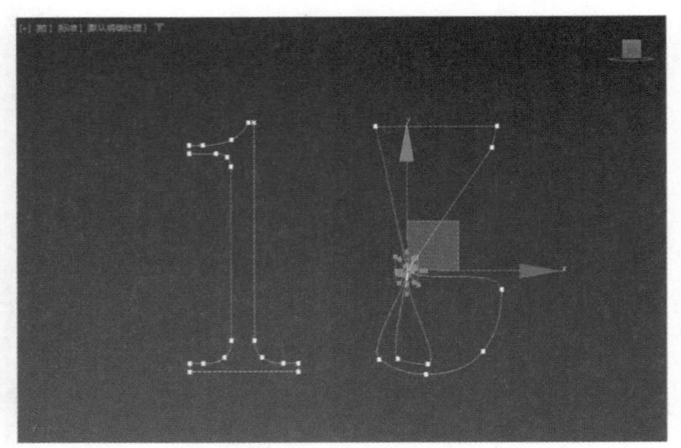

图2-35　单击“熔合”按钮前后的效果对比

- “反转”按钮 反转 ：反转所选样条线的方向，如图2-36所示，可以看到反转曲线后，每个点的ID发生了变化。

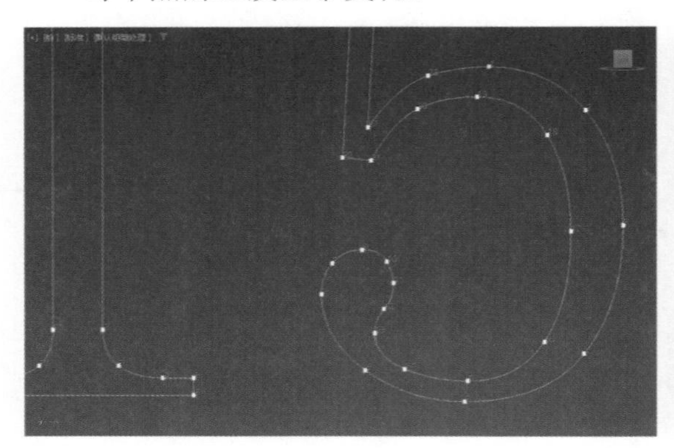
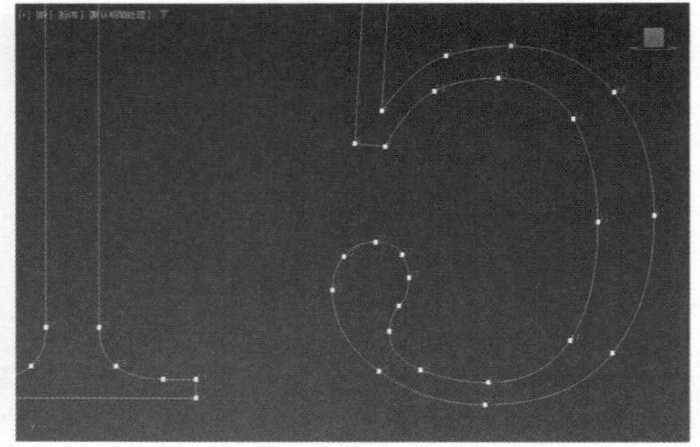

图2-36　单击“反转”按钮前后的效果对比

- “圆角”按钮 圆角 ：在线段连接的地方设置圆角并添加新的控制点，如图2-37所示。

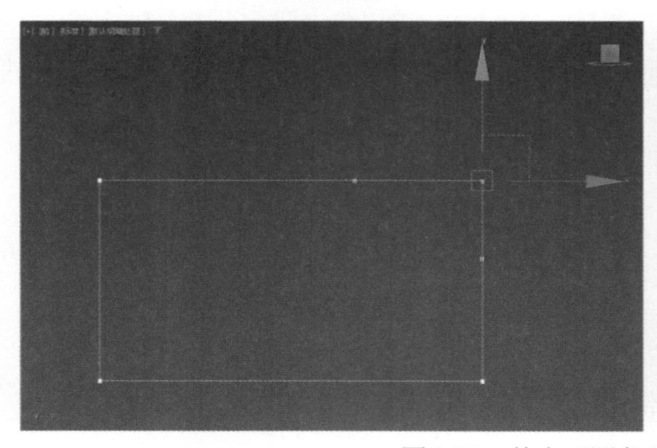

图2-37　单击“圆角”按钮前后的效果对比

- “切角”按钮 切角 ：在线段连接的地方设置直角并添加新的控制点，如图2-38所示。

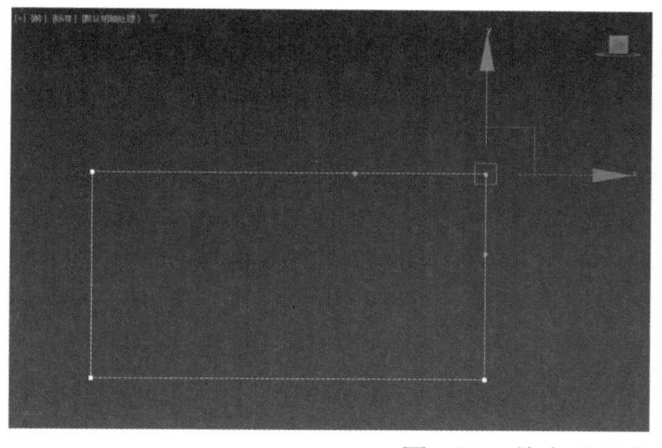

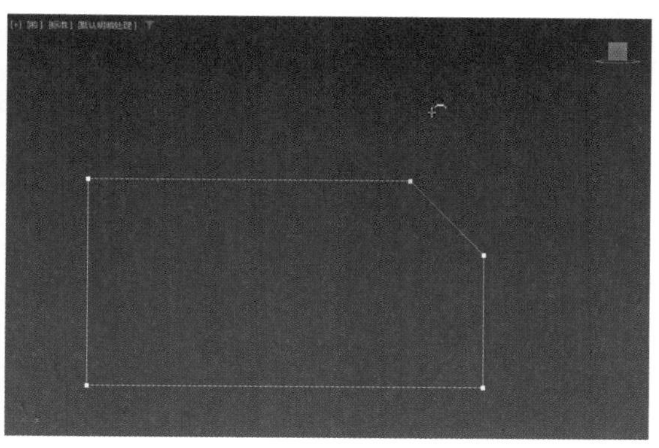

图2-38　单击“切角”按钮前后的效果对比

- “轮廓”按钮 轮廓 ：制作样条线的副本，所有侧边上的距离偏移量由“轮廓宽度”微调器指定，如图2-39所示。

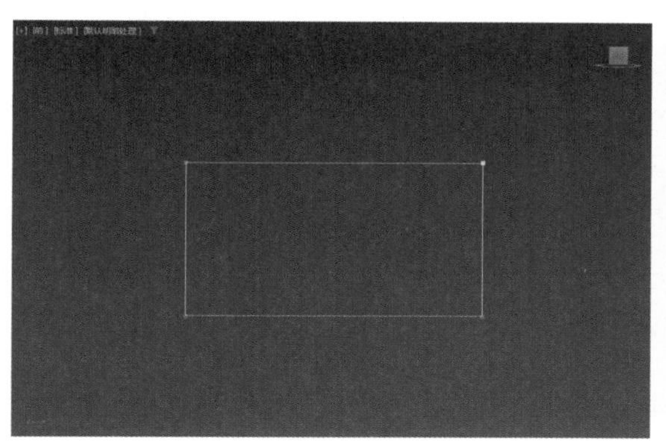

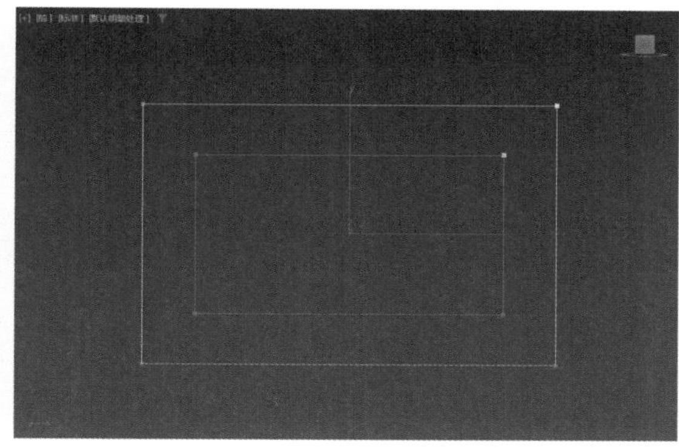

图2-39　单击“轮廓”按钮前后的效果对比

- “布尔”按钮 布尔 ：选择两条或多条相交的样条线进行并集、差集、交集运算，可以将其组合在一起。“布尔”按钮包括“并集”按钮、“交集”按钮和“差集”按钮3种。
- “镜像”按钮 镜像 ：沿长、宽或对角方向镜像样条线。“镜像”按钮包括“水平镜像”按钮、“垂直镜像”按钮和“双向镜像”按钮3种。
- “修剪”按钮 修剪 ：清理形状中的重叠部分，使端点连接在一个点上。
- “延伸”按钮 延伸 ：清理形状中的开口部分，使端点接合在一个点上。
- “无限边界”复选框：为了计算相交，启用此选项将开口样条线视为无穷长。
- “隐藏”按钮 隐藏 ：隐藏选定的样条线。
- “全部取消隐藏”按钮 全部取消隐藏 ：显示所有隐藏的子对象。
- “删除”按钮 删除 ：删除选定的样条线。
- “关闭”按钮 关闭 ：通过将所选样条线的端点、顶点与新线段相连来闭合该样条线。
- “拆分”按钮 拆分 ：通过添加由微调器指定的顶点数来拆分所选线段。
- “分离”按钮 分离 ：将所选样条线复制到新的样条线对象，并从当前所选样条线中删除复制的样条线。
- “炸开”按钮 炸开 ：通过将每个线段转换为一个独立的样条线或对象，来分裂任何所选样条线。

2.4 实例：制作花瓶模型

【例2-1】本实例将介绍如何制作花瓶模型，效果如图2-40所示。视频

图2-40 花瓶模型

01 启动3ds Max 2024，单击“创建”面板中的“线”按钮，如图2-41所示。

02 在前视图中绘制花瓶的大致轮廓，如图2-42所示。

图2-41 单击“线”按钮

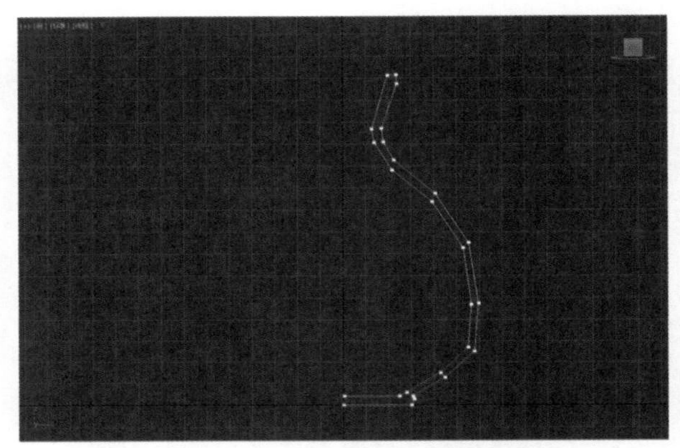

图2-42 绘制花瓶的大致轮廓

03 在“修改”面板中进入“顶点”子层级，选择除了底部的其余顶点，右击并从弹出的快捷菜单中选择“平滑”命令，如图2-43所示，将所选择的点由默认的“角点”转换为“平滑”。

04 在“几何体”卷展栏中单击“插入”按钮，如图2-44所示，为线段底部添加顶点。

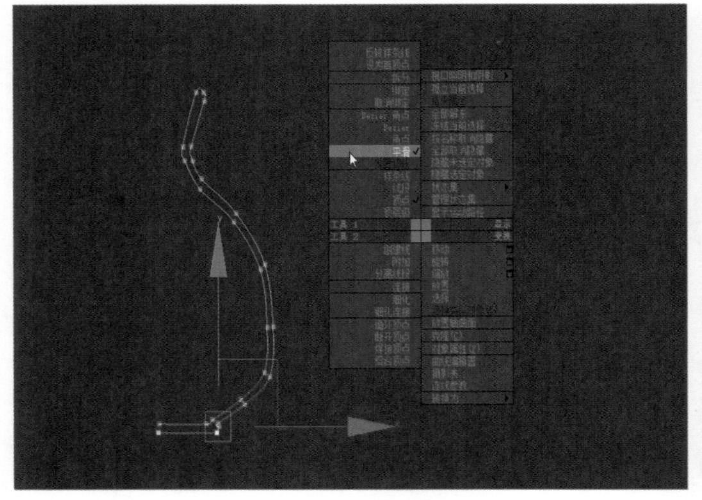

图2-43 选择“平滑”命令

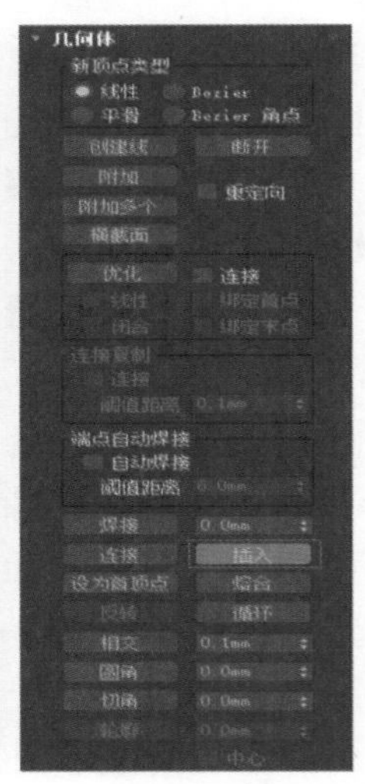

图2-44 单击“插入”按钮

05 通过单击的方式在线段底部添加顶点，如图2-45所示。

06 选择曲线，在“修改”面板中单击“修改器列表”下拉按钮，从弹出的下拉列表中选择“车削”选项，为其添加“车削”修改器，如图2-46所示。

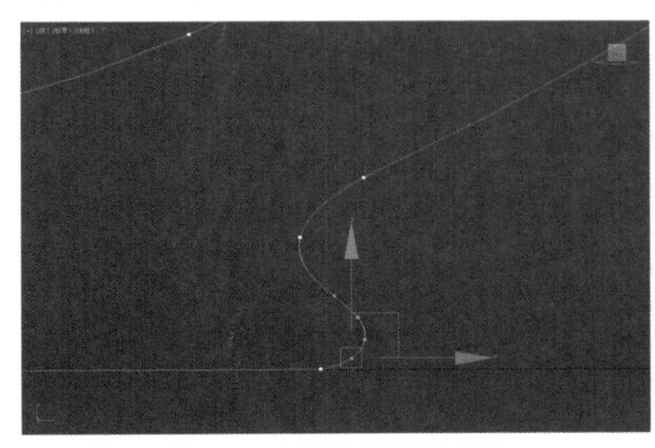

图2-45 在线段底部添加顶点

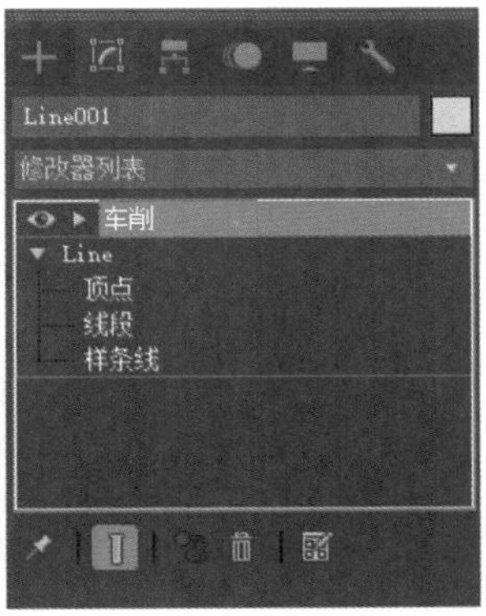

图2-46 添加“车削”修改器

07 设置完成后，花瓶模型在视图中的显示效果如图2-47所示。

08 在“修改”面板中单击“车削”修改器中的“轴”子层级，如图2-48所示。

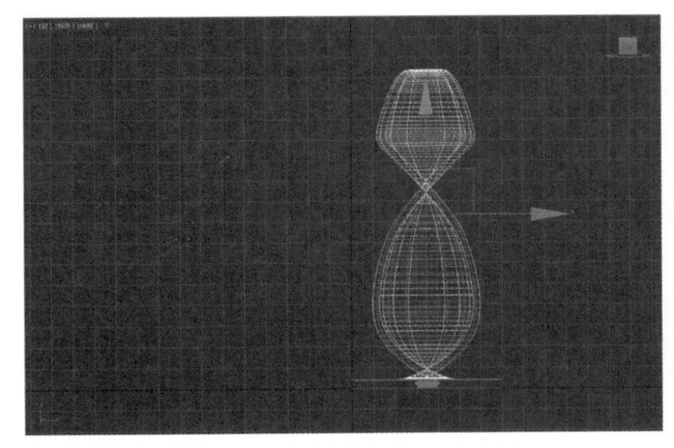

图2-47 花瓶模型的显示效果

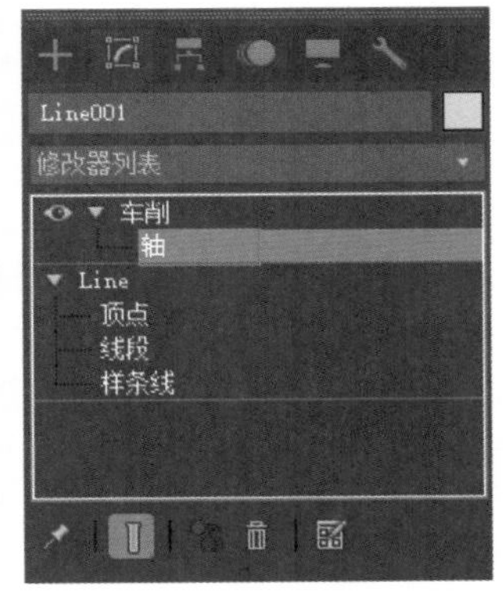

图2-48 单击“轴”子层级

09 按S键并移动坐标轴至网格中心点，如图2-49所示。

10 花瓶的最终效果如图2-40所示。

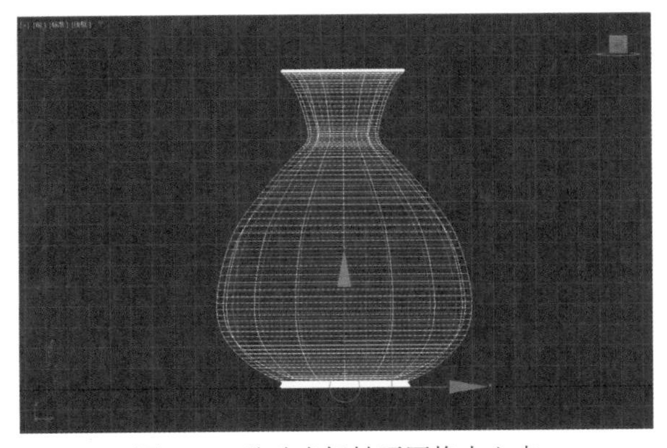

图2-49 移动坐标轴至网格中心点

2.5 实例：制作霓虹灯灯牌模型

【例2-2】 本实例将介绍如何制作霓虹灯灯牌模型，如图2-50所示。

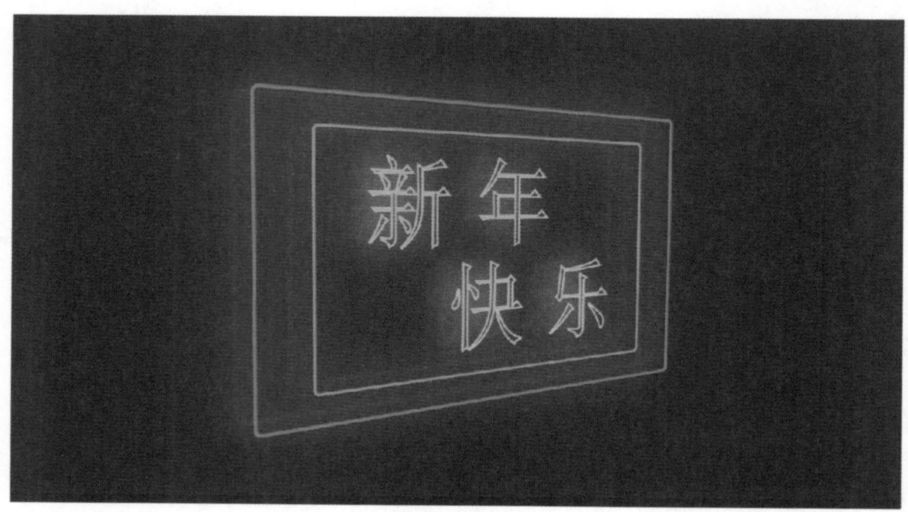

图2-50 霓虹灯灯牌模型

01 启动3ds Max 2024，单击“创建”面板中的“文本”按钮，如图2-51所示，在前视图中创建一个文本图形。

02 在“修改”面板中展开“参数”卷展栏，在“文本”文本框内输入“新年快乐”，然后设置“行间距”为10mm，如图2-52所示。

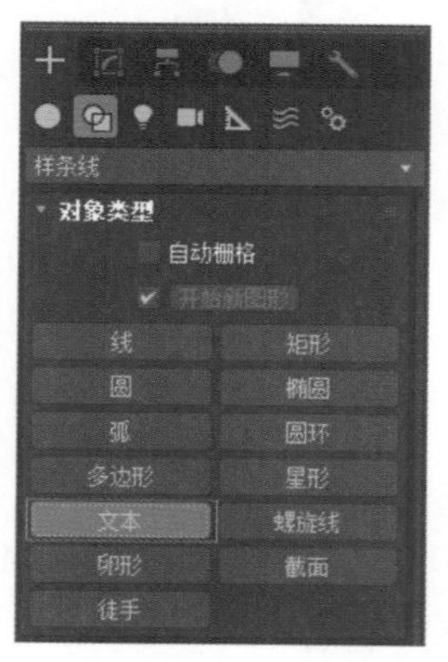

图2-51 单击“文本”按钮

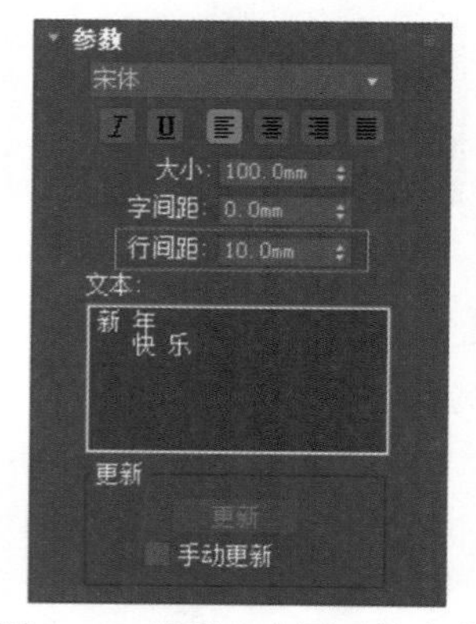

图2-52 设置文本图形的参数

03 设置完成后，文本图形在视图中的显示效果如图2-53所示。

04 在“修改”面板中展开“渲染”卷展栏，选中“在渲染中启用”和“在视口中启用”复选框，设置“厚度”为2mm，如图2-54所示。

05 设置完成后，文本图形在视图中的显示效果如图2-55所示。

06 单击“创建”面板中的“矩形”按钮，如图2-56所示，制作背景板。

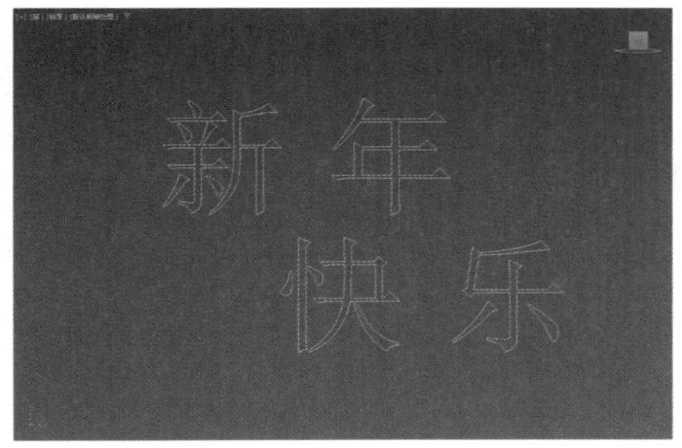

图2-53 文本图形的显示效果

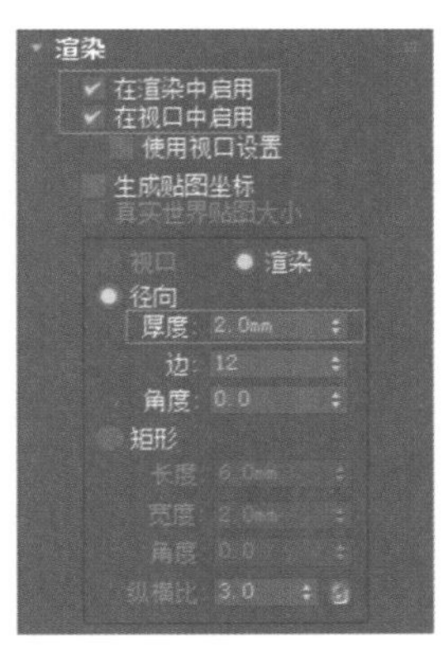

图2-54 展开"渲染"卷展栏设置参数

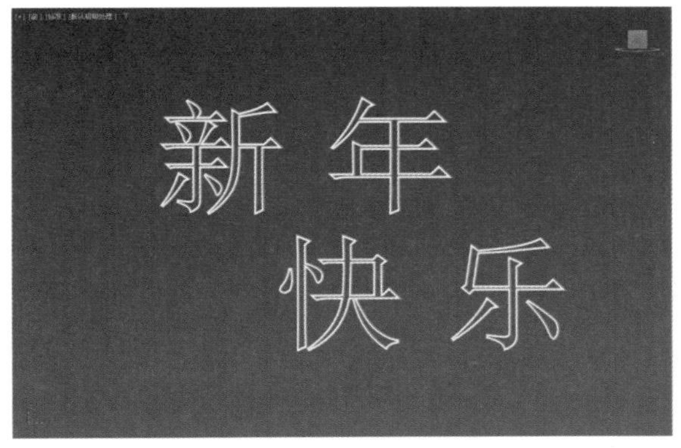

图2-55 文本图形的显示效果

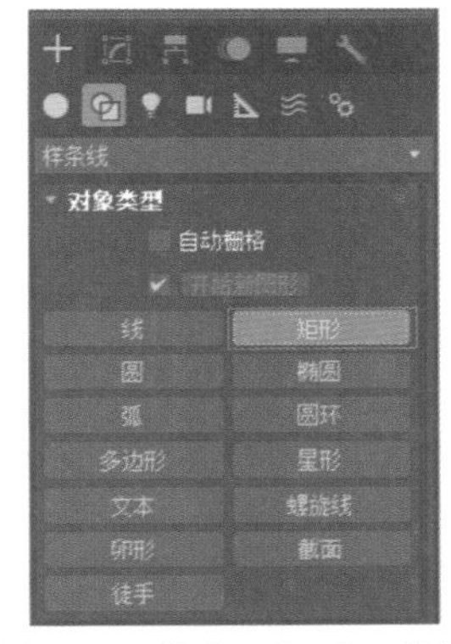

图2-56 单击"矩形"按钮

07 在"修改"面板的"参数"卷展栏中设置"长度"为250mm、"宽度"为420mm、"角半径"为5mm，如图2-57所示，制作背景板外框。

08 设置完成后，矩形图形在视图中的显示效果如图2-58所示。

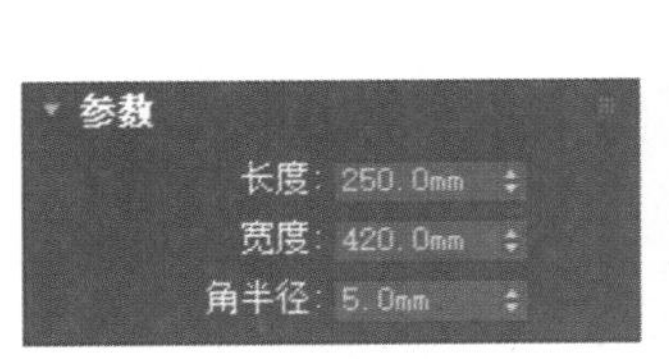

图2-57 设置矩形图形参数

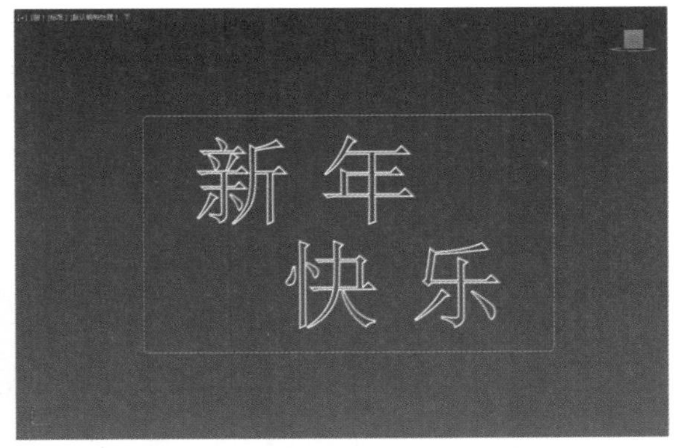

图2-58 矩形图形的显示效果

09 在"修改"面板中，展开"渲染"卷展栏，选中"在渲染中启用"和"在视口中启用"复选框，设置"厚度"为2.5mm，如图2-59所示。

10 设置完成后，矩形图形在视图中的显示效果如图2-60所示。

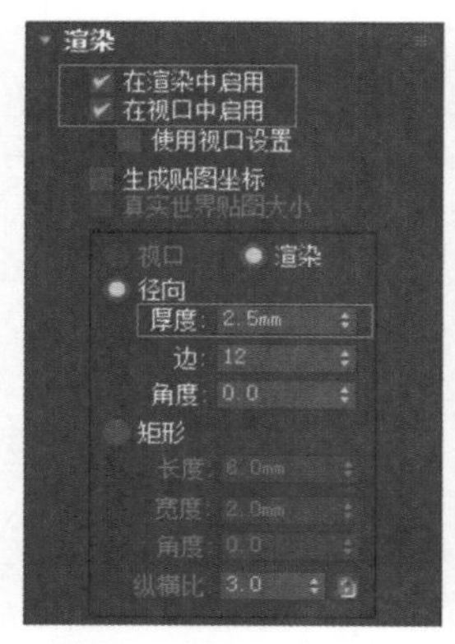

图2-59　展开“渲染”卷展栏设置参数

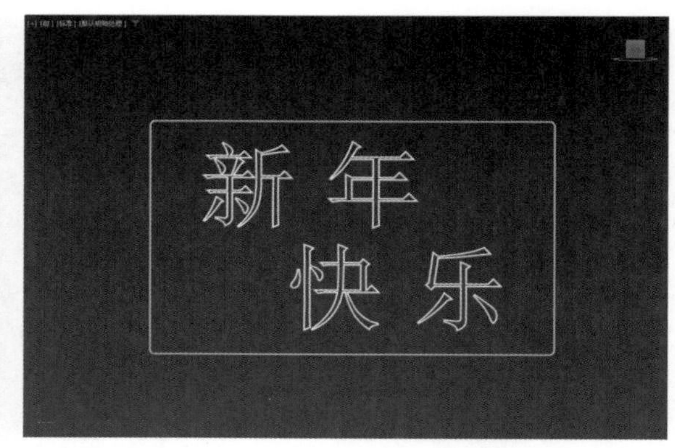

图2-60　矩形图形的显示效果

11 按Shift键并拖曳矩形图形，打开“克隆选项”对话框，在该对话框的“对象”组中选中“复制”单选按钮，设置“副本数”数值为1，如图2-61所示，然后单击“确定”按钮。

12 在“参数”卷展栏中设置“长度”为270mm、“宽度”为460mm、“角半径”为5mm，如图2-62所示。

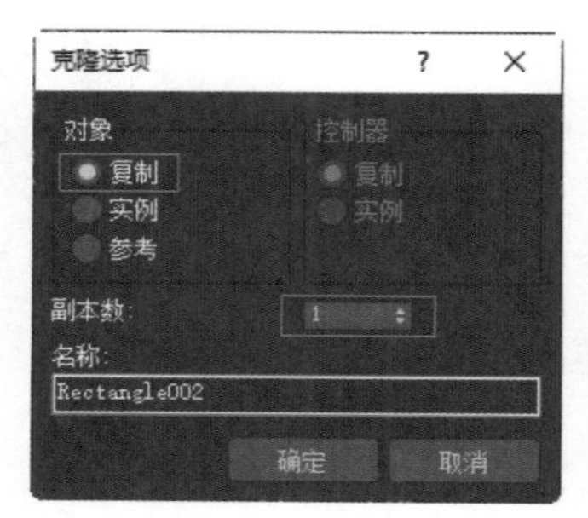

图2-61　设置克隆选项的参数

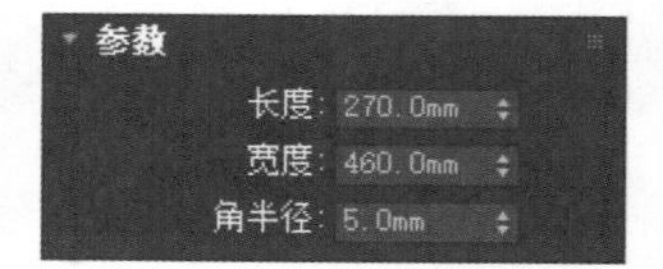

图2-62　设置副本矩形的参数

13 设置完成后，可以得到如图2-63所示的模型结果。

14 霓虹灯灯牌的最终显示效果如图2-50所示。

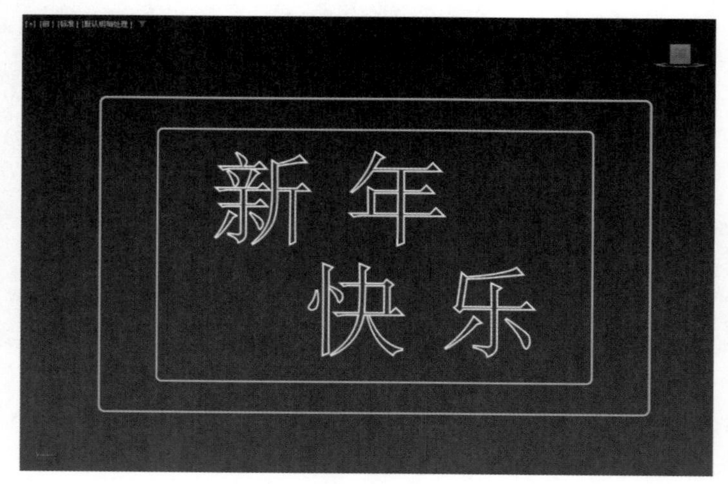

图2-63　设置完成后的模型效果

2.6 实例：制作蝴蝶绳结模型

【例2-3】本实例将介绍如何制作蝴蝶绳结模型，如图2-64所示。

图2-64 蝴蝶绳结模型

01 启动3ds Max 2024，单击“创建”面板中的“线”按钮，在前视图中通过单击鼠标绘制出图2-65所示的曲线。

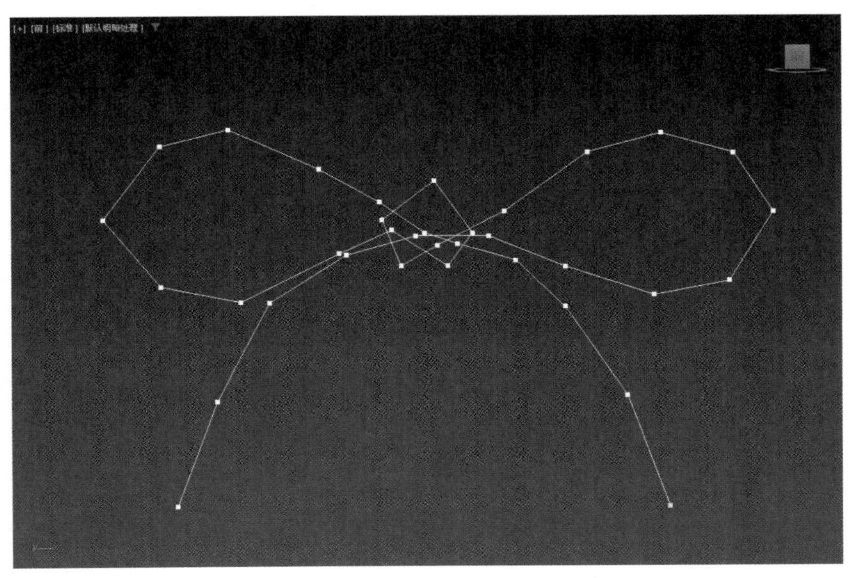

图2-65 绘制蝴蝶绳结的大致轮廓

02 在“修改”面板中进入“顶点”子层级，选择所有的顶点，右击并从弹出的快捷菜单选择“平滑”命令，如图2-66所示。

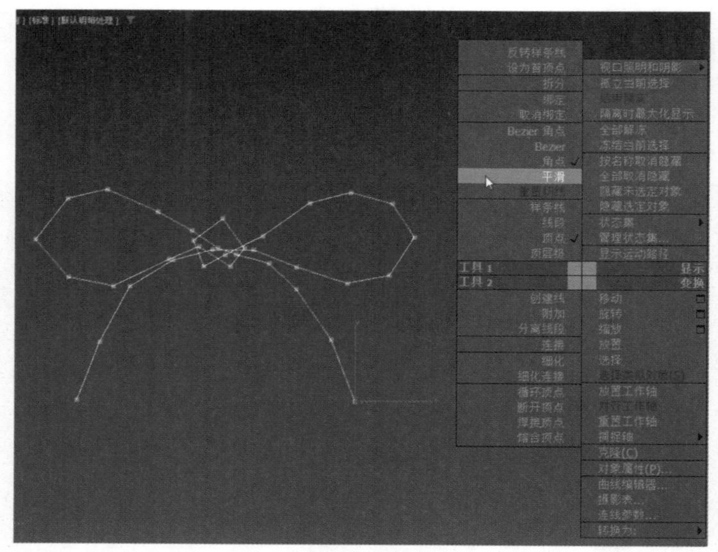

图2-66 选择“平滑”命令

03 调整曲线的前后关系，结果如图2-67所示。

04 在“创建”面板中单击“多边形”按钮，展开“参数”卷展栏，在“半径”文本框中输入12，在“边数”文本框中输入6，如图2-68所示。

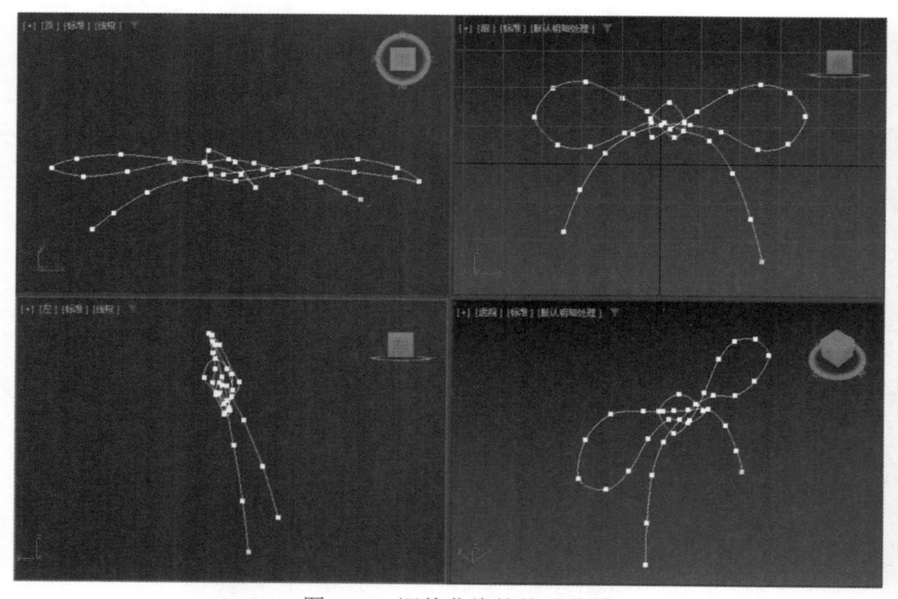

图2-67 调整曲线的前后关系

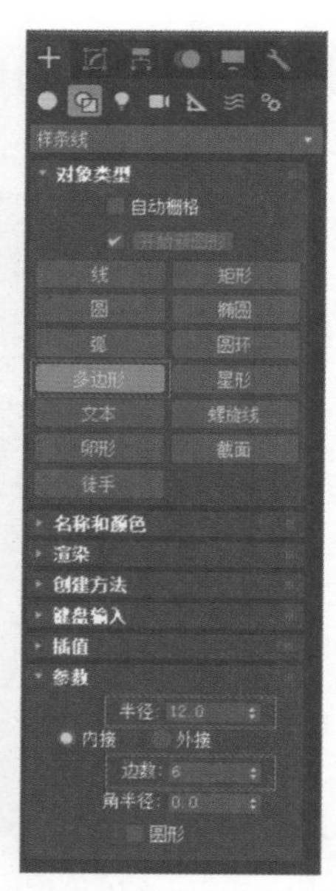

图2-68 设置多边形参数

05 多边形的显示效果如图2-69所示。

06 选择曲线，在“创建”面板中选择“几何体”选项卡●，在“标准基本体”下拉列表中选择“复合对象”选项，单击“放样”按钮，然后在“创建方法”卷展栏中单击“获取图形”按钮，再单击多边形，如图2-70所示，创建放样对象。

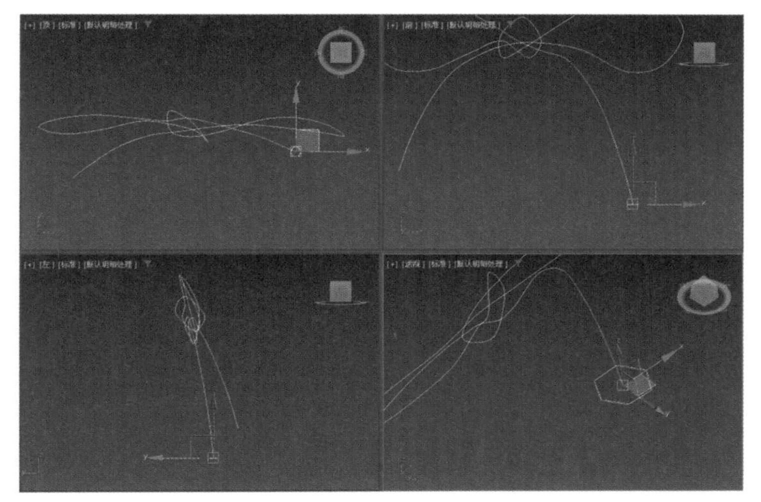

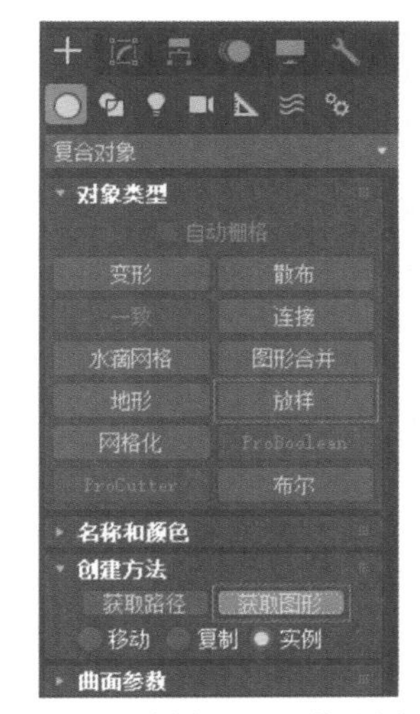

图2-69　多边形的显示效果　　　　图2-70　单击“放样”和“获取图形”按钮

07 选择模型，展开“蒙皮参数”卷展栏，在“路径步数”微调框中输入4，然后选中“优化图形”复选框，如图2-71所示。

08 设置完成后，模型的显示效果如图2-72所示。

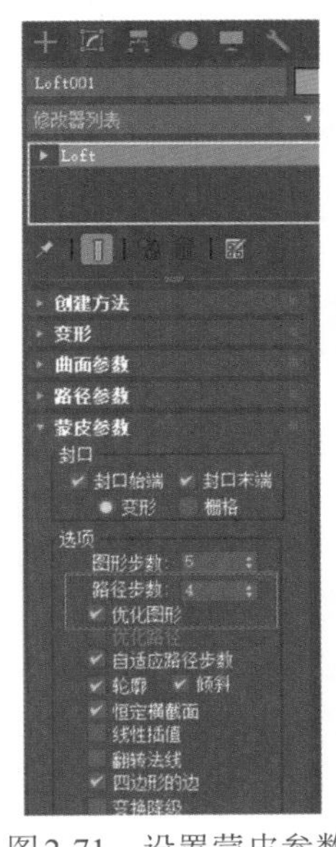

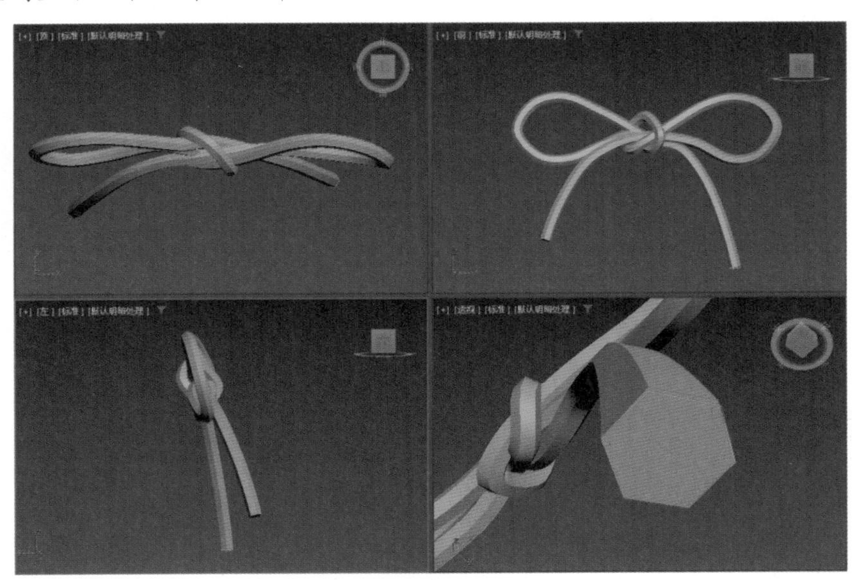

图2-71　设置蒙皮参数　　　　图2-72　模型的显示效果

09 展开“变形”卷展栏，单击“扭曲”按钮，如图2-73所示。

10 打开“扭曲变形”窗口，选择右侧的点，在下方的文本框中输入6800，结果如图2-74所示。

11 设置完成后，模型的显示效果如图2-75所示。

12 选择绳结模型，右击并从弹出的菜单中选择“转换为：”|“转换为可编辑多边形”命令，如图2-76所示。

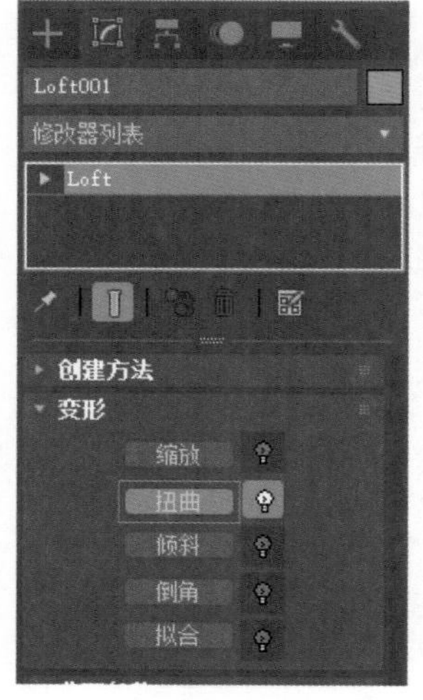

图2-73　单击“扭曲”按钮

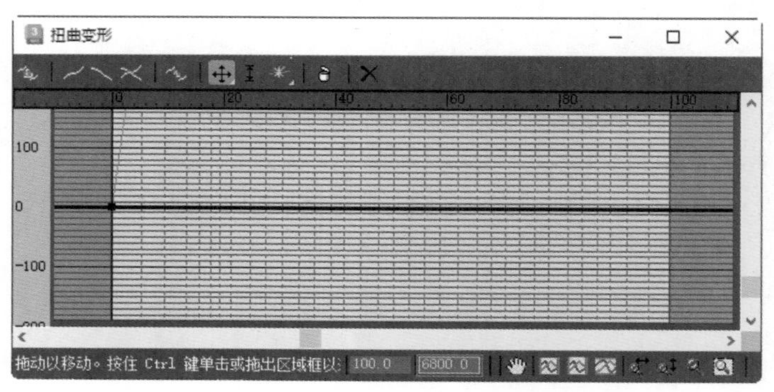

图2-74　设置“扭曲变形”窗口参数

图2-75　模型的显示效果

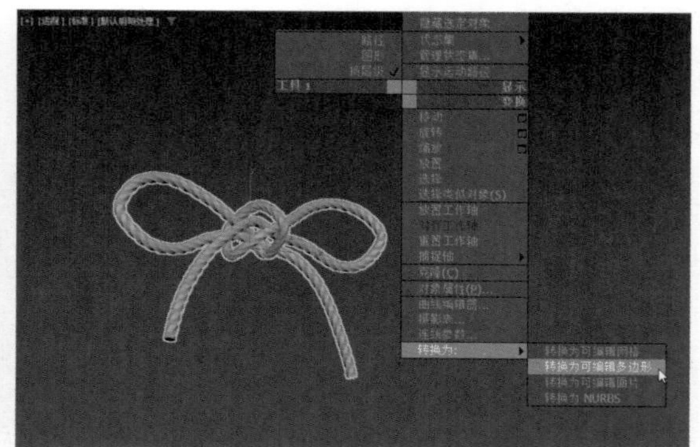
图2-76　选择“转换为可编辑多边形”命令

13 按2键进入边模式，选择如图2-77所示的边。

14 在“选择”卷展栏中单击“循环”按钮，如图2-78所示。

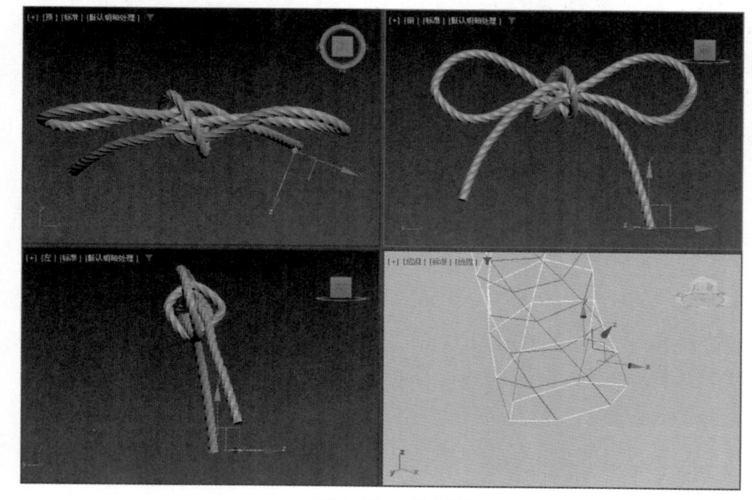
图2-77　选择边

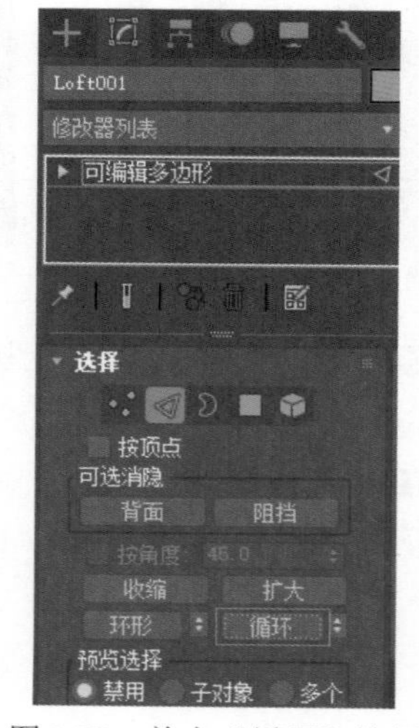

图2-78　单击“循环”按钮

15 右击并从弹出的菜单中选择“创建图形”命令，如图 2-79 所示。

16 打开“创建图形”对话框，在“图形类型”组中选中“平滑”单选按钮，然后单击“确定”按钮，如图 2-80 所示。

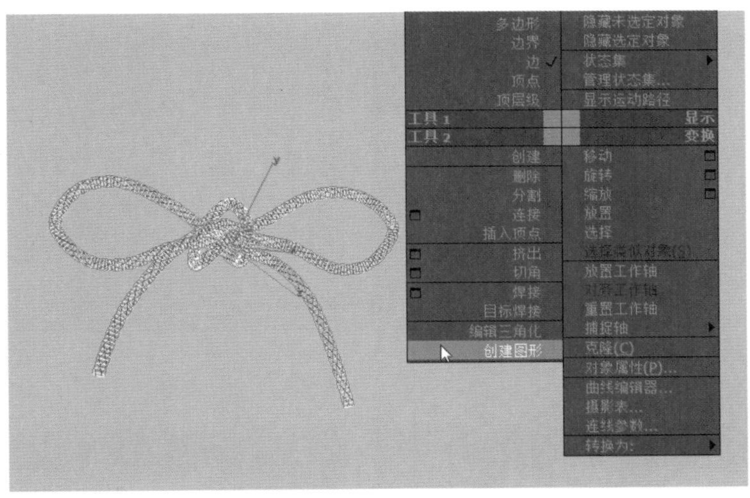

图 2-79 选择“创建图形”命令

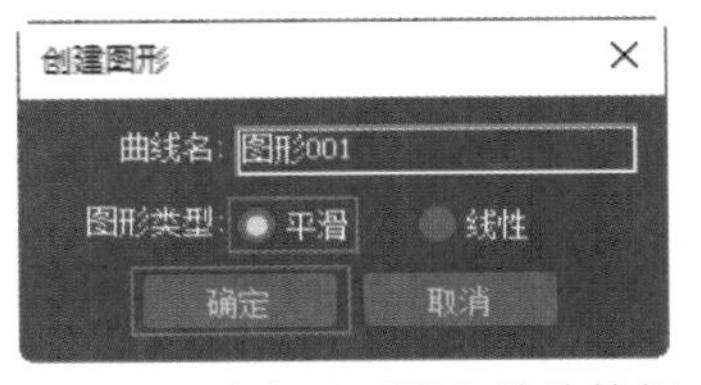

图 2-80 选中“平滑”单选按钮

17 选择生成的图形，在状态栏中单击“孤立当前选项”按钮，使其单独显示在场景中，结果如图 2-81 所示。

18 在“修改”面板中，展开“渲染”卷展栏，选择“在渲染中启用”“在视口中启用”和“生成贴图坐标”复选框，然后在“厚度”微调框中输入 12，如图 2-82 所示。

19 设置完成后，蝴蝶结的最终显示效果如图 2-64 所示。

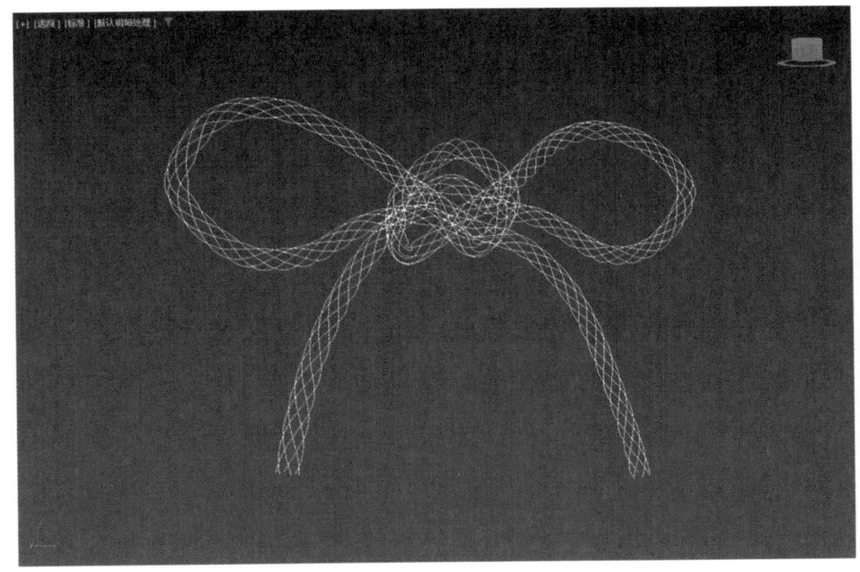

图 2-81 模型的显示结果

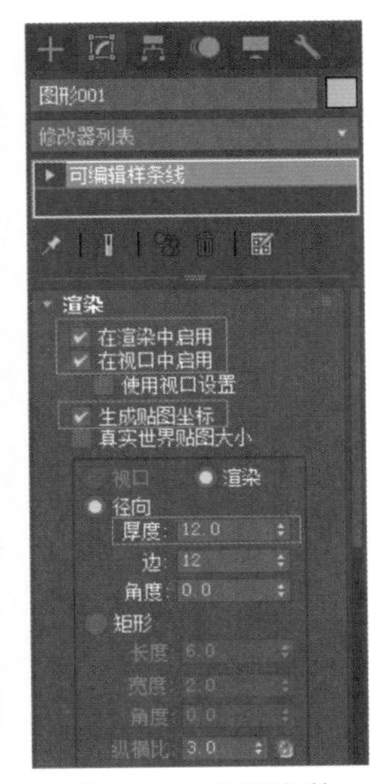

图 2-82 设置参数

2.7 习题

1. 简述在3ds Max 2024中创建二维图形的基本步骤。
2. 简述如何调整顶点和线段，以创建花瓶的形状。
3. 运用本章所学的知识，尝试制作三角立式书架模型，如图2-83所示。

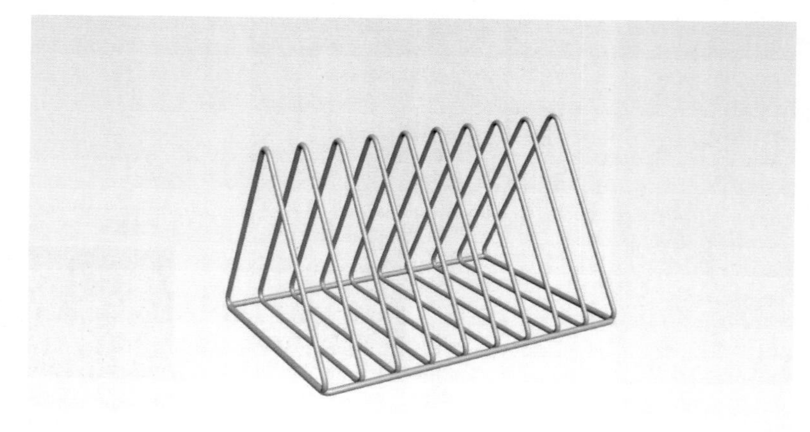

图2-83　三角立式书架模型

第 3 章

多边形建模

多边形建模是目前三维软件流行的建模方法之一，通过编辑顶点、边和面来制作三维模型。因其高效的数据处理和广泛的应用范围而成为游戏开发、电影制作和建筑等领域的首选技术。本章将详细介绍多边形建模的基本概念和原理，并通过实例掌握 3ds Max 2024 中多边形建模的基本原理和技巧。

3.1 多边形建模概述

在3ds Max 2024中，多边形建模方法具有极大的灵活性和操作性，用户可以精确地塑造模型的形状，从简单的几何体开始，逐步为模型添加细节并进行优化，从而制作出所需要的模型。

在项目制作中，用户使用多边形建模技术往往运用较少的面制作模型，这不仅能加快后续渲染的速度，还能提高在游戏或其他应用软件中的运行速度和交互性能。因此，多边形建模广泛适用于CG动画、游戏建模、工业产品和室内设计等领域。图3-1、图3-2所示为使用多边形建模技术制作出来的模型作品。

图3-1　室内模型

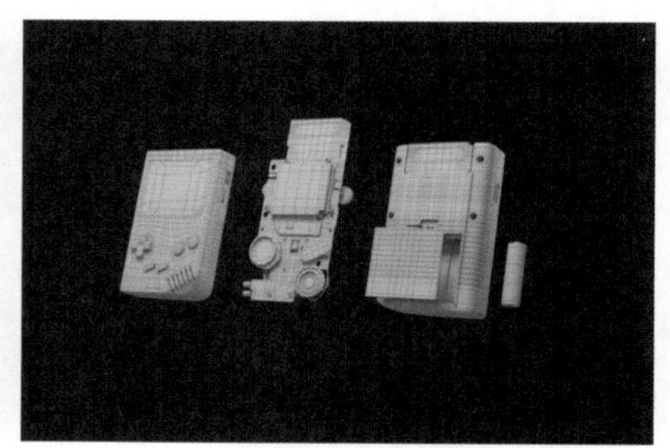

图3-2　机械模型

3.2 创建可编辑多边形

用户创建出基本的几何体后，可以在修改面板中调整参数，但不能将物体改变成复杂形状，对于复杂的形状或更高级的编辑需求，用户需要将对象转换为可编辑多边形。下面讲解创建多边形对象的具体操作。

方法一：在视图中选择要塌陷的对象，右击并在弹出的快捷菜单中选择“转换为：”|“转换为可编辑多边形”命令，如图3-3所示，该物体则被快速塌陷为多边形对象。

方法二：选择视图中的物体，打开“修改”面板，将光标移至修改堆栈的命令上，右击，在弹出的快捷菜单中选择“可编辑多边形”命令，完成塌陷，如图3-4所示。

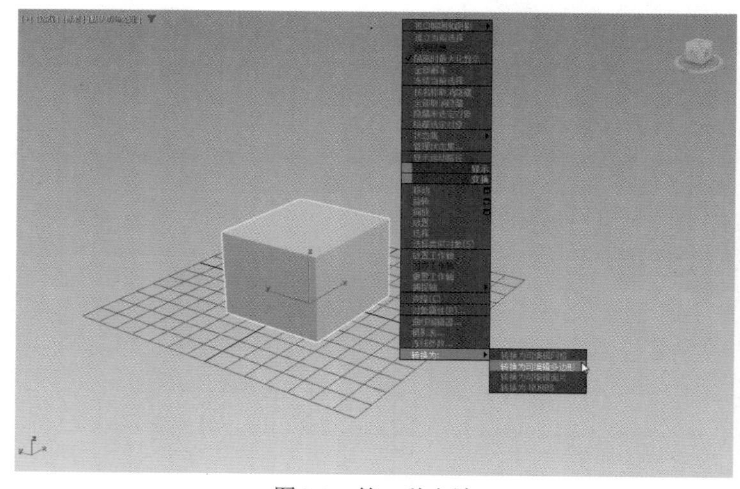

图3-3　第一种方法

方法三：单击选择视图中的模型，在“修改器列表”中找到并添加“编辑多边形”修改器，如图3-5所示。需要注意的是，该方法只是在对象的修改器堆栈内添加一个修改器，与直接将对象转换为可编辑的多边形相比较而言，仍存在一些不同之处。

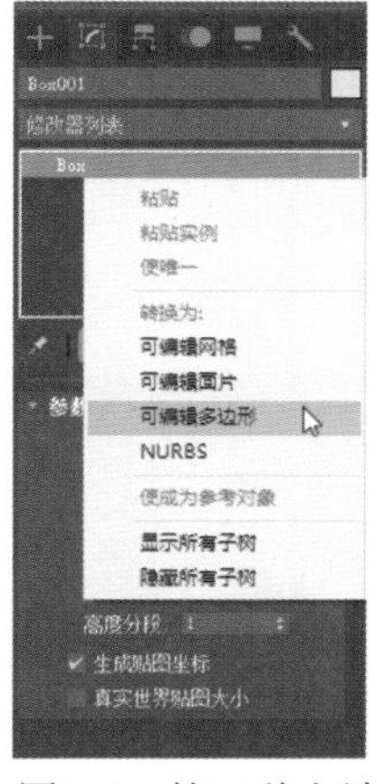

图3-4　第二种方法

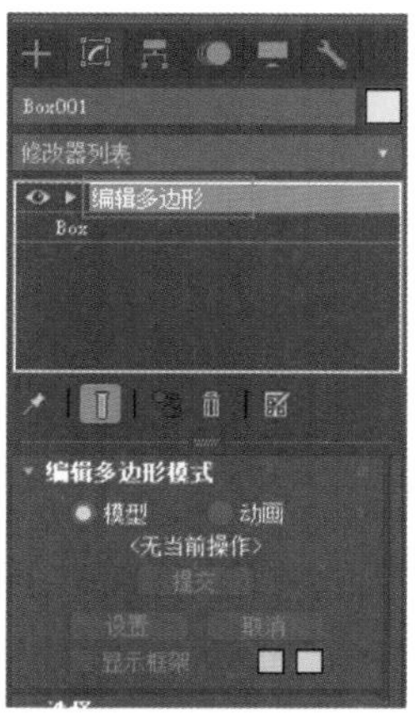

图3-5　第三种方法

3.3　可编辑多边形对象的子对象

当用户将物体塌陷为可编辑多边形对象后，即可对可编辑多边形对象的顶点、边、边界、多边形和元素5个层级的子对象分别进行编辑，通过使用不同的子对象，配合子对象内不同的命令，从而更方便、直观地进行模型的修改工作。

在对模型进行修改之前，务必要先单击模型以选定这些独立的子对象。只有处于一种特定的子对象模式时，才能选择视口中模型的对应子对象。可编辑多边形对象除了各层级自己独有的卷展栏，还拥有公共参数，包括“选择”“软选择”“编辑顶点”“编辑几何体”“顶点属性”“细分曲面”“细分置换”和“绘制变形”共8个卷展栏。图3-6所示为“顶点”层级面板，图3-7所示为“边”层级面板。

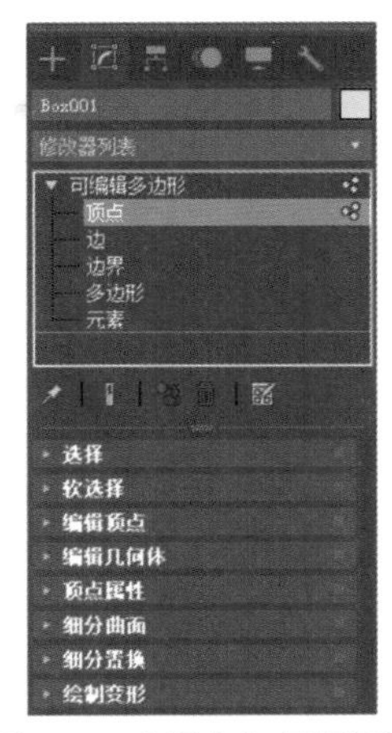

图3-6　“顶点”层级面板

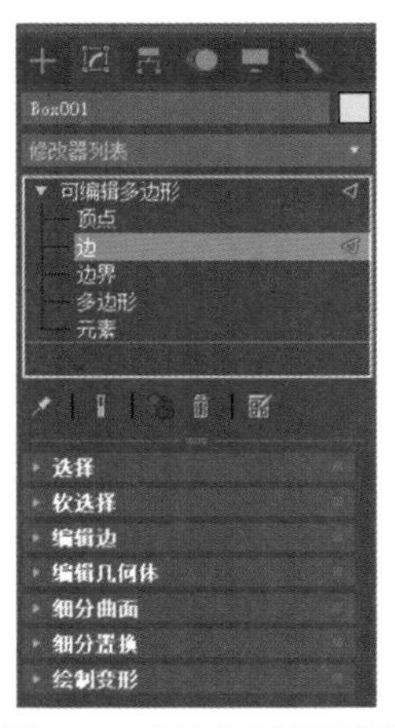

图3-7　“边”层级面板

3.3.1 “顶点”子对象

“顶点”是位于相应位置的点，用来定义构成多边形对象的其他子对象的结构。当移动或编辑顶点时，它们形成的几何体也会受影响。顶点可以独立存在，这些孤立的顶点可以用来构建其他几何体，但在渲染时，它们是不可见的。

进入“编辑多边形”的“顶点”子对象层级后，如图3-8所示，在“修改”面板中将会出现“编辑顶点”卷展栏，如图3-9所示，它专用于编辑顶点子对象。

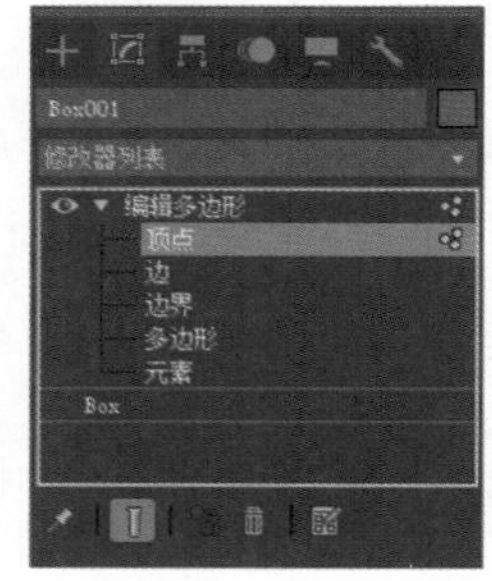

图3-8 进入“顶点”子对象层级

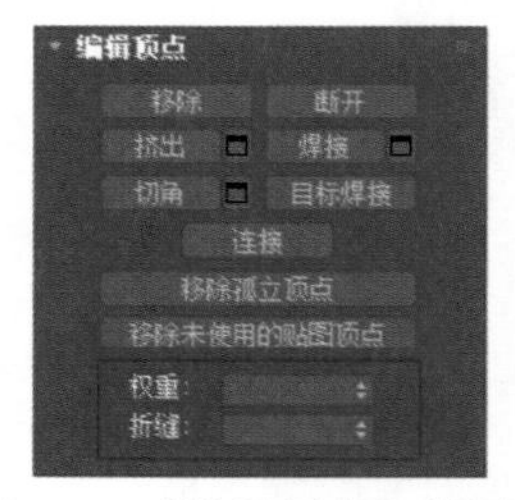

图3-9 “编辑顶点”卷展栏

3.3.2 “边”子对象

“边”是连接两个顶点的直线，可以形成多边形的边。进入“编辑多边形”的“边”子对象层级后，如图3-10所示，在“修改”面板中将出现“编辑边”卷展栏，如图3-11所示，它专用于编辑边子对象。

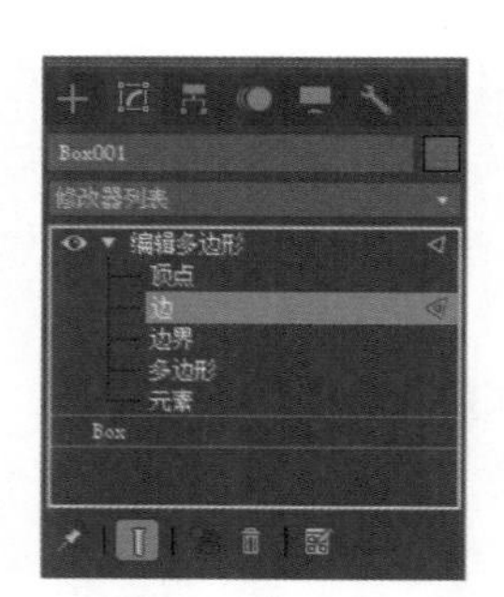

图3-10 进入“边”子对象层级

图3-11 “编辑边”卷展栏

3.3.3 “边界”子对象

“边界”是多边形对象开放的边，可以理解为孔洞的边缘，简单来说，是指一个完整闭合的模型上因缺失部分的面而产生开口的地方。进入“编辑多边形”的“边界”子对象层级，在模型上框选一下，如果模型可以被选中，则代表模型有破面。进入“编辑多边形”的“边界”子对象层级后，如图3-12所示，在“修改”面板中将出现“编辑边界”卷展栏，如图3-13所示，它专用于编辑边界子对象。

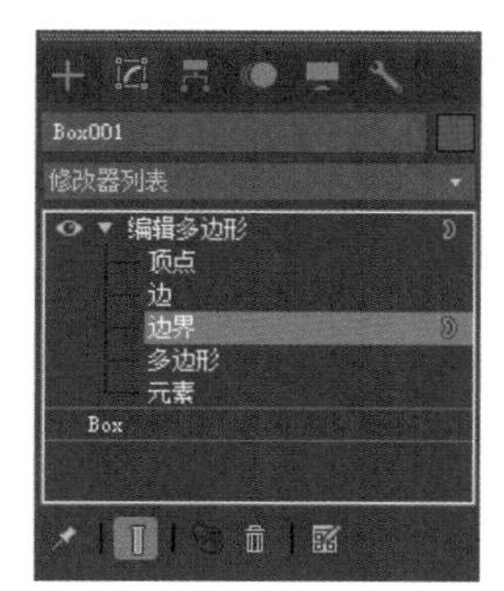

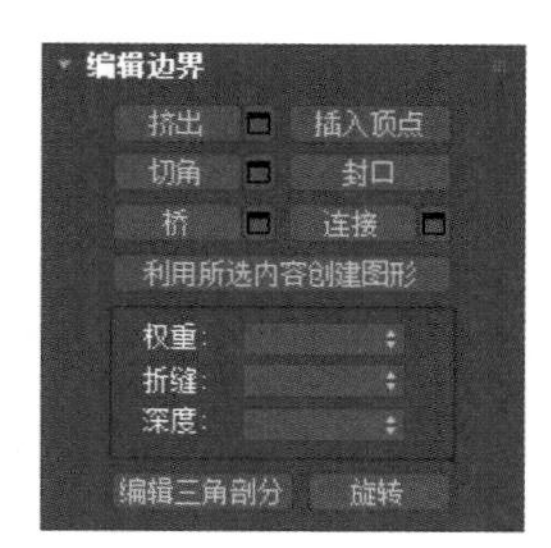

图3-12 进入“边界”子对象层级　　图3-13 “编辑边界”卷展栏

3.3.4 “多边形”子对象

多边形是指通过3条或3条以上的边所构成的面。进入“编辑多边形”的“多边形”子对象层级后，如图3-14所示，在“修改”面板中将出现“编辑多边形”卷展栏，如图3-15所示。

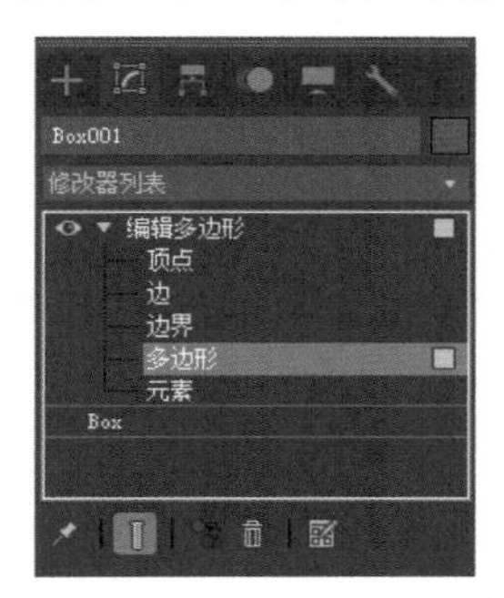

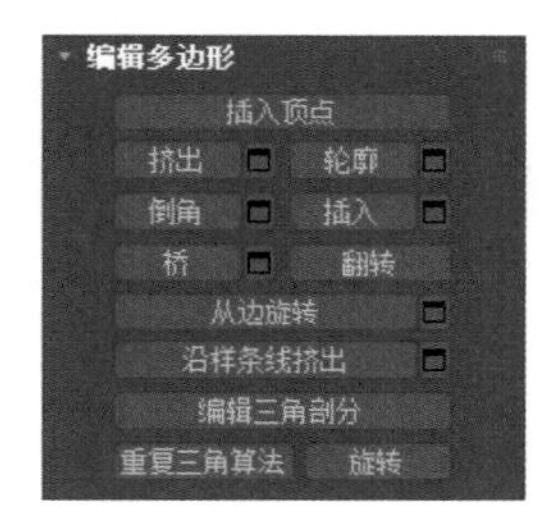

图3-14 进入“多边形”子对象层级　　图3-15 “编辑多边形”卷展栏

3.3.5 “元素”子对象

使用“编辑多边形”中的“元素”子对象层级，可以选中多边形内部的整个几何体。进入“编辑多边形”的“元素”子对象层级后，如图3-16所示，在“修改”面板中会出现“编辑元素”卷展栏，如图3-17所示。

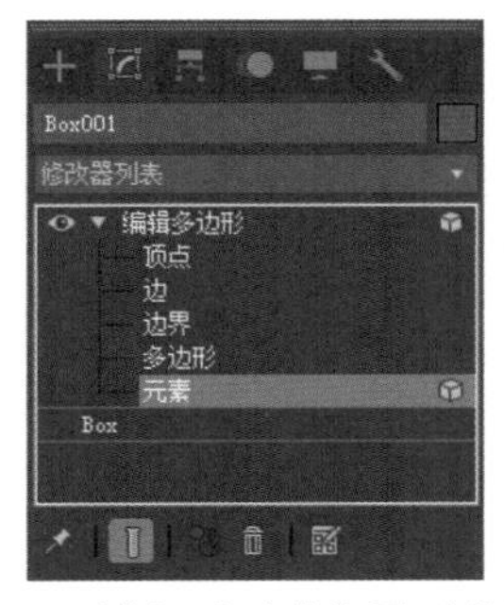

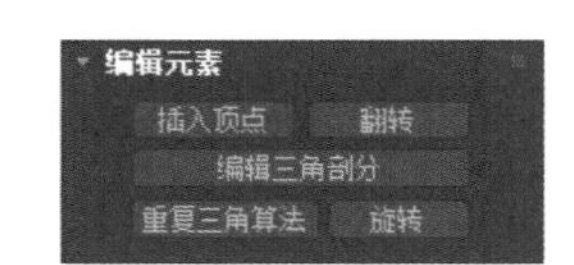

图3-16 进入“元素”子对象层级　　图3-17 “编辑元素”卷展栏

3.4 实例：多边形子对象层的操作

【例3-1】本实例将讲解如何进行多边形子对象层的操作。

01 启动3ds Max 2024，在场景中创建一个圆柱体，选择圆柱体，右击并在弹出的快捷菜单中选择“转换为：”|“转换为可编辑多边形”命令，如图3-18所示。

02 按数字1键进入“顶点”子对象层级，单击模型上的任意点，在“修改”面板中的“选择”卷展栏下方可以看到所选择顶点的ID号，如图3-19所示。

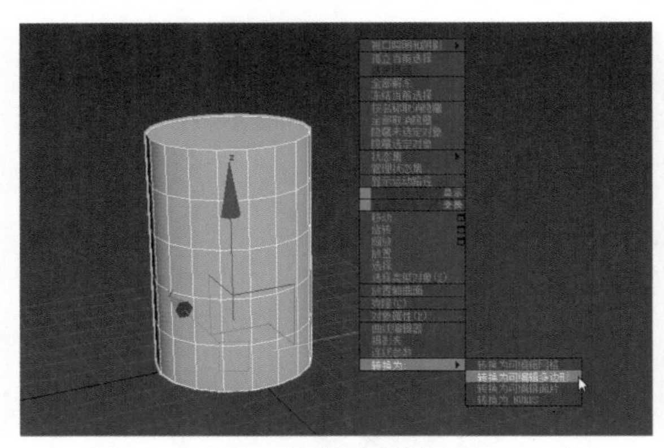

图3-18 选择“转换为可编辑多边形”命令

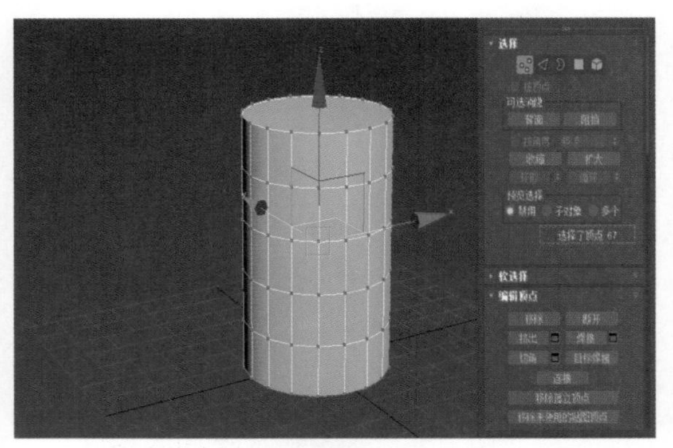

图3-19 顶点的ID号

03 若选择多个顶点，在“选择”卷展栏的下方会提示具体选择了多少个顶点，如图3-20所示。

04 选择圆柱体上的一个顶点，在“编辑顶点”卷展栏中单击“移除”按钮，可以将选择的顶点子对象移除，如图3-21所示。

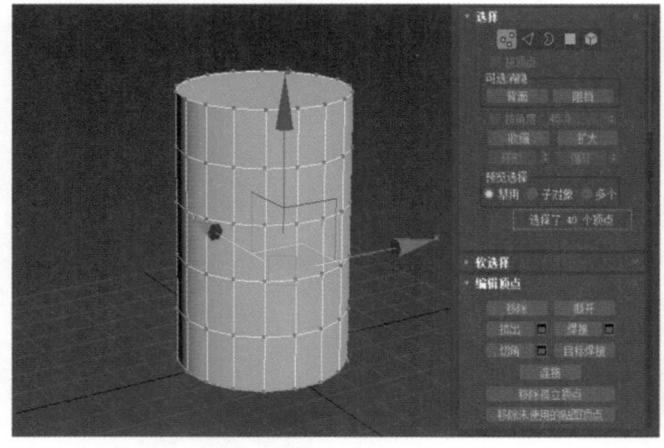

图3-20 提示具体选择了多少个顶点

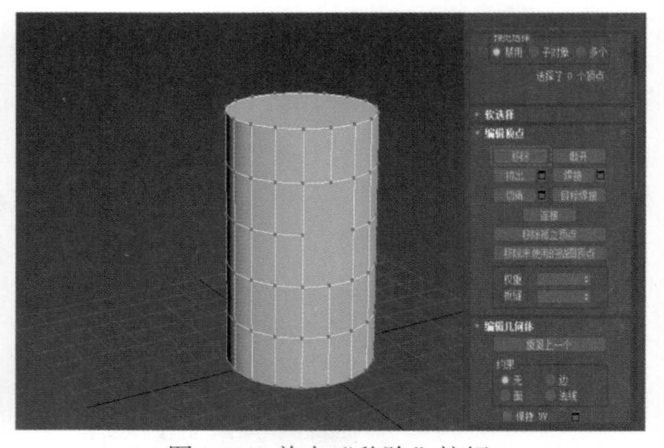

图3-21 单击“移除”按钮

05 选择一个顶点，在“编辑顶点”卷展栏中单击“断开”按钮。移动这一区域内的顶点时，对象中连续的表面就会产生分裂，如图3-22所示。

06 在“编辑顶点”卷展栏中单击“焊接”命令右侧的“设置”按钮■，在弹出的“小盒界面”中设置“焊接”参数为8mm，如图3-23所示。

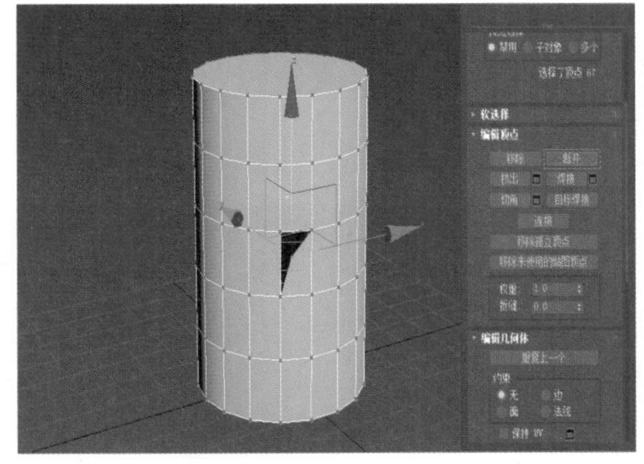

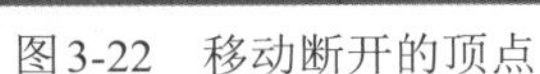
图3-22　移动断开的顶点

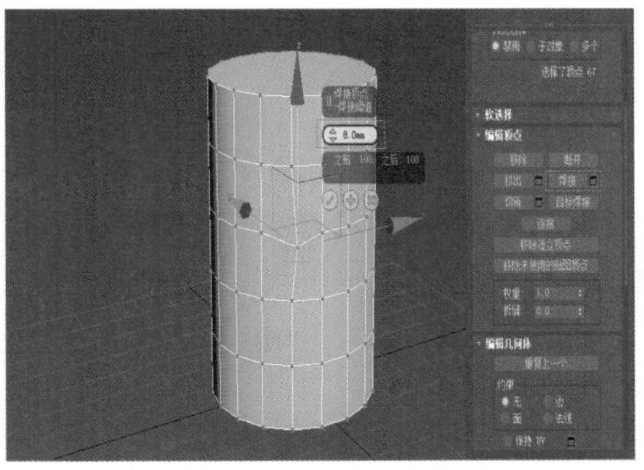

图3-23　设置“焊接”参数

07 在“编辑顶点”卷展栏中单击“目标焊接”按钮，如图3-24所示，将其激活后，在视图中单击断开的顶点，此时移动鼠标就会拖出一条虚线。

08 将光标移到想要焊接的顶点上并再次单击，即可将先前单击的顶点焊接到后来单击的顶点上，如图3-25所示。

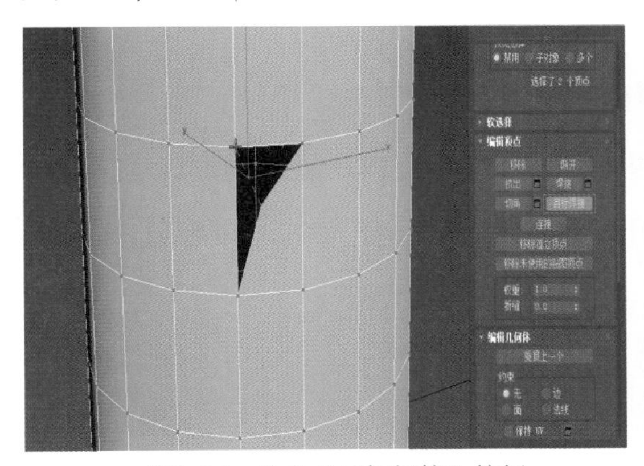

图3-24　单击“目标焊接”按钮

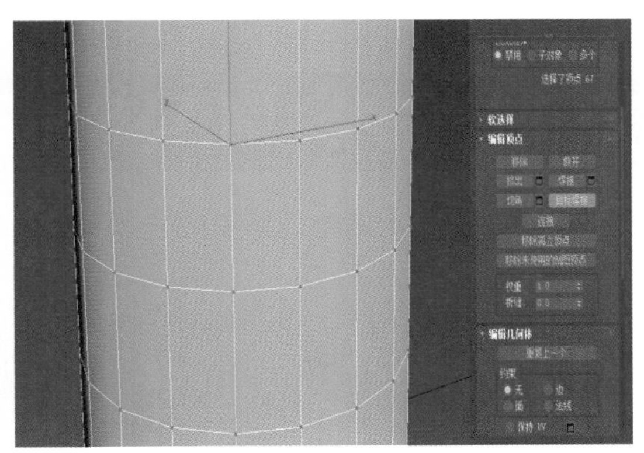

图3-25　焊接顶点

09 同样，在“边”子对象层级和“多边形”子对象层级中进行边或面的选择时，也会出现相应的提示，如图3-26所示。

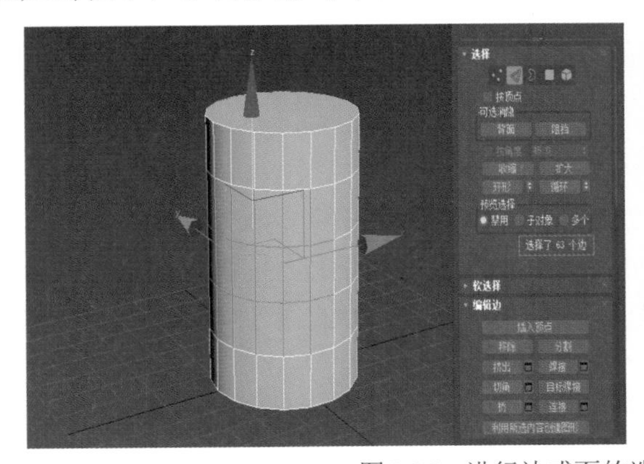

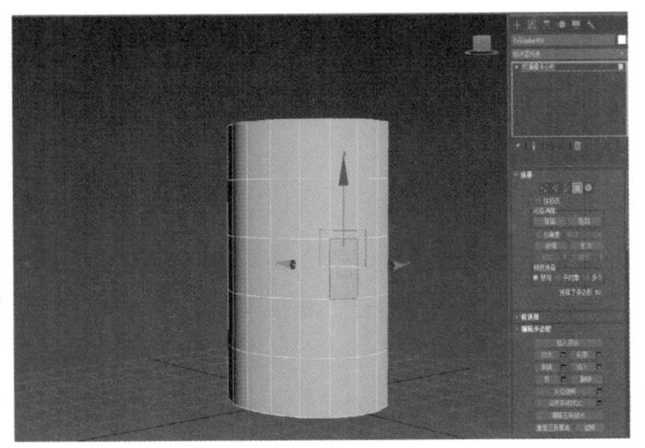

图3-26　进行边或面的选择时会出现相应的提示

10 在“修改”面板中，进入“多边形”子对象层级，选中其中的一个面，将其删除，在“修改”面板中，进入“边界”子对象层级，框选圆柱体，圆柱体缺面位置处的边线会被选中，如图3-27所示。用户可通过该方法检查模型是否有缺面。

11 单击“编辑边界”卷展栏中的“封口”按钮，即可填补缺失的面，如图3-28所示。

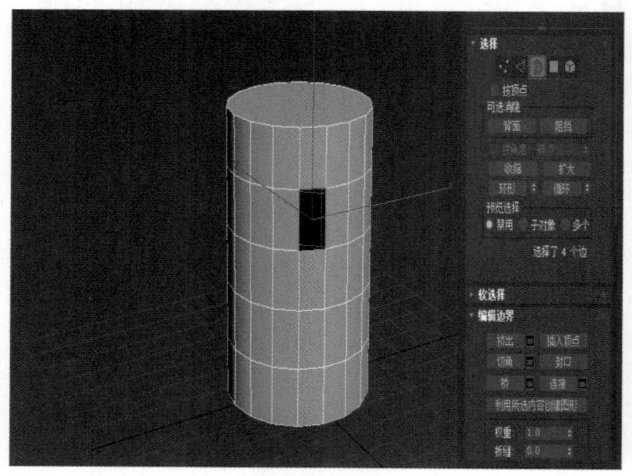

图3-27　框选圆柱体

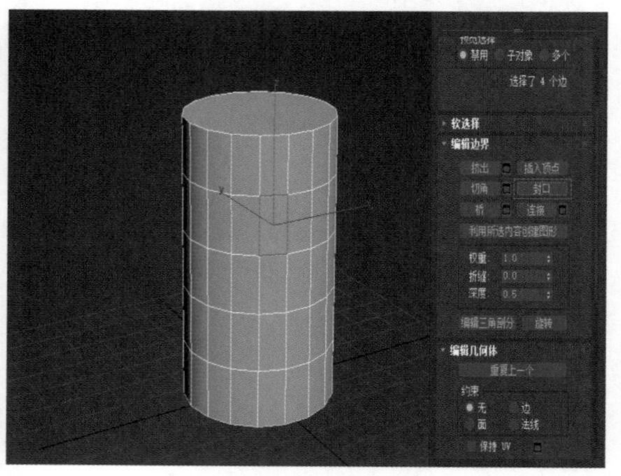

图3-28　填补缺失的面

3.5　实例：制作镂空饰品模型

【例3-2】 本实例将讲解如何综合所学知识制作镂空饰品模型，如图3-29所示。

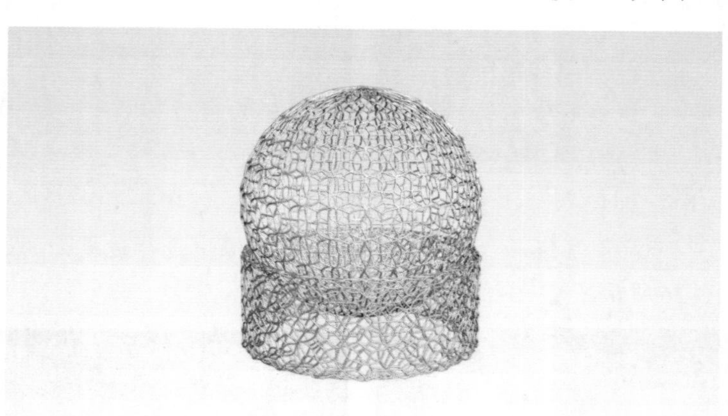

图3-29　镂空饰品

01 启动3ds Max 2024，单击“创建”面板中的“管状体”按钮，如图3-30所示。

02 在“修改”面板中设置“半径1”数值为70mm，“半径2”数值为75mm，“高度”数值为60mm，“高度分段”数值为6，“端面分段”数值为1，“边数”数值为18，如图3-31所示。

03 设置完成后，管状体在视图中的显示效果如图3-32所示。

04 单击“创建”面板中的“球体”按钮，在“修改”面板中设置“半径”微调框数值为75mm，设置“分段”微调框数值为26，则可以得到如图3-33所示的球体。

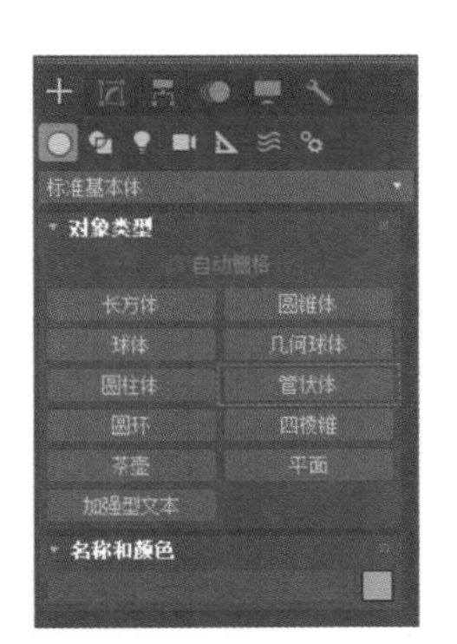

图3-30 单击“管状体”按钮

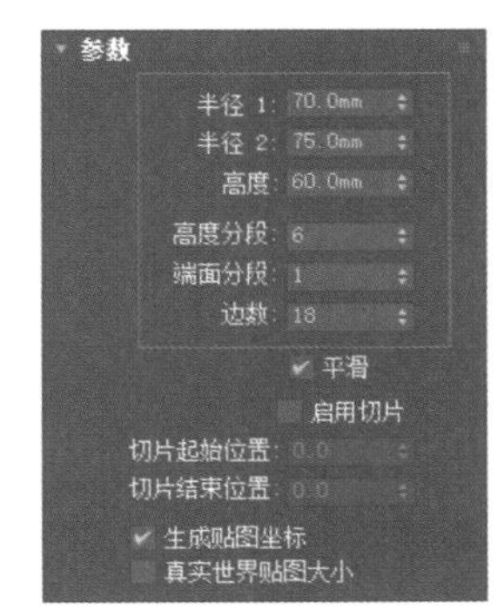

图3-31 设置管状体的参数

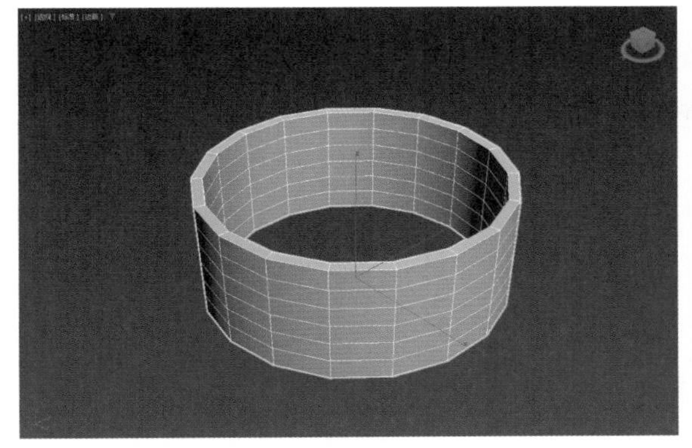

图3-32 管状体显示结果

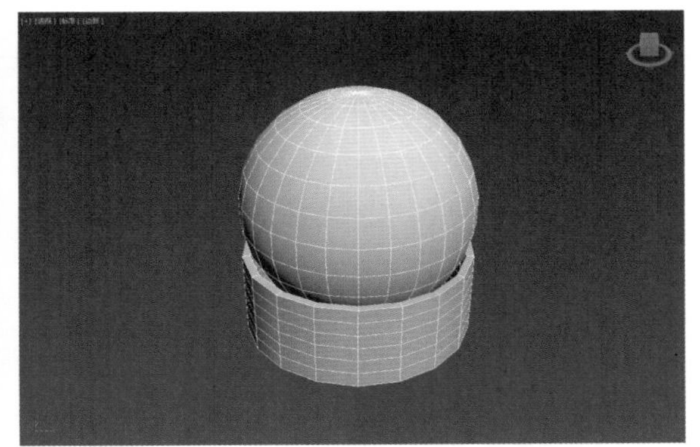

图3-33 创建球体

05 在“修改”面板中单击“修改器列表”下拉按钮，从弹出的下拉列表中选择“细分”选项，为其添加“细分”修改器，设置“大小”数值为15mm，如图3-34所示。

06 选择管状体，右击并在弹出的快捷菜单中选择“转换为：”|“转换为可编辑多边形”命令，如图3-35所示。

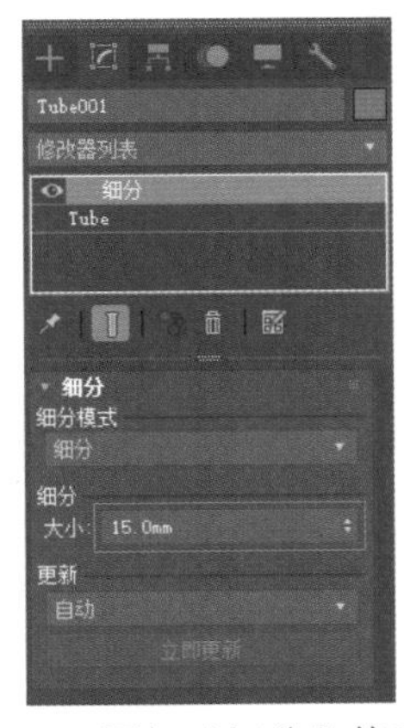

图3-34 添加“细分”修改器

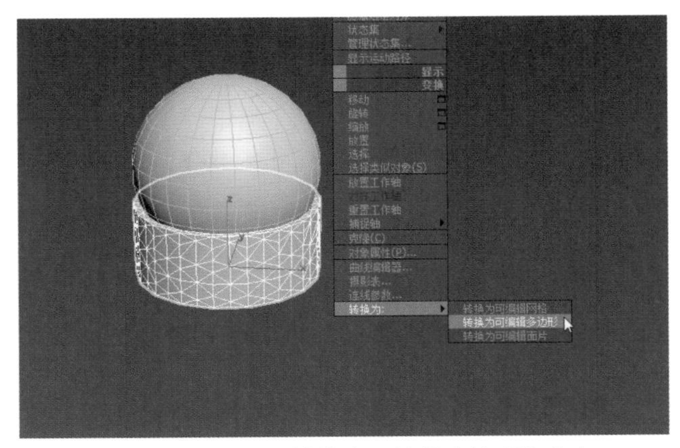

图3-35 选择“转换为可编辑多边形”命令

07 在Ribbon工具栏中单击“显示完整的功能区”按钮，在“建模”选项卡中单击“修改选择”标题栏，然后在展开的面板中单击“生成拓扑”按钮，如图3-36所示。

08 在弹出的“拓扑”对话框中，单击“边方向”按钮，如图3-37所示。

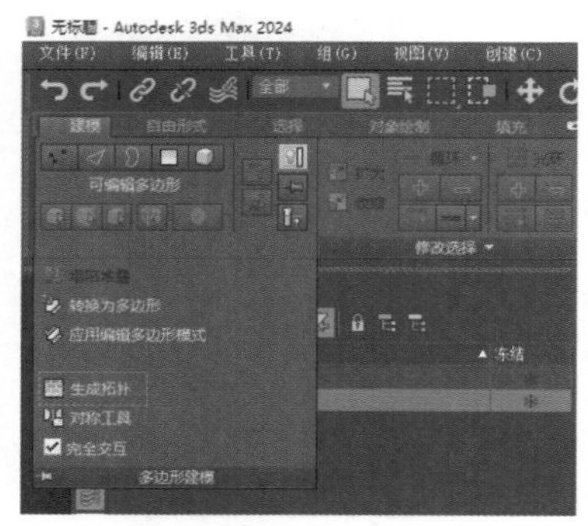

图3-36 单击“生成拓扑”按钮

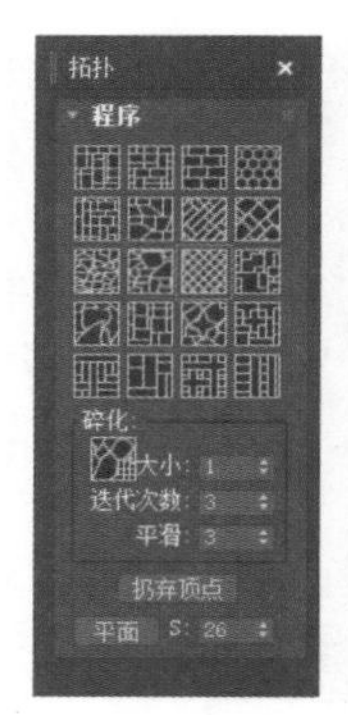

图3-37 单击“边方向”按钮

09 设置完成后，管状体在视图中的显示效果如图3-38所示。

10 按数字2键切换至“边”子对象层级，然后按F3键切换到线框显示模式，框选管状体所有的边，如图3-39所示，然后再按一次F3键切换回实体显示。

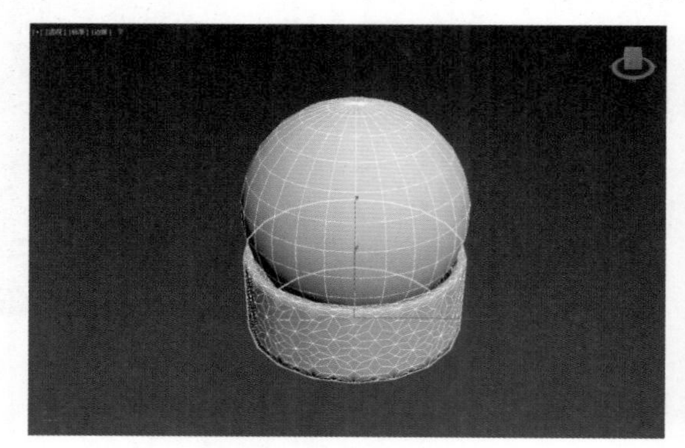

图3-38 管状体显示效果

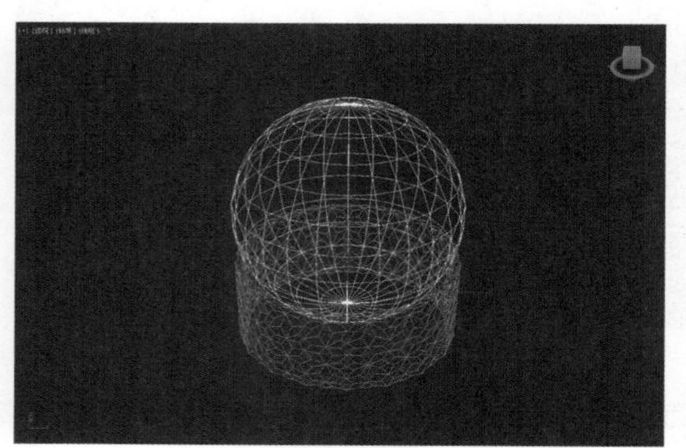

图3-39 框选管状体所有的边

11 在“编辑边”卷展栏中单击“利用所选内容创建图形”按钮，如图3-40所示。

12 在弹出的“创建图形”对话框中，选中“平滑”单选按钮，如图3-41所示，单击“确定”按钮。

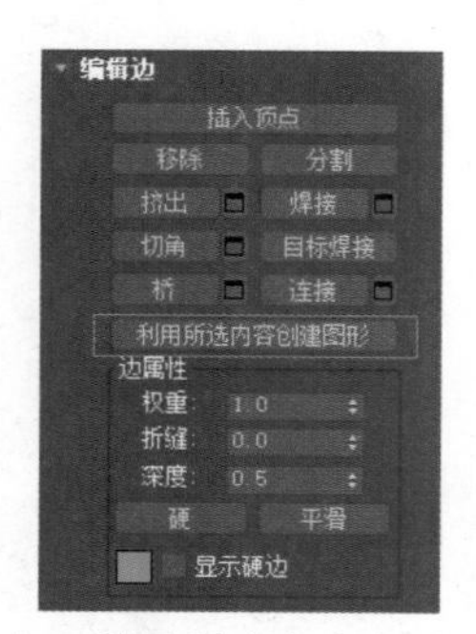

图3-40 单击“利用所选内容创建图形”按钮

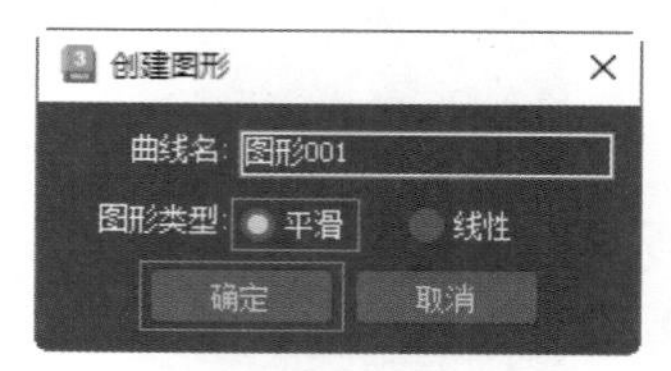

图3-41 “创建图形”对话框

13 再次单击“边”按钮，退出“边”子对象层级，在“场景资源管理器”面板中单击管状体名称前的“显示隐藏对象”按钮，如图3-42所示。

14 在“修改”面板中展开“渲染”卷展栏，选中“在渲染中启用”和“在视口中启用”复选框，设置“厚度”数值为1mm，如图3-43所示。

图3-42 隐藏管状体

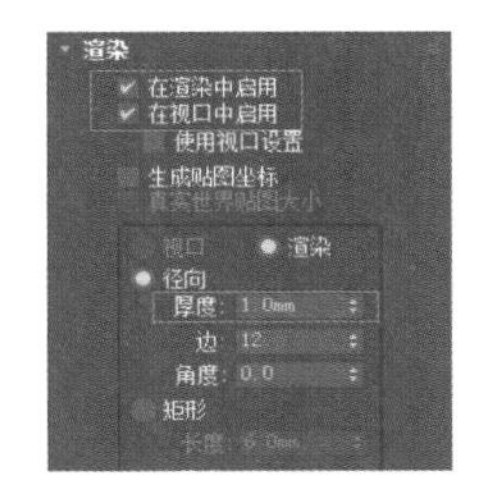

图3-43 设置图形参数

15 设置完成后，管状体在视图中的显示效果如图3-44所示。

16 按照步骤10到步骤14的方式，制作出上方的球体，如图3-45所示。

17 制作完成后，镂空饰品的效果如图3-29所示。

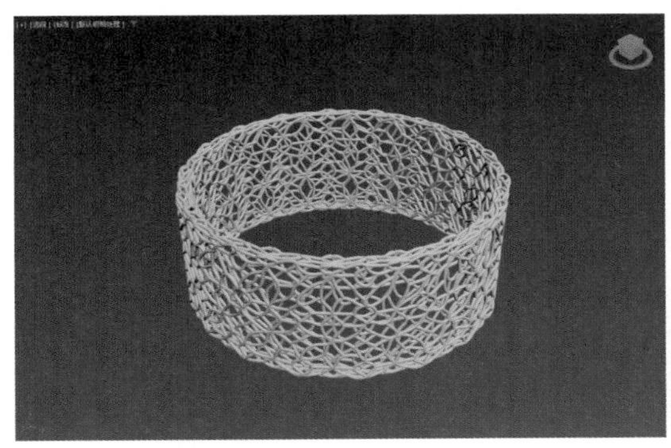
图3-44 管状体显示效果

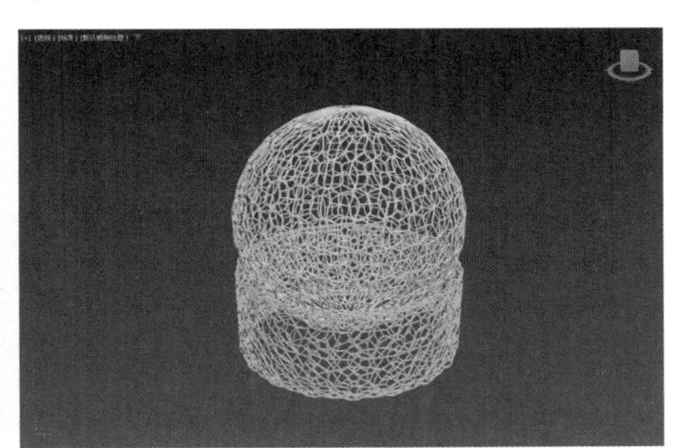
图3-45 镂空饰品模型显示效果

3.6 实例：制作牛奶盒建模

【例3-3】本实例将讲解如何综合所学的知识制作牛奶盒模型，如图3-46所示。

图3-46 牛奶盒

01 启动3ds Max 2024，在场景中创建一个长方体，在“修改”面板中设置“长度”数值为75mm、“宽度”数值为75mm、“高度”数值为60mm、“宽度分段”数值为2，如图3-47所示。

02 右击并在弹出的快捷菜单中选择"转换为："|"转换为可编辑多边形"命令，如图3-48所示。

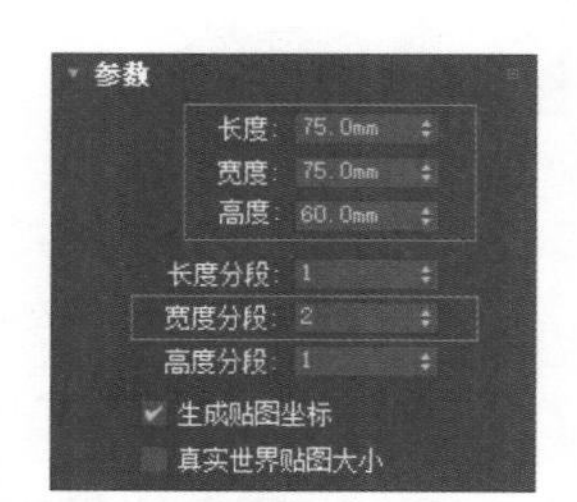

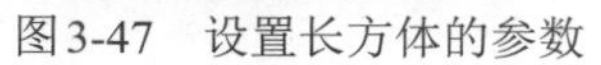
图3-47 设置长方体的参数

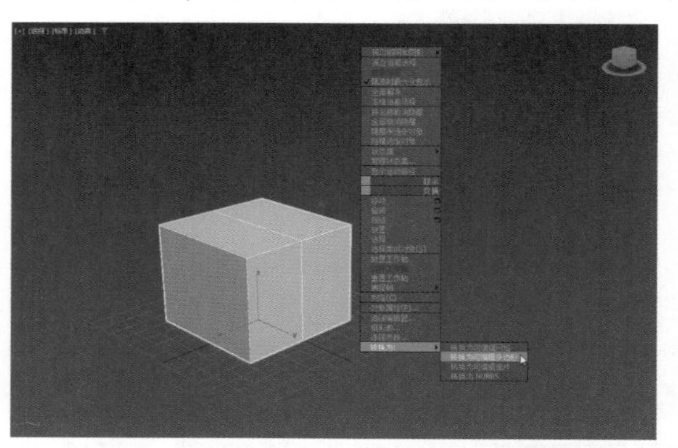
图3-48 选择"转换为可编辑多边形"命令

03 按数字4键切换至"多边形"子对象层级，选择如图3-49所示的面。

04 在"编辑几何体"卷展栏中单击"分离"按钮，如图3-50所示。

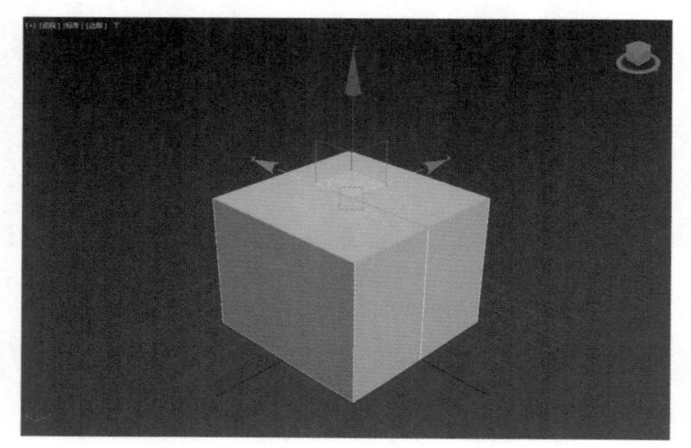
图3-49 选择面

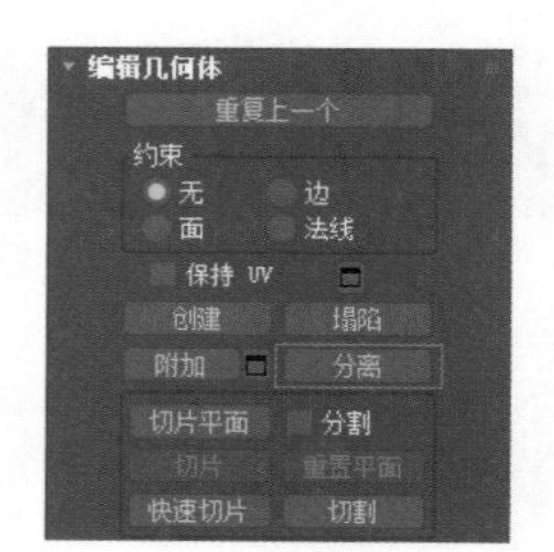

图3-50 单击"分离"按钮

05 在弹出的"分离"对话框中单击"确定"按钮，如图3-51所示。

06 调整分离出的面的造型，如图3-52所示。

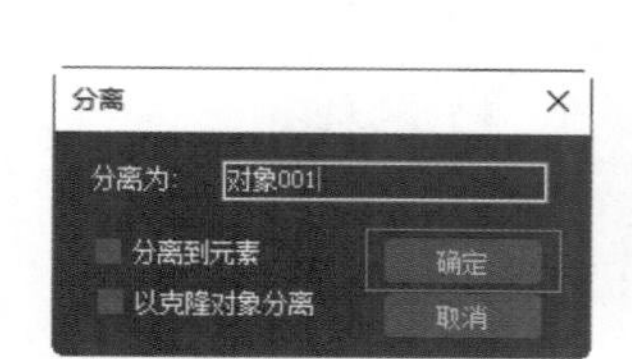

图3-51 单击"确定"按钮

图3-52 调整分离出的面的造型

07 选择分离出来的对象，在"编辑几何体"卷展栏中单击"附加"按钮，如图3-53所示，再选择下方的长方体，将其合并。

08 按数字键1切换至“顶点”子对象层级，全选模型所有的顶点，然后在“编辑顶点”卷展栏中单击“焊接”按钮，如图3-54所示。

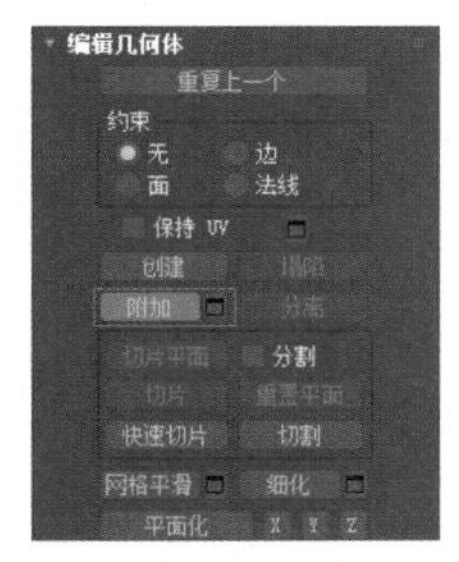

图3-53　单击“附加”按钮

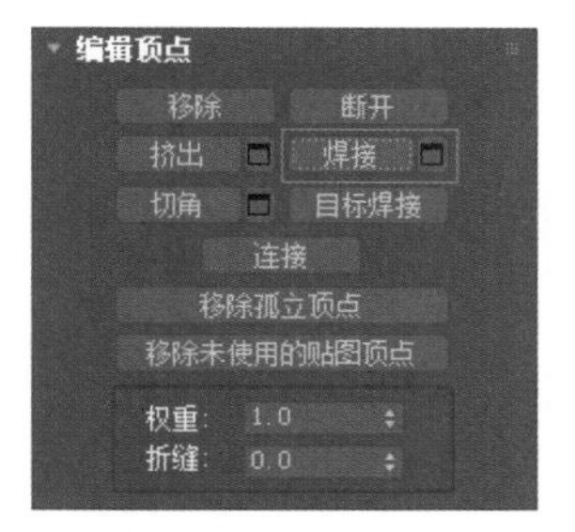

图3-54　单击“焊接”按钮

09 按数字键3切换至“边界”子对象层级，然后在“编辑边界”卷展栏中单击“封口”按钮，如图3-55所示。

10 设置完成后，可以得到如图3-56所示的模型效果。

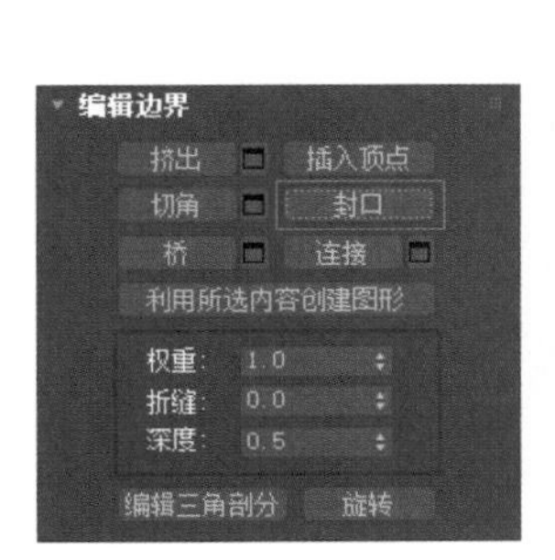

图3-55　单击“封口”按钮

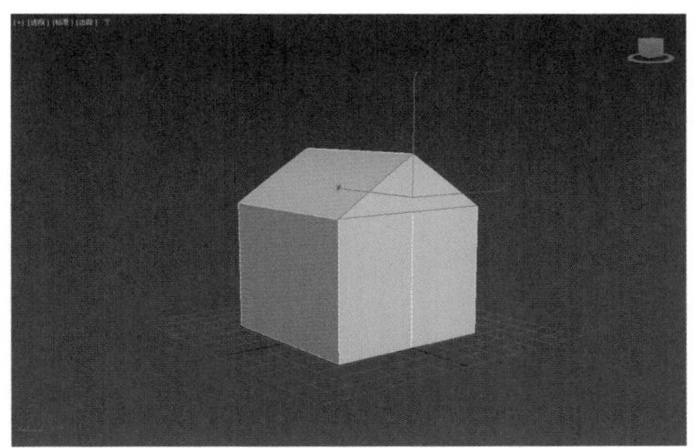

图3-56　模型效果

11 按Alt+W快捷键切换至前视图，框选如图3-57所示的顶点。

12 在“编辑顶点”卷展栏中单击“连接”按钮，如图3-58所示。

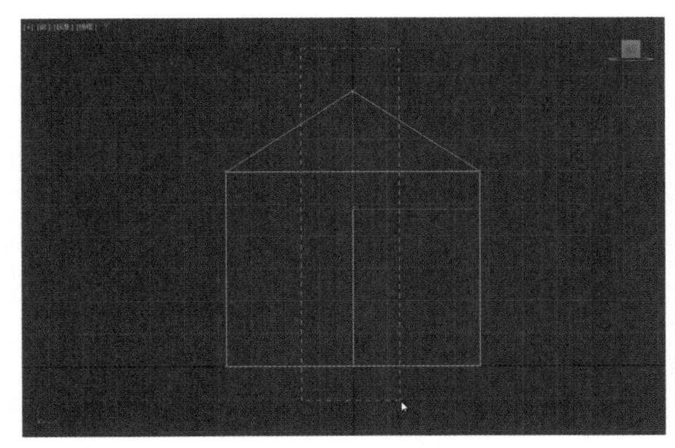

图3-57　框选顶点

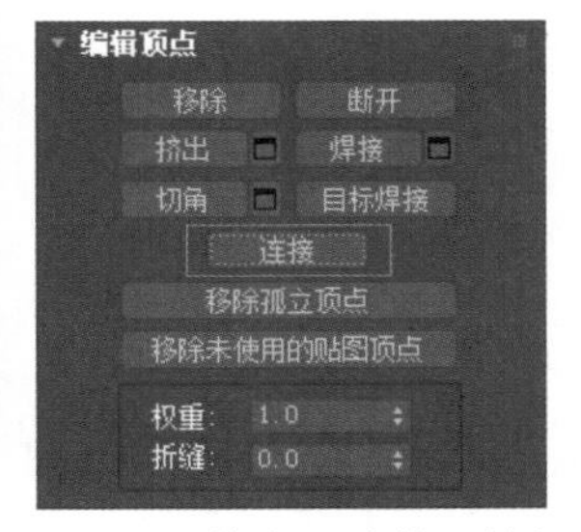

图3-58　单击“连接”按钮

13 设置完成后，可以得到如图3-59所示的模型效果。

14 按数字键4切换至“多边形”子对象层级，选择如图3-60所示的面。

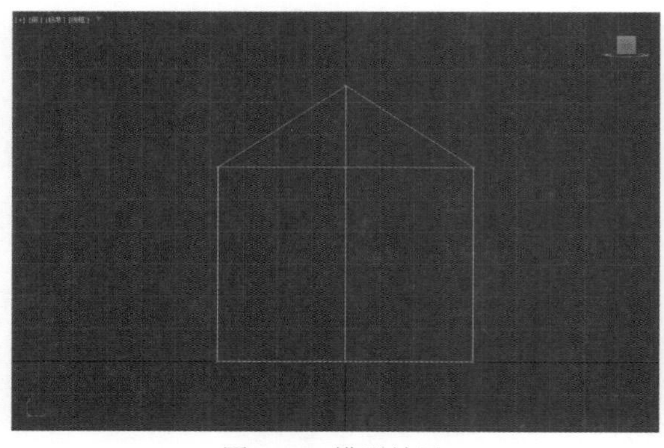

图3-59　模型效果

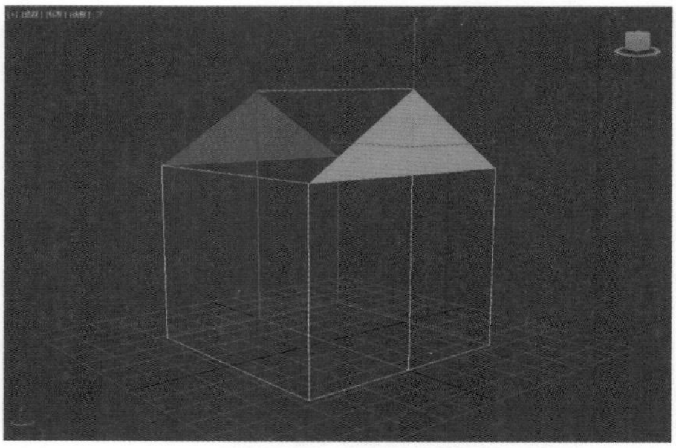

图3-60　选择面

15 在“编辑多边形”卷展栏中单击“插入”按钮，模型效果如图3-61所示。

16 在“编辑几何体”卷展栏中单击“塌陷”按钮，如图3-62所示。

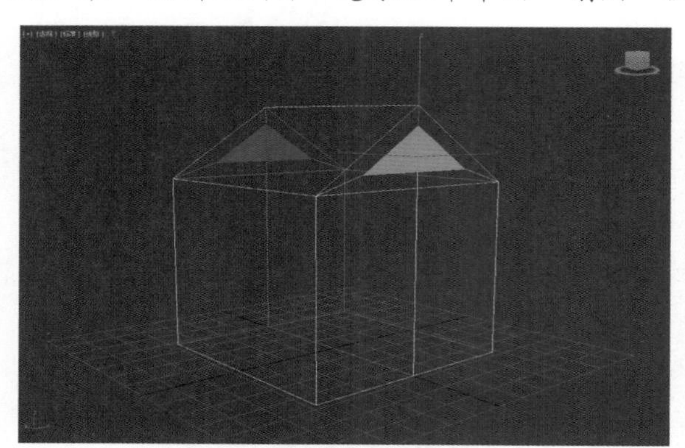

图3-61　进行“插入”操作

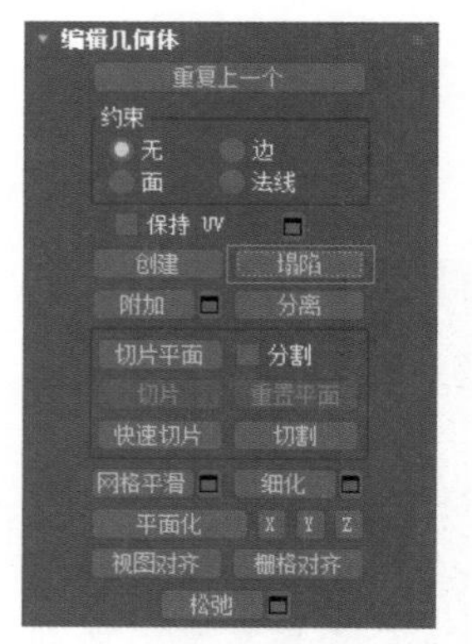

图3-62　单击“塌陷”按钮

17 按数字键1切换至“顶点”子对象层级，再按Ctrl键加选两个塌陷出来的顶点，沿Y轴进行缩放，可以得到如图3-63所示的模型效果。

18 按数字键2切换至“边”子对象层级，再按Ctrl+A快捷键全选所有的边，在“编辑边”卷展栏中单击“切角”按钮，效果如图3-64所示。

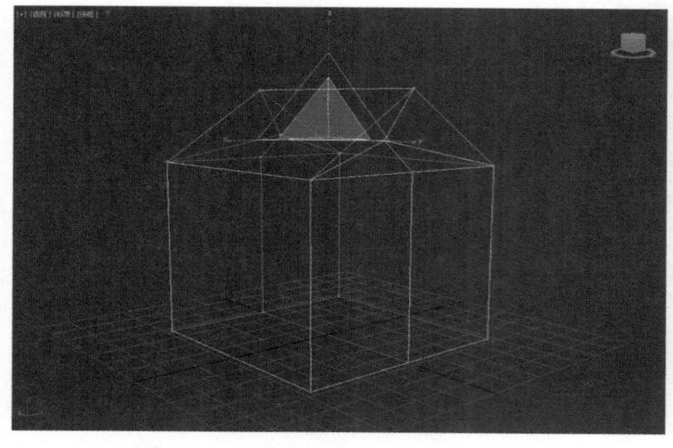

图3-63　沿着Y轴进行缩放的效果

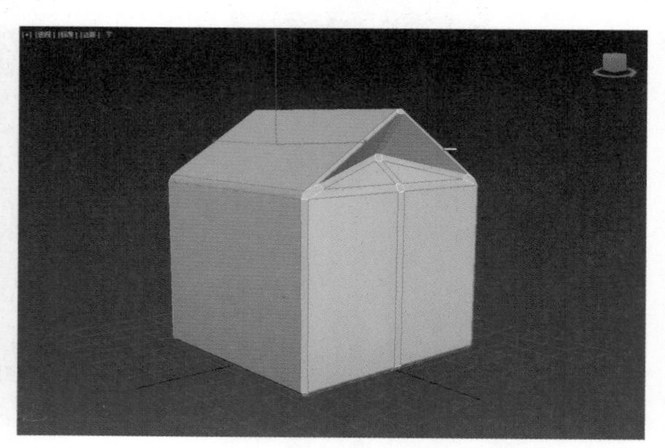

图3-64　进行“切角”操作

19 选择顶面的面，按住Shift键激活“智能挤出”命令，沿着Y轴移动至如图3-65左图所示的位置，然后选择如图3-65右图所示的边。

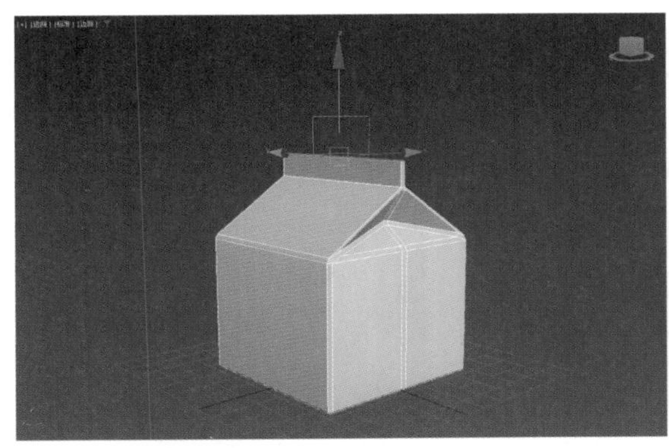
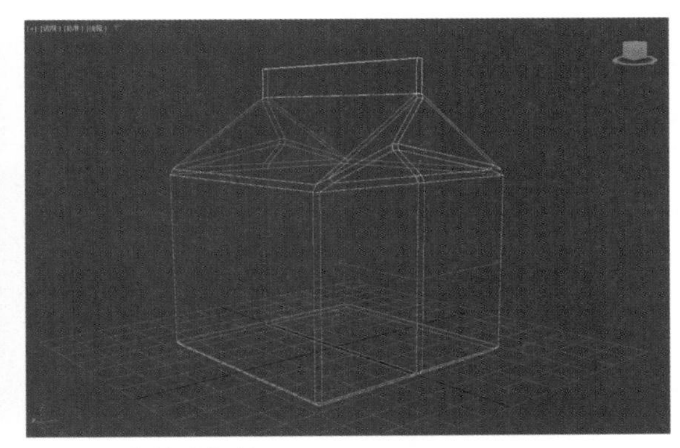

图3-65 进行“智能挤出”操作并选择边

20 在“编辑多边形”卷展栏中，单击“连接”命令右侧的“设置”按钮▫，在弹出的“小盒界面”中设置“分段”数值为2，设置“收缩”数值为96，如图3-66所示，对模型四周进行卡线操作。

21 按照步骤20的方法，对侧面进行卡线操作，如图3-67所示。

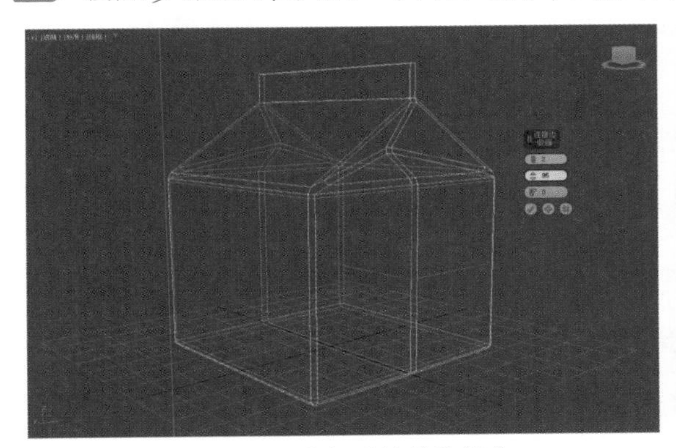

图3-66 进行“连接”操作

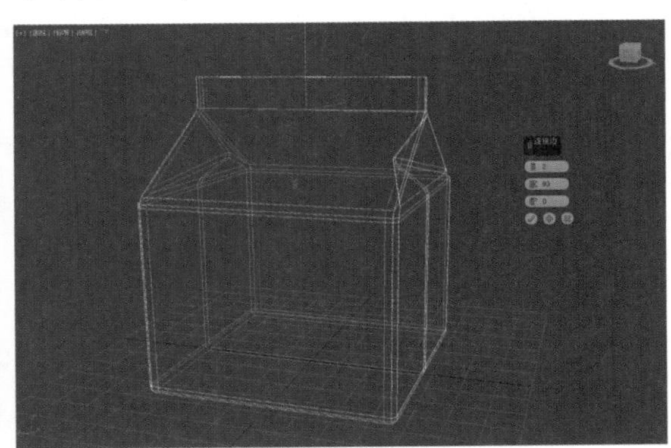

图3-67 继续进行“连接”操作

22 继续对顶部的结构进行卡线操作，如图3-68所示。

23 选择前后凹陷结构处的顶点，如图3-69所示。

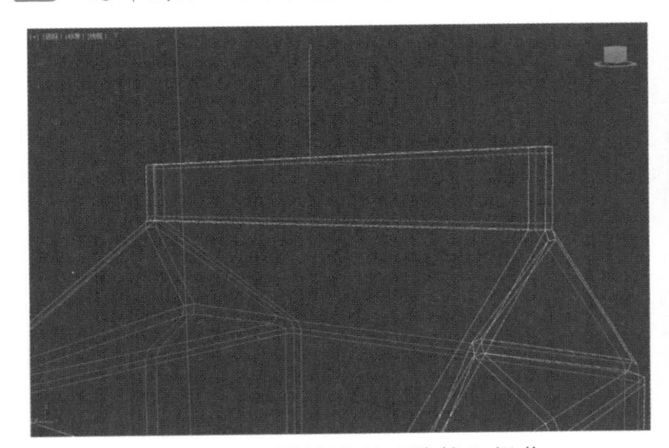

图3-68 继续进行“连接”操作

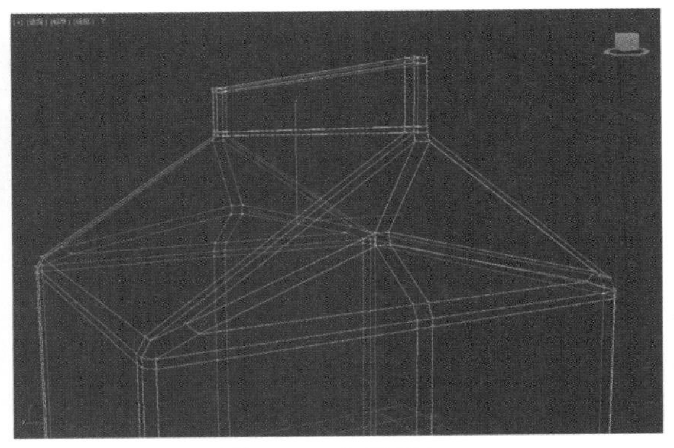

图3-69 选择顶点

24 按Ctrl键并单击“多边形”按钮，即可选中周围的面，在“编辑多边形”卷展栏中单击“插入”按钮，设置“数量”数值为1mm，对凹陷处的结构进行卡线操作，如图3-70所示。

25 退出“多边形”子对象层级，选择模型，在“细分曲面”卷展栏中选中“使用NURMS细分”复选框，如图3-71所示。

26 牛奶盒最终的模型效果如图3-46所示。

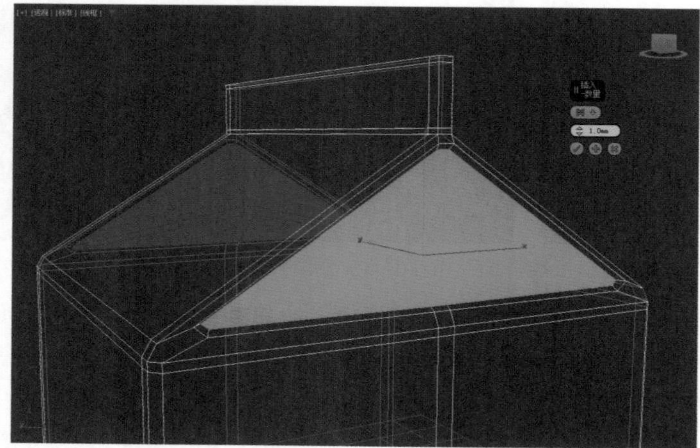

图3-70　进行“插入”操作

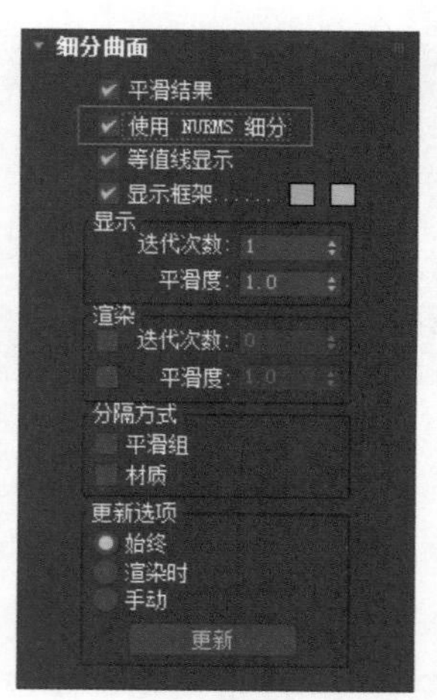

图3-71　选中“使用NURMS细分”复选框

3.7　实例：制作咖啡机模型

【例3-4】 本实例将讲解如何制作咖啡机模型，如图3-72所示。视频

图3-72　咖啡机模型

01 启动3ds Max 2024，在场景中创建一个长方体，选择边，按Ctrl+Shift+E快捷键执行“连接”命令，添加边，如图3-73所示。

02 按Shift键不放，激活“智能挤出”命令，沿Y轴向上拖曳，挤出面，制作出如图3-74所示的造型。

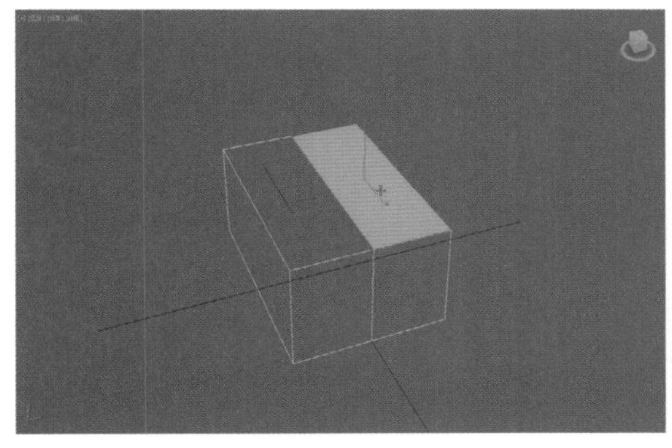

图3-73 选择边

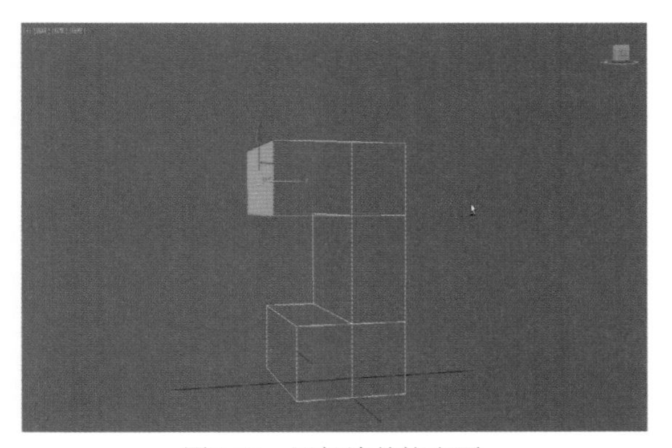

图3-74 添加边并挤出面

03 调整顶点，制作模型的大致造型，如图3-75所示。

04 在“创建”面板中单击“长方体”按钮，选中“自动栅格”复选框，如图3-76所示。

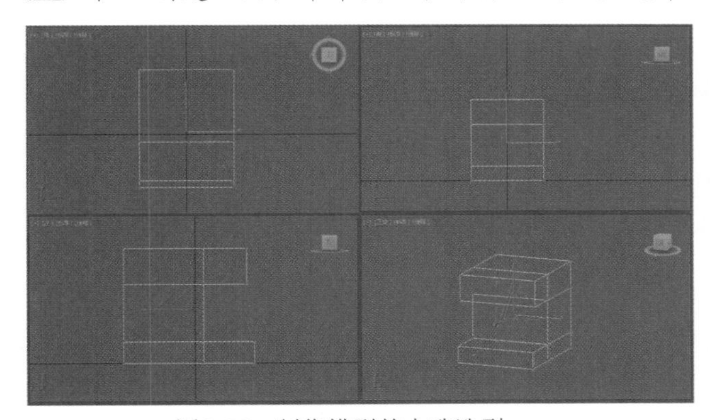

图3-75 制作模型的大致造型

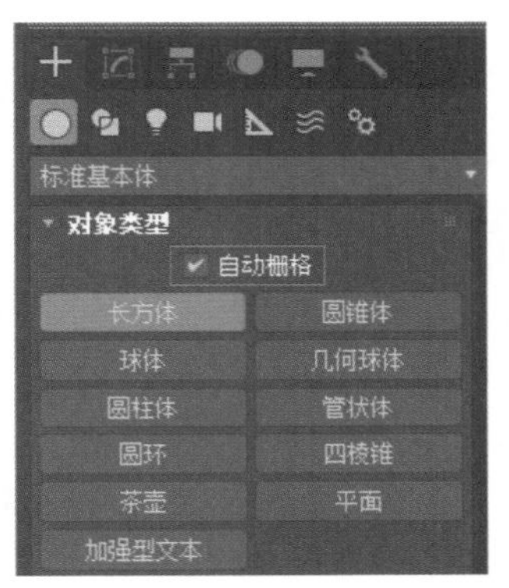

图3-76 选中“自动栅格”复选框

05 创建一个长方体，右击并选择“转换为：”|“转换为可编辑多边形”命令，选择长方体的顶面，按Delete键将其删除，效果如图3-77所示。

06 将其放置于如图3-78所示的位置，作为咖啡机的中央喷嘴。

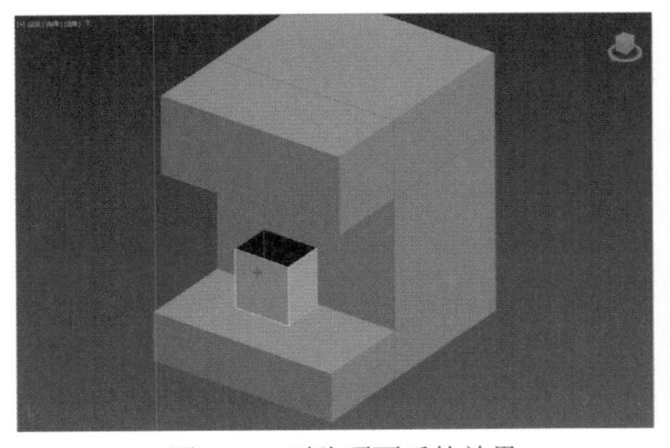

图3-77 删除顶面后的效果

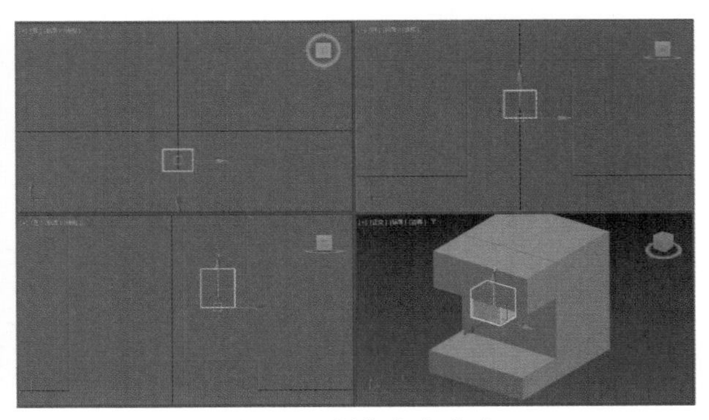

图3-78 制作中央喷嘴

07 创建一个圆柱体，右击并选择“转换为：”|“转换为可编辑多边形”命令，选择如图3-79左图所示的面，按Delete键将其删除，将其放置于如图3-79右图所示的位置。

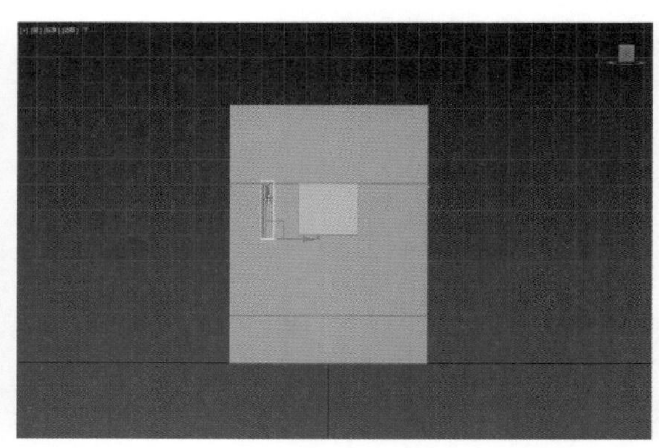

图3-79　删除面并移动模型

08 选择如图3-80左图所示的面，按Shift键不放，激活“智能挤出”命令，沿Y轴向上拖曳挤出面。调整顶点，制作出如图3-80右图所示的造型。

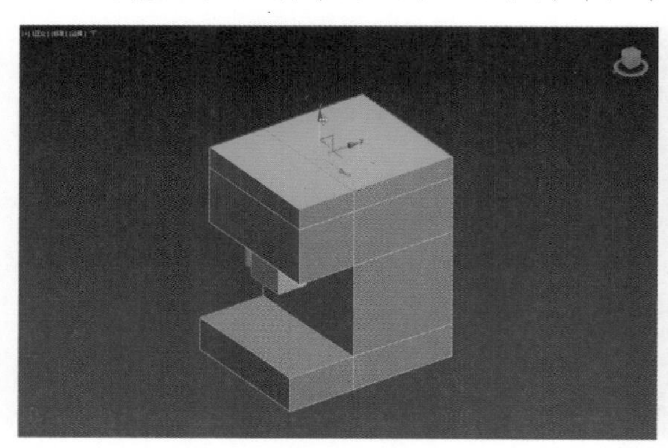
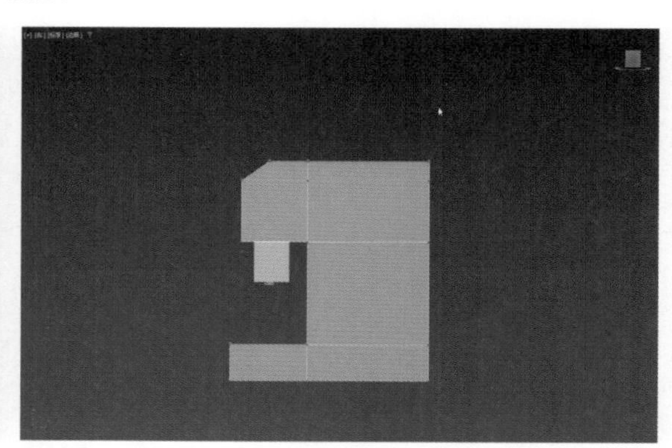

图3-80　选择面并调整顶点

09 按照步骤8的方法，挤出面，如图3-81所示。

10 创建一个圆柱体，删除顶部的面，如图3-82所示。

图3-81　挤出面

图3-82　删除顶部的面

11 选择底部的面，按Shift键不放，激活“智能挤出”命令，沿中心缩放向内挤出面，如图3-83所示。

12 选择挤出的面，向下拖曳，制作出咖啡机机脚的造型，如图3-84所示。

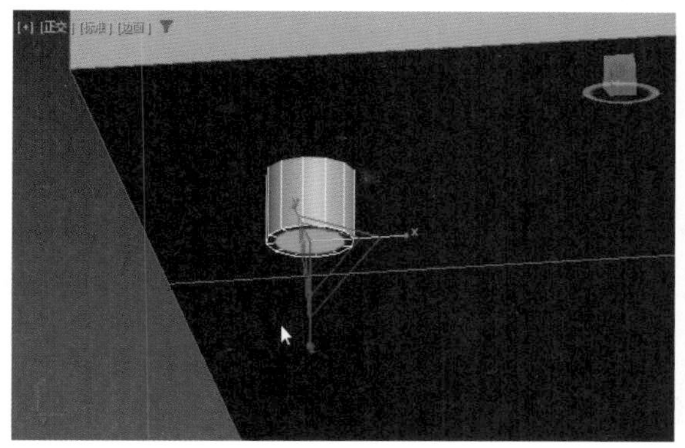

图3-83　向内挤出面

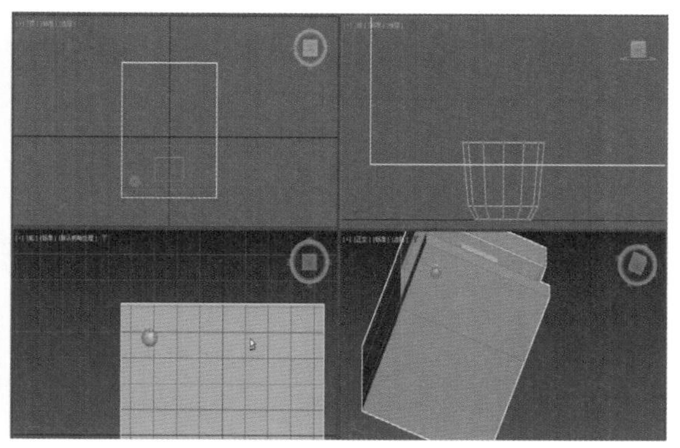

图3-84　制作出咖啡机机脚的造型

13 按照步骤11到步骤12的方法，调整中央喷嘴的造型，如图3-85所示。

14 创建一个圆柱体，删除上下两端的面，制作奶沫器的模型，结果如图3-86所示。

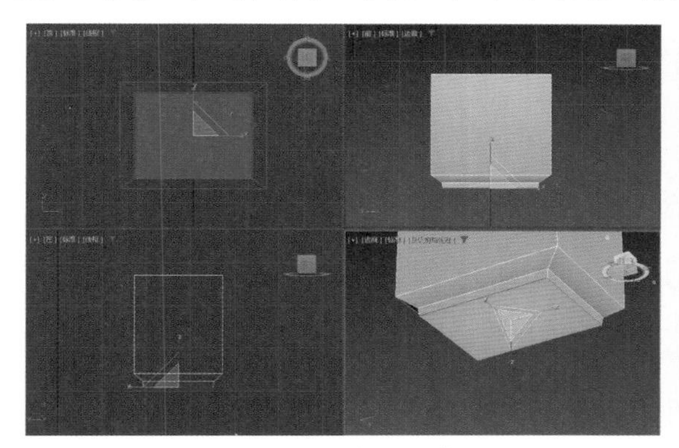

图3-85　调整中央喷嘴的造型

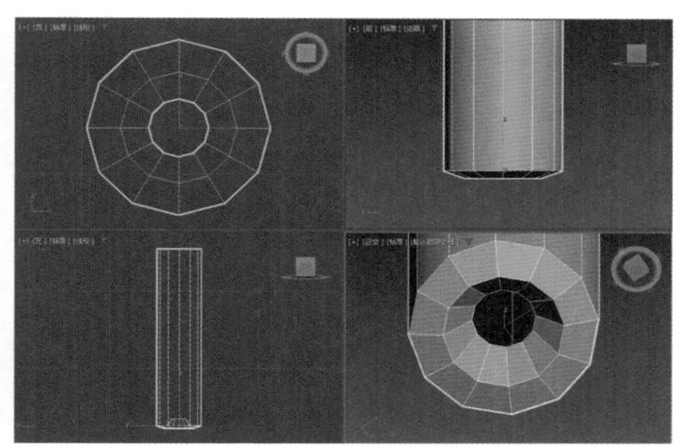

图3-86　制作奶沫器的模型

15 选择如图3-87左图所示的面，在“编辑几何体”卷展栏中单击“分离”按钮，如图3-87右图所示。

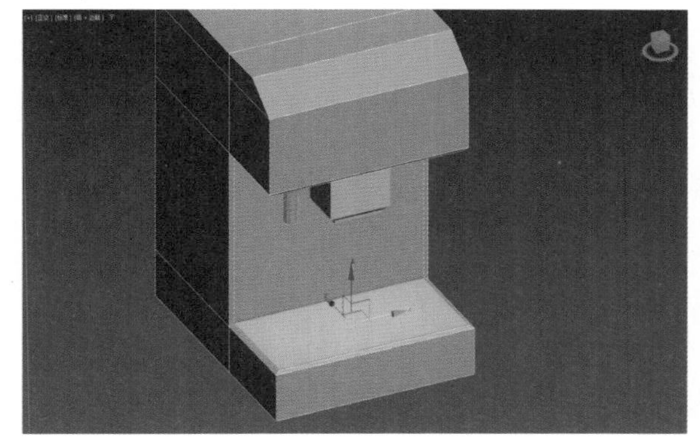

图3-87　分离面

16 打开“分离”对话框，选中“以克隆对象分离”复选框，然后单击“确定”按钮，如图3-88所示。

17 选择面，按Shift键不放，激活“智能挤出”命令，沿Y轴向上挤出面，如图3-89所示。

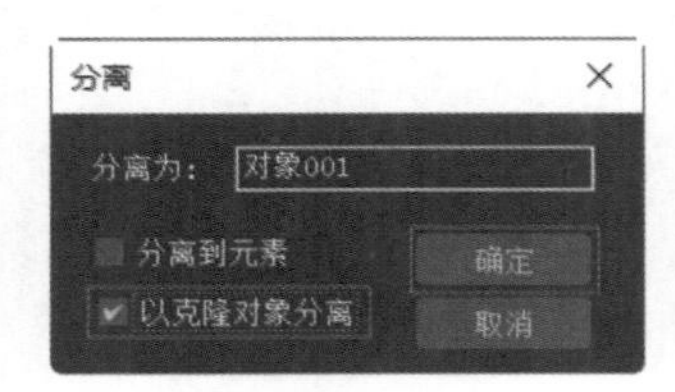

图3-88　设置克隆参数

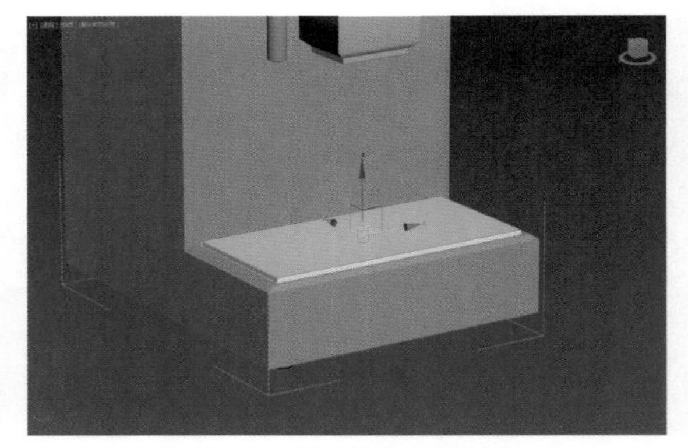

图3-89　沿Y轴向上挤出面

18 选择如图3-90左图所示的边，在“编辑边”卷展栏中单击“连接”按钮右侧的“设置”按钮■，如图3-90右图所示。

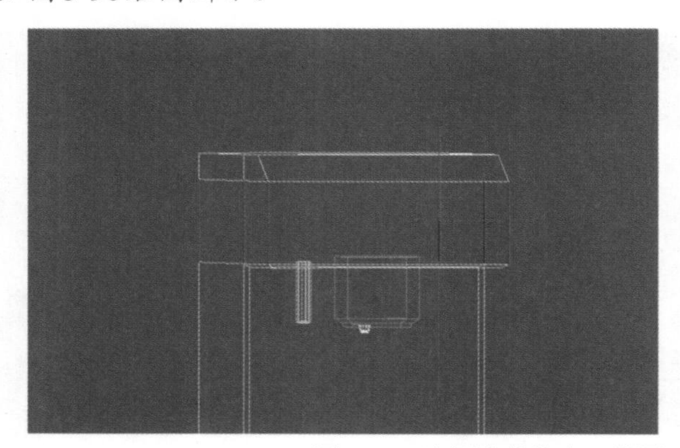

图3-90　选择边并单击“设置”按钮

19 在弹出的“小盒界面”中设置“分段”数值为2，如图3-91所示。

20 按照步骤18到步骤19的方法，添加边，效果如图3-92所示。

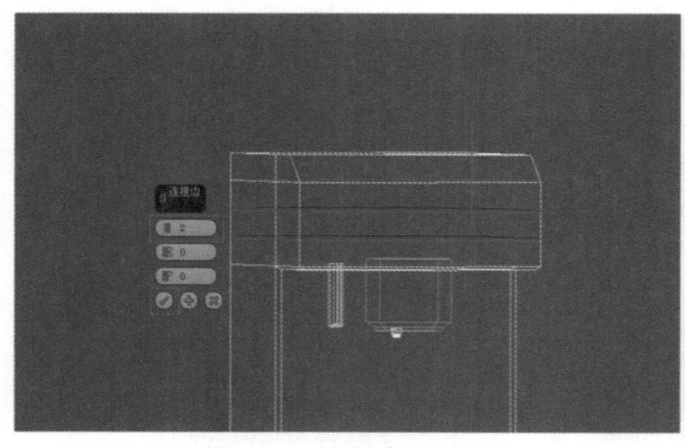

图3-91　设置连接的分段

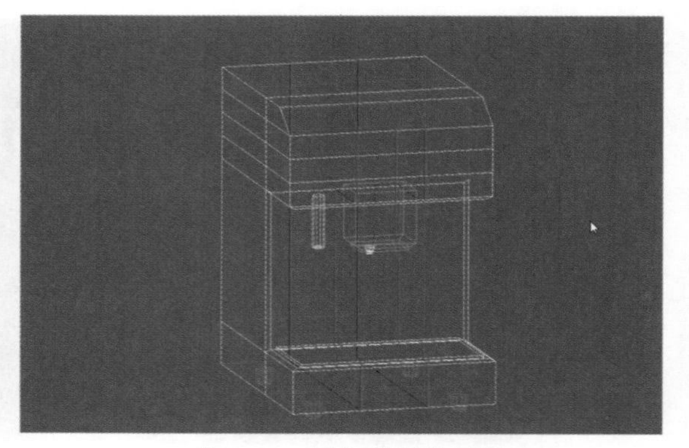

图3-92　添加边后的效果

21 选择面，按Shift键不放，激活“智能挤出”命令，向中心挤出面，制作出如图3-93所示的造型。

22 创建一个圆柱体，右击并选择“转换为：”|“转换为可编辑多边形”命令，删除顶部的面，按Shift键不放，激活“智能挤出”命令，制作出旋转开关的模型，效果如图3-94所示。

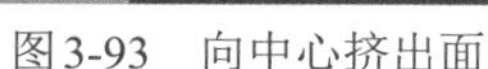

图3-93 向中心挤出面

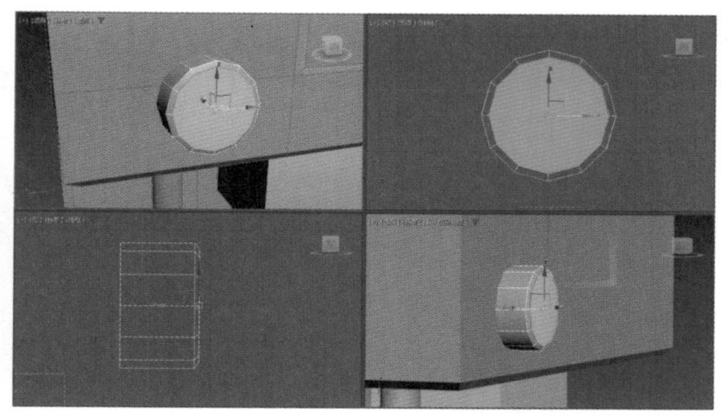

图3-94 制作出旋转开关的模型

23 创建一个圆柱体，选择如图 3-95 所示的面，按Delete键将其删除。

24 在“修改”面板中单击“修改器列表”下拉按钮，从弹出的下拉列表中选择“壳”命令，为其添加“壳”修改器，设置“内部量”数值为0.6，如图 3-96 所示。

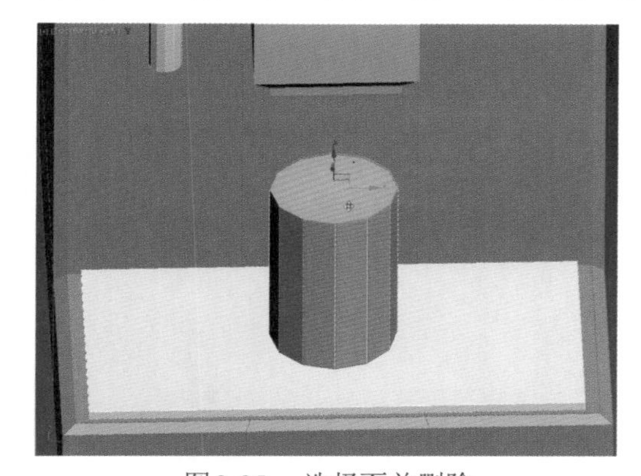

图3-95 选择面并删除

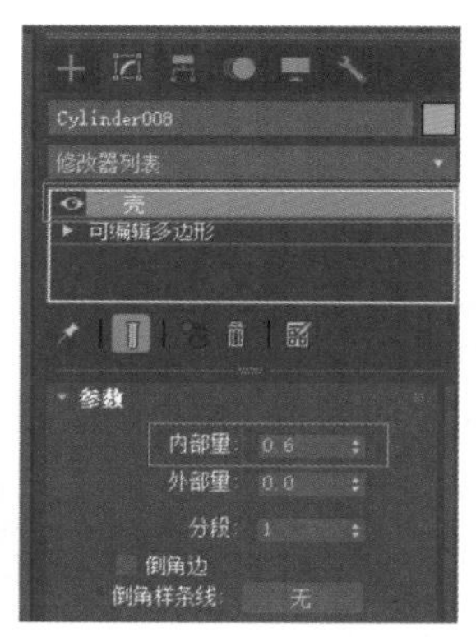

图3-96 设置“内部量”数值

25 设置完成后，将光标放置在“UVW展开”修改器上，右击并从弹出的菜单中选择“塌陷到”命令，如图 3-97 所示。

26 调整杯子的造型，按照步骤 18 到步骤 19 的方法，添加边，并调整边的位置，如图 3-98 所示。

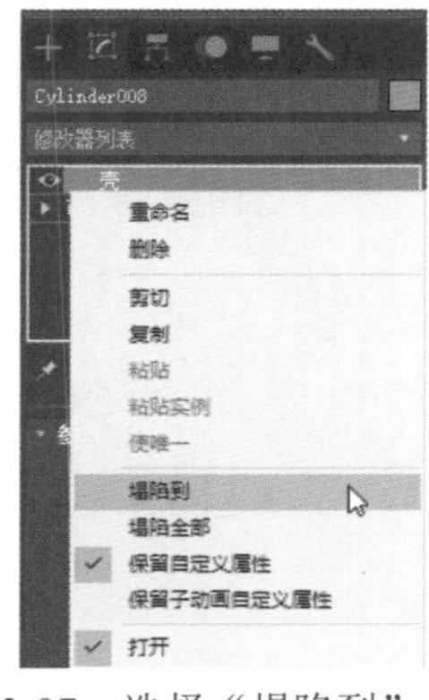

图3-97 选择“塌陷到”命令

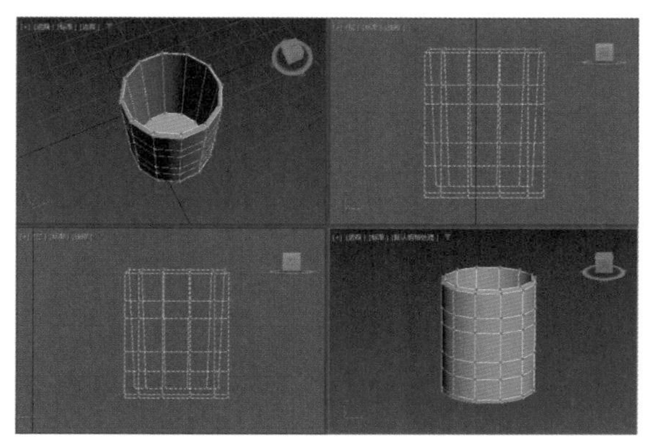

图3-98 调整边的位置

27 选择如图 3-99 所示的面，按Delete键将其删除。

28 选择右侧的一个面，按Shift键不放，激活“智能挤出”命令，向中心挤出面，在“编辑边”卷展栏中单击“连接”按钮右侧的“设置”按钮■，在弹出的“小盒界面”中设置“分段”数值为5，如图3-100所示。

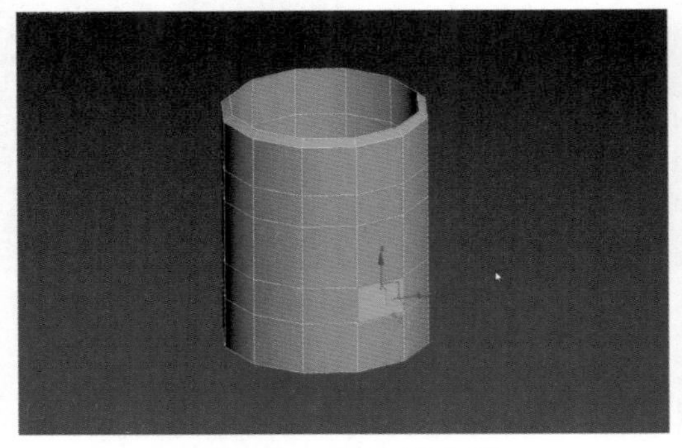

图3-99　选择面并删除

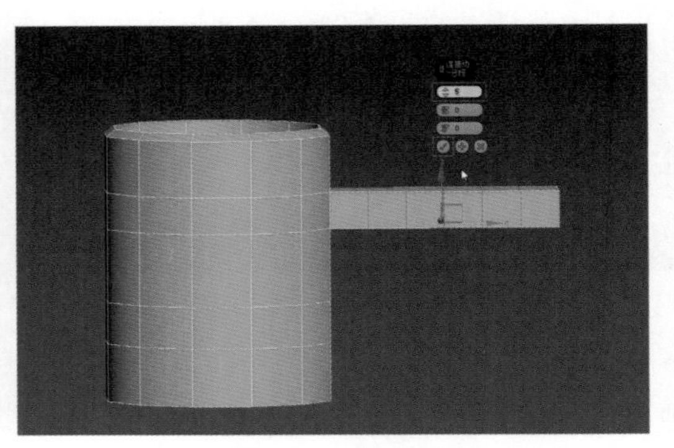

图3-100　添加边

29 选择如图3-101所示的面，按Delete键将其删除。

30 调整顶点，制作出杯子把手的造型，如图3-102所示。

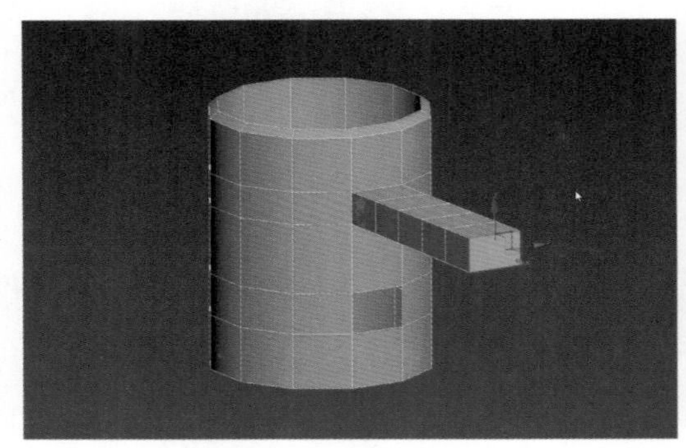

图3-101　选择面并删除

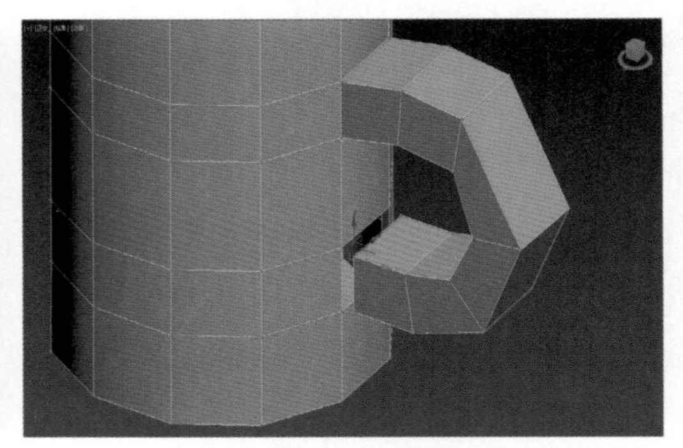

图3-102　制作出杯子把手的造型

31 在“编辑顶点”卷展栏中单击“目标焊接”按钮，如图3-103所示。

32 此时光标会变成一个“十”号，选择一个顶点，将其拖曳至目标顶点上，如图3-104所示。

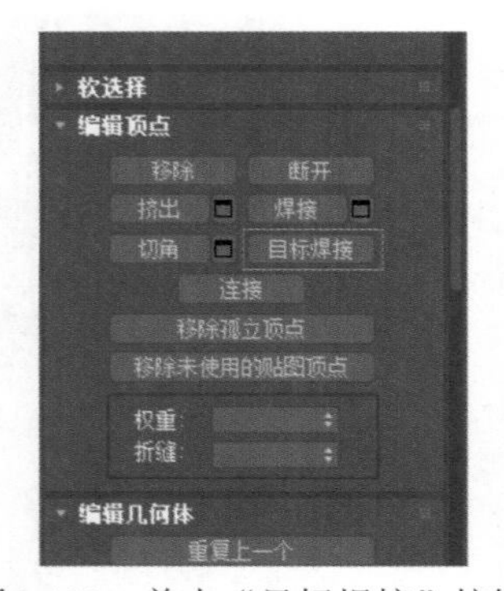

图3-103　单击“目标焊接”按钮

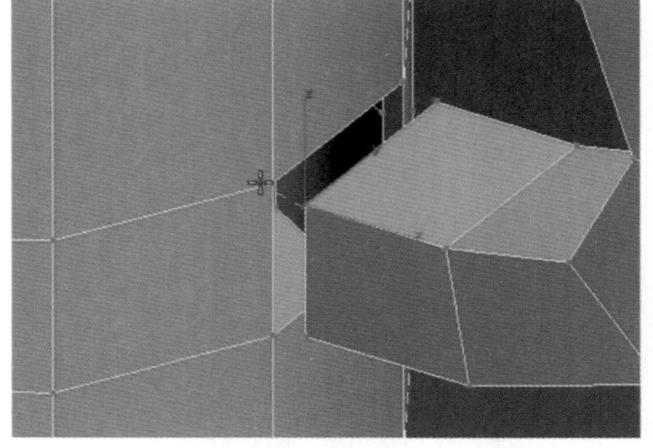

图3-104　拖曳顶点

33 按照步骤31到步骤32的方法，将把手下方的顶点焊接至杯身上，并调整把手的造型，杯子模型的显示效果如图3-105所示。

34 选择场景中的所有模型，在菜单栏中选择“组”|“组”命令，如图3-106所示。

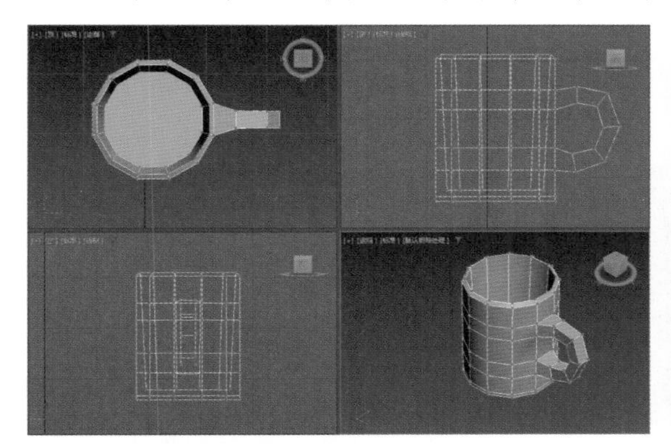

图3-105 焊接顶点后，杯子模型的显示效果

图3-106 选择“组”命令

35 打开“组”对话框，单击“确定”按钮，如图3-107所示。

36 在“场景资源管理器”面板中选择“组001”，右击并从弹出的菜单中选择“克隆”命令，如图3-108所示。

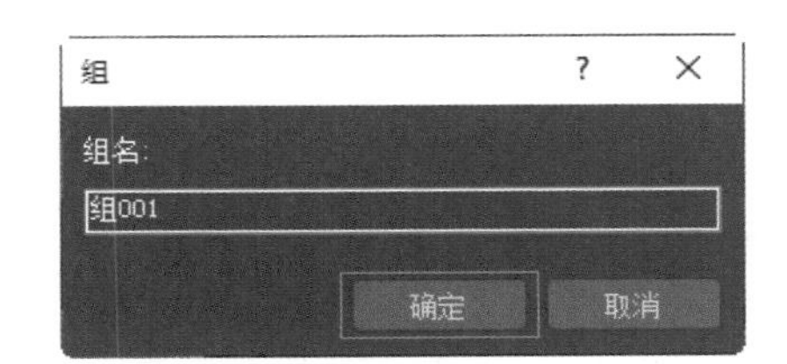

图3-107 单击“确定”按钮

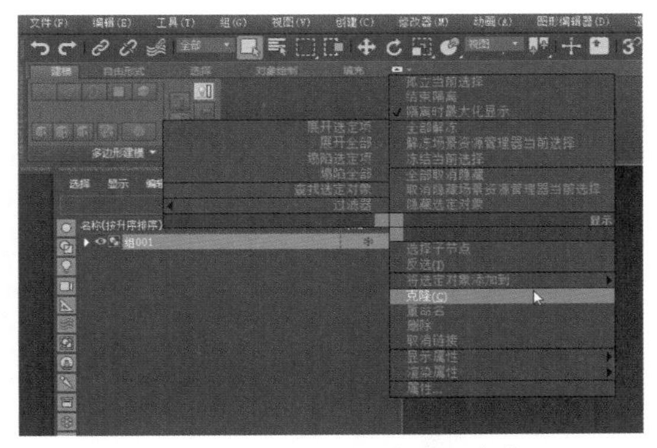

图3-108 选择“克隆”命令

37 在“克隆选项”对话框中选中“复制”单选按钮，然后单击“确定”按钮，如图3-109所示，在场景资源管理器中单击“组001”左侧的👁按钮，隐藏该层。

38 展开“组002”，选择该组中中央喷口模型四周的边，如图3-110所示。

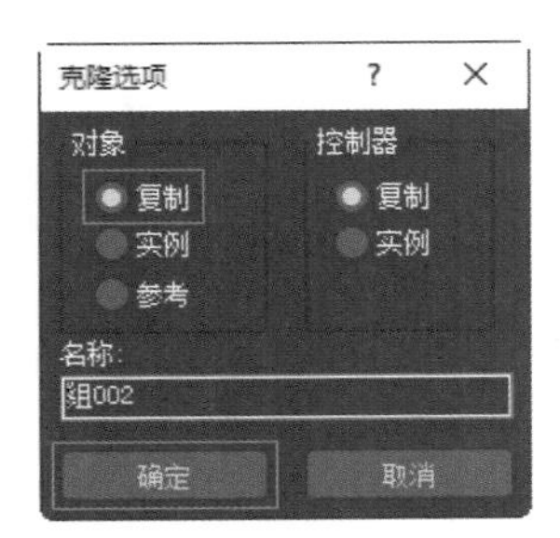

图3-109 设置“克隆选项”对话框

图3-110 选择中央喷口模型四周的边

39 在“编辑边”卷展栏中单击“切角”按钮右侧的“设置”按钮■，在弹出的“小盒界面”中设置“分段”数值为2，如图3-111所示。

40 选择中央喷嘴模型，在功能区选择“建模”选项卡，在“编辑”组中单击“快速循环”按钮，如图3-112所示。

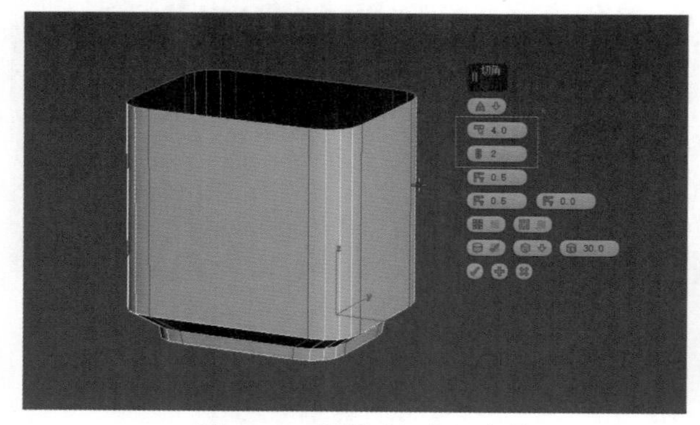

图3-111 设置“切角”参数

图3-112 单击“快速循环”按钮

41 将光标放置在如图3-113所示的位置，然后单击鼠标插入一条循环边。

42 按照步骤40到步骤41的方法，对中央喷嘴进行“切角”操作，如图3-114所示。

图3-113 插入循环边

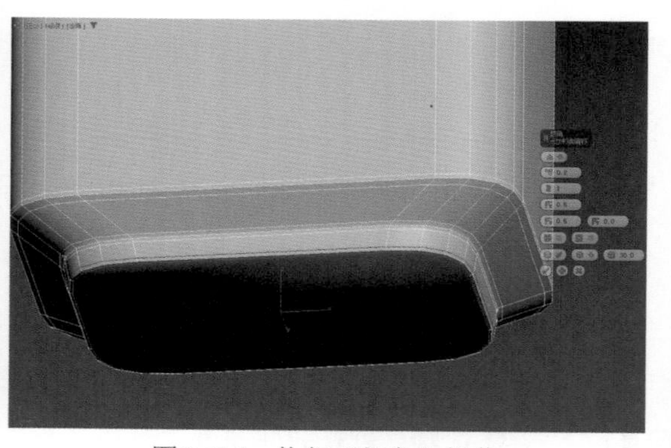

图3-114 执行“切角”操作

43 选择如图3-115所示的两个顶点。

44 在“修改”面板的“编辑边”卷展栏中单击“连接”按钮，如图3-116所示。

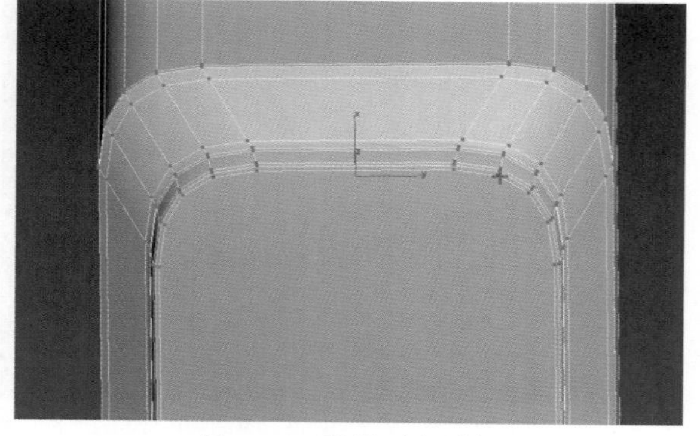

图3-115 选择两个顶点

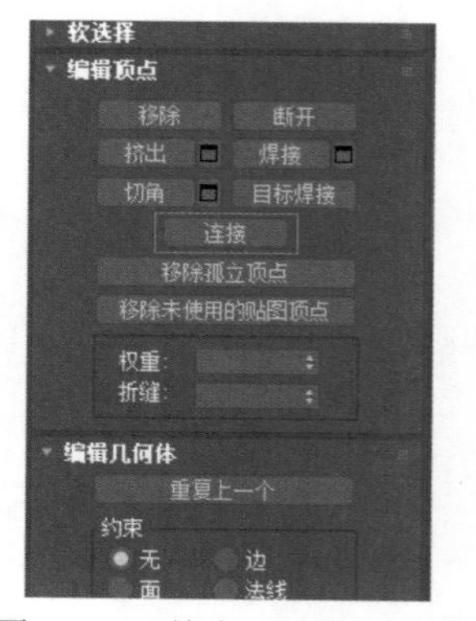

图3-116 单击“连接”按钮

45 按照步骤43到步骤44的方法，连接底部的顶点，调整模型的布线，如图3-117所示。

46 选择中央喷嘴模型，在功能区选择“建模”选项卡，在“编辑”组中单击NURMS按钮，如图3-118所示。

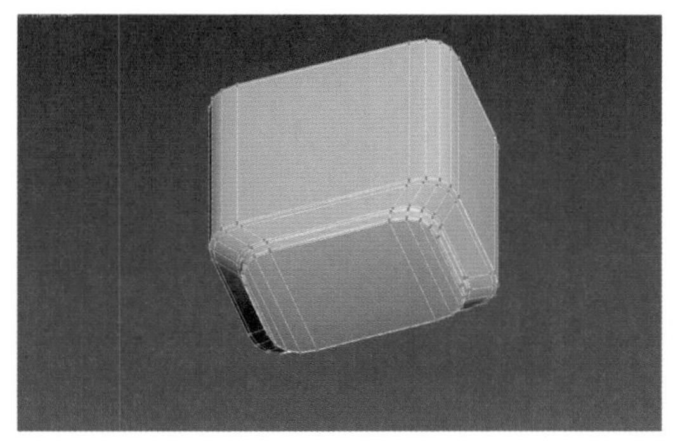

图3-117 连接底部的顶点

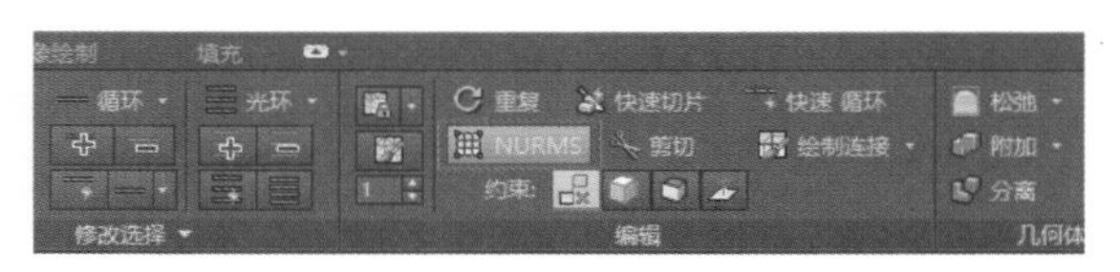

图3-118 单击NURMS按钮

47 细分后的模型显示效果如图3-119所示。

48 按照步骤43到45的方法，为其他部位的模型进行卡线操作，效果如图3-120所示。

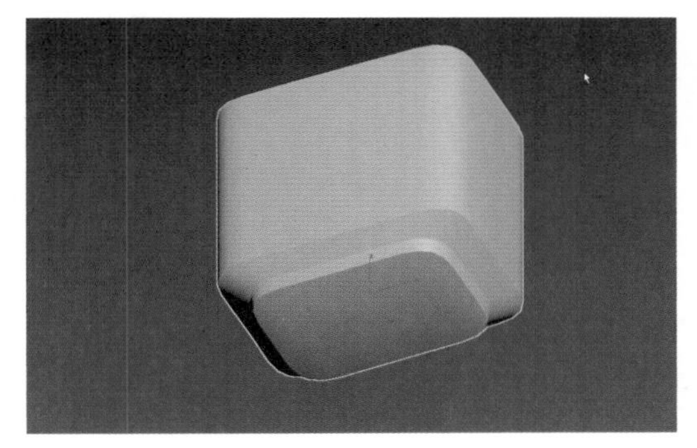

图3-119 细分后的模型显示效果

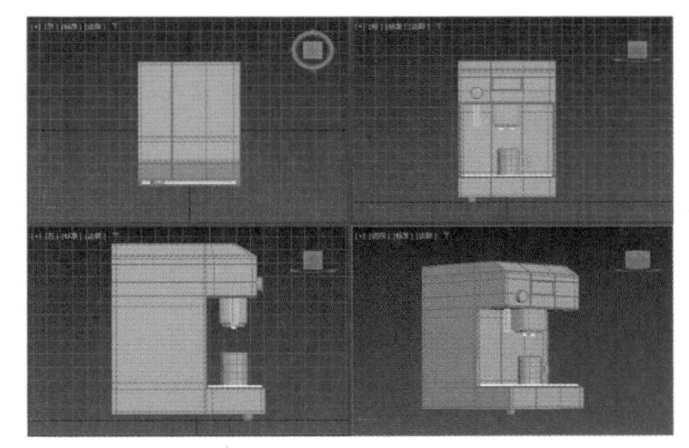

图3-120 进行卡线操作

49 选择如图3-121左图所示的模型，在“层次”面板中单击“仅影响轴”按钮，如图3-121右图所示。

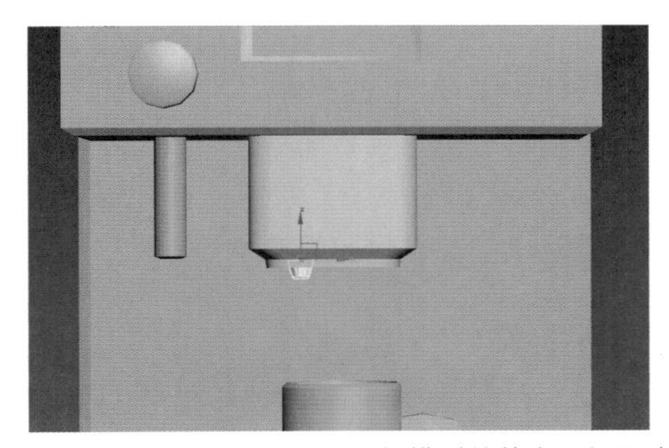

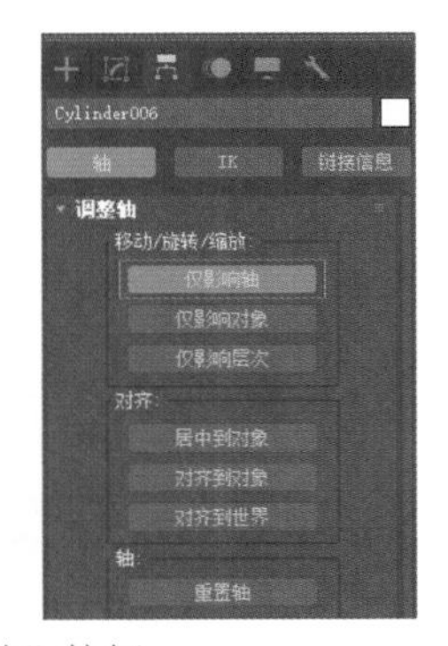

图3-121 选择模型并单击“仅影响轴”按钮

50 在前视图中，按S键激活“捕捉开关”命令，沿Y轴将坐标轴捕捉到如图3-122所示的位置，设置完成后取消“仅影响轴”按钮的选中状态。

51 在主工具栏中单击“镜像”按钮，打开“镜像：世界 坐标”对话框，设置镜像参数，如图3-123所示，单击“确定”按钮。

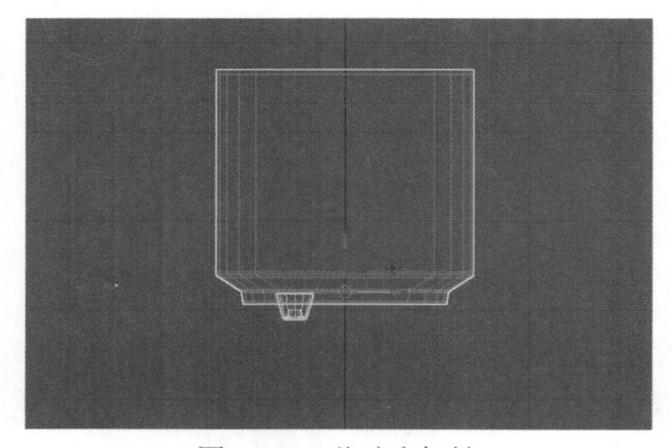

图3-122　移动坐标轴

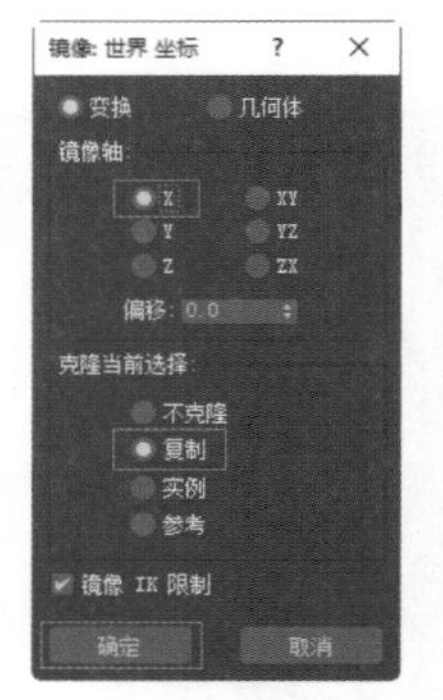

图3-123　设置镜像参数

52 设置完成后，镜像复制后的出水口显示效果如图3-124所示。

53 创建一个圆柱体，按照步骤50到步骤51的方法，制作咖啡机机腿，如图3-125所示。

54 按照步骤46的方法，细分其余的模型部件，咖啡机模型最终显示效果如图3-72所示。

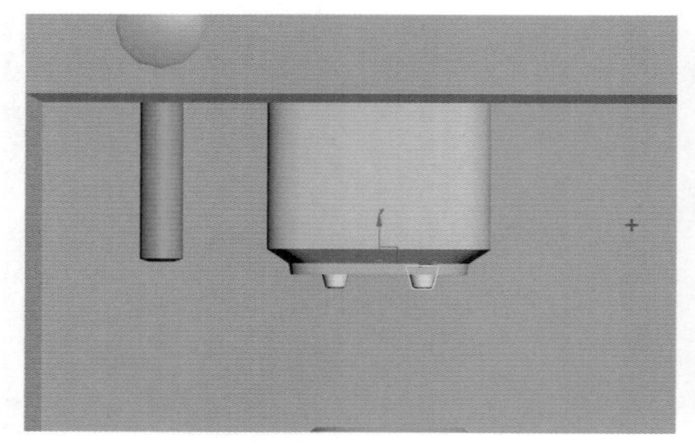

图3-124　出水口显示效果

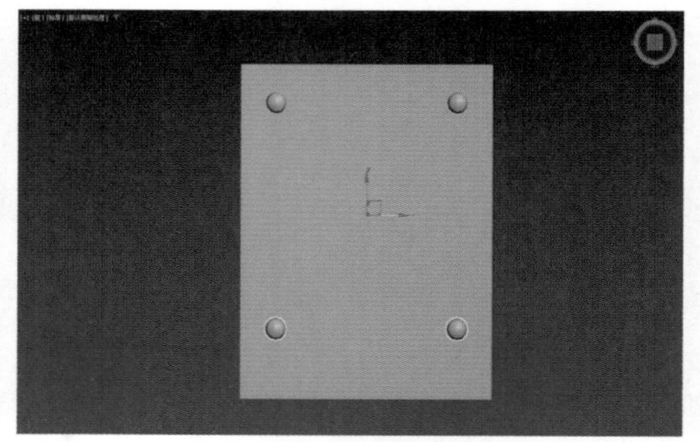

图3-125　制作咖啡机腿

3.8　习题

1. 简述可编辑多边形对象的5个子对象层级。
2. 简述如何将选择的对象转换为可编辑多边形。
3. 运用本章所学知识，尝试制作香薰、托盘和圆形桌子模型，如图3-126所示。

图3-126　香薰、托盘和圆形桌子模型

第 4 章
材质与贴图

在 3ds Max 2024 中，材质与贴图赋予了模型生动和真实的外观。本章将从材质的基础概述开始，详细解析材质编辑器的界面与功能和常用的材质类型，并通过实例讲解 UV 拆分和贴图制作的详细流程，使读者对 3ds Max 2024 中的材质与贴图功能有一个比较全面的了解。

4.1 材质概述

在3ds Max 2024中，通过材质可以模拟现实生活中物体的物理属性，如金属、玻璃、木材、石头等，以及物体光泽度、透明度、粗糙度等，材质效果如图4-1所示。3ds Max 2024提供了许多预设的材质，也支持用户自定义材质。通过将不同的材质应用到模型的不同部分，可以实现非常逼真的效果。用户需要多观察现实世界中的物体，并对物体的属性有深入的了解。

图4-1　3ds Max 2024提供的材质效果

4.2 材质编辑器

材质编辑器具有创建和编辑材质及贴图的功能，提供了基本颜色、光泽度、透明度、反射、折射等多种参数的设置。3ds Max 2024所提供的“材质编辑器”窗口非常重要，里面不但包含所有的材质及贴图命令，还提供大量预先设置好的材质供用户选择和使用，打开“材质编辑器”的方法有以下几种。

第一种方法：在菜单栏中选择“渲染”|“材质编辑器”命令，可以看到3ds Max 2024为用户所提供的“精简材质编辑器”命令和“Slate材质编辑器”命令，如图4-2所示。

第二种方法：在主工具栏上单击“精简材质编辑器”图标或“Slate材质编辑器”图标也可以打开对应类型的材质编辑器，如图4-3所示。

第三种方法：按下M键打开“材质编辑器”窗口，可以显示上次打开的“材质编辑器”版本(“精简材质编辑器”或者“Slate材质编辑器”)。

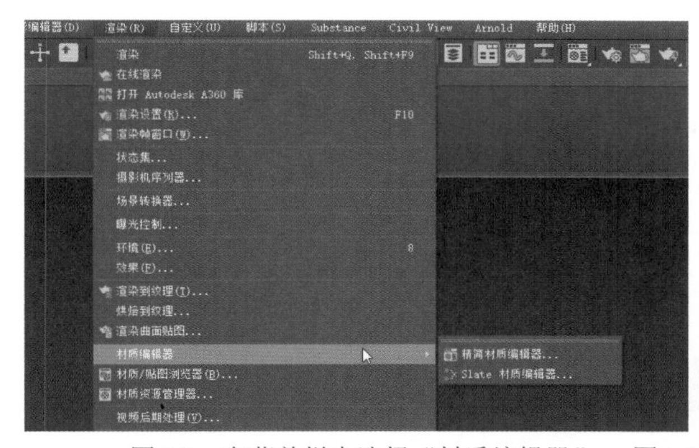

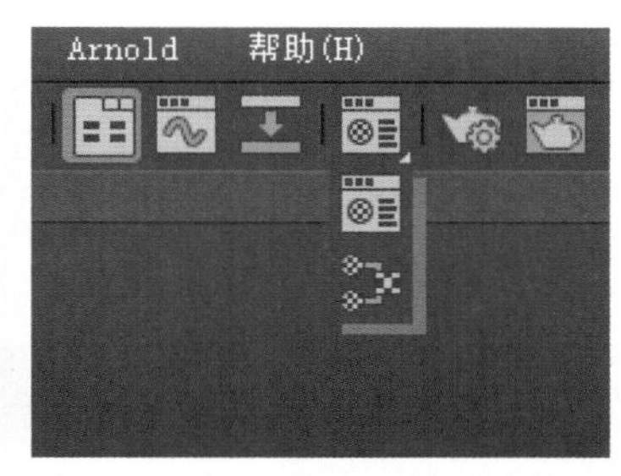

图4-2　在菜单栏中选择“材质编辑器”　　图4-3　在主工具栏上单击“材质编辑器”图标

4.2.1　精简材质编辑器

精简材质编辑器为用户提供了一种直观的界面快速创建和编辑材质的属性，如图4-4所示。由于在实际工作中，精简材质编辑器更为常用，故本书以“精简材质编辑器”进行讲解。

4.2.2　Slate 材质编辑器

在3ds Max 2024的主工具栏中长按“材质编辑器”按钮或者按下M键，在下拉列表中选择“Slate材质编辑器”命令，系统将打开“Slate材质编辑器”，如图4-5所示。其中包含了多种编辑工具，这些工具可以帮助用户制作对象的材质。

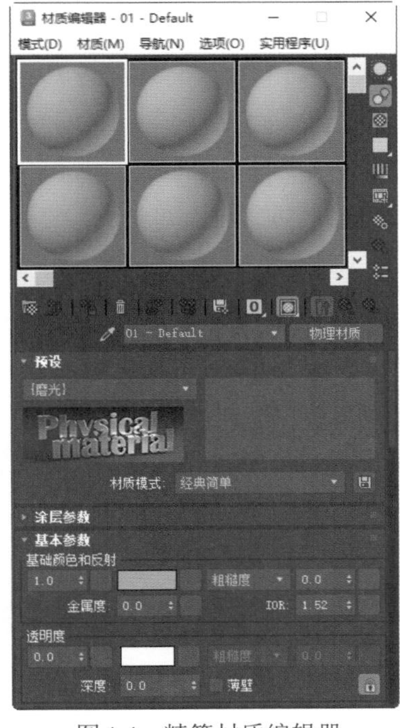

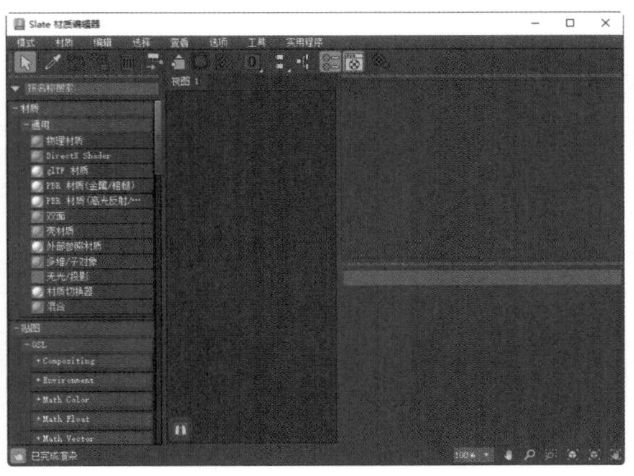

图4-4　精简材质编辑器　　　　　　图4-5　Slate材质编辑器

4.2.3 实例：“材质编辑器”的基本操作

【例4-1】本实例将讲解“材质编辑器”的基本操作。视频

01 启动3ds Max 2024，在“创建”面板中分别单击“球体”按钮和“茶壶”按钮，在场景中创建一个球体和茶壶，然后选择球体，如图4-6所示。

02 按M键打开“材质编辑器”窗口，选择任意一个材质球，右击并从弹出的菜单中选择“3×2示例窗”命令，如图4-7所示。

图4-6 创建一个球体和茶壶

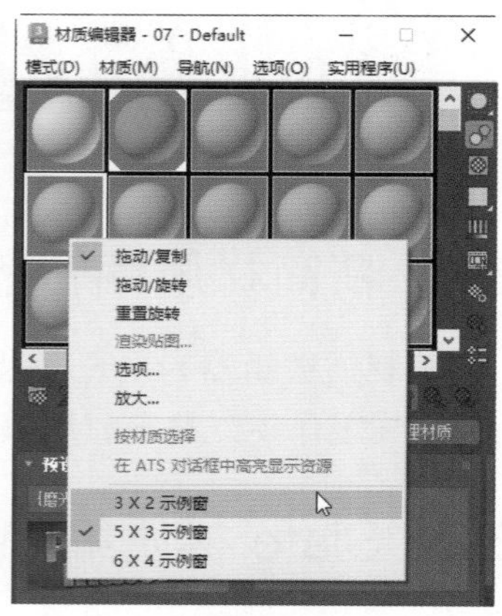

图4-7 选择“3×2示例窗”命令

03 在“材质编辑器”窗口中单击“将材质指定给选定对象”按钮，然后在“基本参数”卷展栏中，设置基础颜色为绿色，如图4-8所示，即可对球体指定物理材质。

04 “基础颜色”的参数设置如图4-9所示。

图4-8 设置基础颜色

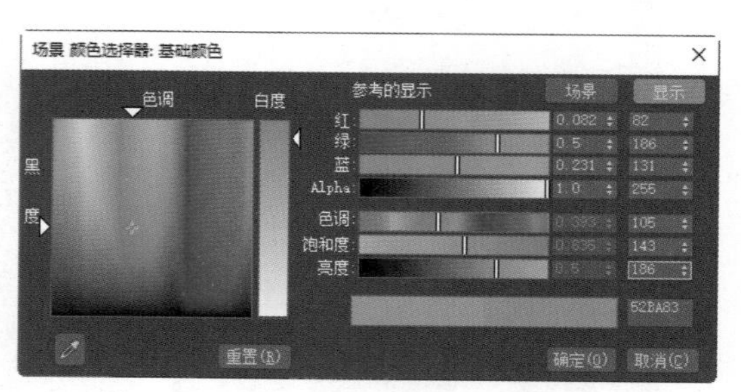

图4-9 “基础颜色”的具体参数设置

05 设置完成后，观察球体的颜色，会跟对应材质球的颜色保持一致，效果如图4-10所示。

06 选择第一个材质球，然后单击“Lambert”按钮，如图4-11所示。

图4-10 观察球体的颜色

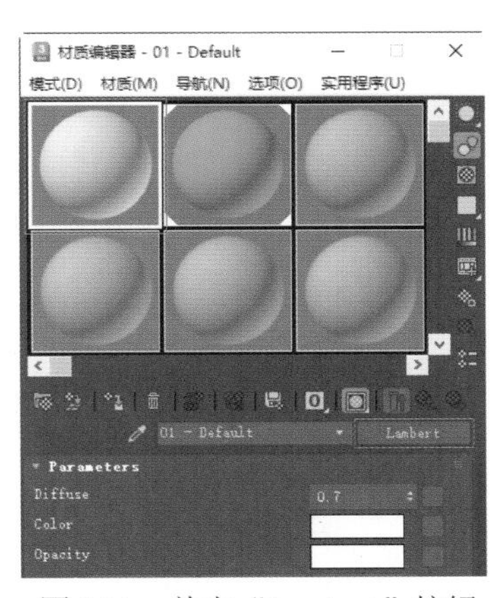

图4-11 单击“Lambert”按钮

07 打开“材质/贴图浏览器”对话框，双击“物理材质”选项，如图4-12所示。

08 选择如图4-13所示的茶壶。

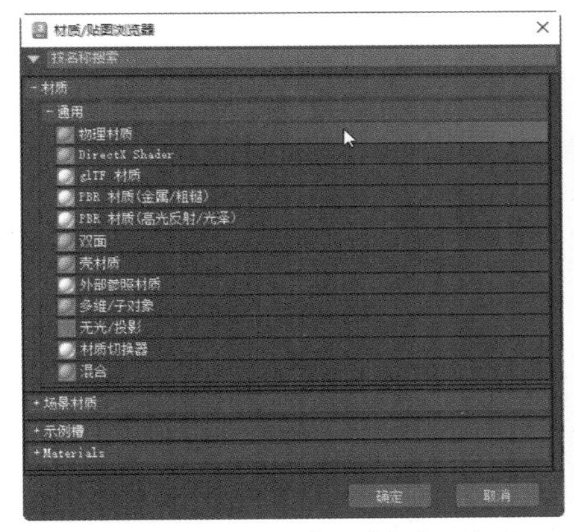

图4-12 双击“物理材质”选项

图4-13 选择茶壶

09 在“材质编辑器”窗口中单击“将材质指定给选定对象”按钮，然后在“基本参数”卷展栏中，单击“颜色控件”右侧的按钮，如图4-14所示。

10 打开“材质/贴图浏览器”对话框，双击“位图”选项，如图4-15所示。

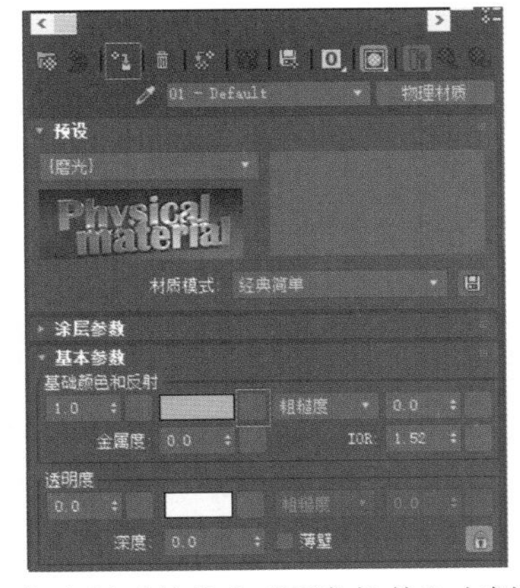

图4-14 指定材质并单击“颜色控件”右侧的按钮

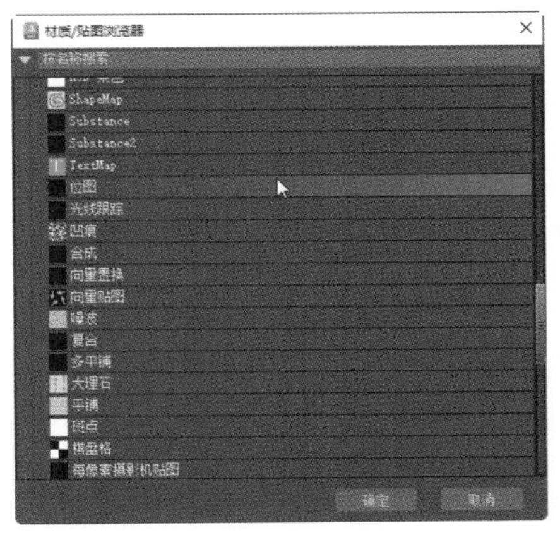

图4-15 双击“位图”选项

11 打开“选择位图图像文件”对话框，双击“花纹”文件，如图4-16所示。

12 在工具栏中单击“转到父对象”按钮，如图4-17所示，返回上一级。

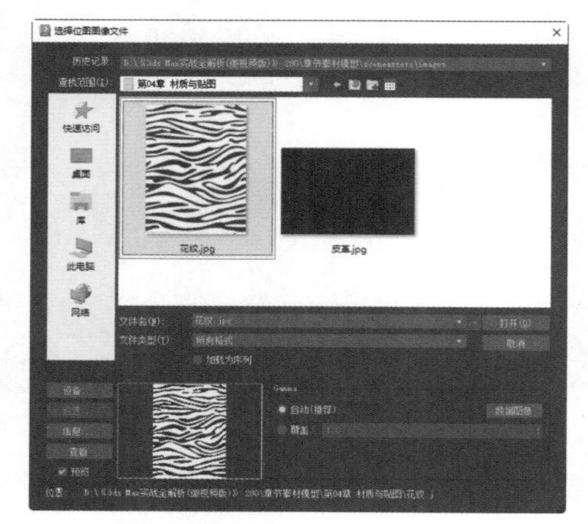

图4-16　双击“花纹”文件

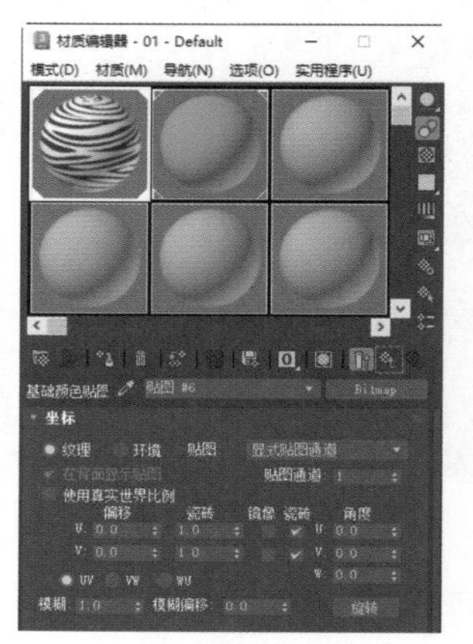

图4-17　单击“转到父对象”按钮

13 用户还可以直接选择第一个材质球，将其拖曳至茶壶上，如图4-18所示。

14 茶壶的贴图显示效果如图4-19所示。

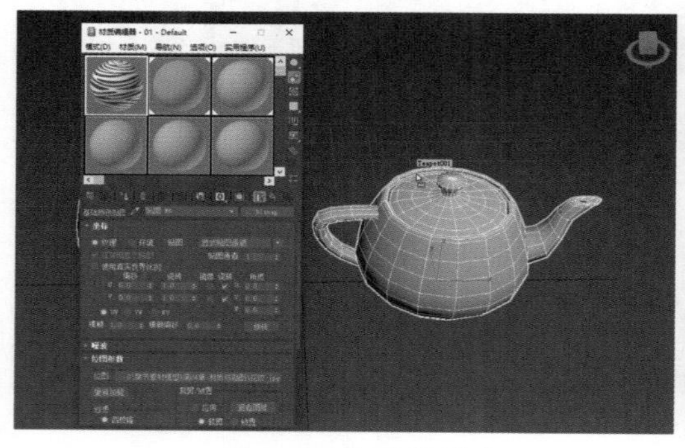

图4-18　拖曳材质球

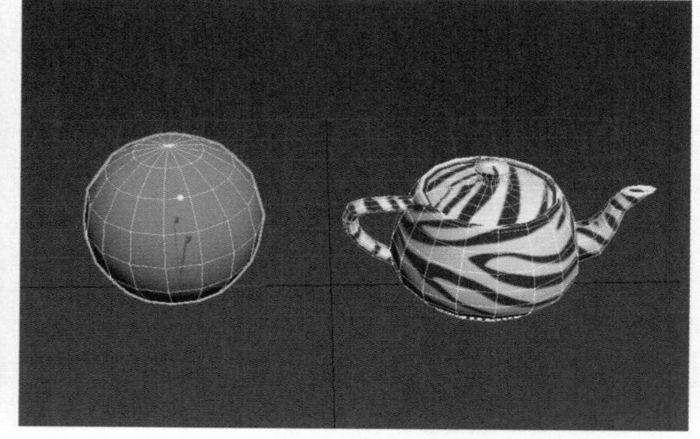

图4-19　茶壶的贴图显示效果

15 选择第二个材质球，在工具栏中单击“重置贴图/材质为默认设置”按钮，如图4-20所示。

16 打开“重置材质/贴图参数”对话框，选中“仅影响编辑器槽中的材质/贴图”单选按钮，单击“确定”按钮，如图4-21所示。

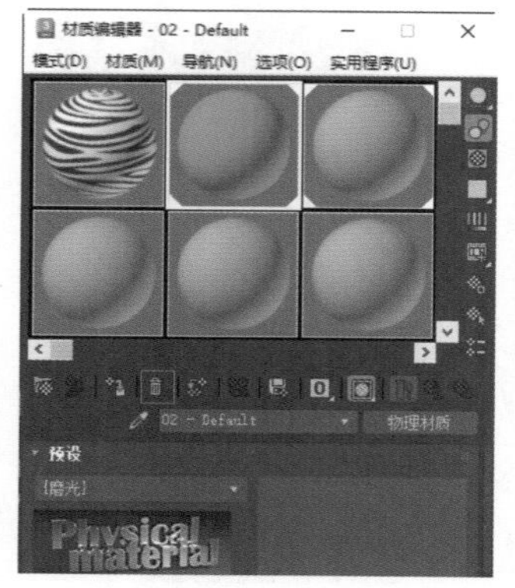

图4-20　单击“重置贴图/材质为默认设置”按钮

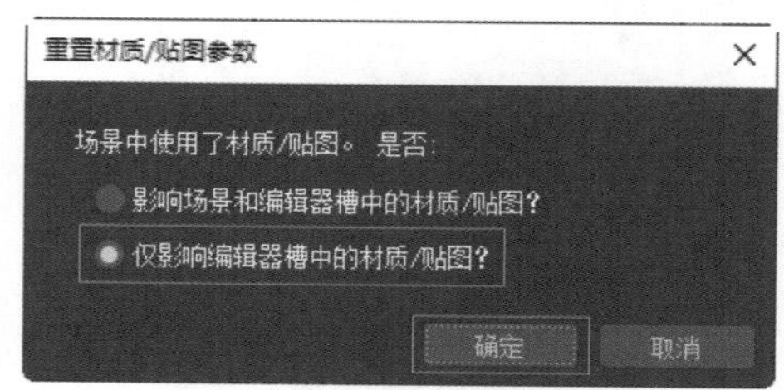

图4-21　选中“仅影响编辑器槽中的材质/贴图”单选按钮

17 该命令不影响场景中的材质，球体材质的显示效果如图4-22所示。

18 在工具栏中单击“从对象拾取材质”按钮，如图4-23所示。

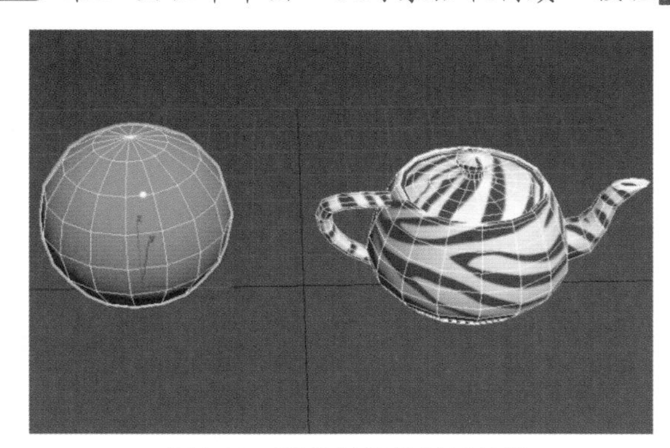

图4-22 球体材质的显示效果

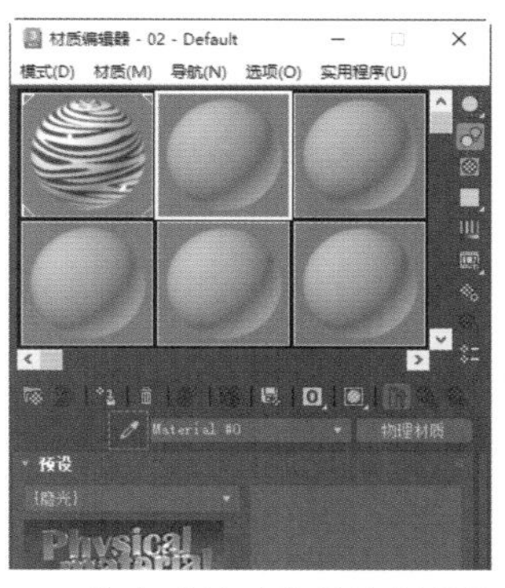

图4-23 单击“从对象拾取材质”按钮

19 在场景中选择球体，如图4-24所示，球体的材质即可出现在活动示例窗中。

20 若在“重置材质/贴图参数”对话框中，选中“影响场景和编辑器槽中的材质/贴图”单选按钮，球体将回归到原始状态，如图4-25所示。需要注意的是，使用这两种方法删除材质后，都将无法撤回。

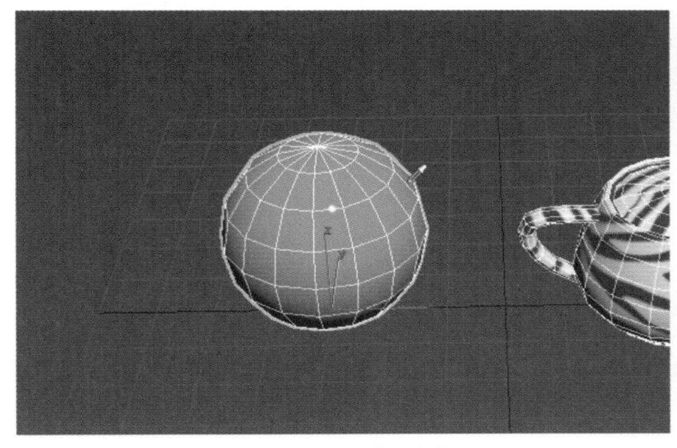

图4-24 选择球体

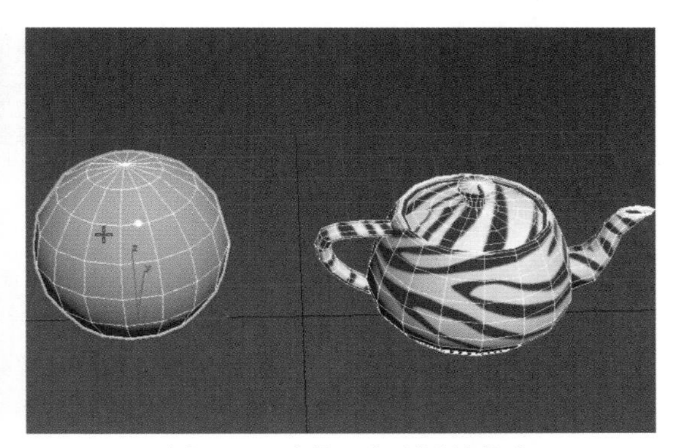

图4-25 球体回归到原始状态

21 如果“材质编辑器”对话框中的材质球全部使用完毕，在“材质编辑器”的菜单栏中选择“实用程序”|“重置材质编辑器槽”命令，如图4-26所示。

22 在“材质编辑器”窗口中会出现一组新的材质球供用户使用，如图4-27所示。

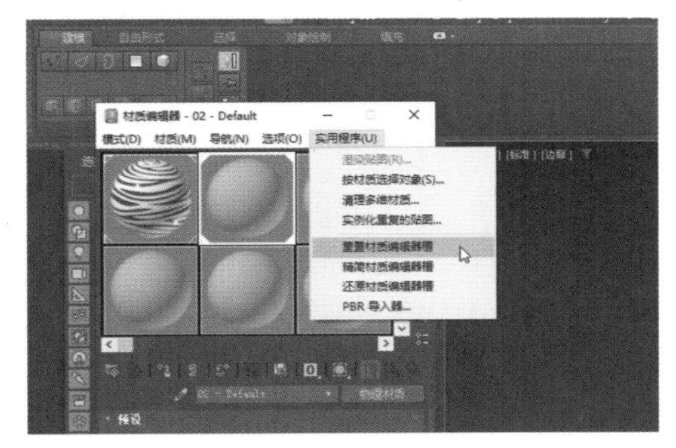

图4-26 选择“重置材质编辑器槽”命令

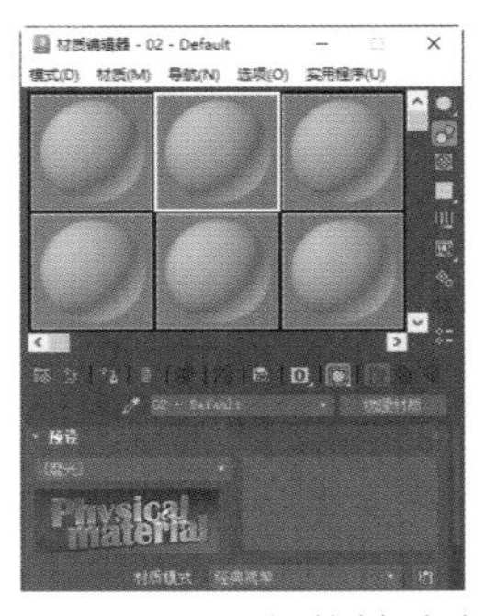

图4-27 出现新的材质球

4.3 常用材质类型

3ds Max 2024为用户提供了多个常见的、不同类型的材质球。用户在学习材质之前，首先需要了解其中较为常用的材质。

4.3.1 标准(旧版)

标准(旧版)材质是3ds Max 2024中最基础且实用的一种材质类型，可以用于渲染各种简单的物体。标准(旧版)材质主要由“明暗器基本参数”卷展栏、“Blinn基本参数”卷展栏、“扩展参数”卷展栏、“超级采样”卷展栏和“贴图”卷展栏组成，如图4-28所示。

若在“材质/贴图浏览器”对话框中没有标准(旧版)材质的选项，可以按F10键打开“渲染设置：Arnold”窗口，单击“渲染器”下拉按钮，从弹出的下拉列表中选择“扫描线渲染器”选项，如图4-29所示。

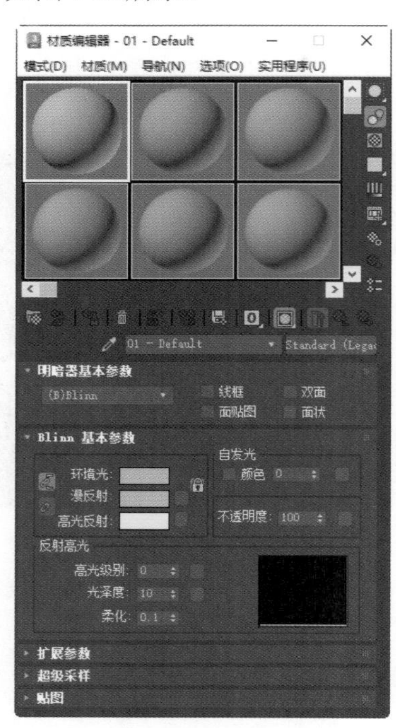

图4-28 标准(旧版)材质

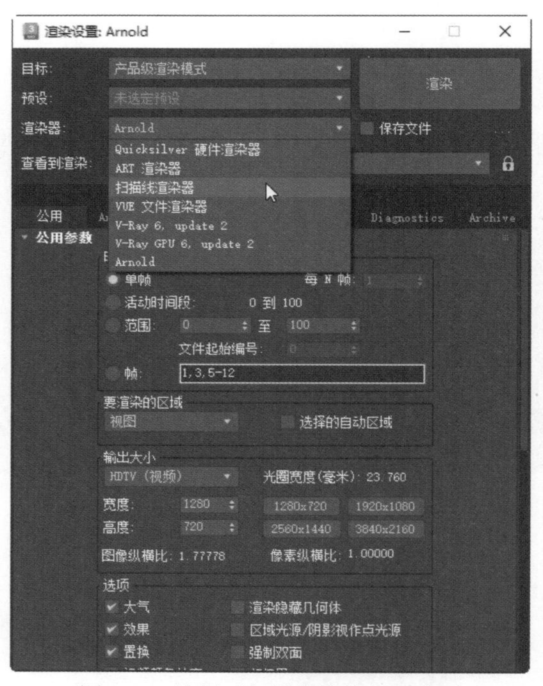

图4-29 选择“扫描线渲染器”选项

4.3.2 物理材质

物理材质是3ds Max 2024软件的默认材质，能够模拟现实中物体的光照反射特性，帮助用户渲染出更加逼真的图像。物理材质的参数是基于现实世界中物体自身的物理属性所设计的，主要包含预设、涂层参数、基本参数、各向异性、特殊贴图和常规贴图6个卷展栏，如图4-30所示。

图4-30 物理材质

4.3.3 实例：制作玻璃材质

【例4-2】本实例将讲解使用“物理材质”制作玻璃材质的方法，渲染效果如图4-31所示。

视频

图4-31 玻璃材质

01 启动3ds Max 2024，打开本书的配套资源文件“场景02.max”，选择高脚杯模型，如图4-32所示。本场景已经设置好灯光、摄影机及渲染基本参数。

02 按M键打开“材质编辑器”窗口，在材质编辑器示例窗中选择一个材质球，然后单击“将材质指定给选定对象”按钮，并重命名为“玻璃”，在“基本参数”卷展栏中，设置“基础颜色和反射”组中的“粗糙度”数值为0.05、“透明度”数值为1，如图4-33所示。

03 设置完成后，在主工具栏中单击“渲染帧窗口”按钮渲染场景，渲染效果如图4-31所示。

图4-32　选择高脚杯模型

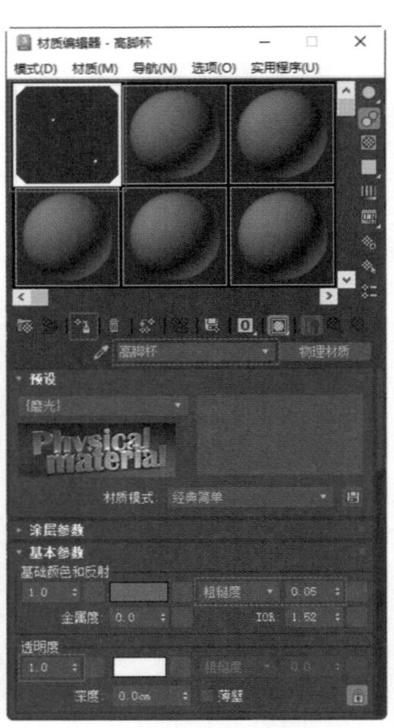

图4-33　设置玻璃的基本参数

4.3.4　实例：制作金属材质

【例4-3】 本实例将讲解金属材质的制作方法，渲染效果如图4-34所示。 视频

图4-34　金属材质

01 启动3ds Max 2024，打开本书的配套资源文件“场景02.max”，选择落地灯模型，如图4-35所示。本场景已经设置好灯光、摄影机及渲染基本参数。

02 按M键打开“材质编辑器”窗口，在材质编辑器示例窗中选择一个材质球，然后单击“将材质指定给选定对象”按钮，并重命名为“落地灯”，在“基本参数”卷展栏中，设置“基础颜色”为黄色、“粗糙度”数值为0.2、“金属度”数值为1，如图4-36所示。

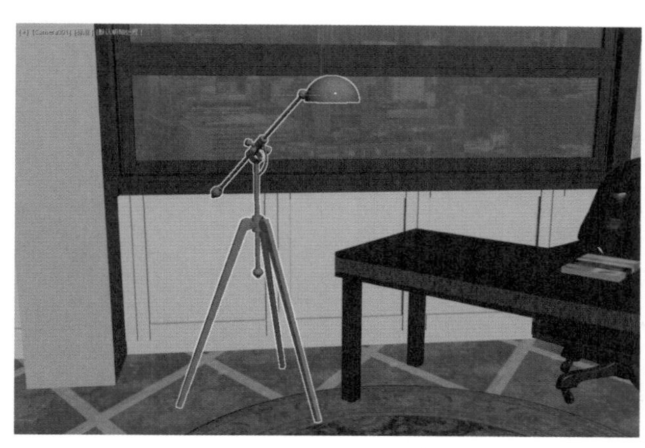

图 4-35 选择落地灯模型

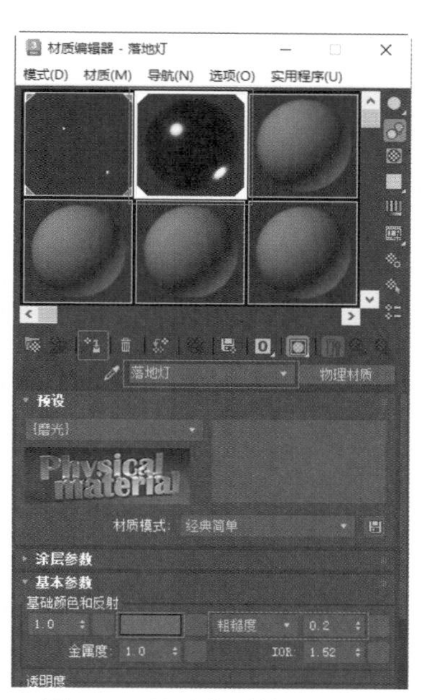

图 4-36 设置金属材质的参数

03 “基础颜色”的参数设置如图 4-37 所示。

04 设置完成后，在主工具栏中单击“渲染帧窗口”按钮渲染场景，渲染效果如图 4-34 所示。

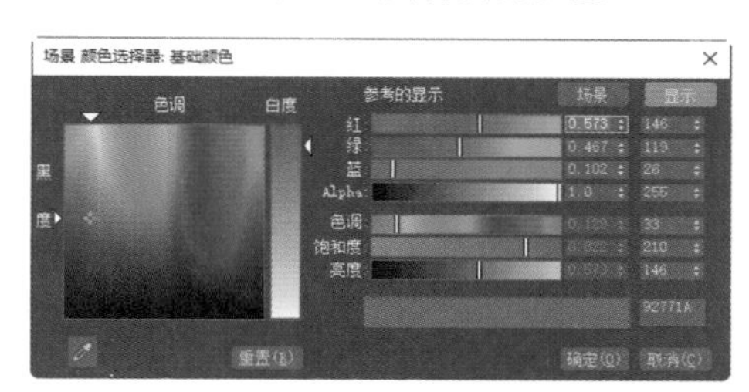

图 4-37 “基础颜色”的参数设置

4.3.5 多维 / 子对象材质

“多维/子对象”材质可以根据模型的ID号为模型设置不同的材质，该材质通常需要配合其他材质球一起使用才可以达到正确的效果，其参数如图4-38所示。

- “设置数量”按钮 设置数量 ：用来设置多维/子对象材质里子材质的数量。
- “添加”按钮 添加 ：添加新的子材质。
- “删除”按钮 删除 ：用来移除列表中选择的子材质。
- ID：子材质的ID号。
- 名称：设置子材质的名称，可以为空。
- 子材质：显示子材质的类型。

图 4-38 “多维/子对象基本参数”卷展栏

4.3.6 实例：制作相框材质

【例4-4】本实例将讲解使用“多维/子对象”材质和“物理材质”制作陶瓷材质的方法，渲染效果如图4-39所示。视频

图4-39 陶瓷材质

01 启动3ds Max 2024，打开本书的配套资源文件“场景02.max”，选择相框模型，如图4-40所示。本场景已经设置好灯光、摄影机及渲染基本参数。

02 按M键打开“材质编辑器”窗口，为场景中的相框模型指定一个物理材质，并重命名为“相框”，在“基本参数”卷展栏中设置“基础颜色”为深棕色，设置“粗糙度”数值为0.6，如图4-41所示。

图4-40 选择相框模型

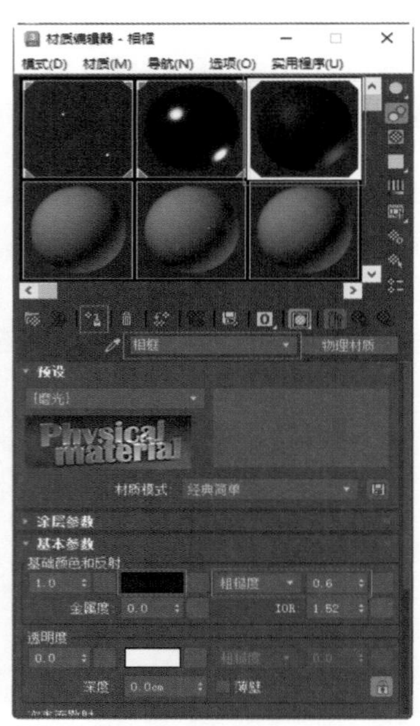

图4-41 设置相框模型的材质

03 “基础颜色”的参数设置如图4-42所示。

04 在“材质编辑器”窗口中，单击“物理材质”按钮，如图4-43所示。

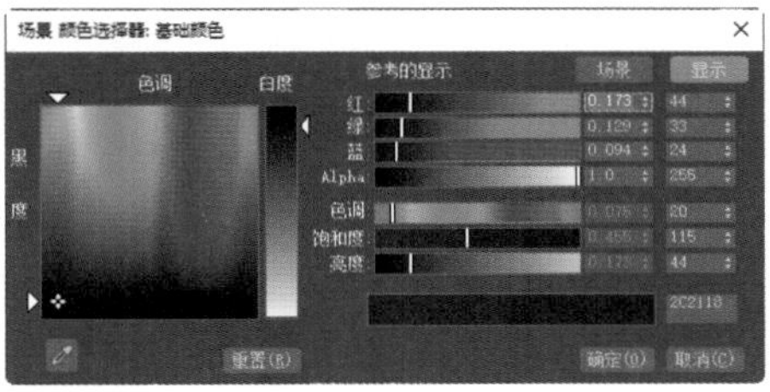

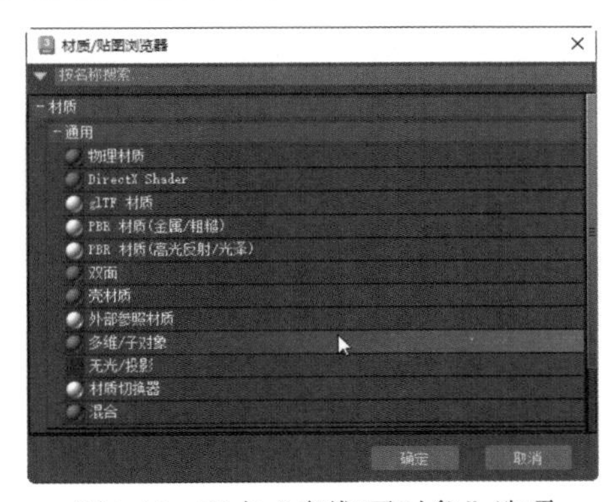
图4-42 “基础颜色”的参数设置

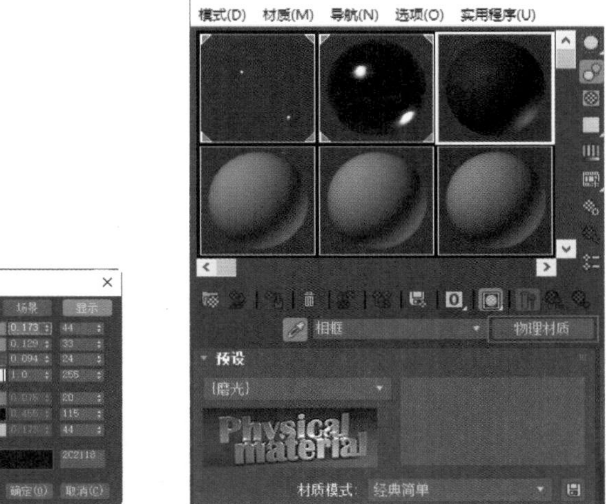
图4-43 单击“物理材质”按钮

05 打开“材质/贴图浏览器”对话框，双击“多维/子对象”选项，如图4-44所示。

06 在弹出的“替换材质”对话框中，选中“将旧材质保存为子材质”单选按钮，然后单击“确定”按钮，如图4-45所示。

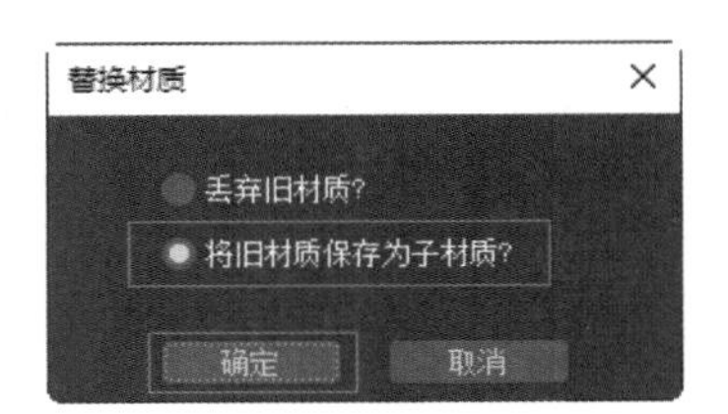
图4-44 双击“多维/子对象”选项

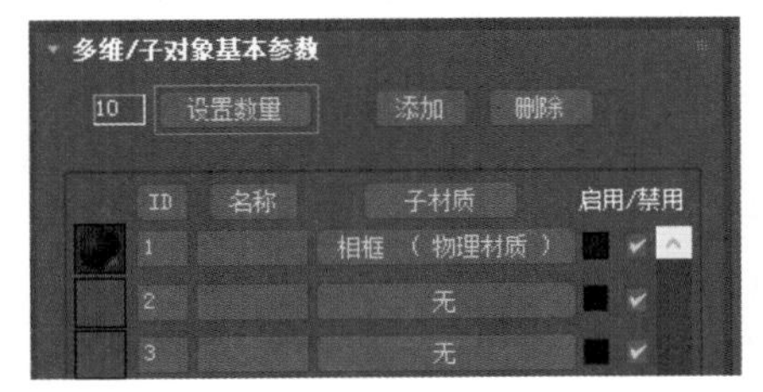
图4-45 “替换材质”对话框

07 在“多维/子对象基本参数”卷展栏中，单击“设置数量”按钮，如图4-46所示。

08 打开“设置材质数量”对话框，设置“材质数量”数值为2，单击“确定”按钮，如图4-47所示。

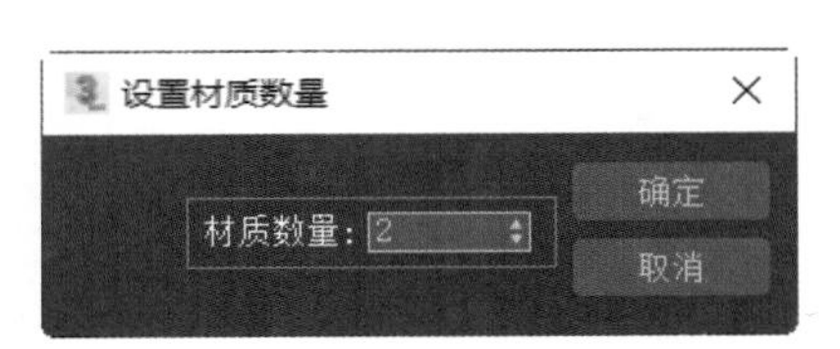
图4-46 单击“设置数量”按钮

图4-47 设置“材质数量”数值为2

09 在“多维/子对象基本参数”卷展栏中，单击“无”按钮，如图4-48所示。

10 打开“材质/贴图浏览器”对话框，选择“物理材质”选项，如图4-49所示。

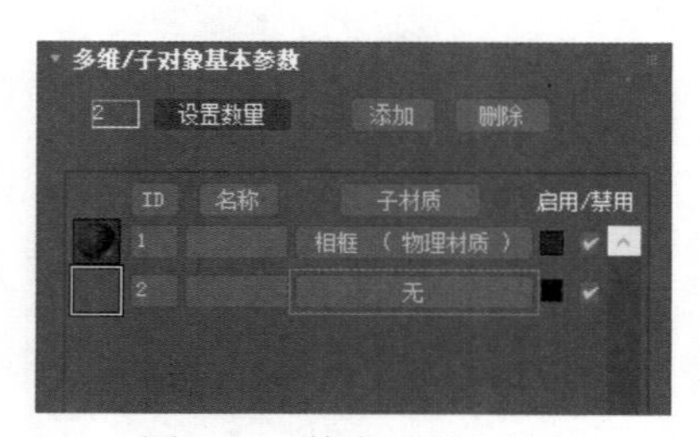

图4-48　单击“无”按钮

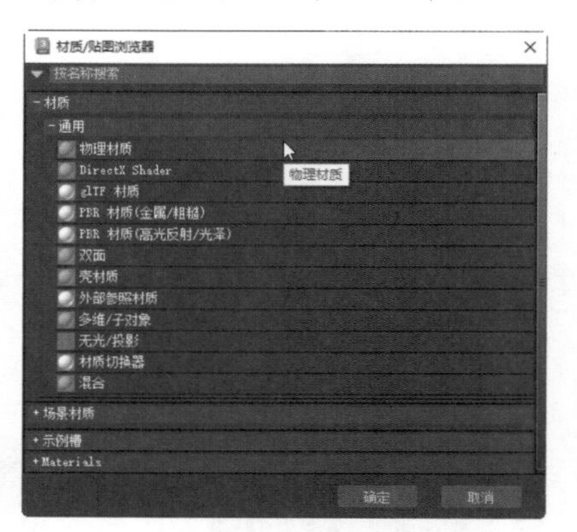

图4-49　选择“物理材质”

11 将ID号为2的材质也设置为物理材质，并命名为“相片”，在“基本参数”卷展栏中，单击“颜色控件”右侧的“贴图”按钮■，如图4-50所示。

12 打开“材质/贴图浏览器”对话框，双击“位图”选项，如图4-51所示。

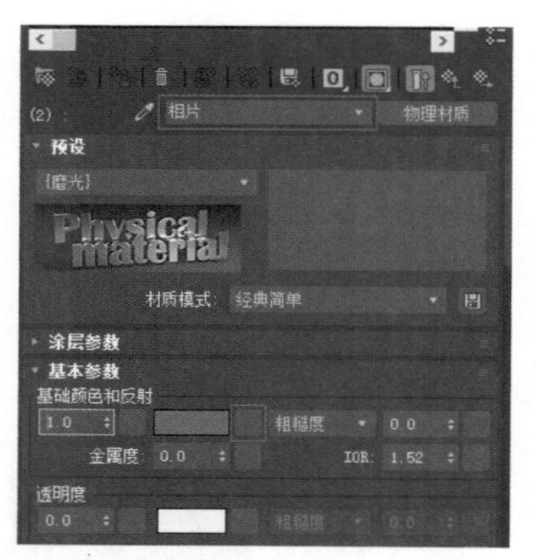

图4-50　重命名材质并单击“贴图”按钮

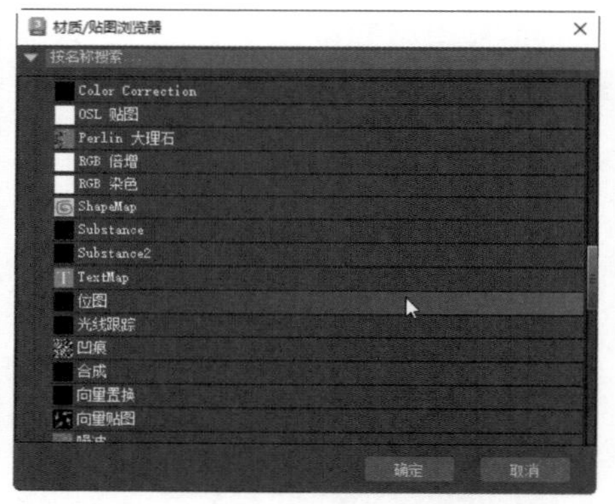

图4-51　双击“位图”选项

13 打开“选择位图图像文件”对话框，选择“相片.jpg”贴图文件，如图4-52所示。

14 在“基本参数”卷展栏中，设置“粗糙度”数值为0.05，如图4-53所示。

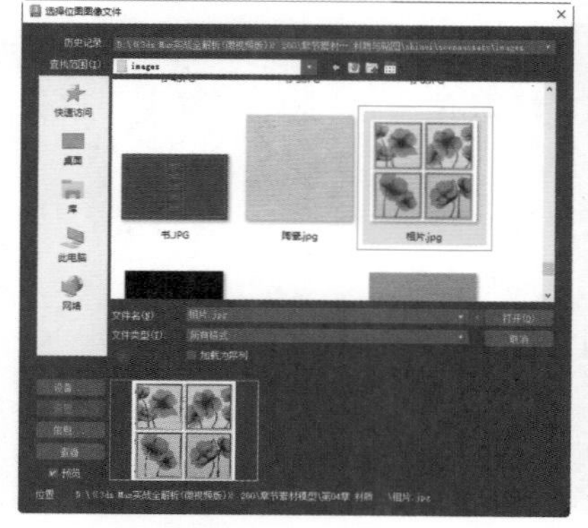

图4-52　选择“相片.jpg”贴图文件

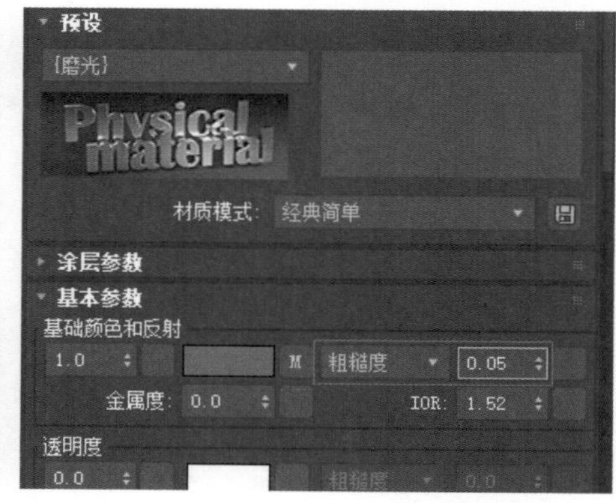

图4-53　设置“粗糙度”数值

15 按数字5键，进入“元素”子对象层级，选择图4-54所示的面。

16 在“修改”面板中，设置面的ID号为2，如图4-55所示。

17 设置完成后在主工具栏中单击“渲染帧窗口”按钮渲染场景，可以看到通过对模型的面进行ID号设置，为模型的不同面分别设置不同的物理材质，效果如图4-39所示。

图4-54 选择面

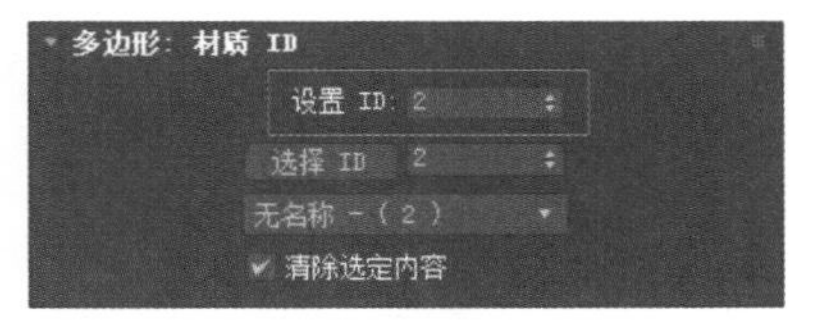

图4-55 设置面的ID号为2

4.3.7 Standard Surface 材质

Standard Surface材质是一种非常强大和多用途的材质类型，特别是在使用Arnold渲染器时。该材质能够准确地模拟现实世界中物体的表面特性，可以渲染出塑料、金属、布料等各种材质效果。需要注意的是，即便是中文版3ds Max 2024，该材质的参数设置也全部为英文显示。Standard Surface材质主要由Base卷展栏、Specular卷展栏、Transmission卷展栏、Subsurface卷展栏、Coat卷展栏、Sheen卷展栏、Thin Film卷展栏、Emission卷展栏、Special Features卷展栏、AOVs卷展栏和Maps卷展栏11个卷展栏所组成，如图4-56所示。

若在“材质/贴图浏览器”对话框中没有Standard Surface材质的选项，在菜单栏中选择“自定义”|“自定义默认设置切换器”命令，打开“自定义UI与默认设置切换器”对话框，在“默认设置”列表框中选择Max Legacy选项，在“用户界面方案”列表框中选择DefaultUI选项，单击“设置”按钮，如图4-57所示，设置完成后重启软件即可生效。

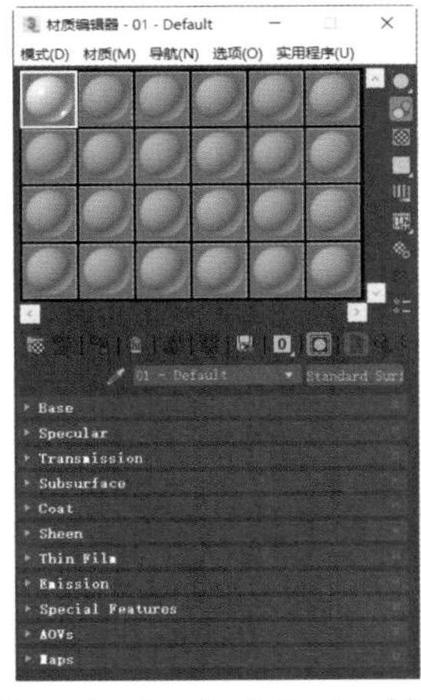

图4-56 Standard Surface材质

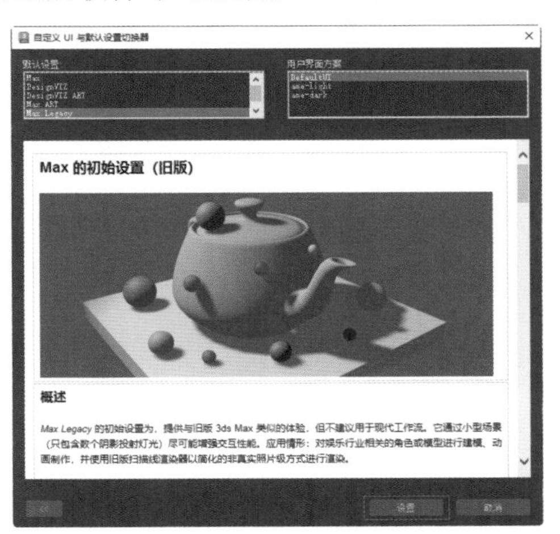

图4-57 “自定义UI与默认设置切换器”对话框

4.4 贴图概述

贴图是将纹理通过UV坐标映射到3D物体表面，如图4-58所示，以反映模型的具体表现，例如布料、皮肤、岩石等纹理，增加视觉上的层次感。三维模型根据UV平面所截取到的图案在模型上显示出用户赋予它的2D纹理或者材质。

图4-58　不同的贴图效果

在大部分情况下，用户需要重新排列UV，需要在“编辑UVW”窗口中对模型的UV进行编辑，在制作项目的过程中，在多边形和细分曲面上创建和修改UV以生成贴图和纹理是必不可少的环节。在为模型绘制贴图之前，需要进行拆分UV操作。需要注意的是，在展开UV的过程中，应避免UV过度拉伸的情况。

本节将以一个如图4-59所示的游戏武器刀为例，从其基本结构和特征开始，逐步添加细节以丰富刀的外观，最后通过贴图来表现其纹理和材质。

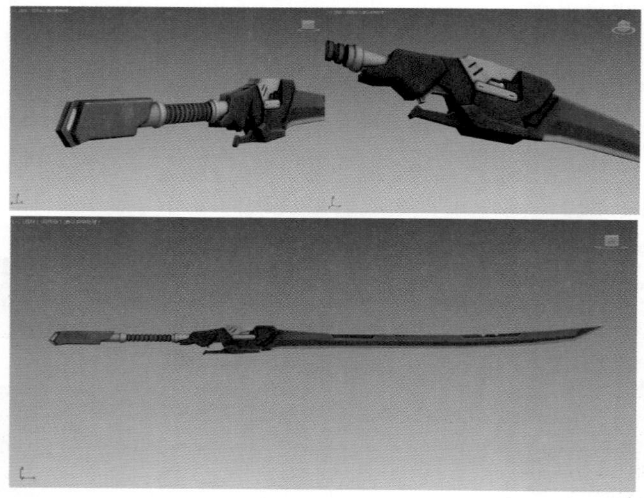

图4-59　武器刀

4.4.1 实例：拆分模型UV

【例4-5】本实例将讲解如何拆分模型的UV。

01 打开“wuqidao.max”素材文件，选择如图 4-60 所示的模型。

02 在“修改”面板中单击“修改器列表”下拉按钮，从弹出的下拉列表中选择“UVW展开”命令，添加一个“UVW展开”修改器，然后在“编辑UV”卷展栏中单击“打开UV编辑器”按钮，如图 4-61 所示。

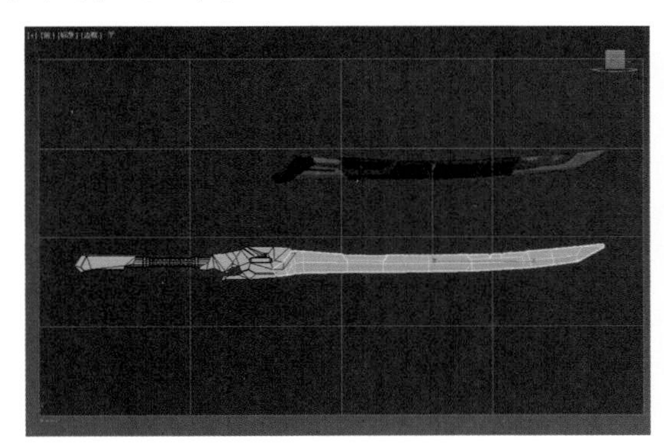

图4-60 选择模型

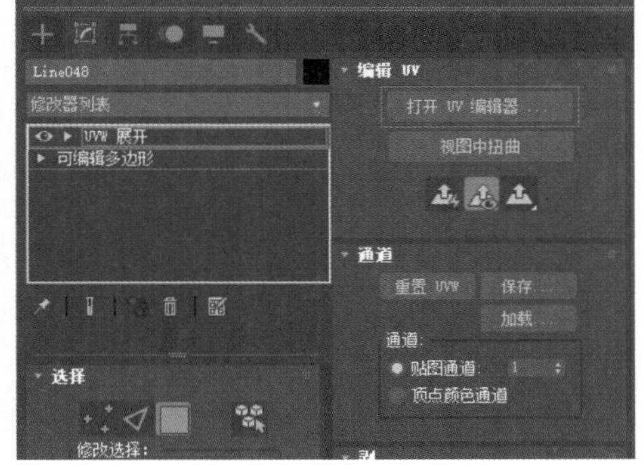

图4-61 添加“UVW展开”修改器

03 在打开的“编辑UVW”窗口中框选所有的UV，然后在“投影”卷展栏中单击“平面贴图”按钮，如图 4-62 所示。

04 选择刀刃模型外侧的一圈边，如图 4-63 所示。

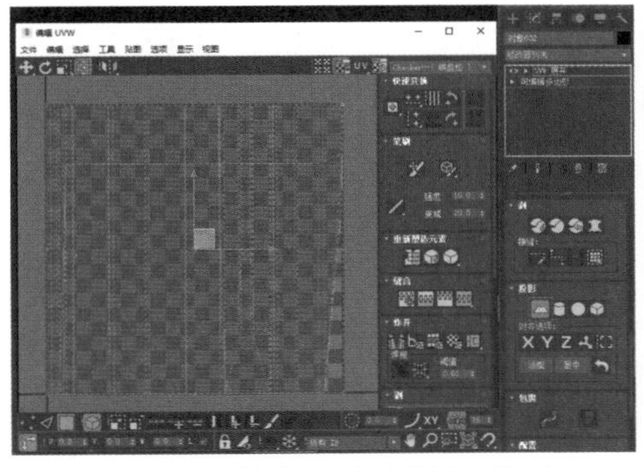

图4-62 单击“平面贴图”按钮

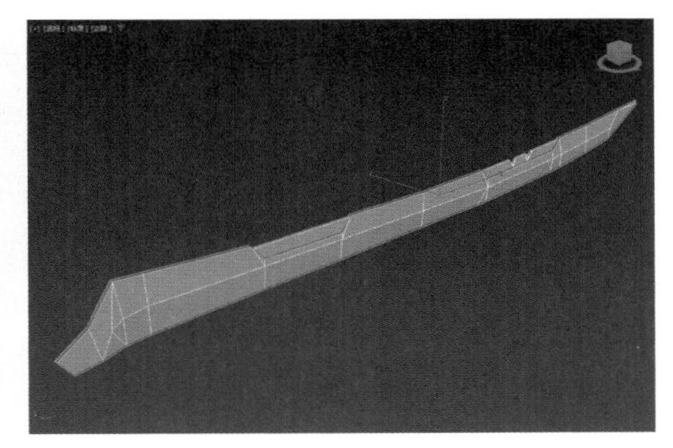

图4-63 选择刀刃模型外侧的边

05 在“缝合”组中单击“断开”按钮，如图 4-64 所示。

06 选择如图 4-65 所示的面。

图4-64 单击“断开”按钮

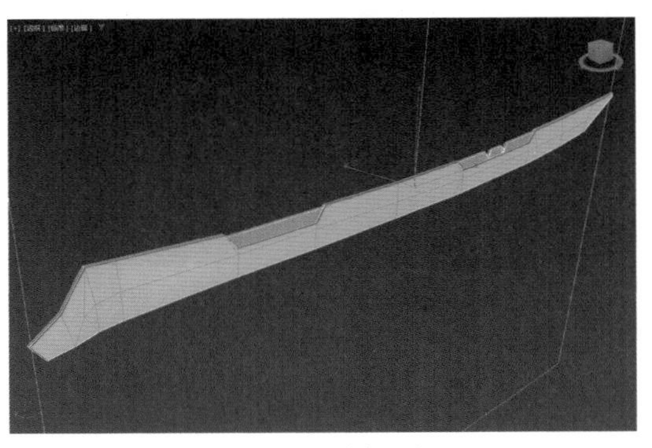

图4-65 选择面

07 在“剥”卷展栏中单击“快速剥”按钮，如图4-66所示。

08 此时，UV的显示效果如图4-67所示。

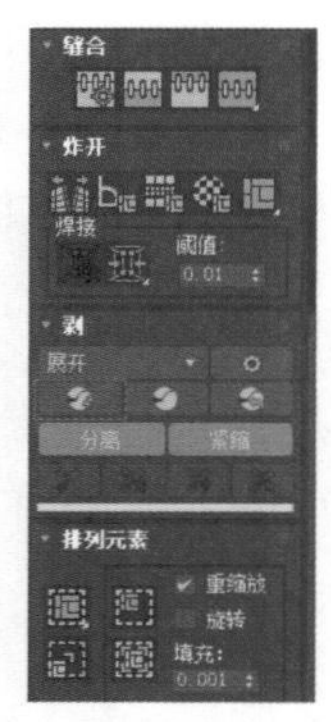
图4-66　单击“快速剥”按钮

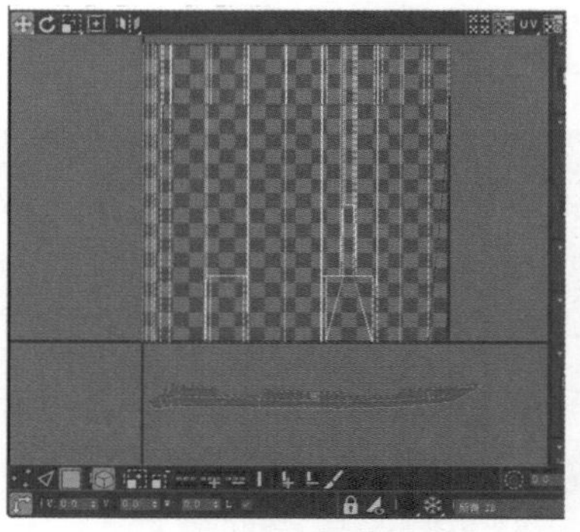
图4-67　UV的显示效果

09 选择需要断开的边，如图4-68左图所示，然后在“编辑UVW”窗口中右击并从弹出的快捷菜单中选择“断开”命令，如图4-68右图所示。

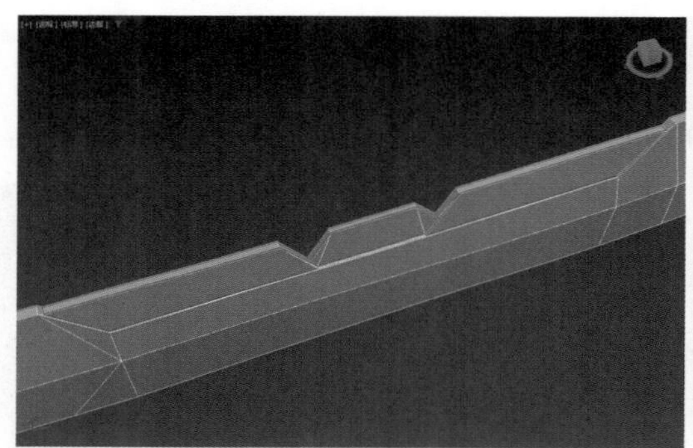

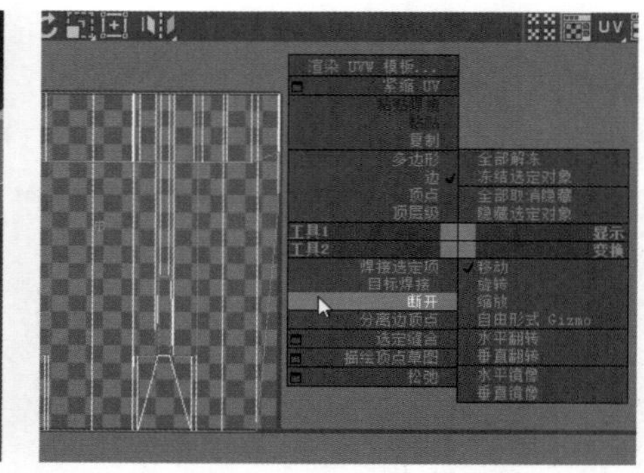
图4-68　选择边并选择“断开”命令

10 在“剥”卷展栏中单击“快速剥”按钮，模型UV展开后的显示效果如图4-69所示。

11 选择UV，按E键激活“旋转”命令，调整UV的方向，如图4-70所示。

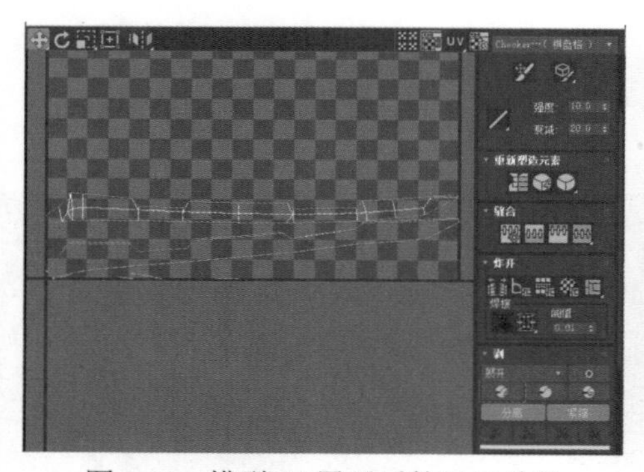
图4-69　模型UV展开后的显示效果

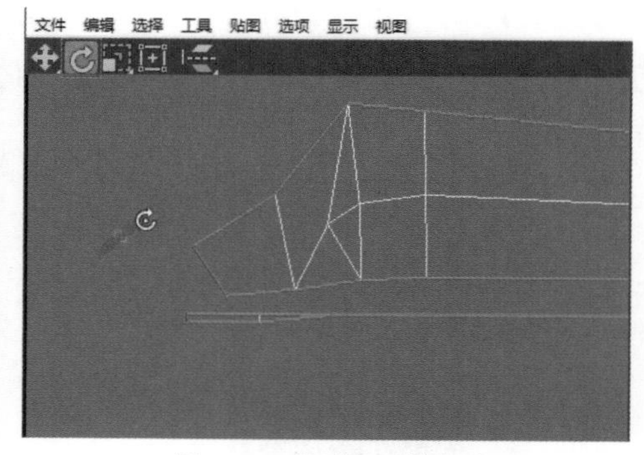

图4-70　调整UV的方向

12 选择UV左侧的两个顶点，在“快速变换”组中单击“垂直对齐到轴”按钮，如图4-71所示。

13 继续选择UV上方的两个点，在“快速变换”组中单击“水平对齐到轴”按钮，如图4-72所示。

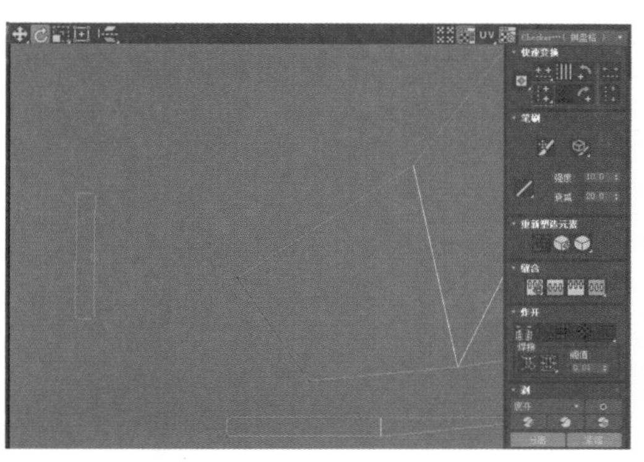

图4-71 选择顶点并单击“垂直对齐到轴”按钮

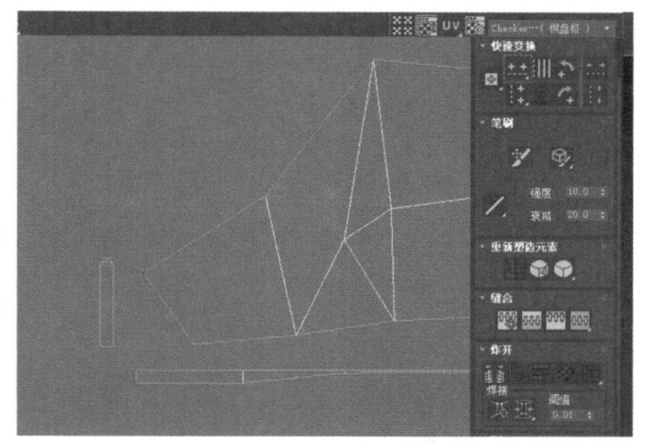

图4-72 选择顶点并单击“水平对齐到轴”按钮

14 按照步骤11到步骤13的方法调整其他的UV顶点，按M键打开“材质编辑器”窗口，选择刀刃模型，在材质编辑器示例窗中选择一个材质球，单击“将材质指定给选定对象”按钮，然后单击“漫反射”右侧的“贴图”按钮，如图4-73所示。

15 打开“材质/贴图浏览器”对话框，双击“棋盘格”选项，如图4-74所示。

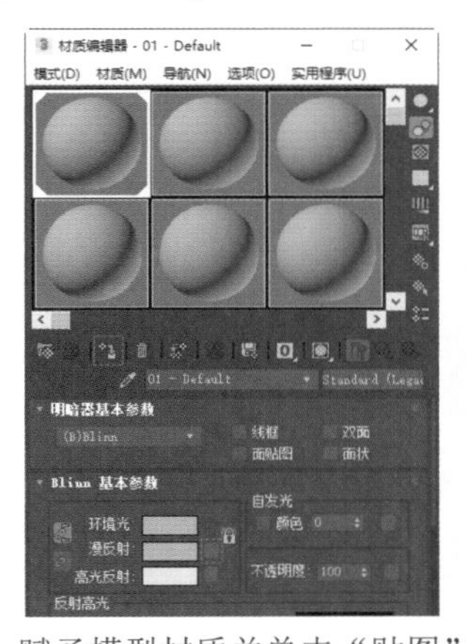

图4-73 赋予模型材质并单击“贴图”按钮

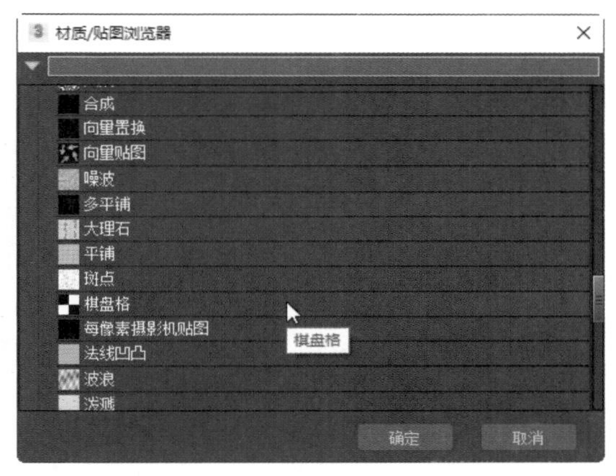

图4-74 双击“棋盘格”选项

16 设置“瓷砖”中“宽度”和“高度”的数值均为30，单击“视口中显示明暗处理材质”按钮，如图4-75所示。

17 棋盘格的显示效果如图4-76所示，通过棋盘格检查UV是否存在拉伸。

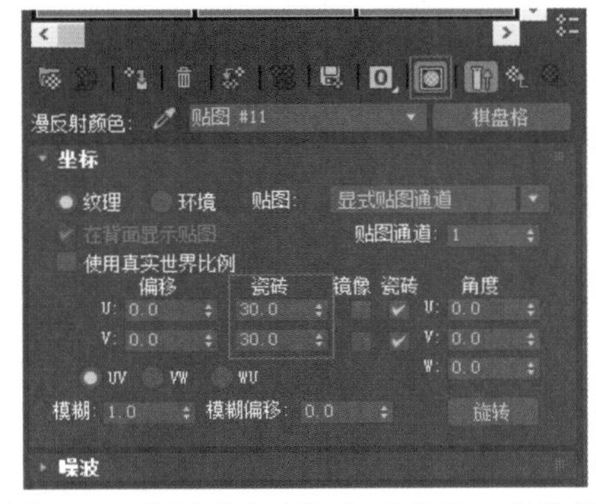

图4-75 设置“宽度”和“高度”的数值

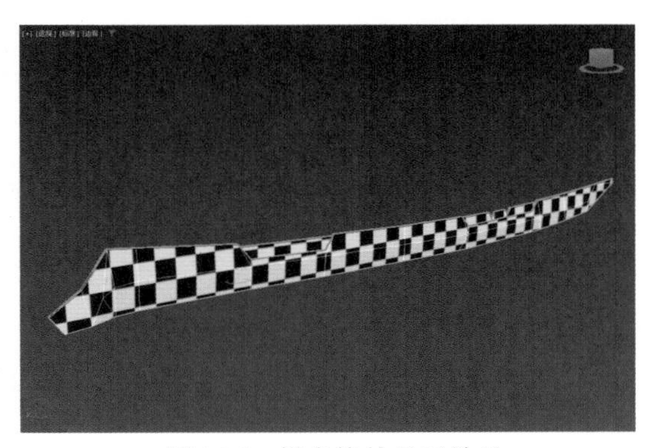

图4-76 棋盘格的显示效果

18 将光标放置在“UVW展开”修改器上，右击并从弹出的菜单中选择“塌陷到”命令，如图4-77所示。

19 按照步骤1到步骤17的方法拆分其他部位模型的UV，然后选择任意一个模型，在“编辑几何体”卷展栏中单击“附加”按钮，将所有低模组合为一个模型，并摆放低模的UV，为了充分利用纹理空间，尽量将UV摆满画面，减少空白区域，效果如图4-78所示。

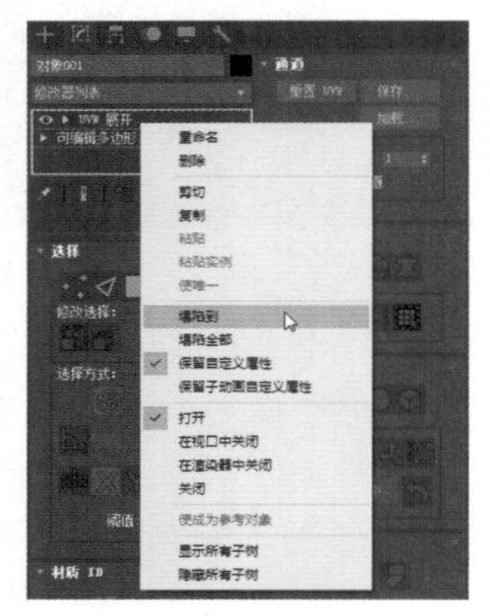

图4-77　选择“塌陷到”命令

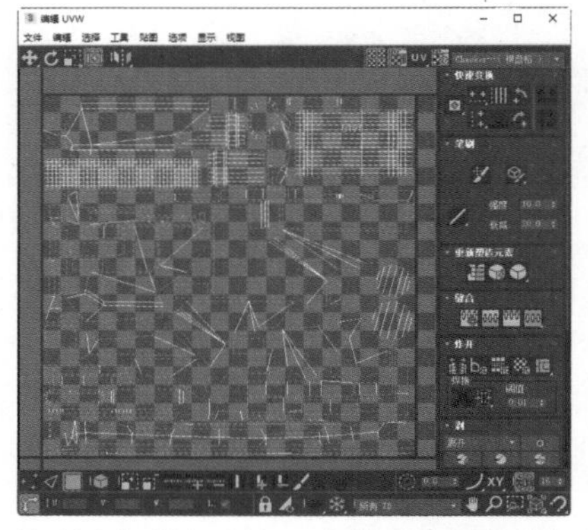

图4-78　将所有低模组合为一个模型，并摆放低模的UV

20 确保每块UV的棋盘格大小基本一致，棋盘格显示效果如图4-79所示。

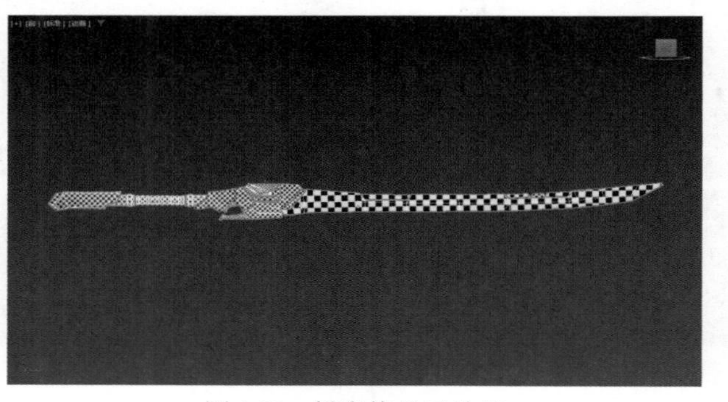

图4-79　棋盘格显示效果

21 选择刀刃模型中所有的UV切割边，如图4-80所示。

22 在“编辑边”卷展栏中单击“硬”按钮，选中“显示硬边”复选框，如图4-81所示。

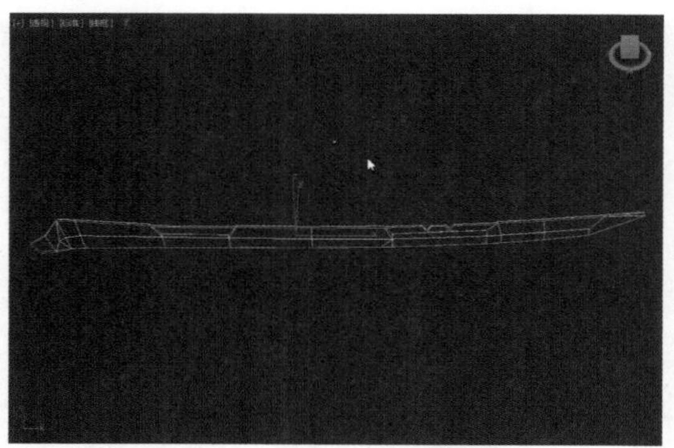

图4-80　选择所有的UV切割边

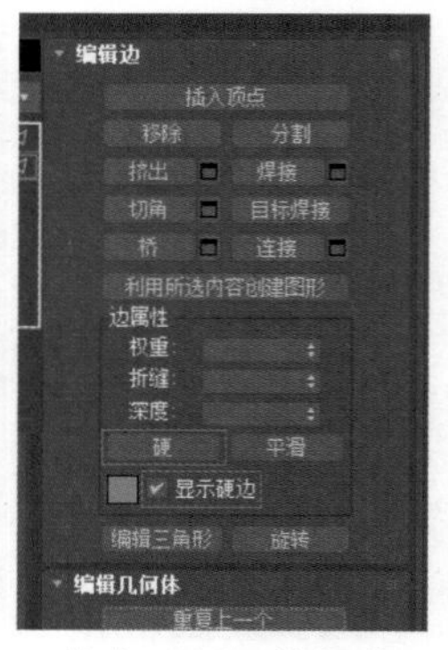

图4-81　单击“硬”按钮并显示硬边

23 在场景中选择圆柱体形状的模型UV切割边，如图4-82所示。

24 在“编辑边”卷展栏中单击“平滑”按钮，如图4-83所示。

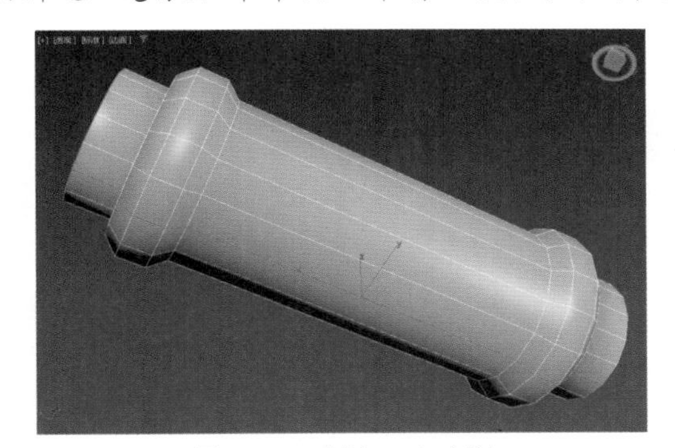

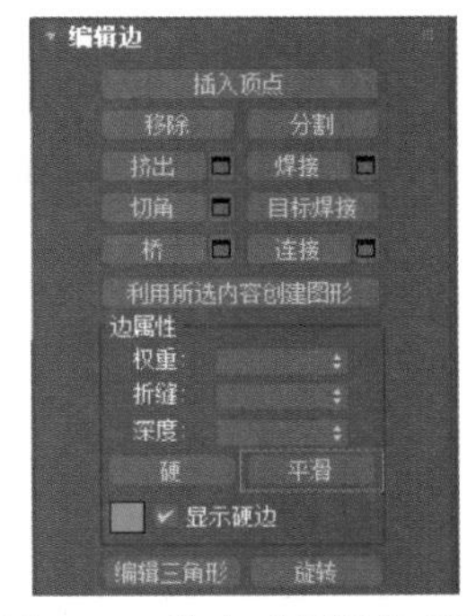

图4-82　选择UV切割边　　图4-83　单击“平滑”按钮

25 按照步骤21到步骤25的方法，为其余部位的模型设置软硬边，模型的硬边将显示为绿色，如图4-84所示。

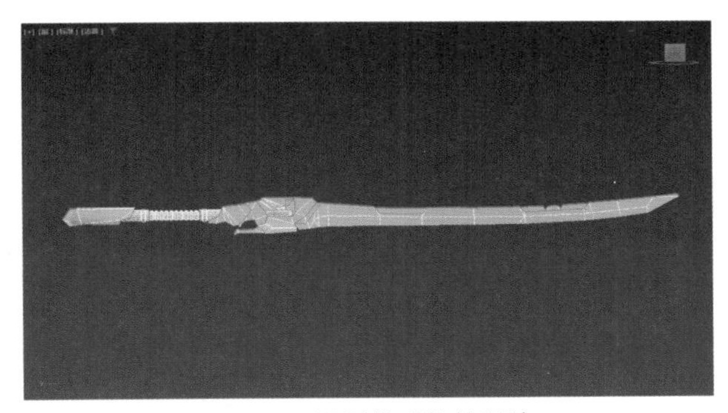

图4-84　设置模型的软硬边

4.4.2　实例：烘焙并制作贴图

【例4-6】 本实例将讲解如何使用Substance Painter软件制作贴图。 视频

01 依次选择低模中各个部位的模型，在“编辑几何体”卷展栏中单击“分离”按钮，分离出模型，然后选择刀刃的低模，如图4-85左图所示，然后在菜单栏中选择“文件”|“导出”|“导出选定对象”命令，如图4-85右图所示。

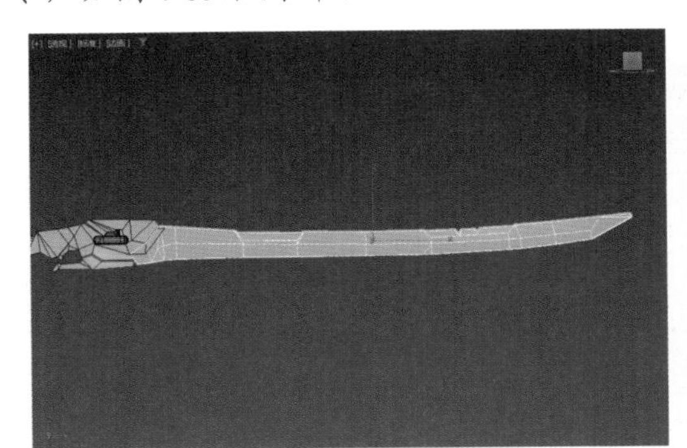

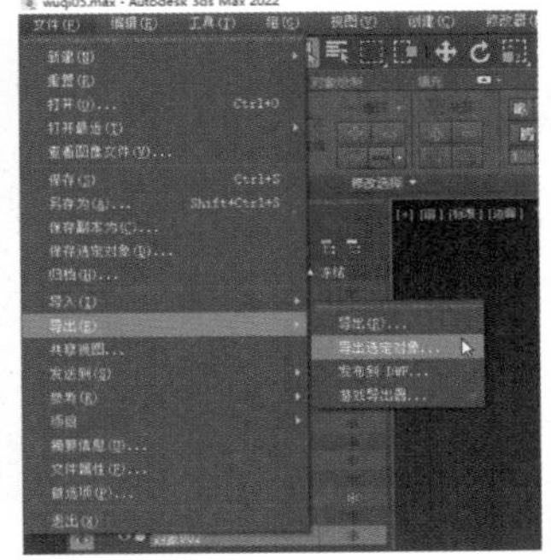

图4-85　选择刀刃的低模并选择“导出选定对象”命令

02 打开“选择要导出的文件”对话框，在“文件名”文本框中输入“01_low”，设置保存类型为OBJ，然后单击“确定”按钮，如图4-86所示，导出刀刃低模。

03 选择刀刃的高模，如图4-87所示。

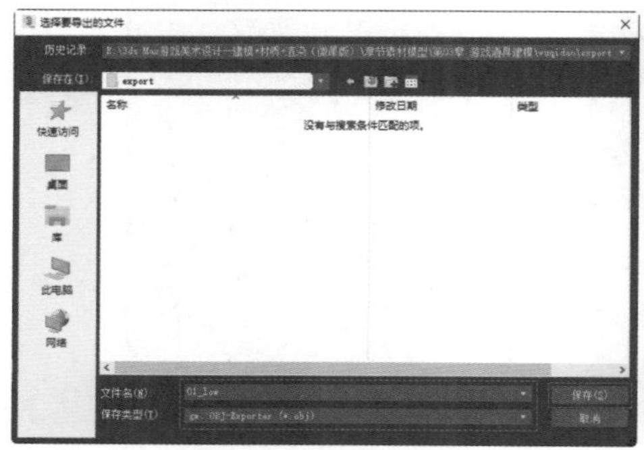

图4-86　设置文件名和保存类型

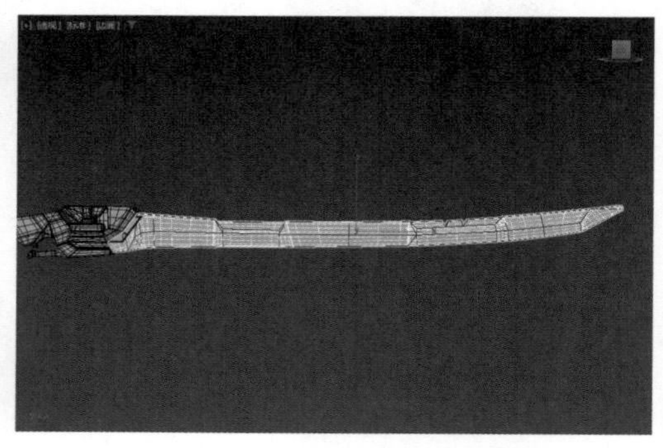

图4-87　选择刀刃高模

04 在菜单栏中选择“文件”|“导出”|“导出选定对象”命令，打开“选择要导出的文件”对话框，在“文件名”文本框中输入“01_high”，设置保存类型为OBJ，然后单击“确定”按钮，如图4-88所示，导出刀刃高模。

05 打开Substance Painter，在菜单栏中选择“文件”|“新建”命令，如图4-89所示。

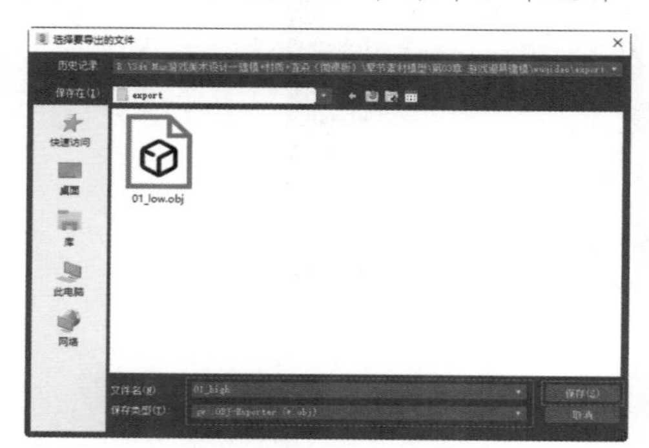

图4-88　设置文件名和保存类型

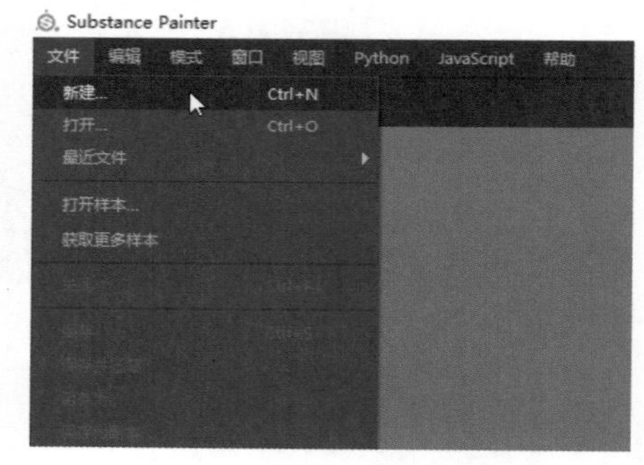

图4-89　选择“新建”命令

06 打开“新项目”对话框，单击“文件分辨率”下拉按钮，从弹出的下拉列表中选择“4096”选项，然后单击“选择”按钮，如图4-90所示。

07 打开“打开文件”对话框，选择01_low.obj文件，单击“打开”按钮，如图4-91所示，然后回到“新项目”对话框，单击OK按钮。

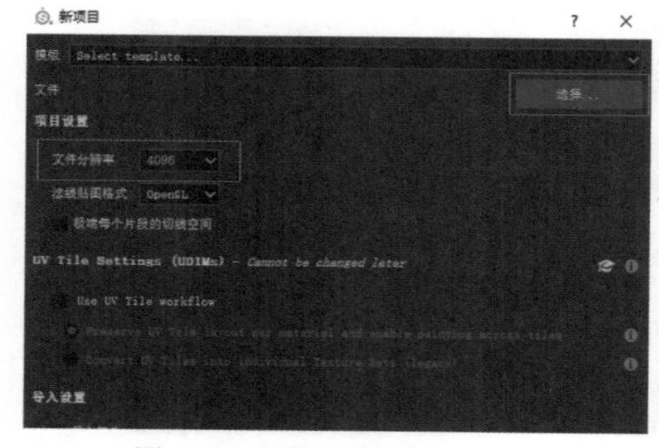

图4-90　设置“新项目”对话框

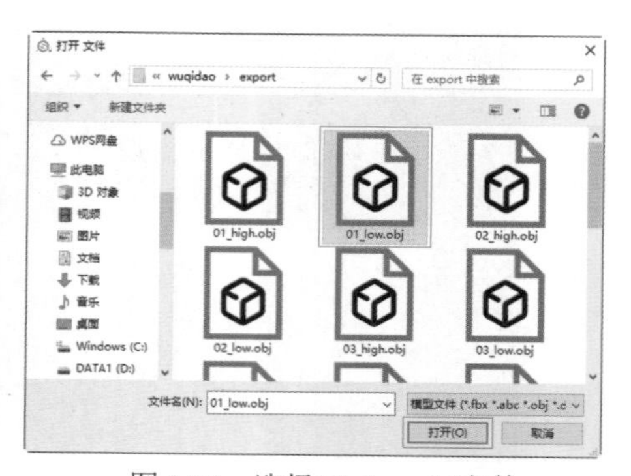

图4-91　选择01_low.obj文件

08 在“TEXTURE SET纹理集设置”面板中的“图层”选项卡中，单击“烘焙模型贴图”按钮，如图4-92所示。

09 打开“烘焙”对话框，在“通用参数”卷展栏中单击Output Size下拉按钮，从弹出的下拉列表中选择2048选项，单击High Definition Meshes文本框右侧的“文件”按钮，从弹出的文件夹中选择01_high.obj文件，然后单击Bake selected textures按钮，如图4-93所示。

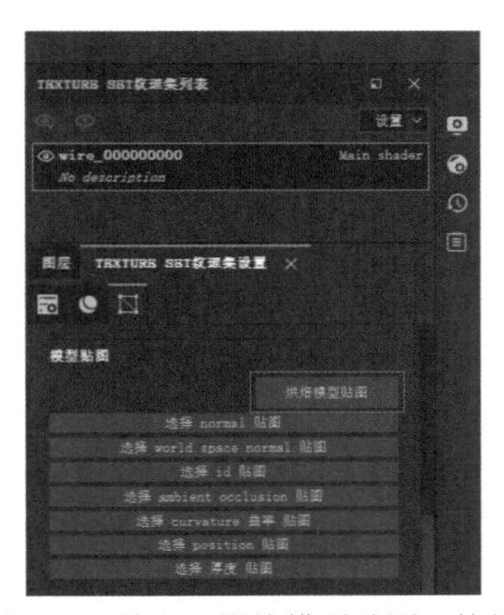

图4-92 单击“烘焙模型贴图”按钮

图4-93 设置“烘焙”对话框

10 烘焙结束后，在“SHELF展架”面板的“Project项目”选项中即可显示出所有烘焙的贴图，选择Normal贴图，右击并从弹出的菜单中选择“导出资源”命令，如图4-94所示。

11 打开“选择导出目录”对话框，选择tietu文件夹，然后单击“选择文件夹”命令，如图4-95所示，即可将Normal贴图导出至该文件夹中。

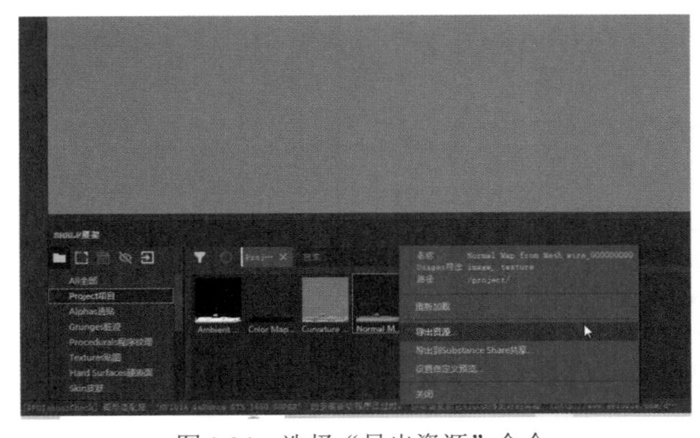

图4-94 选择“导出资源”命令

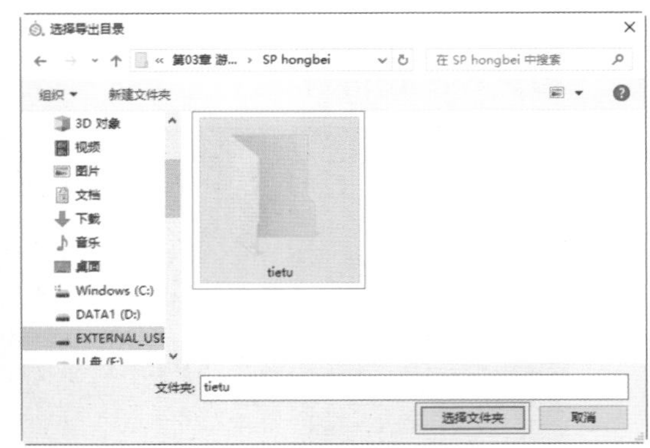

图4-95 选择tietu文件夹

12 导出完成后，打开tietu文件夹，即可查看导出后的Normal贴图，如图4-96所示。

13 按照步骤6到步骤7的方法，打开“打开文件”对话框，选择02_low.obj文件，单击“打开”按钮，如图4-97所示，然后回到“新项目”对话框，单击OK按钮。

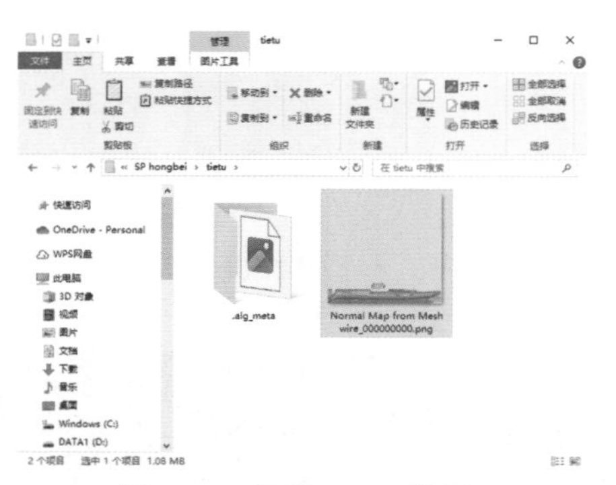

图4-96　查看Normal贴图

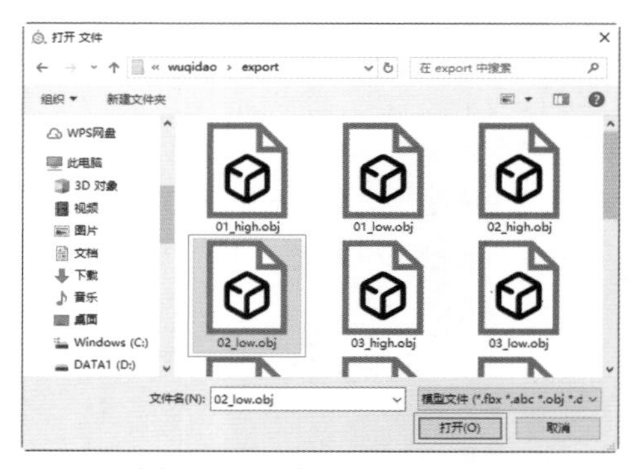

图4-97　选择02_low.obj文件

14 按照步骤8到步骤11的方法，烘焙出第二个模型的贴图，并导出模型的Normal贴图，如图4-98所示。

15 继续烘焙并导出其他部位的模型贴图，如图4-99所示。

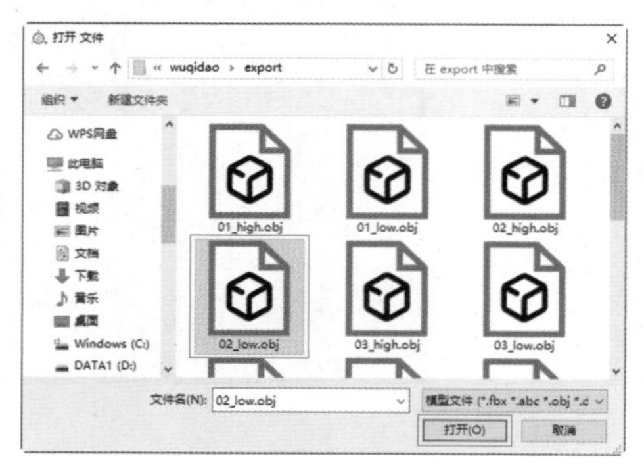

图4-98　导出模型的Normal贴图

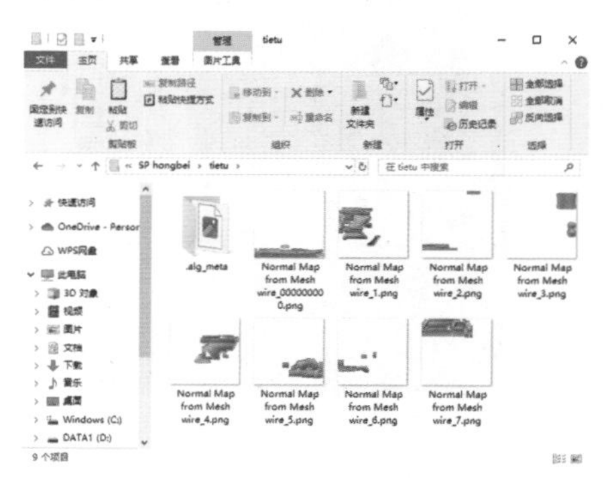
图4-99　烘焙并导出其他部位的模型贴图

16 回到3ds Max 2024，选择刀柄模型，在“编辑几何体”卷展栏中单击“附加”按钮，依次选择场景中其余的模型，将其附加为一组模型，模型的显示效果如图4-100所示。

17 选择模型，在菜单栏中选择“文件”|“导出”|“导出选定对象”命令，打开“选择要导出的文件”对话框，在“文件名”文本框中输入“wuqi”，设置保存类型为OBJ，然后单击“确定”按钮，如图4-101所示。

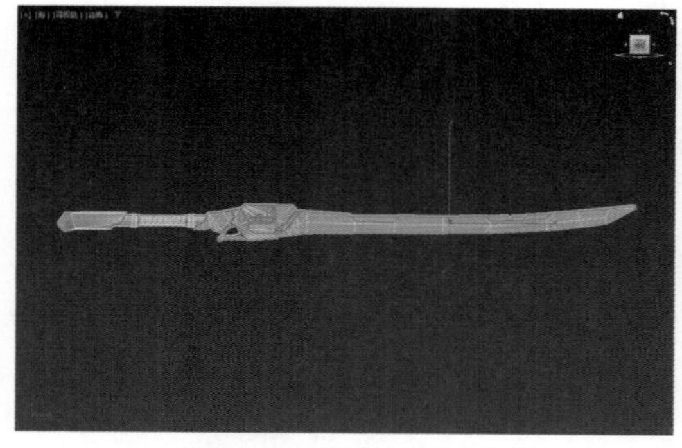
图4-100　模型的显示效果

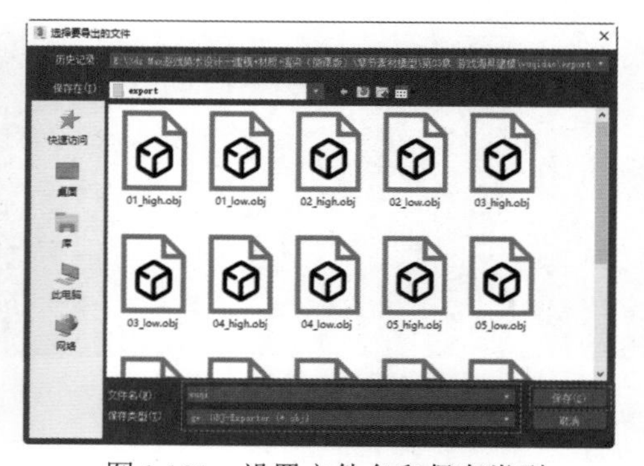

图4-101　设置文件名和保存类型

18 选择模型，打开“编辑UVW”对话框，在菜单栏中选择“工具”|“渲染UVW模板”命令，如图4-102所示。

19 打开“渲染UVs”对话框，设置“宽度”和“高度”数值均为2048，设置填充颜色为红色，单击“模式”下拉按钮，从弹出的下拉列表中选择“实体”选项，取消“可见边”和“接缝边”复选框的选中状态，然后单击“渲染输出”文本框右侧的按钮■，如图4-103所示。

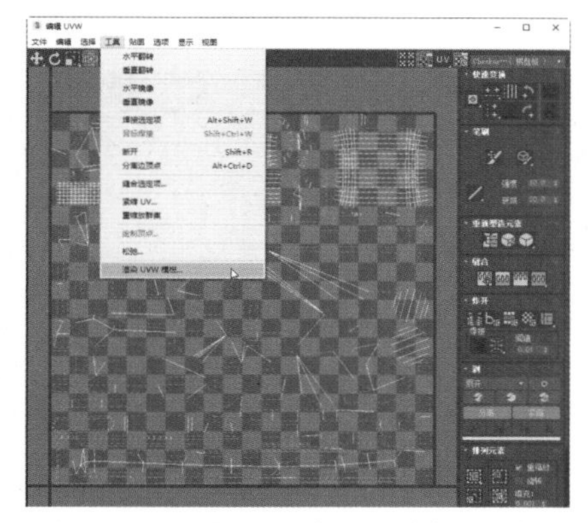

图4-102 选择“渲染UVW模板”命令

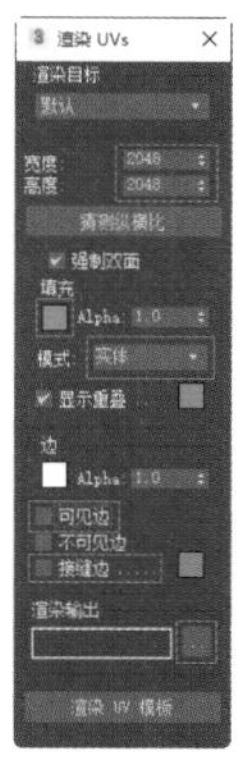

图4-103 设置“渲染UVs”对话框

20 打开“渲染UV模板输出文件”对话框，在“文件名”文本框中输入“uv”，设置“保存类型”为PNG，然后单击“保存”按钮，如图4-104所示。

21 打开“PNG配置”对话框，选中“RGB 48位(281兆色)”单选按钮，然后单击“确定”按钮，如图4-105所示。

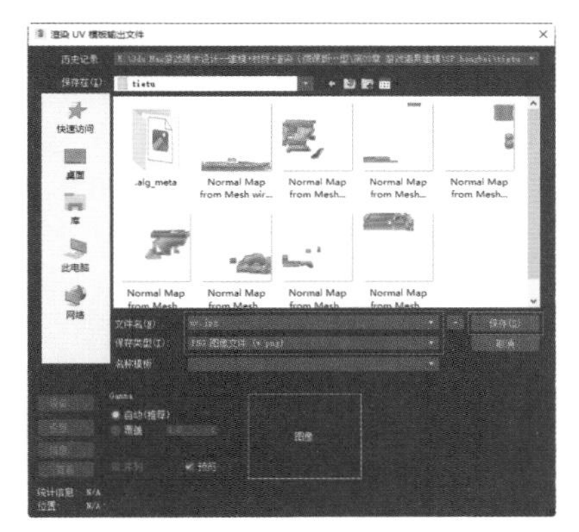

图4-104 设置“渲染UV模板输出文件”对话框

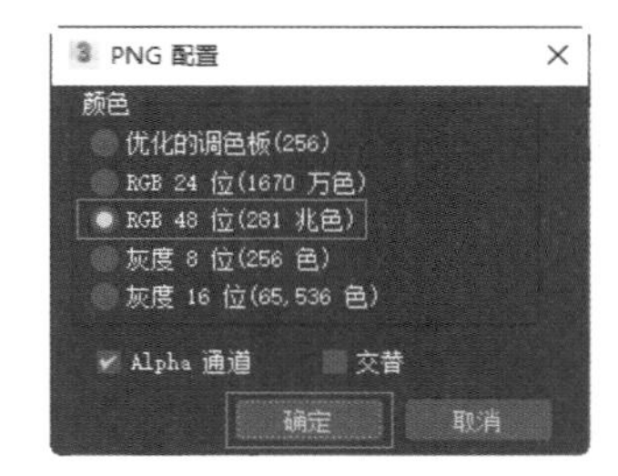

图4-105 设置“PNG配置”对话框

22 打开Photoshop，导入模型各个部位的Normal贴图和UV，然后选择UV图层中的空白位置，依次选择每个模型的法线图层，按Delete键删除UV图层中的选项区域，并修改法线出现破损的地方，效果如图4-106所示。

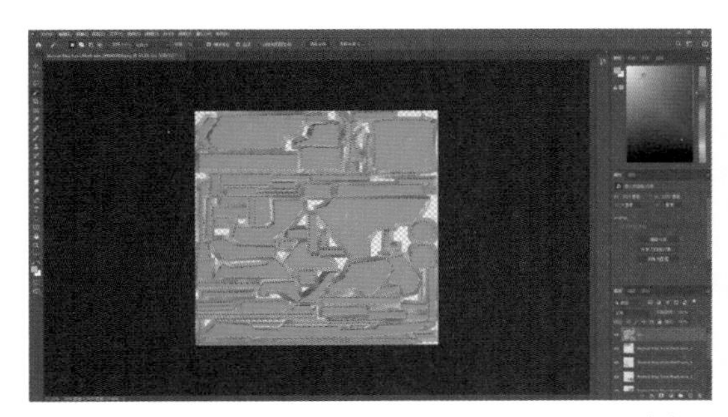

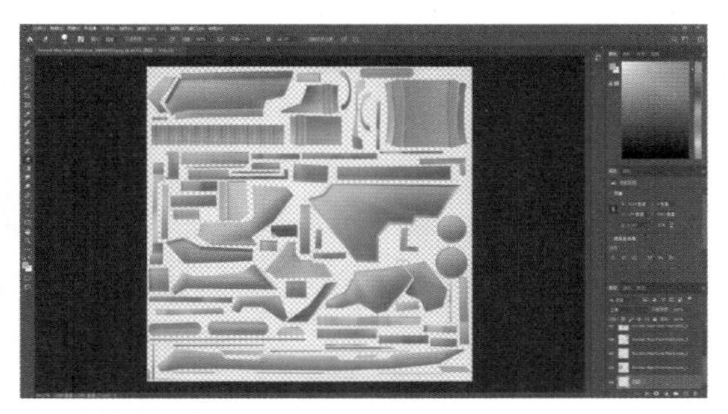

图4-106 删除UV图层中的空白位置

23 按Ctrl+Shift+S键激活“另存为”命令，打开“另存为”对话框，在“文件名”文本框中输入“normal”，设置“保存类型”为PNG，然后单击“保存”按钮，如图4-107所示。

24 回到3ds Max 2024，按照步骤16的方法，合并高模，将其附加为一个模型，如图4-108所示。

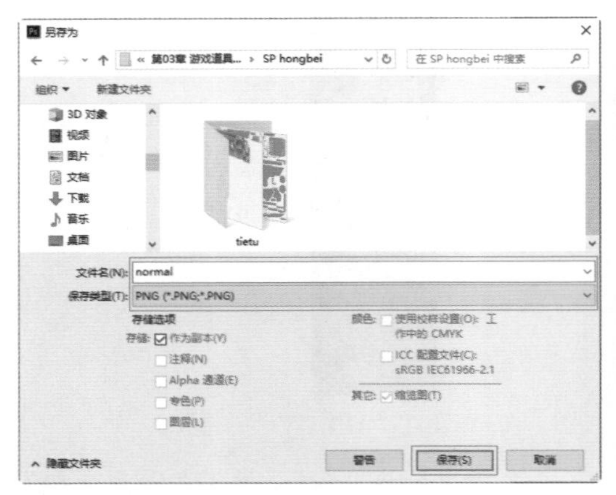

图4-107　设置文件名和文件类型

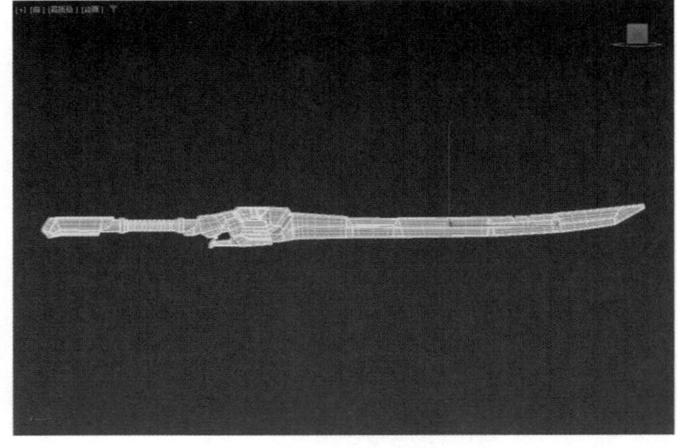

图4-108　合并高模

25 选择模型，在菜单栏中选择“文件”|“导出”|“导出选定对象”命令，在“文件名”文本框中输入“wuqi_high”，设置“保存类型”为OBJ，然后单击“确定”按钮，如图4-109所示，然后在弹出的“正在导出OBJ”对话框中单击“完成”按钮。

26 回到Substance Painter，在菜单栏中选择“文件”|“新建”命令，打开“新项目”对话框，单击“文件分辨率”下拉按钮，从弹出的下拉列表中选择“4096”选项，然后单击“选择”按钮，打开“打开文件”对话框，选择wuqi.obj文件，单击“打开”按钮，如图4-110所示。

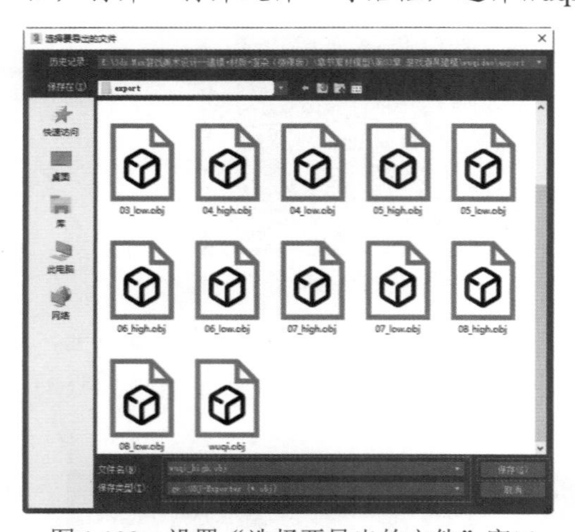

图4-109　设置“选择要导出的文件”窗口

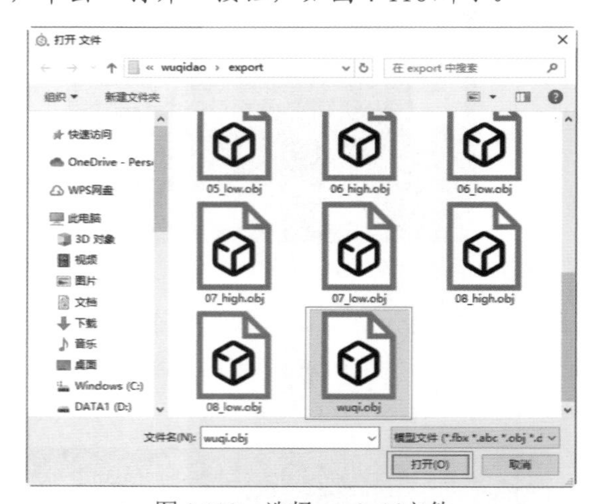

图4-110　选择wuqi.obj文件

27 在“新项目”对话框中单击“添加”按钮，打开“打开文件”对话框，选择01_low.obj文件，单击“打开”按钮，然后回到“新项目”对话框，单击“添加”按钮，如图4-111所示。

28 打开“导入图像”对话框，选择normal.png文件，单击“打开”按钮，如图4-112所示。

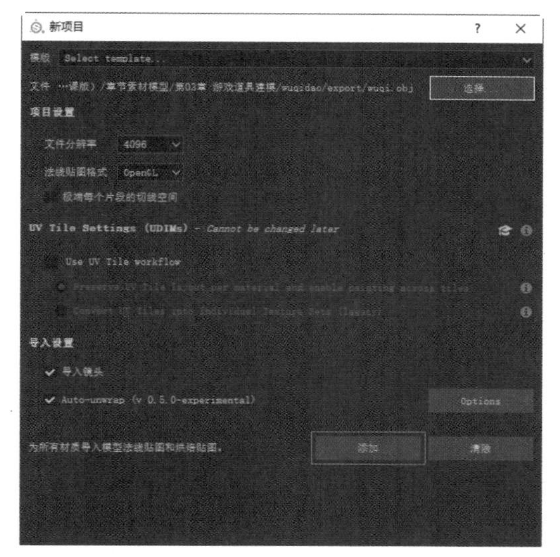

图4-111 单击“添加”按钮

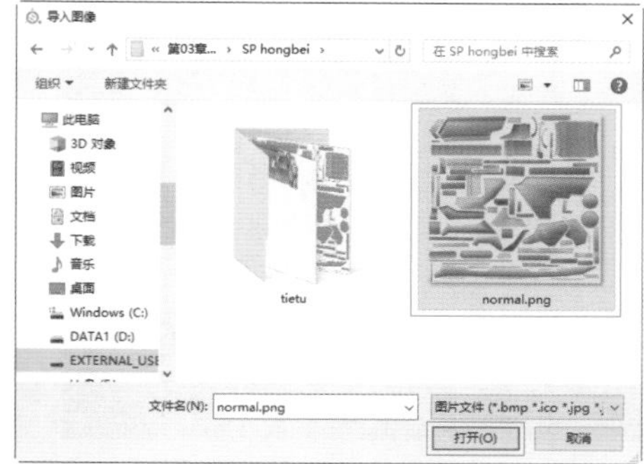

图4-112 选择normal.png文件

29 在“TEXTURE SET纹理集设置”面板中的“图层”选项卡中，单击“选择normal贴图”按钮，从弹出的列表框中选择normal选项，如图4-113左图所示，然后单击“烘焙模型贴图”按钮，如图4-113右图所示。

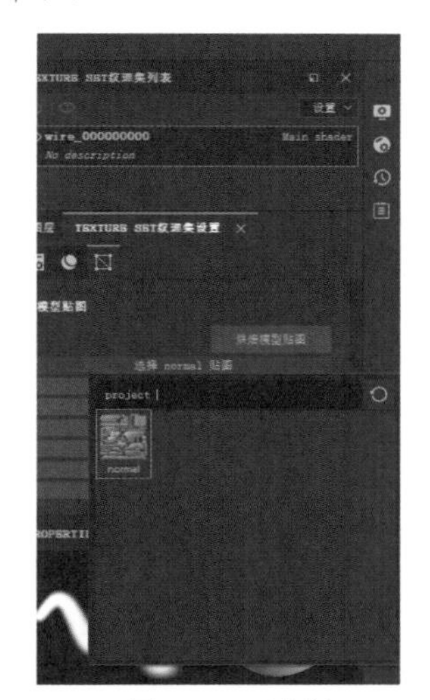

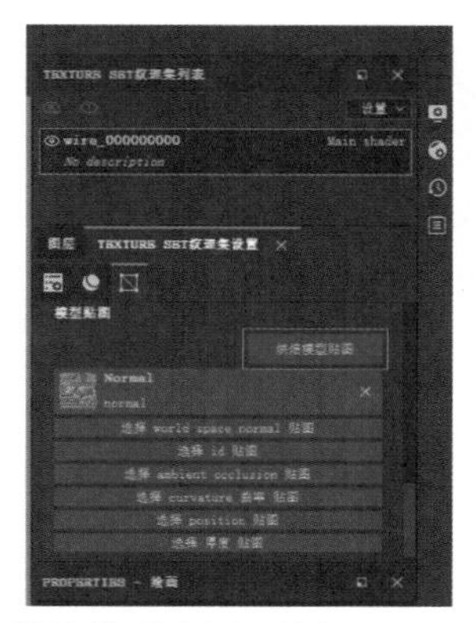

图4-113 选择normal选项并单击“烘焙模型贴图”按钮

30 打开“烘焙”对话框，取消Normal复选框的选中状态，在“通用参数”卷展栏中单击Output Size下拉按钮，从弹出的下拉列表中选择2048选项，单击High Definition Meshes文本框右侧的“文件”按钮，从弹出的文件夹中选择wuqi_high.obj文件，设置Max Frontal Distance微调框中的数值为0.2，单击Antialiasing下拉按钮，从弹出的下拉列表中选择subsampling 4×4，在“通用”列表框中，取消Normal复选框的选中状态，然后单击Bake selected textures按钮，如图4-114所示。

31 烘焙结束后，在“TEXTURE SET纹理集设置”面板中的“图层”选项卡中即可自动显示出所有烘焙的贴图，效果如图4-115所示。

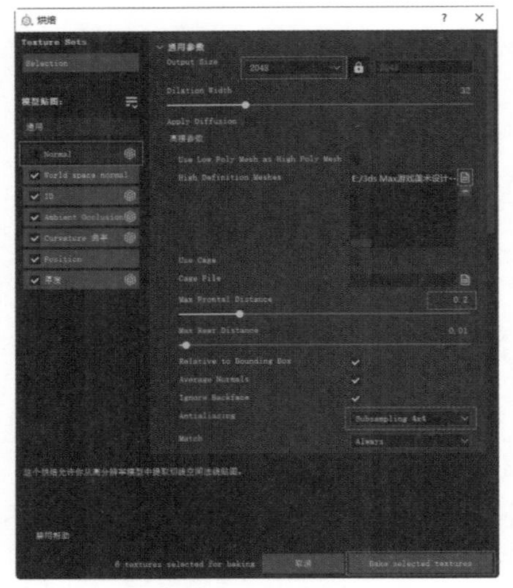

图4-114 设置“烘焙”对话框

图4-115 所有的贴图显示效果

32 在“图层”选项卡中，单击“添加填充图层”按钮，添加一个图层，结果如图4-116左图所示，然后单击“添加文件夹”按钮，如图4-116右图所示。

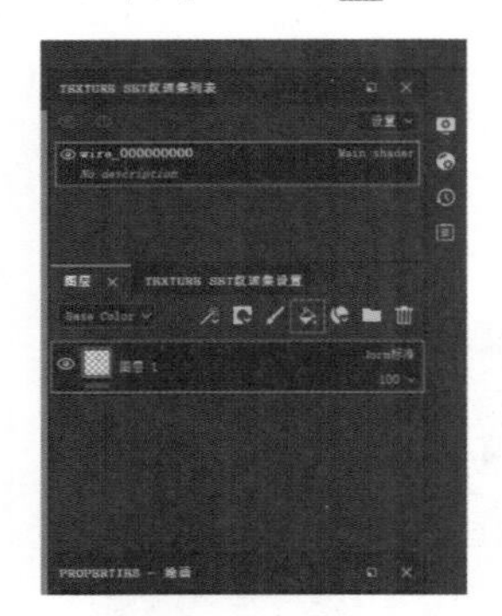

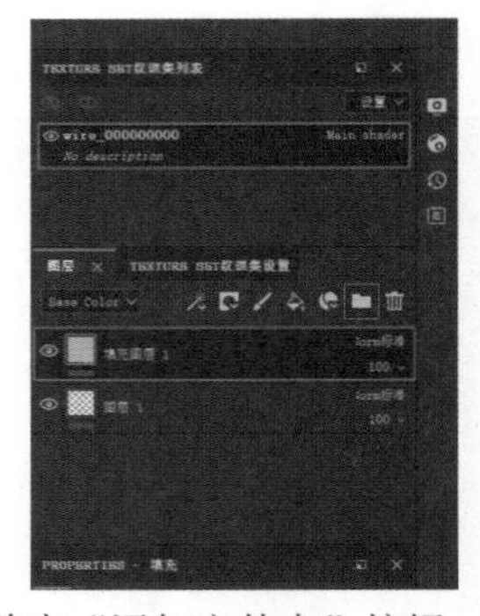

图4-116 单击“添加填充图层”按钮和单击“添加文件夹”按钮

33 选择“填充图层1”图层，将其拖曳至“文件夹1”图层中，然后右击“文件夹1”图层，从弹出的菜单中选择“添加黑色遮罩”命令，如图4-117所示。

34 按数字4键激活“几何体填充”命令，在视图中选择如图4-118所示的面。

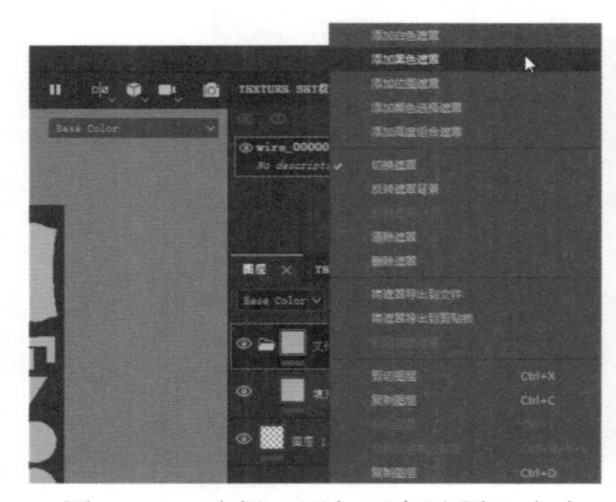

图4-117 选择“添加黑色遮罩”命令

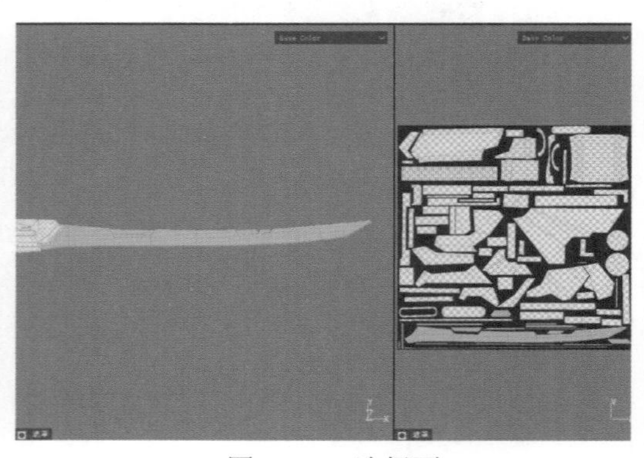

图4-118 选择面

35 在“PROPERTIES-填充”面板的“材质”选项卡中，设置“Base Color”为墨灰色，设置“Metallic”文本框中的数值为0.1245，设置“Roughness”文本框中的数值为0.4475，如图4-119所示。

36 “Base Color”属性的具体参数如图4-120所示。

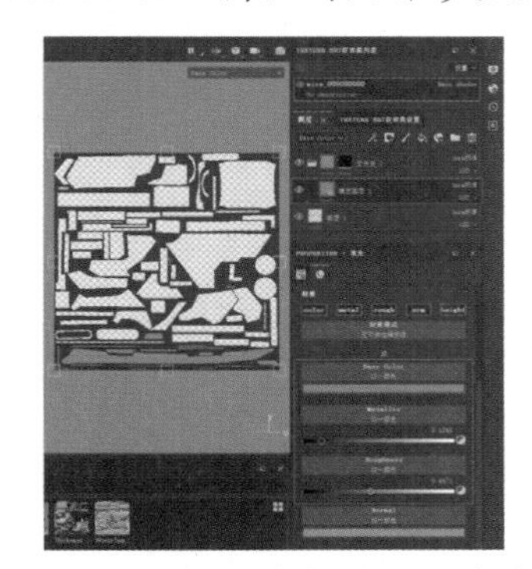

图4-119 设置“填充图层1”的参数

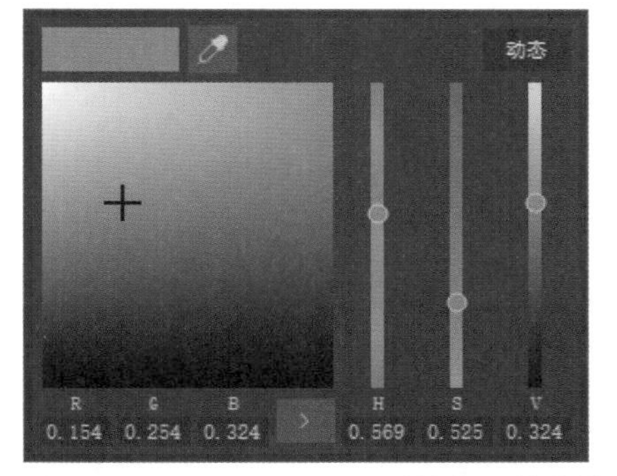

图4-120 “Base Color”属性的具体参数

37 新建一个“填充图层2”图层，右击该图层，从弹出的菜单中选择“添加黑色遮罩”命令，如图4-121所示。

38 右击“黑色遮罩”图层，从弹出的菜单中选择“添加填充”命令，如图4-122所示。

图4-121 选择“添加黑色遮罩”命令

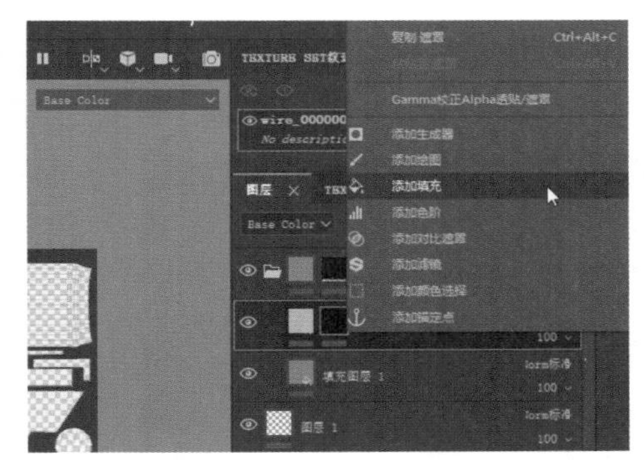

图4-122 选择“添加填充”命令

39 在“SHELF展架”面板中选择“Project项目”选项，选择Ambient Occlusion贴图，将其拖曳至“PROPERTIES-填充”面板中“灰度”选项卡的grayscale上，如图4-123所示。

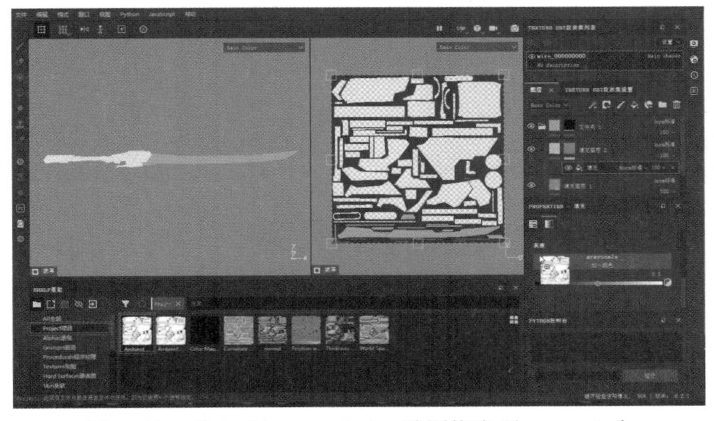

图4-123 将Ambient Occlusion贴图拖曳至grayscale上

40 右击遮罩图层下的“填充”图层，从弹出的菜单中选择“添加色阶”命令，如图4-124所示。

41 选择Levels图层，在PROPERTIES-Levels面板中调整色阶参数，具体参数如图4-125所示。

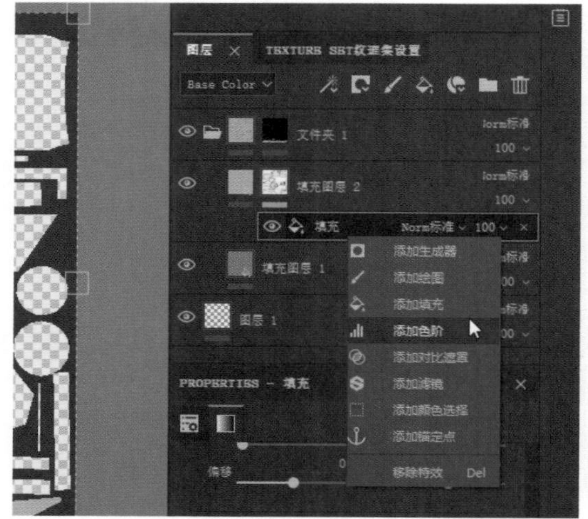

图4-124　选择“添加色阶”命令

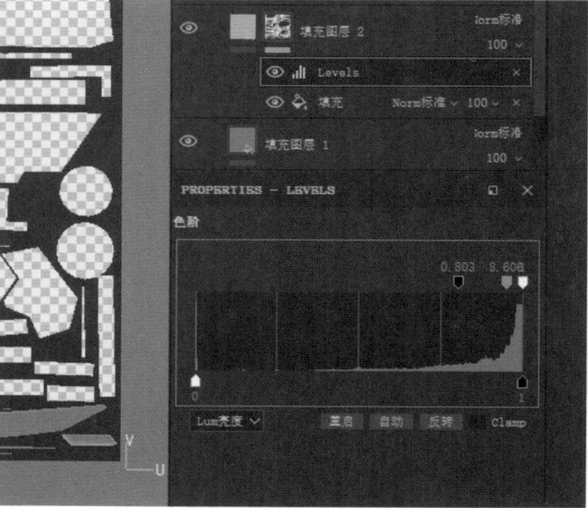

图4-125　调整色阶的具体参数

42 按照步骤32到步骤41的方法，继续添加并制作贴图，选择填充图层7，右击“黑色遮罩”图层，从弹出的菜单中选择“Divide划分”命令，如图4-126所示。

43 继续添加图层制作贴图，右击“填充图层8”图层，从弹出的菜单中选择“添加黑色遮罩”命令，然后再次右击，从弹出的菜单中选择“添加绘图”命令，如图4-127所示。

图4-126　选择“Divide划分”命令

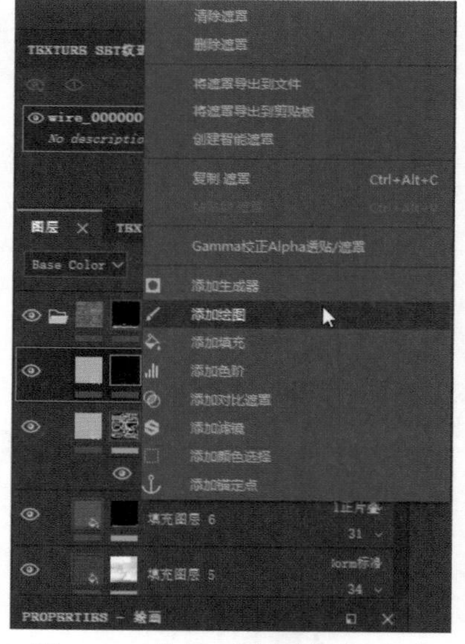

图4-127　选择“添加绘图”命令

44 选择“填充图层8”图层，在“PROPERTIES-填充”面板的“材质”选项卡中，设置Base Color为浅土黄色，设置Metallic文本框中的数值为0.1673，设置Roughness文本框中的数值为0.3541，如图4-128所示。

45 选择“绘画”图层，在场景中绘制出如图4-129所示的样式。

图4-128　设置填充图层8的参数

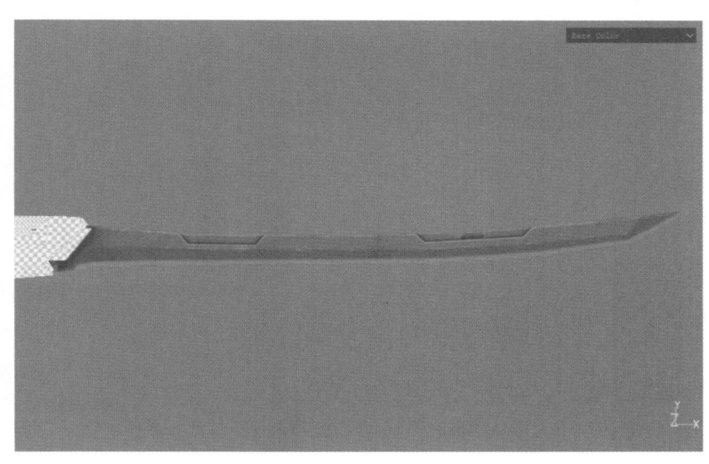
图4-129　绘制刀刃

46 单击Add a paint layer按钮，添加一个图层，右击并从弹出的快捷菜单中选择“添加滤镜”命令，然后在“PROPERTIES-滤镜”面板中单击“滤镜”按钮，从弹出的面板中选择Baked Lighting Stylized命令，如图4-130所示。

47 Baked Lighting Stylized滤镜的具体参数如图4-131所示。

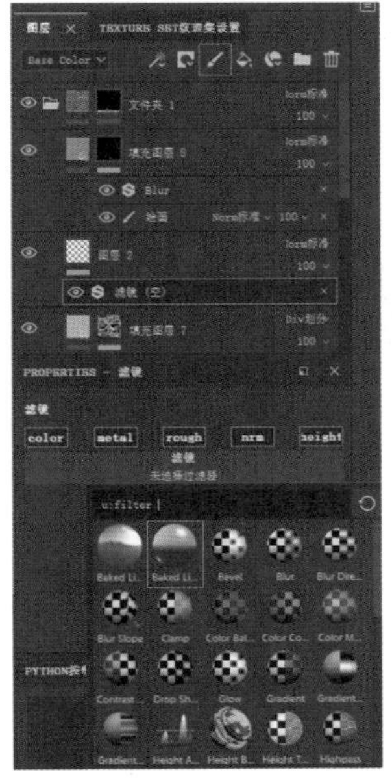
图4-130　为图层添加一个滤镜

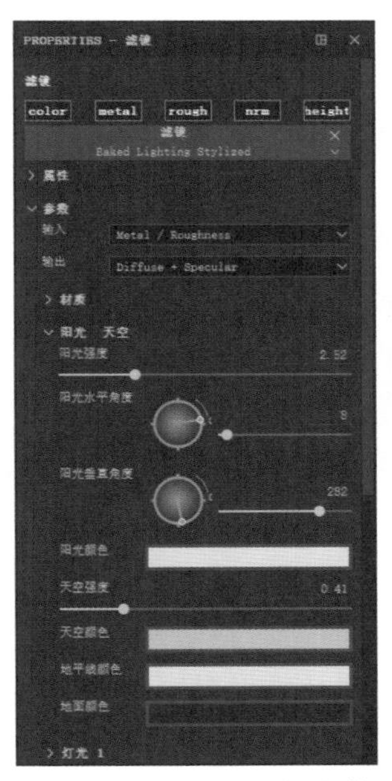
图4-131　滤镜的具体参数

48 单击“填充”图层右侧的”混合模式”下拉按钮，从弹出的下拉列表中选择“Passthrough穿过”命令，如图4-132所示。

49 刀刃的贴图显示效果如图4-133所示。

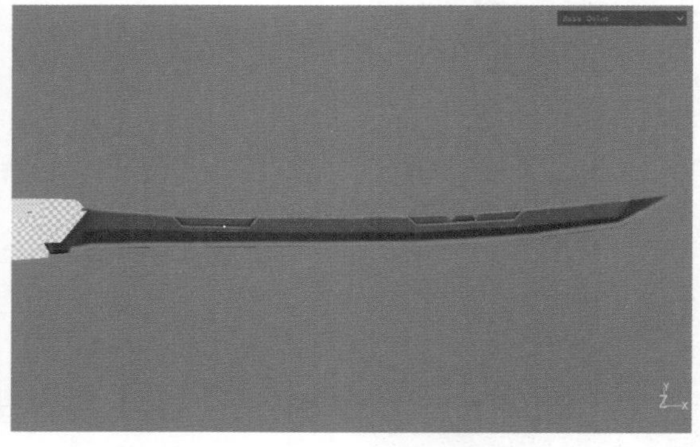

图4-132　选择“Passthrough穿过”命令　　　　图4-133　刀刃的贴图显示效果

50 按照步骤32到步骤48的方法，制作出武器刀其余部位的贴图，模型贴图的显示效果如图4-134所示。

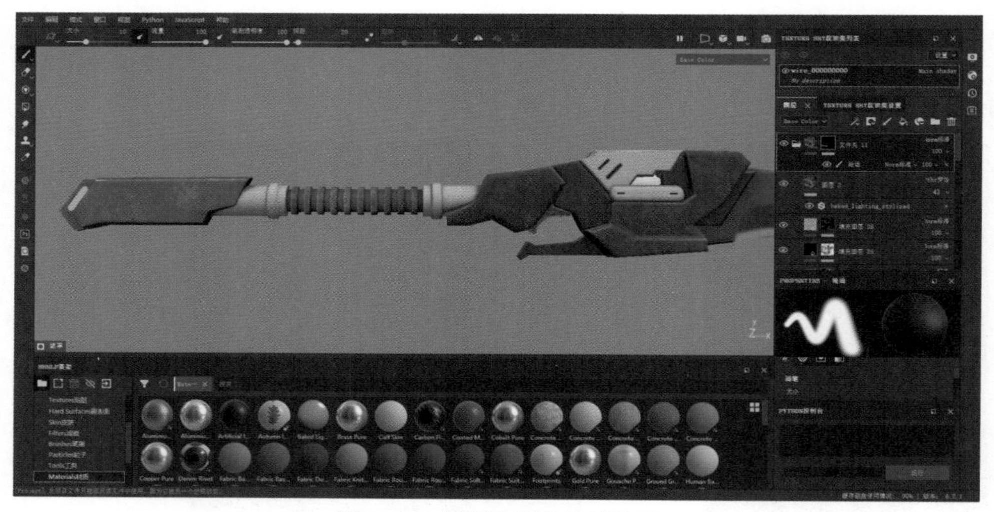

图4-134　模型贴图的显示效果

4.4.3　实例：贴图的输出与保存

【例4-7】 本实例将讲解如何输出与保存制作的贴图。 视频

01 在菜单栏中选择“文件”|“导出贴图”命令，如图4-135所示。

02 打开“导出纹理”窗口，选择“输出模板”选项卡，单击“预设”下拉框右侧的按钮，选择new_export_preset选项，在“创建”组中单击RGB按钮，添加一张贴图，单击“添加一个表达式在导出期间用于路径中的替换”按钮，从弹出的下拉列表中选择Smesh选项，如图4-136所示。

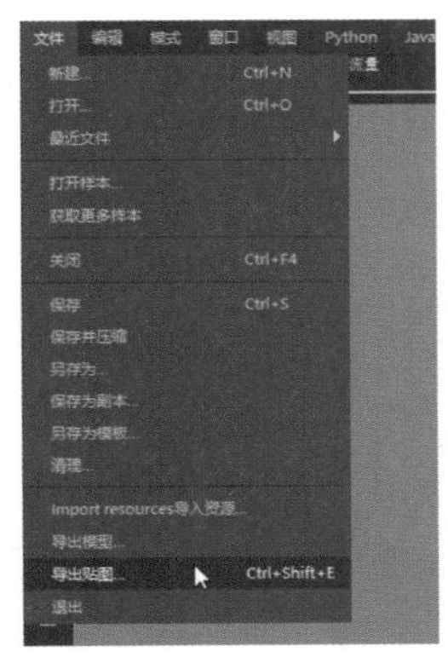

图4-135 选择“导出贴图”命令

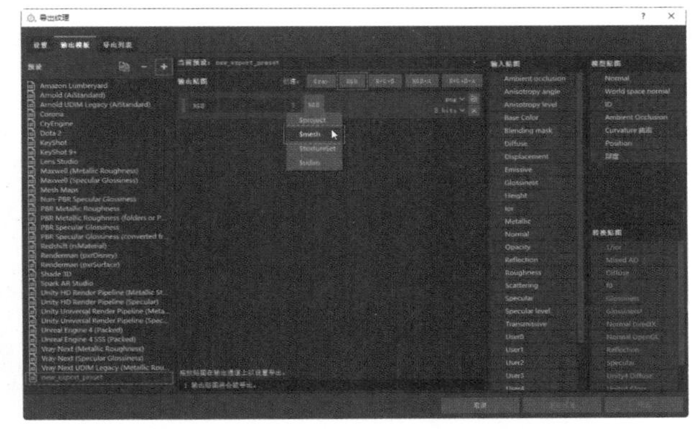

图4-136 设置“输出模板”选项卡

03 在文本框中输入“_”，然后单击“添加一个表达式在导出期间用于路径中的替换”按钮，从弹出的下拉列表中选择StextureSet选项，如图4-137所示，然后输入“_”。

04 在“模型贴图”面板中选择Base Color选项，将其拖曳至“输出贴图”面板中的RGB通道上，从弹出的下拉列表中选择RGB Channels，如图4-138所示。

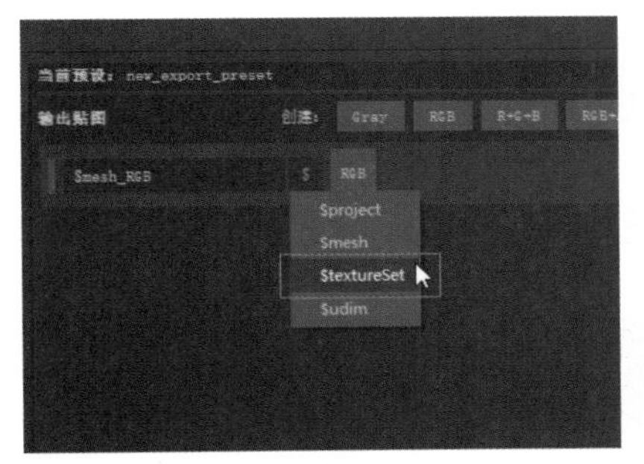

图4-137 选择StextureSet选项

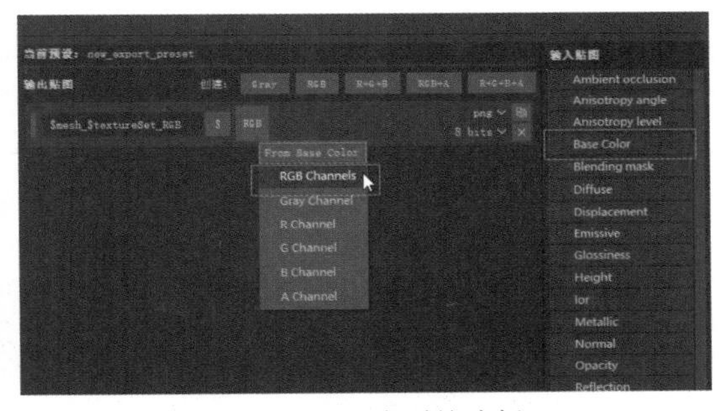

图4-138 选择Base Color选项并选择RGB Channels

05 在“创建”组中单击RGB按钮，并将贴图的名称修改为Smesh_StextureSet_NORMAL，在“模型贴图”面板中选择Normal选项，将其拖曳至“输出贴图”面板中的RGB通道上，从弹出的下拉列表中选择RGB Channels，如图4-139所示。

06 在“创建”组中单击R+G+B按钮，并将贴图的名称修改为Smesh_StextureSet_AO-ME-RO，在“输入贴图”面板中选择Roughness选项，将其拖曳至B通道上，从弹出的下拉列表中选择Gray Channel，如图4-140所示。

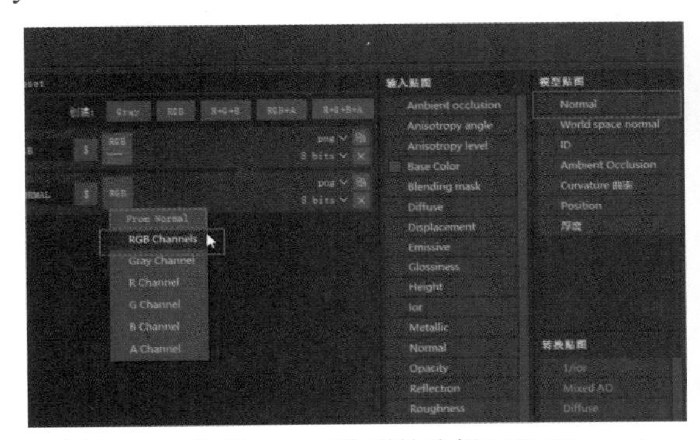

图4-139 选择Normal选项并选择RGB Channels

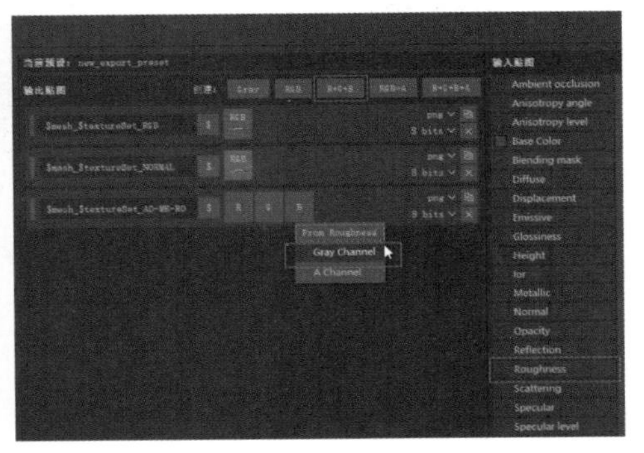

图4-140 选择Roughness选项并选择Gray Channel

07 按照步骤2的方法创建贴图，在“模型贴图”面板中选择Metallic选项，将其拖曳至G通道，设置为Gtay Channel，然后在“模型贴图”面板中选择Ambient Occlusion选项，将其拖曳至R通道，设置为Gtay Channel，结果如图4-141所示。

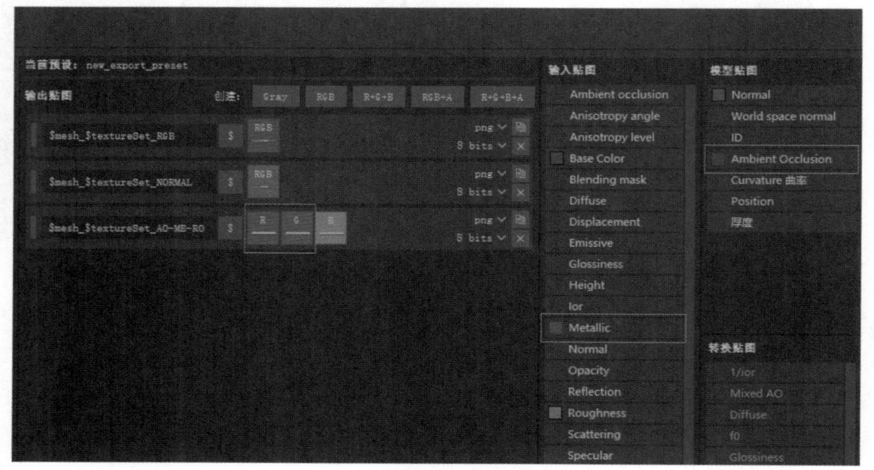

图4-141　设置贴图的参数

08 选择“设置”选项卡，单击“输出目录”按钮，设置贴图的保存路径，单击“输出模板”下拉按钮，选择new_export_preset选项，单击“文件类型”下拉按钮，选择png选项和“8 bits”选项，单击“大小”下拉按钮，选择2048选项，然后单击“导出”按钮，如图4-142所示。

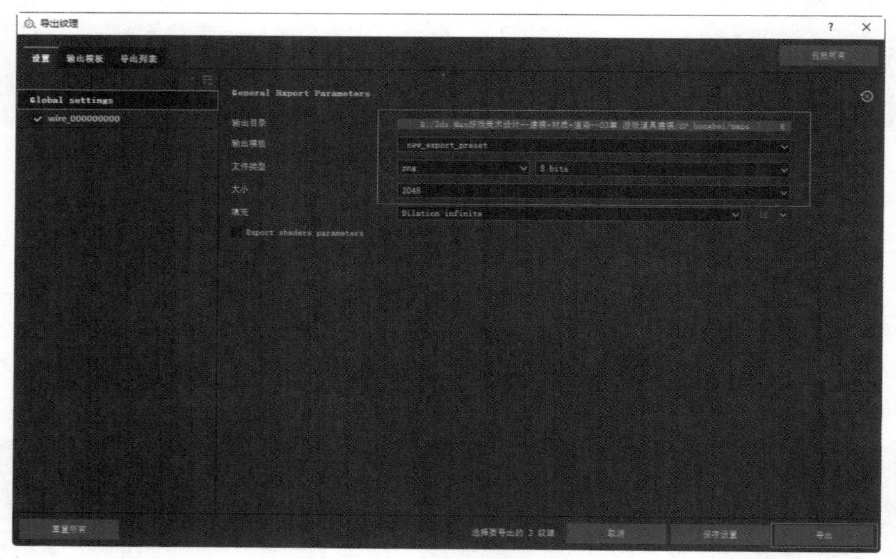

图4-142　设置导出的贴图参数

09 按M键打开“材质编辑器”窗口，选择一个材质球，单击“将材质指定给选定对象”按钮，然后单击“漫反射”右侧的“贴图”按钮，打开“材质/贴图浏览器”对话框，双击“位图”选项，如图4-143所示。

10 打开“选择位图图像文件”对话框，选择颜色贴图文件，然后单击“打开”按钮，如图4-144所示。

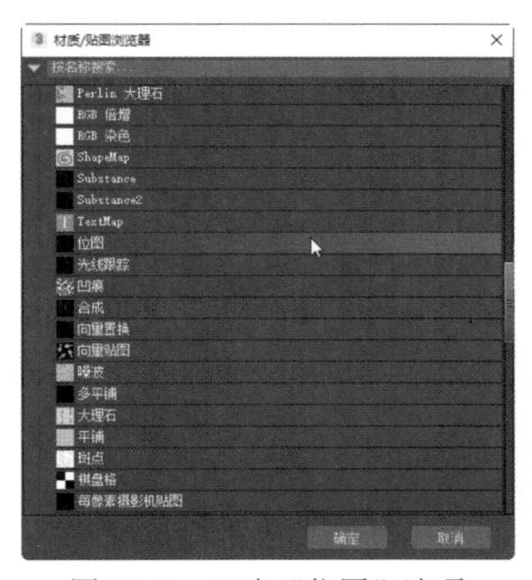

图4-143 双击“位图”选项

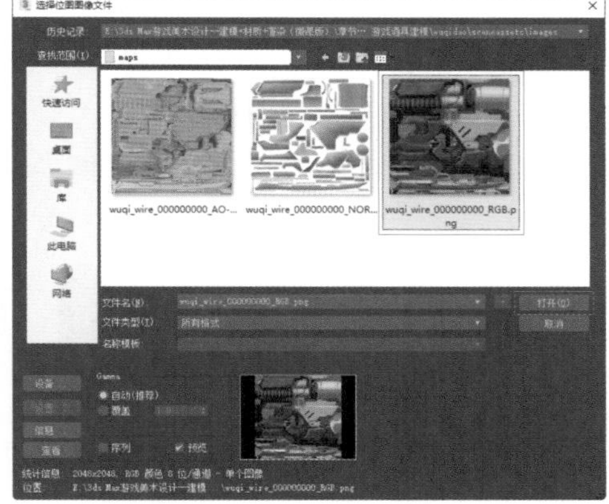

图4-144 选择颜色贴图文件

11 单击“转到父对象”按钮，返回上一级，展开“贴图”卷展栏，选中“凹凸”复选框，在微调框中输入“100”，然后单击“无贴图”按钮，如图4-145所示。

12 打开“材质/贴图浏览器”对话框，双击“法线凹凸”选项，如图4-146所示。

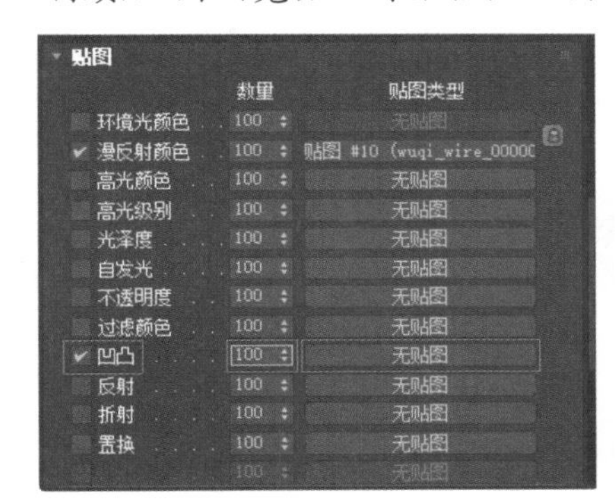

图4-145 设置“凹凸”贴图的参数

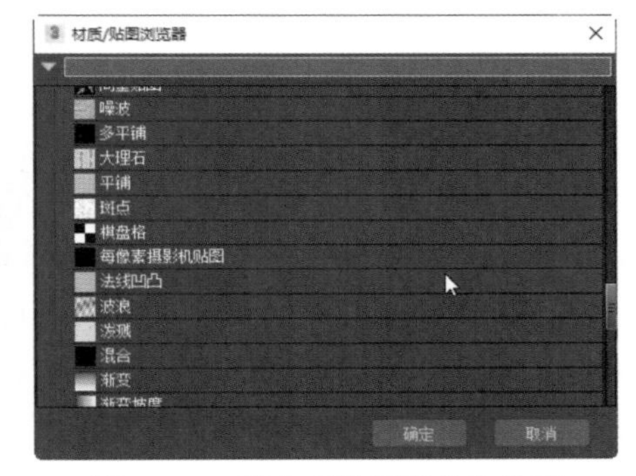

图4-146 双击“法线凹凸”选项

13 在“参数”卷展栏中的法线组中单击“无贴图”按钮，如图4-147所示。

14 打开“材质/贴图浏览器”对话框，双击“位图”选项，打开“选择位图图像文件”对话框，选择法线贴图文件，单击“打开”按钮，如图4-148所示。

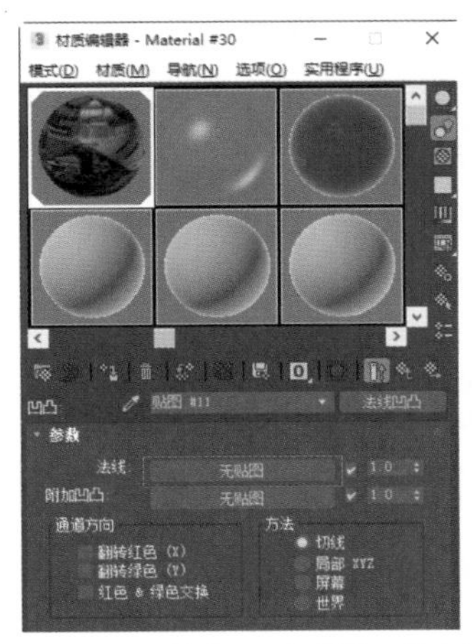

图4-147 单击“无贴图”按钮

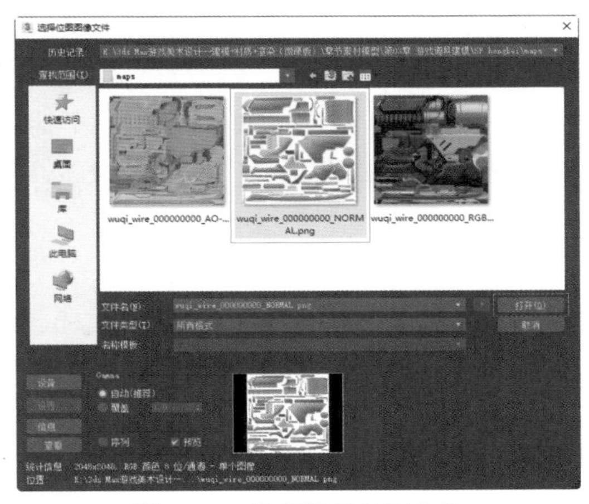

图4-148 选择法线贴图文件

15 单击“转到父对象”按钮，返回上一级，展开“贴图”卷展栏，选中“光泽度”复选框，然后单击“无贴图”按钮，如图4-149所示。

16 打开“材质/贴图浏览器”对话框，双击“位图”选项，打开“选择位图图像文件”对话框，选择三通道环境贴图文件，单击“打开”按钮，如图4-150所示。

17 设置完成后，模型的显示效果如图4-59所示。

贴图

	数量	贴图类型
环境光颜色	100	无贴图
✔ 漫反射颜色	100	贴图 #10 (wuqi_wire_0000C
高光颜色	100	无贴图
高光级别	100	无贴图
✔ 光泽度	100	无贴图
自发光	100	无贴图
不透明度	100	无贴图
过滤颜色	100	无贴图
✔ 凹凸	100	贴图 #11 （ 法线凹凸 ）
反射	100	无贴图
折射	100	无贴图
置换	100	无贴图

图4-149　设置“光泽度”贴图参数

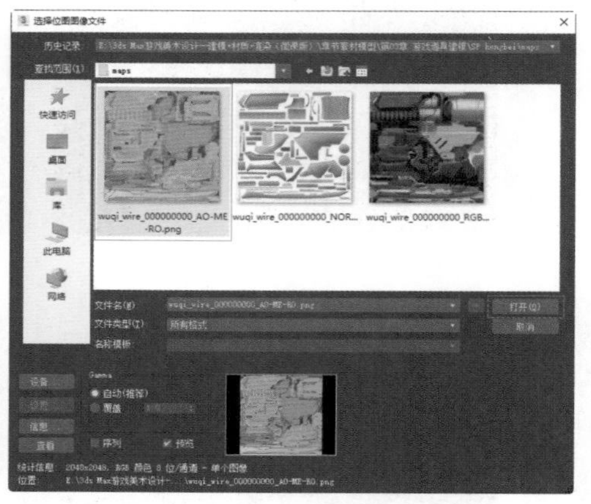

图4-150　选择三通道环境贴图文件

4.5　习题

1. 简述3ds Max 2024中常用的贴图类型，以及材质外观的影响。
2. 简述如何在3ds Max 2024中将贴图应用到材质上，并调整其参数以获得最佳效果。
3. 运用本章所学的知识，尝试制作沙发材质的模型，如图4-151所示。

图4-151　沙发材质模型

第 5 章

摄影机与灯光

摄影机和灯光是场景中至关重要的元素，两者共同塑造了观众的视觉体验和场景的情感氛围。其中，光源决定了画面的色调，摄影机则决定了画面的构图。利用 3ds Max 2024 提供的灯光，设计师可以轻松地为场景添加照明效果。本章将从基础概念出发，并通过实例讲解 3ds Max 2024 中摄影机与灯光的设置、调整和应用。

5.1 摄影机概述

3ds Max 2024中的摄影机具有远超现实摄影机的功能——镜头更换动作可以瞬间完成，其无级变焦更是现实摄影机所无法比拟的。

对于景深设置，可以直观地用范围线表示，不通过光圈计算；对于摄影机动画，除位置变动外，还可以表现焦距、视角、景深等动画效果。自由摄影机可以很好地绑定在运动目标上，随目标在运动轨迹上一起运动，同时进行跟随和倾斜；而目标摄影机的目标点则可以连接到运动的对象上，从而实现目光跟随的动画效果。此外，对室外建筑装潢的环境动画而言，摄影机也是必不可少的，用户可以直接为3ds Max 2024摄影机绘制运动路径，进而实现沿路径摄影的效果。

5.2 摄影机类型

3ds Max 2024中的“标准”摄影机包括物理摄影机、目标摄影机、自由摄影机三种类型，如图5-1所示。

在3ds Max 2024的“创建”面板中选择“摄影机”选项卡，然后在“对象类型”卷展栏中单击“物理”“目标”“自由”按钮；或在菜单栏中选择“创建”|“摄影机”命令，在弹出的子菜单中选择相应命令，即可在场景中建立摄影机，如图5-2所示，按C键可进入摄影机视角。

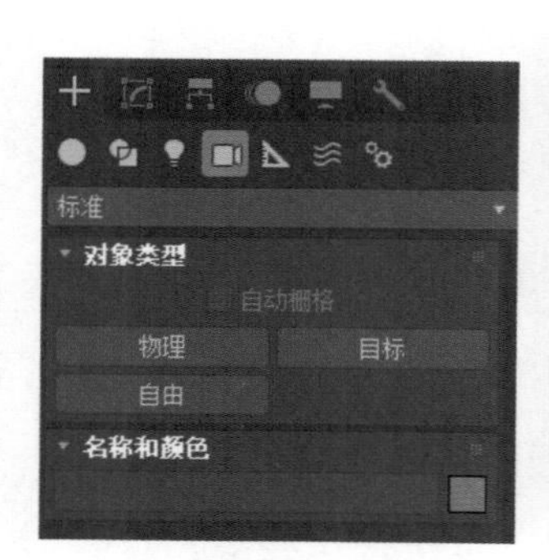

图5-1　摄影机类型

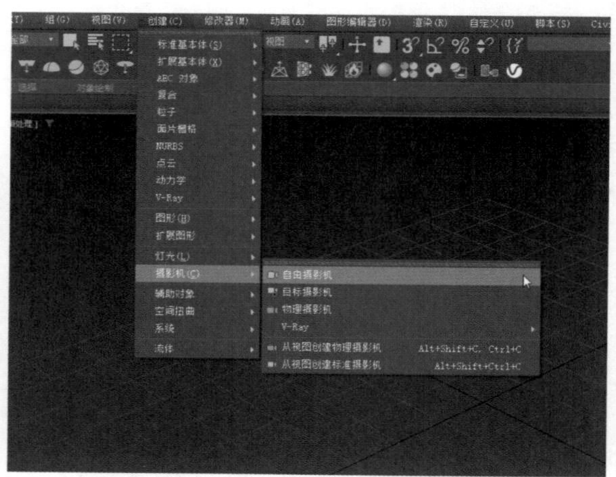

图5-2　创建摄影机

运动模糊是一种视觉现象，当物体快速移动时，由于人眼的视觉暂留效应，物体的影像会留下一段模糊的轨迹。这种效果在现实生活中较为常见，如图5-3所示。

3ds Max 2024中的摄影机可以模拟真实世界中物体快速移动时的视觉效果，以表现画面中强烈的运动感，其在动画的制作上应用较多。

摄影机的运动模糊与物体的运动模糊有所不同，因为它涉及摄影机的视角和移动路径。在3ds Max 2024中，摄影机的运动模糊可以通过特定的参数设置来实现，在“参数”卷展栏的“多过程效果”组中，单击“效果”下拉按钮，从弹出的下拉列表中选择“运动模糊”选项，在下方即可出现“运动模糊参数”卷展栏，如图5-4所示。

图5-3　运动模糊效果

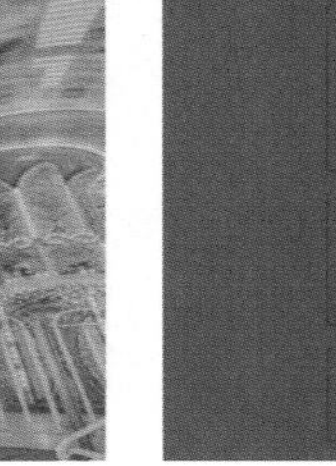

图5-4　“运动模糊参数”卷展栏

5.2.1　物理摄影机

物理摄影机是3ds Max 2024提供的基于真实世界里摄影机功能的摄影机，如图5-5所示，在场景中按住鼠标左键并拖曳，即可创建一台物理摄影机。如果用户对真实世界中摄影机的使用非常熟悉，那么在3ds Max 2024中使用物理摄影机就可以熟练地创建所需的效果。

在创建物理摄影机时，在“修改”面板中，物理摄影机包含“基本”“物理摄影机”“曝光”“散景(景深)”“透视控制”“镜头扭曲”和“其他”7个卷展栏，如图5-6所示。

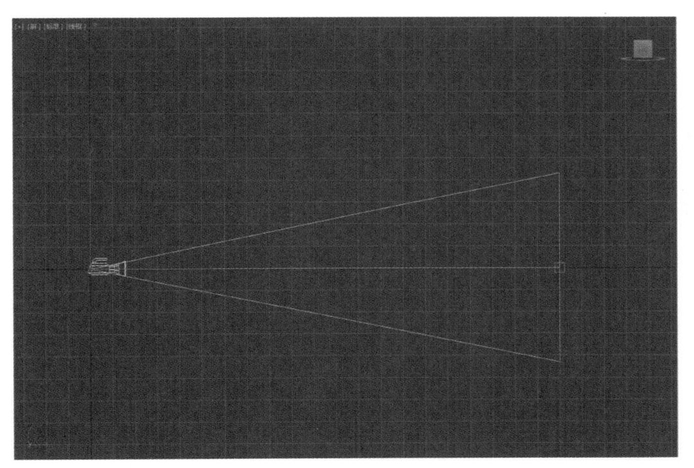

图5-5　物理摄影机

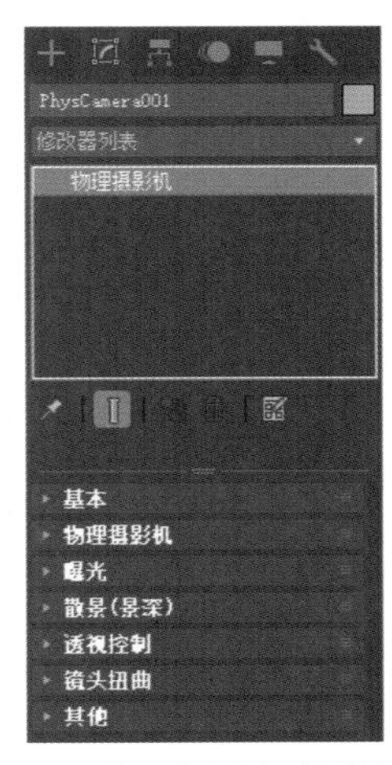

图5-6　物理摄影机的卷展栏

5.2.2　目标摄影机

目标摄影机包含目标点和摄影机两部分，目标摄影机可以通过调节目标点和摄影机来控制角度。在场景中按住鼠标左键并拖曳，即可创建一台目标摄影机，如图5-7所示，其“参数”卷展栏内的参数如图5-8所示。

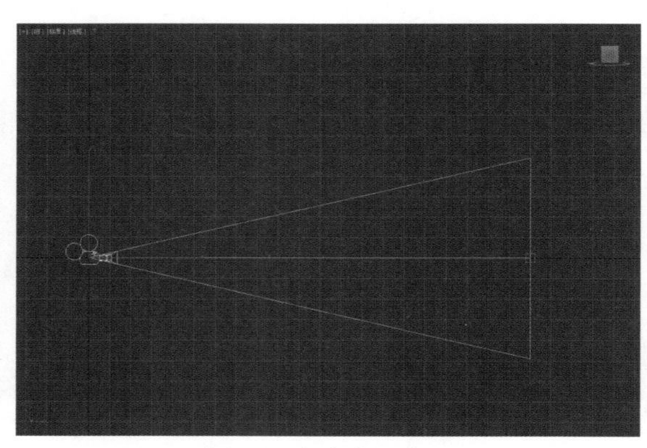
图5-7　目标摄影机

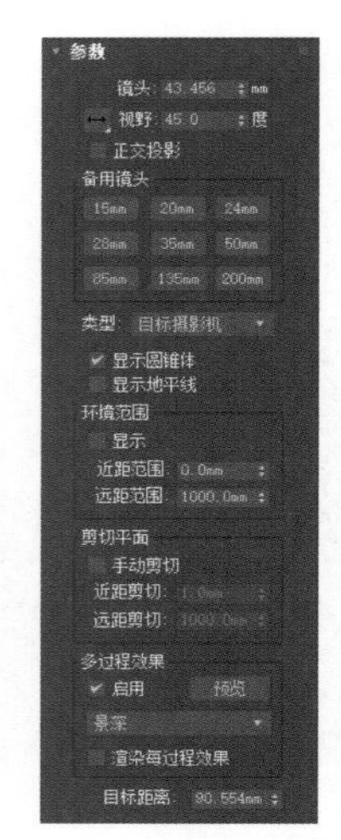

图5-8　“参数”卷展栏

5.2.3　自由摄影机

自由摄影机能使用户在摄影机指向的方向查看区域，如图5-9所示。当需要基于摄影机的位置沿着轨迹设置动画时，可以使用自由摄影机，其实现的效果类似于穿过建筑物或将摄影机连接到行驶中的汽车。

自由摄影机没有目标点，所以只能通过执行“选择并移动”命令或“选择并旋转”命令来对摄影机本身进行调整，不如目标摄影机方便操作。

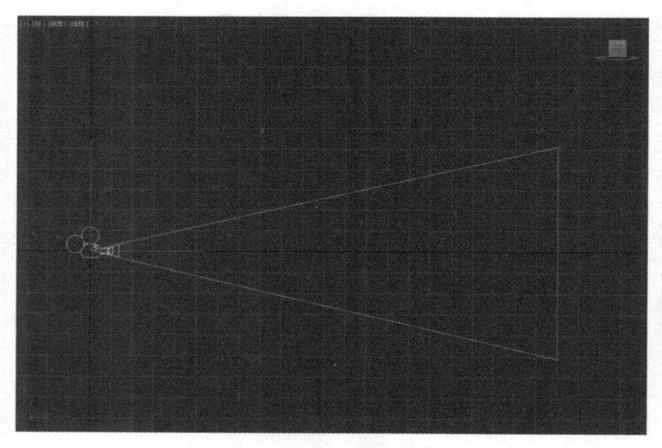
图5-9　自由摄影机

5.3　安全框

3ds Max 2024提供的安全框用于帮助用户在渲染时查看输出图像的纵横比以及渲染场景的边界设置。另外，用户还可以利用安全框在视图中调整摄影机的机位以控制场景中的模型是否超出渲染范围。

5.3.1 打开安全框

3ds Max 2024提供了两种打开安全框的方法，第一种方法是在工作视图左上角单击或右击“观察点”(POV)视口标签，在弹出的下拉菜单中选择“显示安全框”选项，如图5-10所示；第二种方法是按Shift+F快捷键，即可在当前视口中显示出“安全框”。

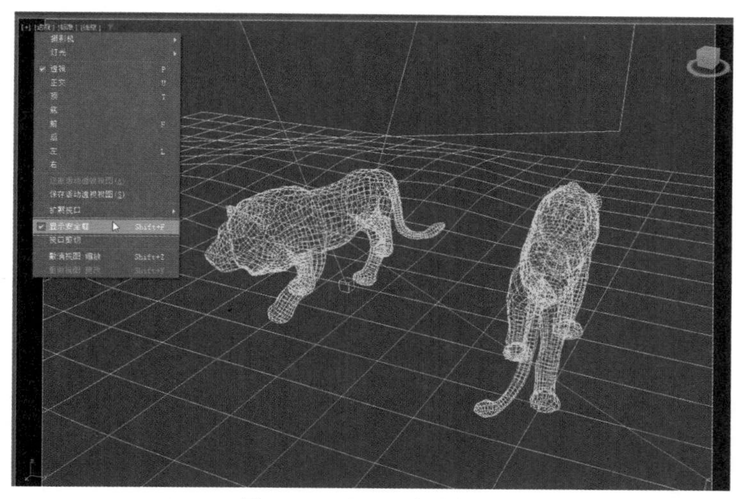

图5-10 显示“安全框”

5.3.2 配置安全框

在默认状态下，3ds Max 2024的安全框显示为一块矩形区域。安全框主要在渲染静态的帧图像时应用，并且默认显示“活动区域”和“区域(当渲染区域时)”。

通过对安全框进行设置，用户还可以在视图中显示“动作安全区”“标题安全区”“用户安全区”和“12区栅格”。

在3ds Max 2024中，用户可以在菜单栏中选择“视图”|“视口配置”命令，如图5-11所示，然后在打开的“视口配置”对话框中选择“安全框”选项卡，选中“在活动视图中显示安全框”复选框，即可打开安全框，如图5-12所示。

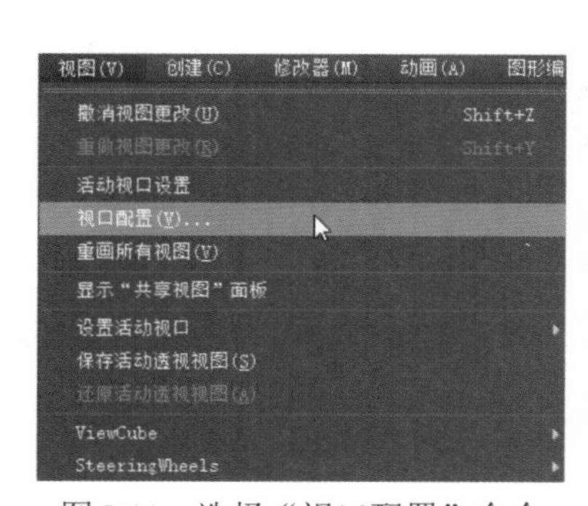

图5-11 选择“视口配置”命令

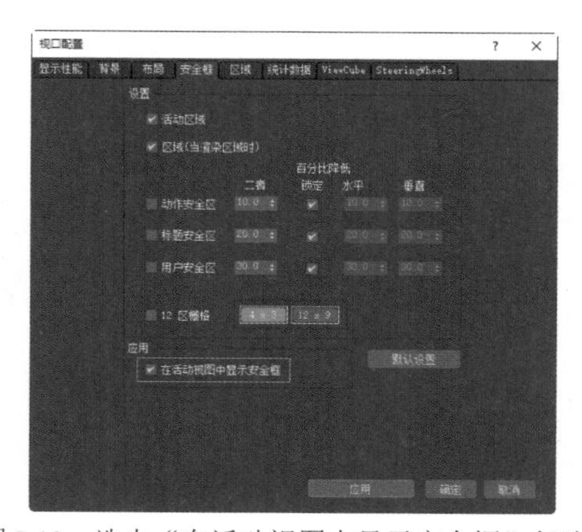

图5-12 选中“在活动视图中显示安全框”复选框

5.3.3　实例：使用骨骼制作摄影机运动动画

【例5-1】 本实例将讲解如何使用骨骼制作摄影机运动动画，本实例的动画效果如图5-13所示。视频

图5-13　摄影机运动动画

01 启动3ds Max 2024，打开本书的配套场景资源文件“景深.max”，在“创建”面板中，单击“目标”按钮，如图5-14所示。

02 在场景中创建一个目标摄影机，然后进入摄影机视角并调整视角，如图5-15所示。

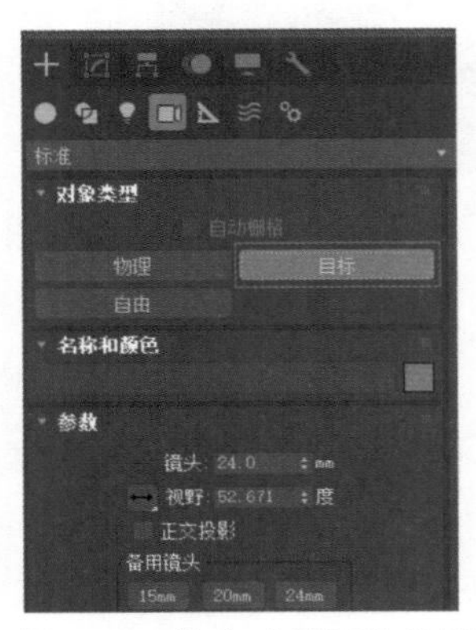

图5-14　单击“目标”按钮

图5-15　进入摄影机视角并调整视角

03 在“创建”面板中，单击“骨骼”按钮，如图5-16所示。

04 在场景中通过单击鼠标来创建一段骨骼，创建完成后右击即可结束命令，然后选择Bone003，如图5-17所示。

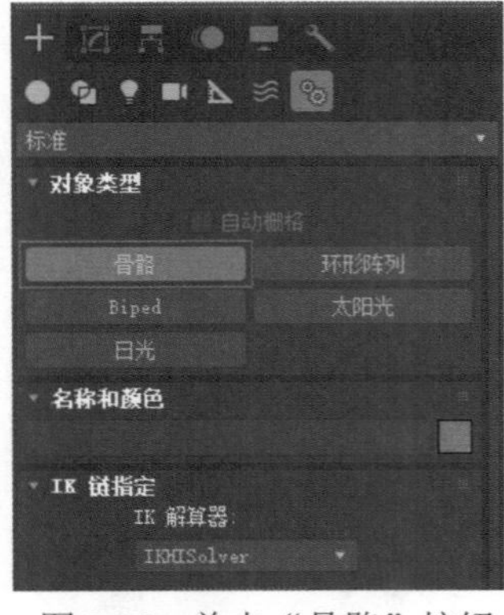

图5-16　单击“骨骼”按钮

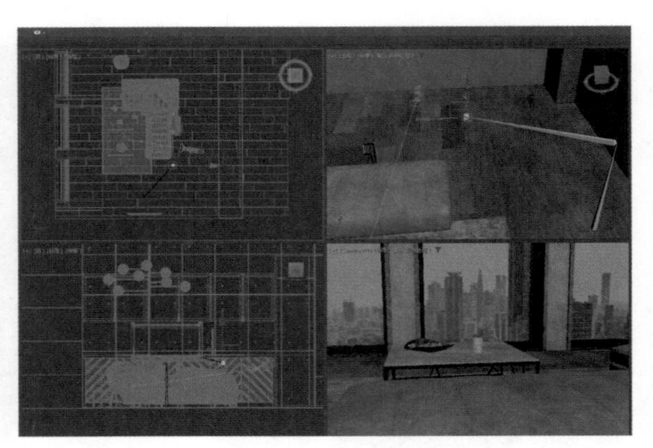

图5-17　选择骨骼

注意

如果为摄影机逐个设置关键帧，工作量会相对较大，且在为摄影机制作动画时，要注意摄影机的运动轨迹最好为弧线，这样播放出的动画效果会更加自然。因此，用户可以使用3ds Max 2024中的骨骼系统来模拟电影中摇臂的拍摄效果。

05 在菜单栏中选择“动画”|“骨骼工具”命令，如图5-18所示。

06 打开“骨骼工具”窗口，单击“骨骼编辑模式”按钮，如图5-19所示。

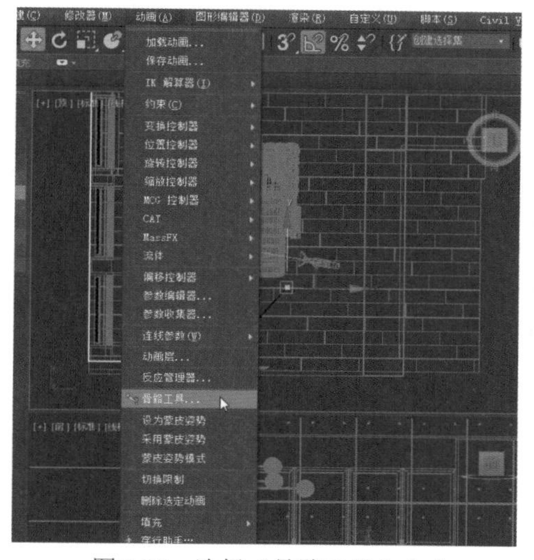

图5-18　选择“骨骼工具”命令

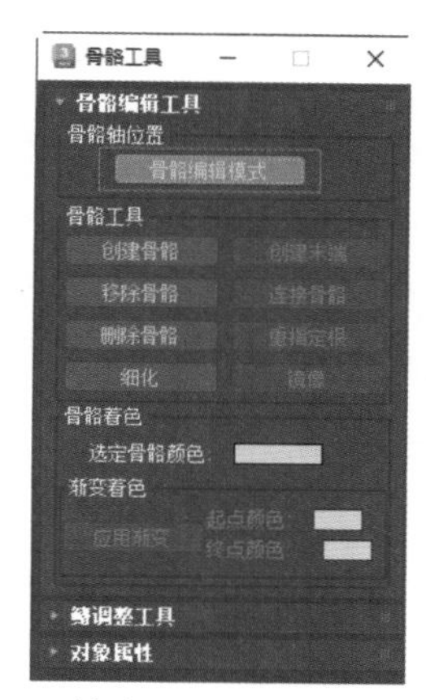

图5-19　单击“骨骼编辑模式”按钮

07 在主工具栏中单击“对齐”按钮，然后单击摄影机，在弹出的“对齐当前选择”对话框中保持默认设置，单击“确定”按钮，如图5-20所示，再次单击“骨骼编辑模式”按钮结束该命令。

08 选择摄影机，在主工具栏中单击“选择并链接”按钮，将其连接至如图5-21所示的位置。

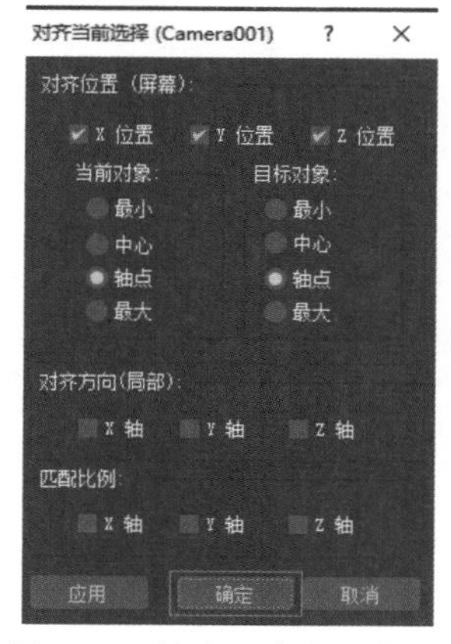

图5-20　单击“确定”按钮

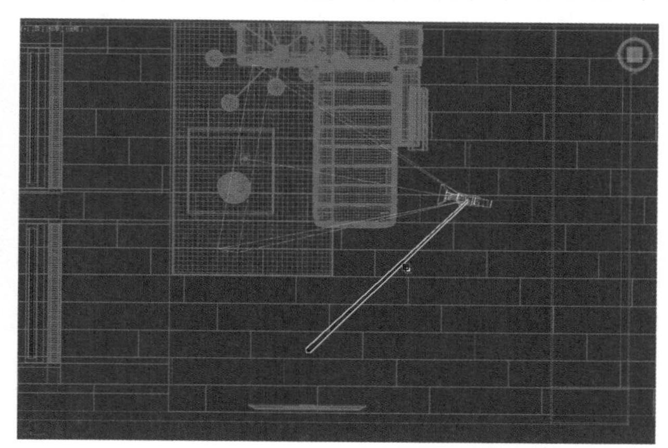

图5-21　连接骨骼

09 双击Bone001骨骼，即可选中整体的骨骼，右击并从弹出的菜单中选择“对象属性”命令，如图5-22所示。

10 打开“对象属性”对话框，选中“显示为外框”复选框，然后单击“确定”按钮，如图5-23所示。

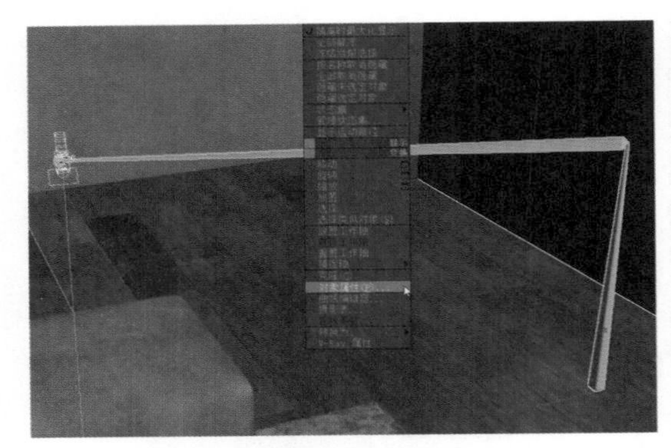

图5-22 选择“对象属性”命令

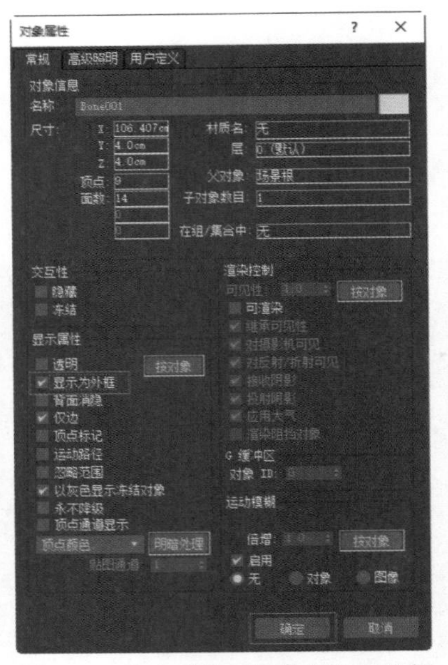

图5-23 选中“显示为外框”复选框

11 选择Bone2骨骼，按Alt键并右击，从弹出的菜单中选择“局部”命令，如图5-24所示，调整坐标轴的方向。

12 按N键激活“自动关键点”命令，然后将时间滑块拖曳至第30帧，再调整骨骼至如图5-25所示的位置。

图5-24 选择“局部”命令

图5-25 调整第30帧骨骼位置

13 将时间滑块拖曳至第80帧，然后调整骨骼至如图5-26所示的位置，再按N键结束“自动关键点”命令。

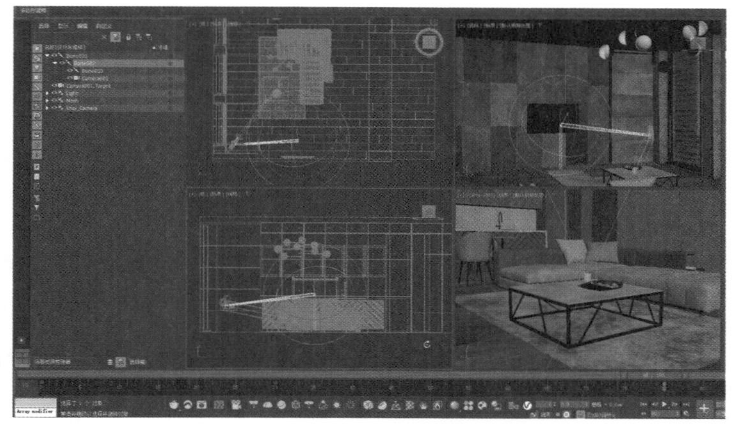

图5-26　调整第80帧骨骼的位置

5.3.4　实例：制作镜头跟随动画

【例5-2】 本实例将讲解如何使用摄影机制作镜头跟随动画，本实例的动画效果如图5-27所示。视频

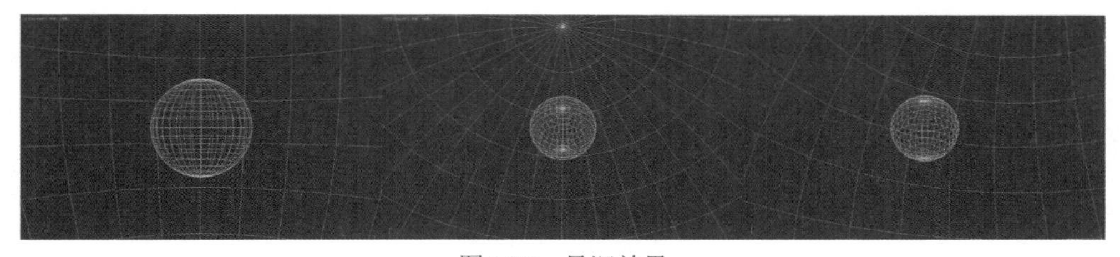

图5-27　景深效果

01 启动3ds Max 2024，打开本书的配套场景资源文件“镜头跟随动画.max”，场景中已经为球体设置好了动画，在菜单栏中选择“创建”|“摄影机”|“自由摄影机”命令，在场景中创建一个自由摄影机，然后进入摄影机视角并调整视角，如图5-28所示。

02 在“修改”面板中单击“类型”下拉按钮，从弹出的下拉列表中选择“目标摄影机”命令，如图5-29所示。

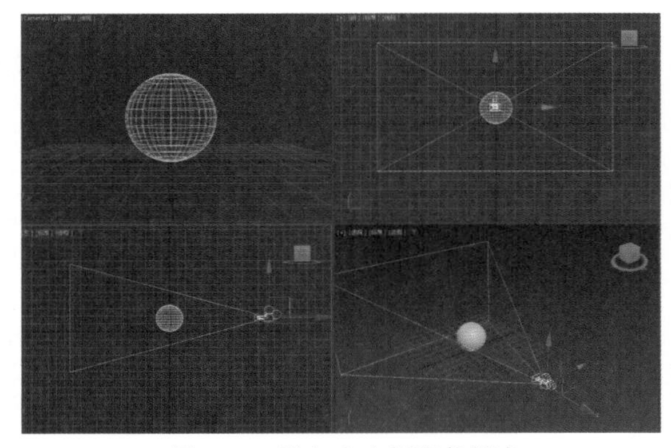

图5-28　进入自由摄影机视角

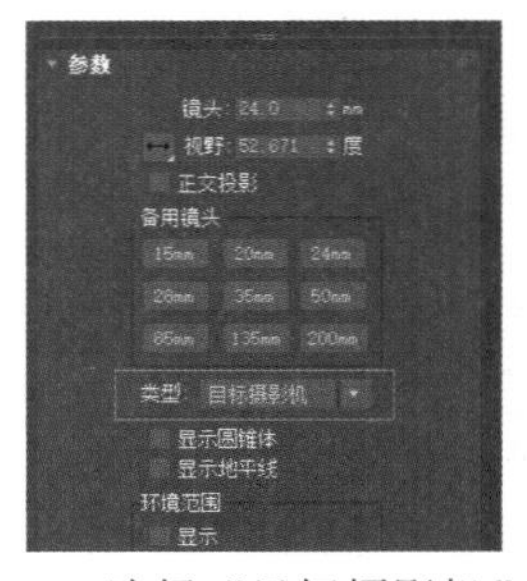

图5-29　选择“目标摄影机”命令

03 选择摄影机的目标点，在主工具栏中单击“对齐”按钮，然后单击球体，在弹出的“对齐当前选择”对话框中，保持默认设置，然后单击“确定”按钮，效果如图5-30所示。

04 在“创建”面板中单击“虚拟对象”按钮，如图5-31所示。

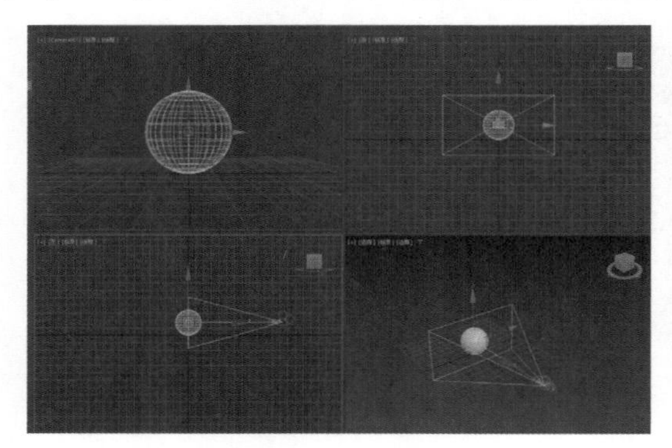

图5-30　连接球体

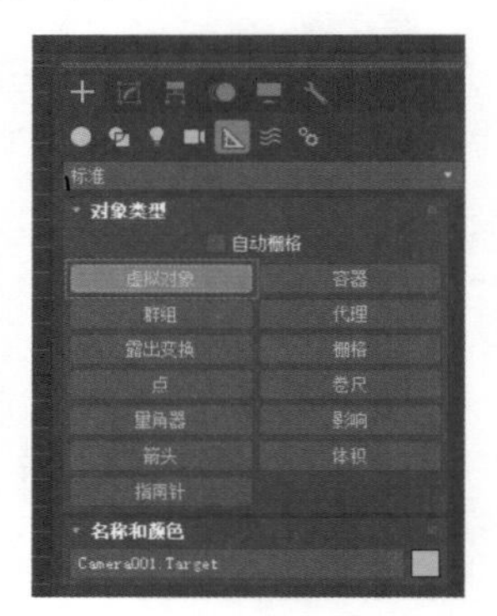

图5-31　单击“虚拟对象”按钮

05 在场景中创建一个虚拟对象，如图5-32所示。

06 隐藏球体，选择相机的目标点，在主工具栏中单击“对齐”按钮，然后单击虚拟对象，如图5-33所示，在弹出的“对齐当前选择”对话框中保持默认设置，单击“确定”按钮。

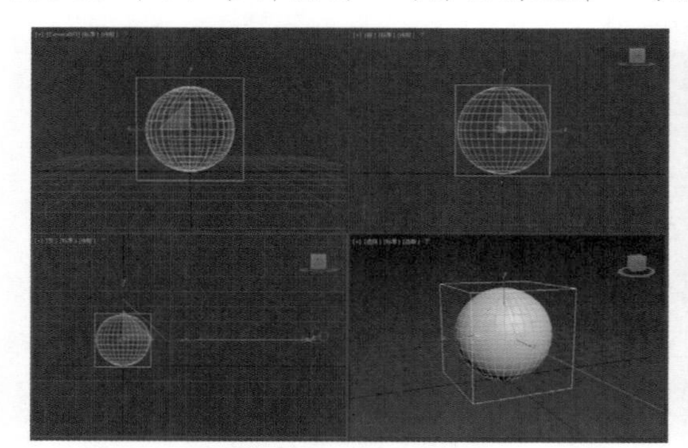

图5-32　创建一个虚拟对象

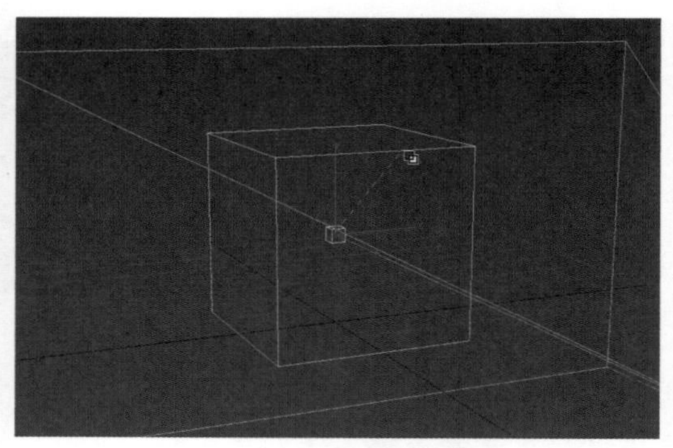

图5-33　对齐虚拟对象

07 选择虚拟对象，在主工具栏中单击“选择并链接”按钮，然后单击球体，如图5-34所示，在弹出的“对齐当前选择”对话框中保持默认设置，单击“确定”按钮。

08 在场景中创建一个球体，作为背景，如图5-35所示。

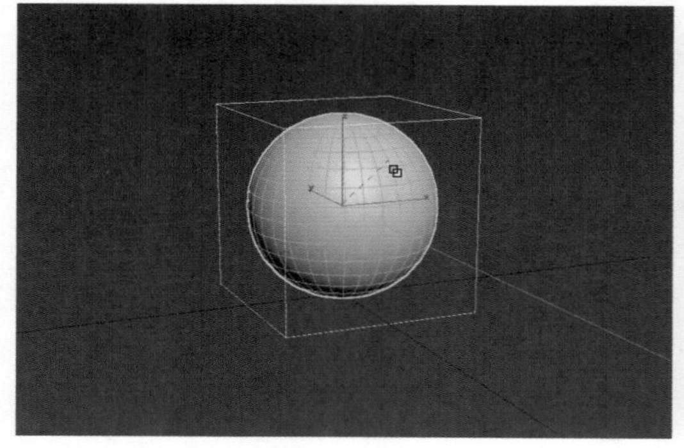

图5-34　连接球体

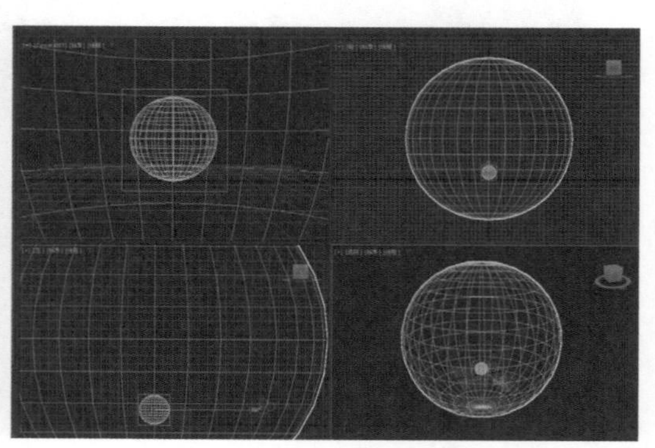

图5-35　创建一个球体作为背景

09 在视口的视图菜单中选择“标准”|“性能”命令，如图5-36所示。

10 在菜单栏中选择“工具”|“预览-提取窗口”|“创建预览动画”命令，打开“生成预览”对话框，设置“预览范围”选项区域中的参数，设置“输入百分比”数值为100，选中“几何体”复选框，选中“边面”复选框，在“输出”选项区域中单击“文件”按钮，设置视频的输出路径，然后单击“创建”按钮，如图5-37所示。

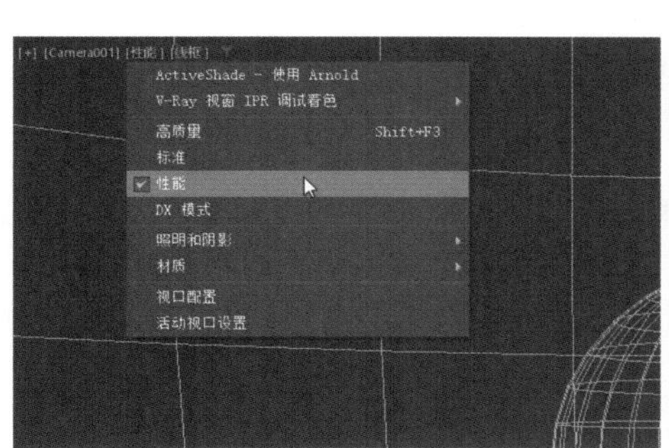

图5-36　选择“性能”命令　　　图5-37　设置“生成预览”对话框

11 打开“生成动画序列文件”对话框，单击“设置”按钮，如图5-38所示。

12 打开“AVI文件压缩设置”对话框，单击“压缩器”下拉按钮，从弹出的下拉列表中选择“未压缩”选项，然后单击“确定”按钮，如图5-39所示，返回“生成动画序列文件”对话框，单击“保存”按钮。

13 设置完成后播放动画，镜头将跟随动画，如图5-27所示。

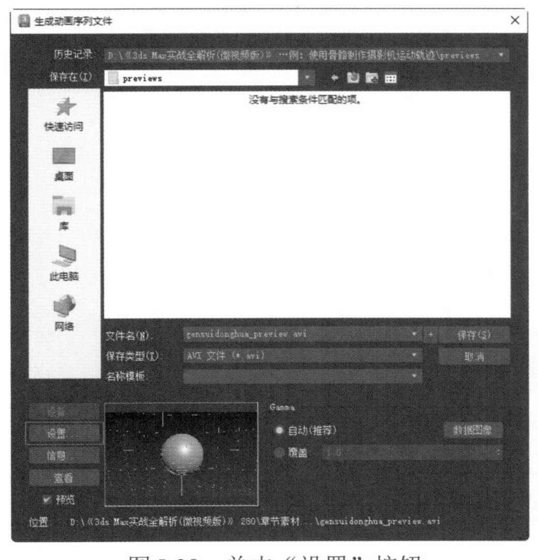

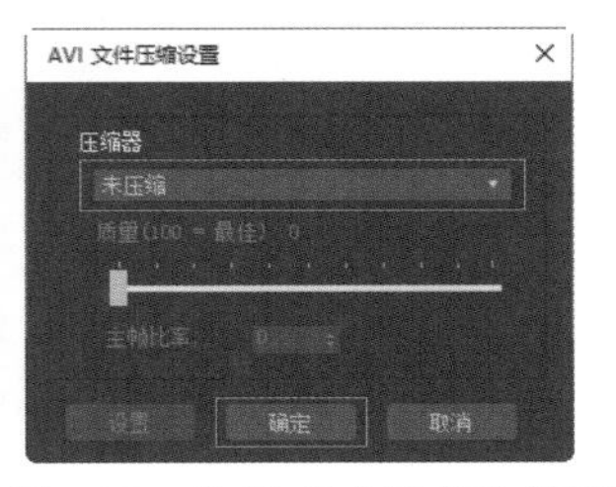

图5-38　单击“设置”按钮　　　图5-39　选择“未压缩”选项

5.3.5 实例：制作景深效果

【例5-3】 本实例将讲解如何使用“物理”摄影机来渲染带有景深效果的画面，本实例的渲染效果如图5-40所示。视频

图5-40 景深效果

01 启动3ds Max 2024，打开本书的配套场景资源文件“景深.max”，本场景已经设置好灯光、摄影机及渲染基本参数。

02 选择场景中的“物理”摄影机，在“修改”面板中展开“基本”卷展栏，设置“目标距离”数值为8760，如图5-41左图所示，展开“物理摄影机”卷展栏，选中“启用景深”复选框，设置“光圈”数值为1，如图5-41所示。

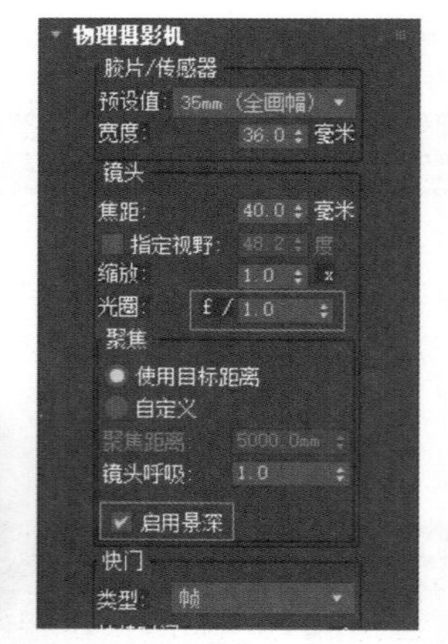

图5-41 设置摄影机的参数

03 设置完成后，摄影机的显示效果如图5-42所示。

04 按Shift+F快捷键，在当前视口中显示出安全框，如图5-43所示。

05 展开“基本”卷展栏，设置“目标距离”数值为27700，如图5-44所示。

06 展开“物理摄影机”卷展栏，设置“光圈”数值为0.4，如图5-45所示。

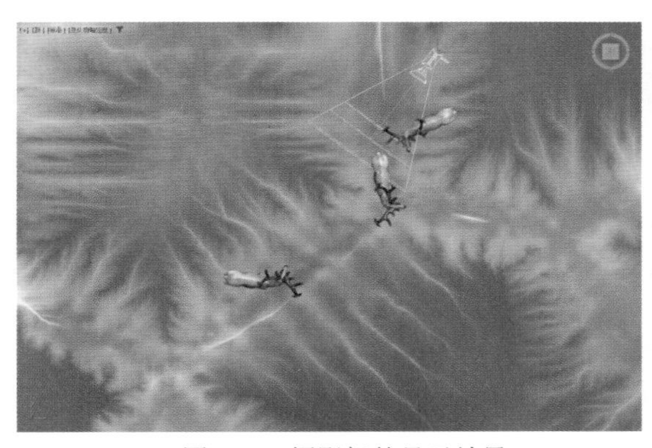

图5-42　摄影机的显示效果

图5-43　显示出安全框

图5-44　设置“目标距离”参数

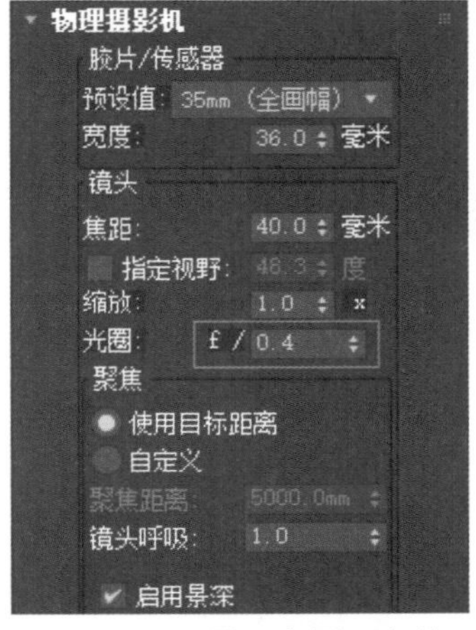

图5-45　设置“光圈”参数

07 此时，摄影机的显示效果如图5-46所示。

08 设置完成后，在主工具栏中单击“渲染帧窗口”按钮渲染场景，渲染效果如图5-40所示。

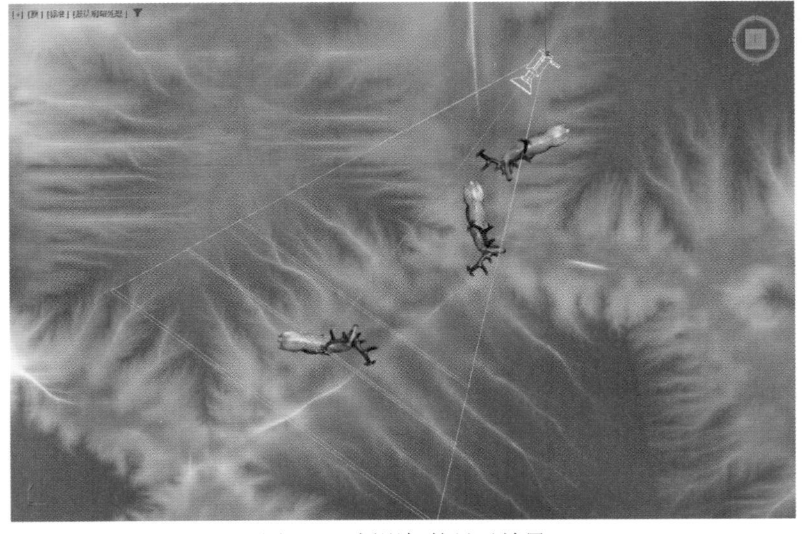

图5-46　摄影机的显示效果

5.4 灯光

灯光是在3ds Max 2024中创建真实世界视觉感受的最有效的手段之一。合适的灯光不仅可以增强场景气氛，而且可以表现对象的立体感以及材质的质感，如图5-47所示。如果场景中的灯光过于明亮，渲染效果将会处于过度曝光状态，反之则会有很多细节无法体现。

在产品设计中，灯光的运用往往贯穿其中，通过光与影的交集，可创造出多种不同的气氛和多重意境。灯光是一个既灵活又富有趣味的设计元素，既可以成为气氛的催化剂，同时也能增强现有画面的层次感。

图5-47　灯光

3ds Max 2024提供了“光度学”灯光、“标准”灯光和Arnold灯光3种类型，本章主要介绍“光度学”灯光和Arnold灯光这两种类型。在“创建”面板中选择“灯光”选项卡，单击“光度学”下拉按钮，在弹出的下拉列表中可以选择灯光的类型，如图5-48所示。

本节将通过一些实例，详细介绍3ds Max 2024中各种灯光的使用方法。

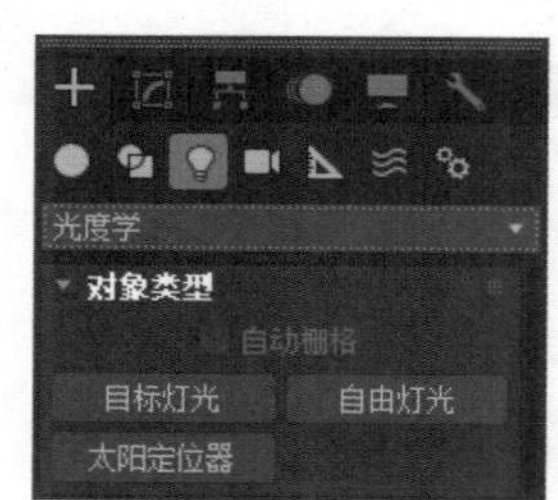

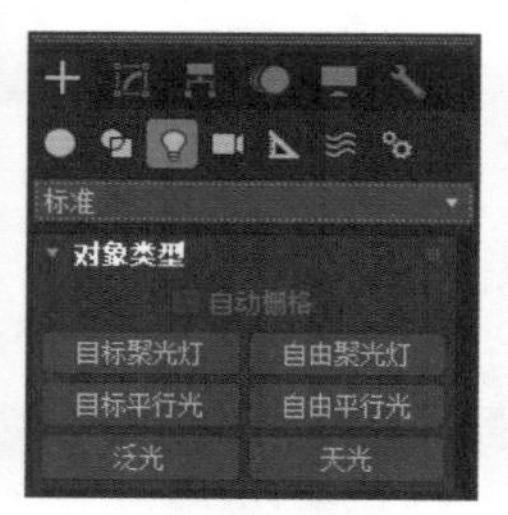

图5-48　灯光的类型

5.5 “光度学”灯光

在3ds Max 2024的“创建”面板中选择“灯光”选项卡后，默认显示的是“光度学”灯光选项，“对象类型”卷展栏中包括“目标灯光”“自由灯光”和“太阳定位器”3个选项按钮。

5.5.1 目标灯光

目标灯光带有目标点，用于指明灯光的照射方向。通常，用户可以使用目标灯光来模拟灯泡、射灯、壁灯及台灯等灯具的照明效果。

在“修改”面板中，“目标灯光”有“模板”“常规参数”“强度/颜色/衰减”“图形/区域阴影”“光线跟踪阴影参数”“大气和效果”“高级效果”7个卷展栏，如图5-49所示。

1. “模板”卷展栏

3ds Max 2024提供了多种“模板”供用户选择和使用。展开“模板”卷展栏后，可以看到“选择模板”的命令提示，单击“选择模板”下拉按钮，弹出的下拉列表中将显示“模板”库，如图5-50所示。

当用户在如图5-50所示的“模板”库中选择不同的模板时，场景中的灯光图标以及“修改”面板中显示的模板选项也会发生相应的变化，如图5-51所示。

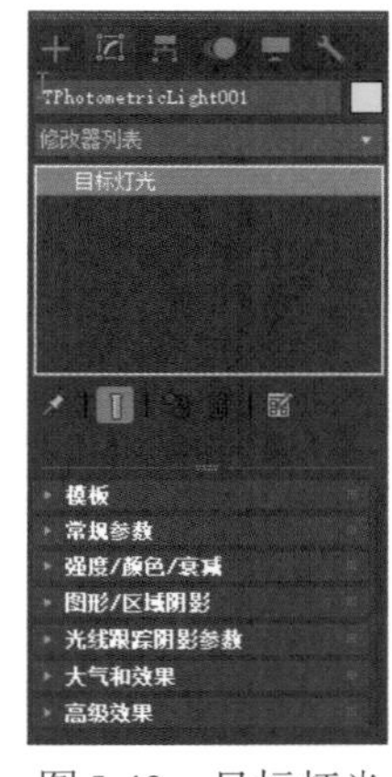

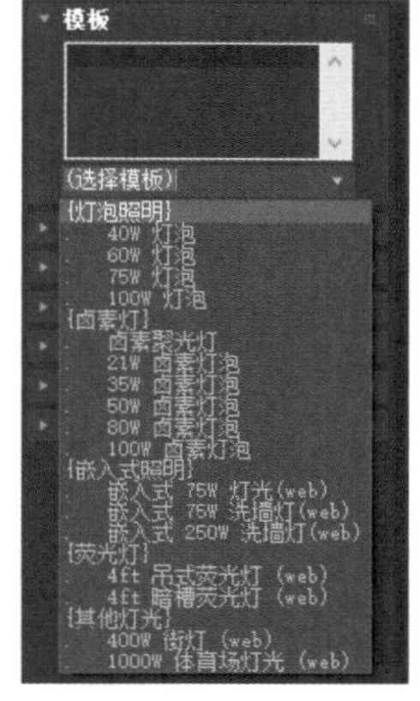

图5-49　目标灯光　　图5-50　“模板”卷展栏　　图5-51　模板选项发生变化

2. “常规参数”卷展栏

“常规参数”卷展栏内的参数如图5-52所示，各选项的功能说明如下。

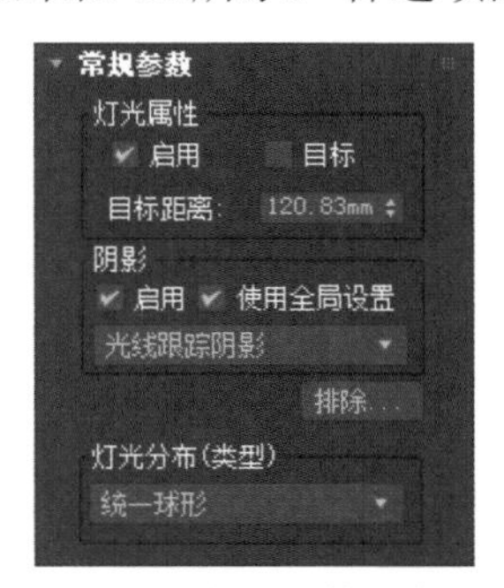

图5-52　“常规参数”卷展栏

(1) “灯光属性”组

- “启用”复选框：用于设置是否为选择的灯光开启照明功能。
- “目标”复选框：用于设置选择的灯光是否具有可控的目标点。
- “目标距离”微调框：用于显示灯光与目标点之间的距离。

(2) “阴影”组

- “启用”复选框：用于设置当前灯光是否投射阴影。

- “使用全局设置”复选框：选中该复选框，使用灯光投射阴影的全局设置。取消选中该复选框后，可以启用阴影的单个控件。如果用户未选择使用全局设置，则必须设置渲染器使用何种方法来生成特定灯光的阴影。
- “光线跟踪阴影”下拉列表：用于设置渲染器使用何种阴影方法，默认使用“阴影贴图”的方法。
- “排除”按钮排除...：将选定对象排除于灯光效果之外。单击该按钮可以打开“排除/包含”对话框。
- “灯光分布(类型)”下拉按钮：单击该下拉按钮，在弹出的下拉列表中可以设置灯光的分布类型，包含“光度学Web”“聚光灯”“统一漫反射”“统一球形”4个选项。

3. “强度 / 颜色 / 衰减”卷展栏

“强度/颜色/衰减”卷展栏内的参数如图5-53所示，各选项的功能说明如下。

- 灯光下拉按钮：单击该下拉按钮，在弹出的下拉列表中，3ds Max 2024提供了多种预设的灯光选项供用户选择，如图5-54所示。

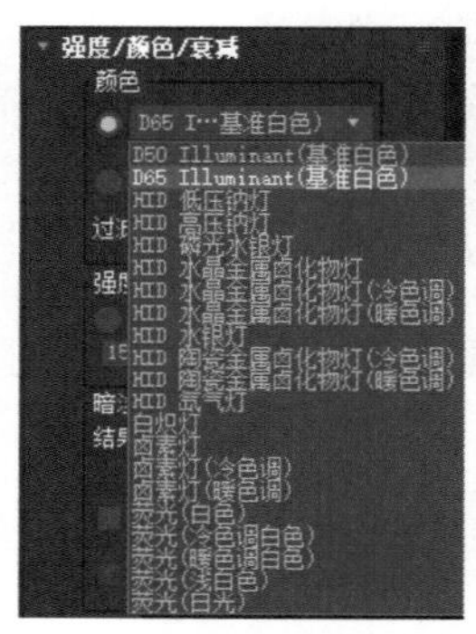

图5-53 “强度/颜色/衰减”卷展栏　图5-54 3ds Max 2024预设的灯光选项

- “开尔文”单选按钮：选中该单选按钮后，即可通过调整色温来设置灯光的颜色，色温以开尔文度数显示，相应的颜色在色温微调框旁边的色样中可见。
- “过滤颜色”选项：单击该选项右侧的色块，可在打开的“颜色过滤器：过滤颜色”对话框中模拟置于光源之上的滤色片的效果。
- “强度”选项组：其中包括lm单选按钮(测量灯光的总体输出功率)、cd单选按钮(测量灯光的最大发光强度)和lx单选按钮(测量以一定距离并面向光源方向投射到物体表面的灯光所带来的照射强度)。
- “结果强度”区域：用于显示暗淡效果产生的强度，并使用与“强度”选项组相同的单位。
- “暗淡百分比”微调框：指定用于降低灯光强度的倍增因子。
- “光线暗淡时白炽灯颜色会切换”复选框：选中该复选框后，可在灯光暗淡时通过产生更多黄色来模拟白炽灯。
- “使用”复选框：启用灯光的远距衰减功能。
- “显示”复选框：在视图中显示远距衰减范围的设置，对于聚光灯而言，衰减范围看起来类似圆锥体。

- “开始”微调框：设置灯光开始淡出的距离。
- “结束”微调框：设置灯光减为零的距离。

4.“图形 / 区域阴影”卷展栏

“图形/区域阴影”卷展栏内的参数如图5-55所示，各选项的功能说明如下。

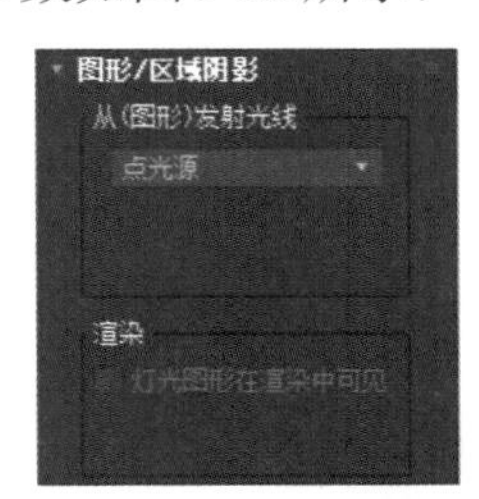

图5-55 “图形/区域阴影”卷展栏的参数

- “从(图形)发射光线”下拉列表：用于选择阴影生成的图像类型，共有6个选项。
- “灯光图形在渲染中可见”复选框：选中该复选框后，如果灯光对象位于视野内，那么灯光对象在渲染时会显示为自供照明(发光)的图形；取消选中该复选框后，用户将无法渲染灯光对象，只能渲染灯光对象投影的灯光。

5.“光线跟踪阴影参数”卷展栏

“光线跟踪阴影参数”卷展栏内的参数如图5-56所示，各选项的功能说明如下。

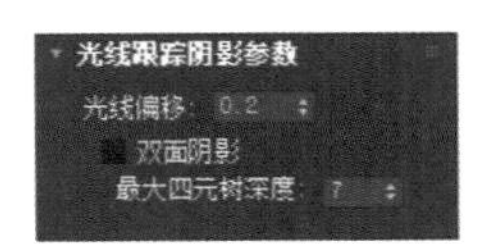

图5-56 “光线跟踪阴影参数”卷展栏

- “光线偏移”微调框：设置阴影与产生阴影对象的距离。
- “双面阴影”复选框：选中该复选框后，计算阴影时，物体的背面也可以产生投影。

6.“大气和效果”卷展栏

“大气和效果”卷展栏内的参数如图5-57所示，各选项的功能说明如下。

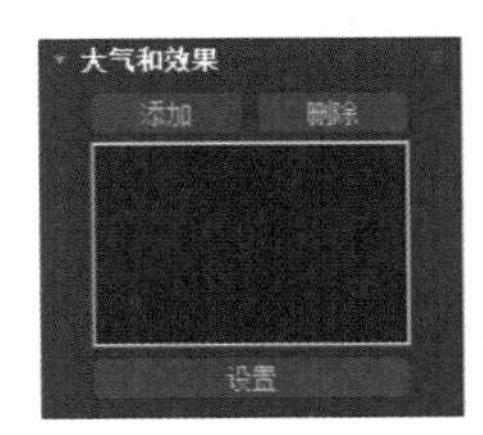

图5-57 “大气和效果”卷展栏

- “添加”按钮 添加 ：单击该按钮，可以打开“添加大气或效果”对话框，在该对话框中可以将大气或渲染效果添加到灯光上。
- “删除”按钮 删除 ：添加大气或效果之后，在“大气和效果”列表中选择大气或效果，然后单击该按钮可以执行删除操作。

- “设置”按钮 设置 ：在“大气和效果”列表中选中大气或效果后，单击该按钮，可以打开“环境和效果”窗口。

5.5.2 自由灯光

自由灯光无目标点，在3ds Max 2024的“创建”面板的“灯光”选项卡中单击“自由灯光”按钮，如图5-58所示，即可在场景中创建自由灯光。

自由灯光的参数与前面介绍的目标灯光的参数基本一致(这里不再重复介绍)，它们的区别仅仅在于是否具有目标点。自由灯光在创建完成后，目标点可以通过选中或取消选中“修改”面板的“常规参数”卷展栏中的“目标”复选框进行切换，如图5-59所示。

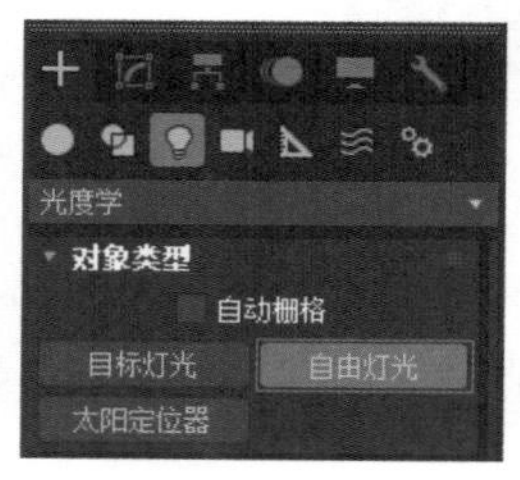

图5-58 自由灯光

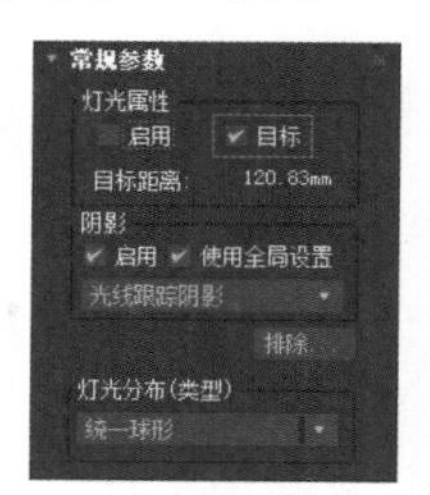

图5-59 切换目标点

5.5.3 太阳定位器

在“创建”面板的“灯光”选项卡中单击“太阳定位器”按钮，即可自定义太阳光系统的设置。太阳定位器使用的灯光遵循太阳在地球上任意给定位置的符合地理学的角度和运动规律，如图5-60所示。

该灯光系统创建完成后，在主工具栏中选择“渲染”|“环境”命令，如图5-61所示，或按数字8键，打开“环境和效果”窗口。

图5-60 太阳定位器

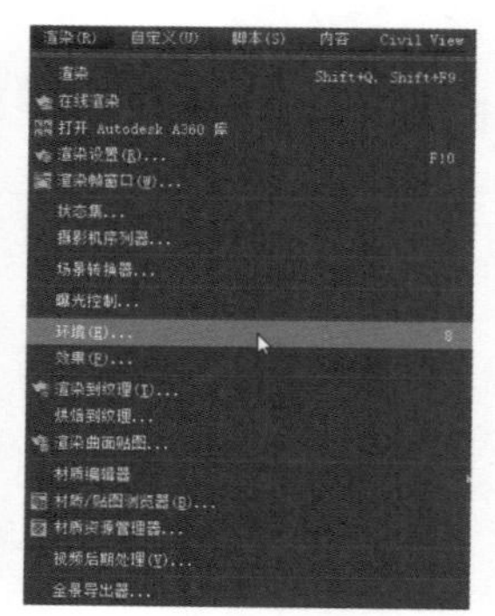

图5-61 选择“环境”命令

在该窗口的“环境”选项卡中，展开“公用参数”卷展栏，可以看到系统自动为“环境贴图”贴图通道上加载了“物理太阳和天空环境”贴图。渲染场景后，用户还可以看到逼真的天空环境效果。同时，在“曝光控制”卷展栏内，系统还为用户自动设置了“物理摄影机曝光控制”选项，如图5-62所示。

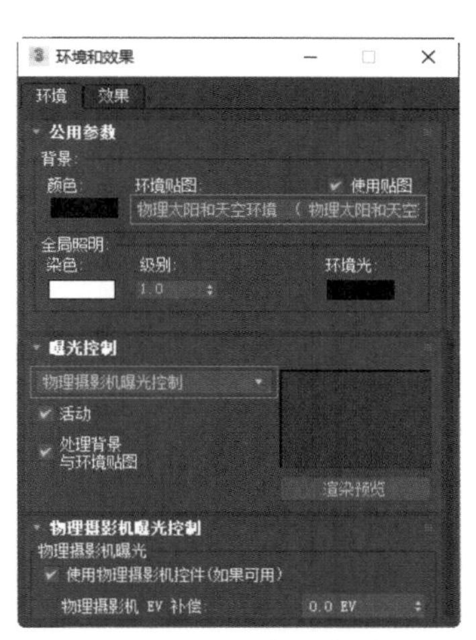

图5-62 “环境”选项卡

在“修改”面板中，用户可以为太阳定位器选择位置、日期、时间和指南针方向。太阳定位器适用于计划中的以及现有结构的阴影设置。

太阳定位器是日光系统的简化替代方案。与传统的太阳光和日光系统相比，太阳定位器更加高效、直观。

5.5.4 “物理太阳和天空环境”贴图

“物理太阳和天空环境”贴图虽然属于材质贴图，其功能却是在场景中控制天空照明环境。在场景中创建“太阳定位器”灯光时，这个贴图会自动添加到“环境和效果”窗口的“环境”选项卡中。

同时打开“环境和效果”窗口和“材质编辑器”窗口，以“实例”的方式将“环境和效果”窗口中的“物理太阳和天空环境”贴图拖曳至“材质编辑器”窗口的一个空白的材质球上，即可对其进行编辑操作，如图5-63所示。

“物理太阳和天空环境”卷展栏的参数如图5-64所示，各选项的功能说明如下。

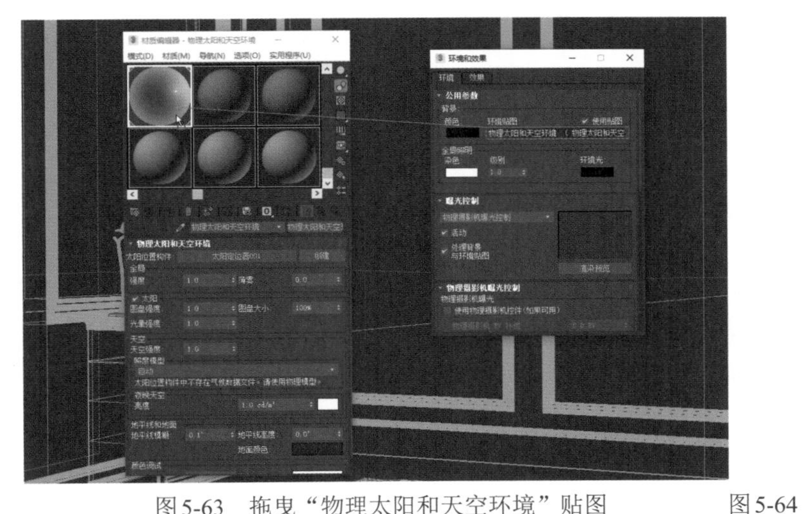
图5-63 拖曳“物理太阳和天空环境”贴图

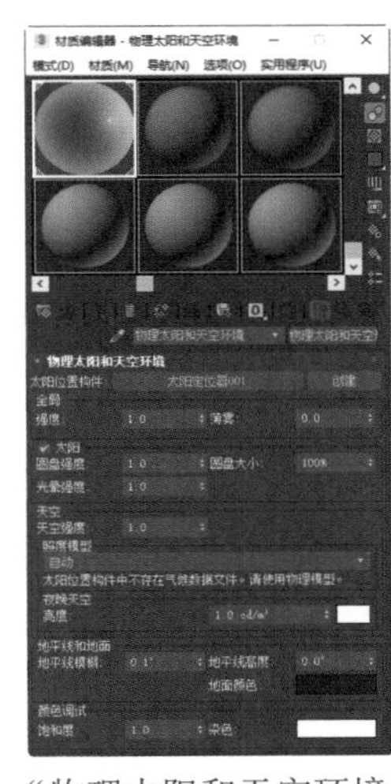
图5-64 “物理太阳和天空环境”卷展栏

- 太阳位置构件：默认显示为当前场景已经存在的太阳定位器，如果是在“环境和效果”窗口中先添加了该贴图，可以单击右侧的“创建”按钮，在场景中创建一个太阳定位器。

(1) “全局”选项组

- “强度”微调框：控制太阳定位器产生的整体光照强度。
- “薄雾”微调框：用于模拟大气对阳光产生的散射影响。图5-65所示为该值分别是0.1和0.5的天空渲染结果对比。

图5-65　“薄雾”为不同数值时的渲染效果对比

(2) “太阳”选项组

- “圆盘强度”微调框：控制场景中太阳的光线强弱，较高的值可以对建筑物产生明显的投影；较小的值可以模拟阴天的环境照明效果。图5-66所示为该值分别是1和0时的渲染效果对比。

图5-66　“圆盘强度”为不同数值时的渲染效果对比

- “圆盘大小”微调框：控制阳光对场景投影的虚化程度。
- “光晕强度”微调框：控制天空中太阳的大小。图5-67所示为该值分别是1和80时的渲染效果对比。

图5-67　“光晕强度”为不同数值时的渲染效果对比

(3) “天空”选项组

- “天空强度”微调框：控制天空的光线强度。图5-68所示为该值分别是1和0.5时的渲染效果对比。

图5-68 “天空强度”为不同数值时的渲染效果对比

- “照度模型”下拉按钮：有自动、物理和测量3种方式，如果“太阳位置构件”中不存在气候数据文件，则使用物理模型。

(4) “地平线和地面”选项组

- “地平线模糊”微调框：设置地平线的模糊程度。
- “地平线高度”微调框：设置地平线的高度。
- “地面颜色”微调框：设置地平线以下的颜色。

(5) “颜色调试”选项组

- “饱和度”微调框：通过调整太阳和天空环境的色彩饱和度，进而影响渲染的画面色彩。图5-69所示为该值分别是0.3和1.3时的渲染效果对比。

图5-69 “饱和度”为不同数值时的渲染效果对比

5.6 Arnold灯光

3ds Max 2024整合了Arnold渲染器，一个新的灯光系统也随之被添加进来，那就是Arnold Light，如图5-70所示。如今，Arnold渲染器已经取代了默认扫描线渲染器而成为3ds Max 2024新的默认渲染器，使用该灯光几乎可以模拟各种常见照明环境。另外需要注意的是，即使是在3ds Max 2024中，该灯光的命令参数仍然为英文显示。

在“修改”面板中，可以看到Arnold Light卷展栏的分布如图5-71所示。

图5-70　Arnold Light

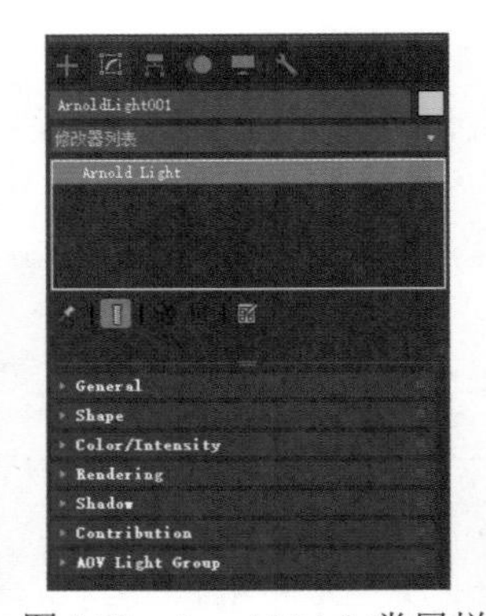

图5-71　Arnold Light卷展栏

5.6.1　General(常规)卷展栏

General(常规)卷展栏主要用于设置Arnold Light的开启及目标点等相关命令，展开General卷展栏，如图5-72所示，其中主要选项的功能说明如下。

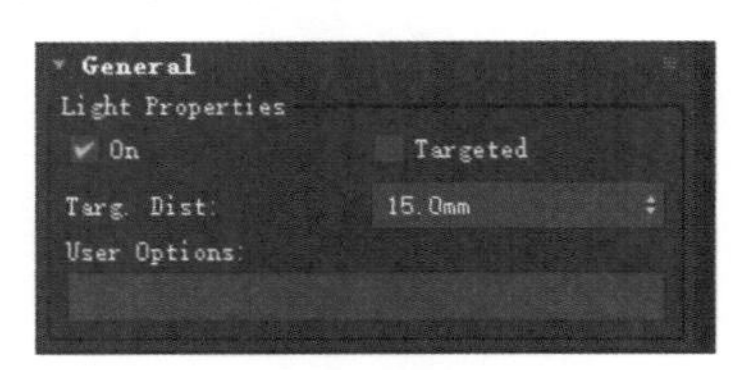

图5-72　General(常规)卷展栏

- On复选框：用于控制选择的灯光是否开启照明。
- Targeted复选框：用于设置灯光是否需要目标点。
- Targ. Dist下拉列表：设置目标点与灯光的间距。

5.6.2　Shape(形状)卷展栏

Shape(形状)卷展栏主要用于设置灯光的类型，展开Shape(形状)卷展栏，如图5-73所示，其中主要选项的功能说明如下。

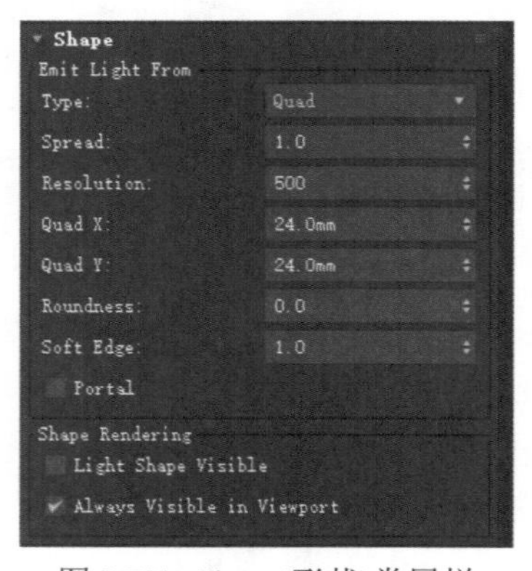

图5-73　Shape(形状)卷展栏

- Type下拉列表：用于设置灯光的类型。3ds Max 2024为用户提供了9种灯光类型，帮助用户解决不同的照明环境模拟需求。从这些类型上看，仅仅是一个Arnold Light命令，就可以模拟出点光源、聚光灯、面光源、天空环境、光度学、网格灯光等多种不同的灯光照明。
- Spread微调框：用于控制Arnold Light的扩散照明效果。当该值为默认值1时，灯光对物体的照明效果会产生散射状的投影；当该值设置为0时，灯光对物体的照明效果会产生清晰的投影。
- Quad X/Quad Y微调框：用于设置灯光的长度或宽度。
- Soft Edge微调框：用于设置灯光产生投影的边缘虚化程度。

5.6.3 Color/Intensity(颜色/强度)卷展栏

Color/Intensity(颜色/强度)卷展栏主要用于控制灯光的色彩及照明强度。展开该卷展栏，如图5-74所示，其中主要选项的功能说明如下。

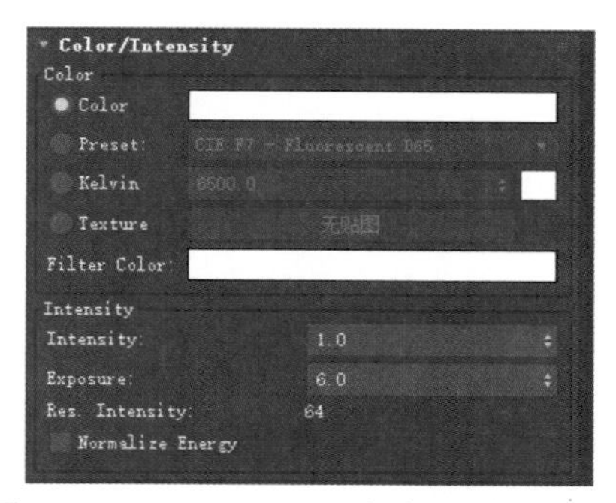

图5-74 Color/Intensity(颜色/强度)卷展栏

(1) Color(颜色)组

- Color单选按钮：用于设置灯光的颜色。
- Preset单选按钮：选中该单选按钮后，用户可以使用系统提供的各种预设来照明场景。
- Kelvin单选按钮：使用色温值来控制灯光的颜色。
- Texture单选按钮：使用贴图来控制灯光的颜色。
- Filter Color：设置灯光的过滤颜色。

(2) Intensity(强度)组

- Intensity微调框：设置灯光的照明强度。
- Exposure微调框：设置灯光的曝光值。

5.6.4 Rendering(渲染)卷展栏

展开Rendering(渲染)卷展栏，如图5-75所示，其中主要选项的功能说明如下。

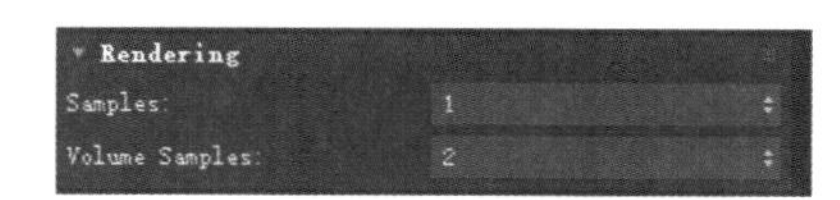

图5-75 Rendering(渲染)卷展栏

- Samples微调框：设置灯光的采样值。
- Volume Samples微调框：设置灯光的体积采样值。

5.6.5 Shadow(阴影)卷展栏

展开Shadow(阴影)卷展栏，如图5-76所示，其中主要选项的功能说明如下。

图5-76　Shadow(阴影)卷展栏

- Cast Shadows复选框：设置灯光是否投射阴影。
- Atmospheric Shadows复选框：设置灯光是否投射大气阴影。
- Color：设置阴影的颜色。
- Density微调框：设置阴影的密度值。

5.6.6 实例：制作室内天光照明效果

【例5-4】本实例将讲解如何制作室内天光照明效果。本实例的渲染效果如图5-77所示。

图5-77　室内天光照明效果

01 启动3ds Max 2024，打开本书的配套场景资源文件“室内天光照明.max”，如图5-78所示。本场景已经设置好摄影机和辅助灯光。

02 在“创建”面板中单击Arnold Light按钮，如图5-79所示，在场景中的窗户位置创建一个Arnold灯光。

03 在顶视图中移动灯光的位置，如图5-80所示，使其从屋外照射进屋内。

04 在“修改”面板中，设置灯光的Color为黄色(红：255，绿：250，蓝：225)，具体参数如图5-81所示。

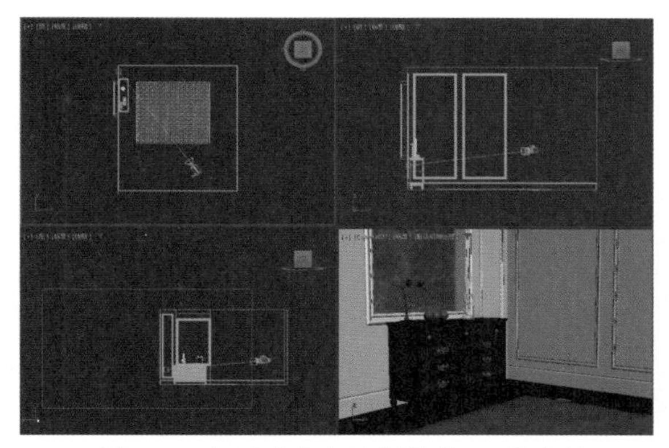

图5-78　打开“室内天光照明.max”文件

图5-79　单击Arnold Light按钮

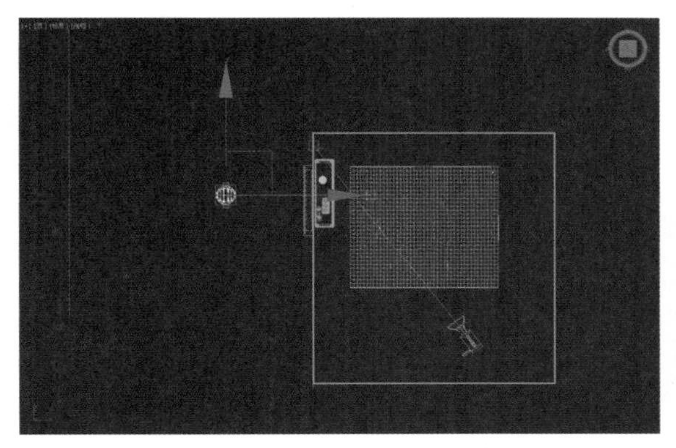

图5-80　在顶视图中移动灯光的位置

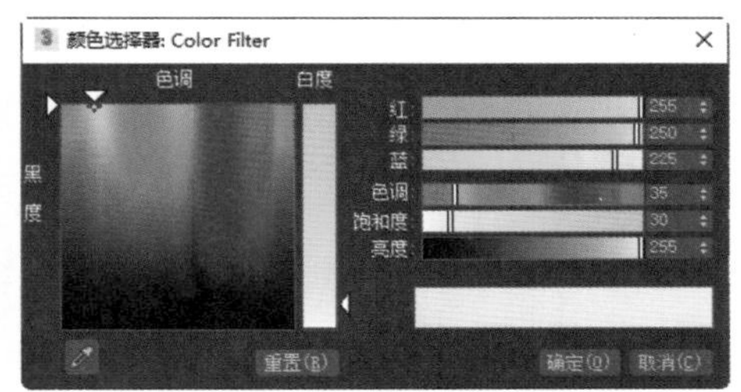

图5-81　设置灯光的颜色

05 在Shape卷展栏中单击Type下拉按钮，在弹出的下拉列表中选择Quad选项，如图5-82所示。

06 设置Quad X和Quad Y均为500mm，如图5-83所示。

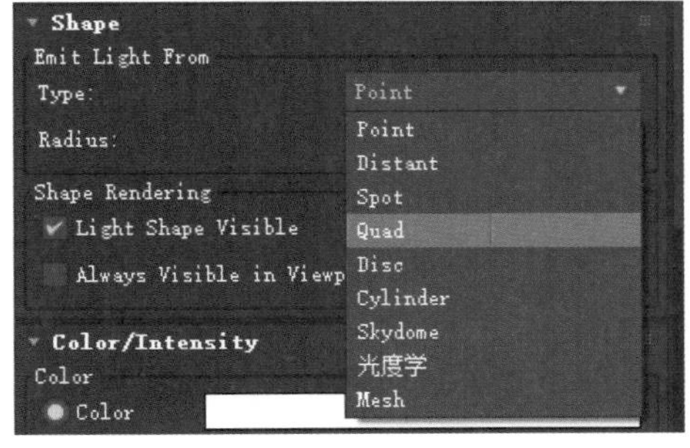

图5-82　选择Quad命令

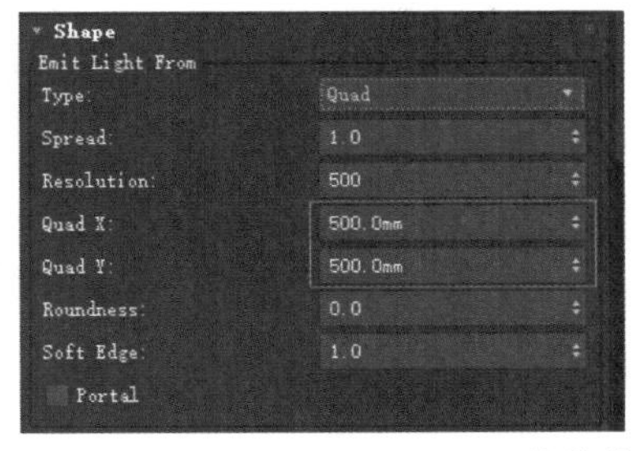

图5-83　设置Quad X和Quad Y的数值

07 按照同样的方法，在场景中添加Arnold灯光，如图5-84所示。

08 在主工具栏中单击“渲染设置”按钮，打开“渲染设置：Arnold”窗口，在该窗口的Arnold Renderer选项卡中设置Camera(AA)的数值为12，提高渲染的精度，如图5-85所示。

09 设置完成后，在主工具栏中单击“渲染帧窗口”按钮渲染场景，渲染效果如图5-77所示。

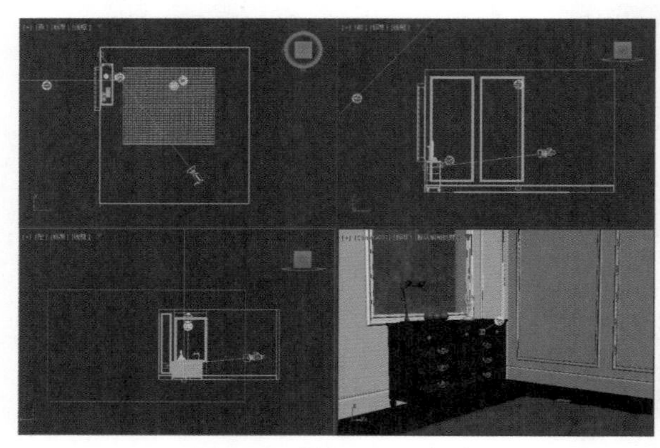

图5-84　添加Arnold灯光

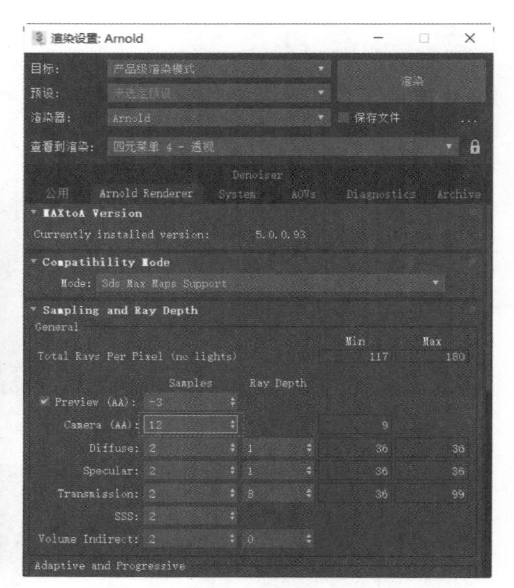

图5-85　设置Camera(AA)的数值

5.6.7　实例：制作室内日光照明效果

【例5-5】本实例将讲解如何制作室内日光照明效果。本实例的渲染效果如图5-86所示。

图5-86　室内日光照明效果

01 启动3ds Max 2024，打开本书的配套场景资源文件“室内日光照明.max”，如图5-87所示，本场景已经设置好摄影机和辅助灯光。

02 在“创建”面板中单击“太阳定位器”按钮，在场景中创建一个“太阳定位器”灯光，如图5-88所示。

03 在“修改”面板中展开“太阳位置”卷展栏，单击“在地球上的位置”组下方的按钮 San Francisco, CA ，在打开的“地理位置”对话框中，从“贴图”下拉列表中选择“亚洲”选项，然后在“城市(c):”列表框中选择“Nanjing，China”，如图5-89所示，将地理位置设置为中国南京。

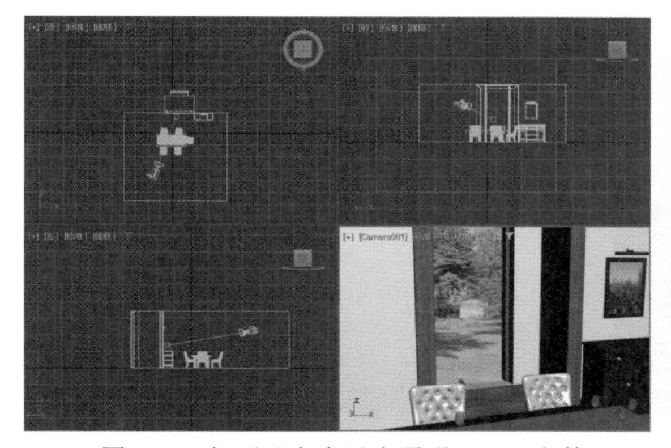

图5-87 打开“室内日光照明.max”文件

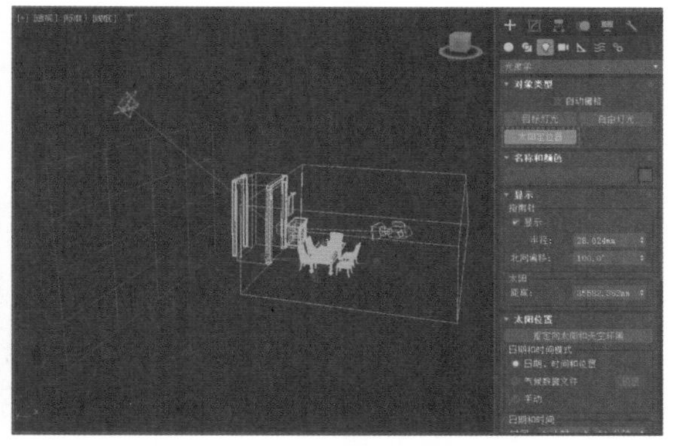

图5-88 单击“太阳定位器”按钮

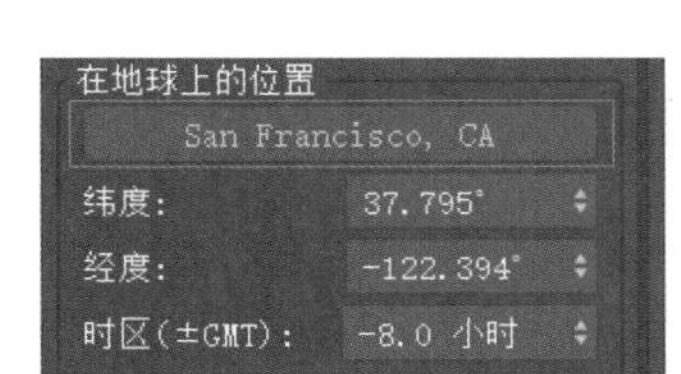

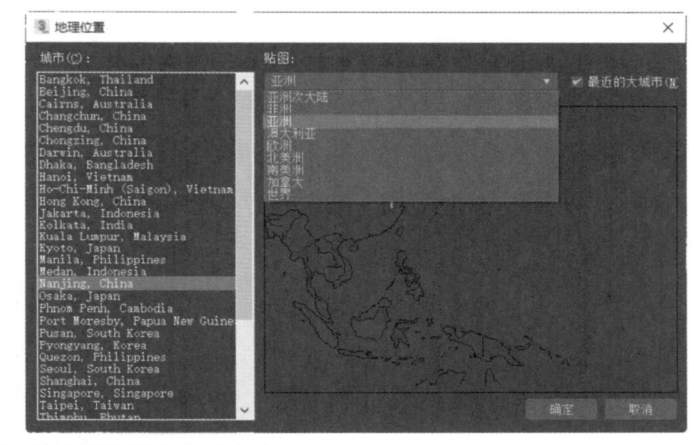

图5-89 设置地理位置为中国南京

04 在“日期和时间”组中，设置太阳模拟的时间为2022年8月22日9点30分，日期为2022年8月22日，如图5-90所示。

05 设置完成后，展开“显示”卷展栏，设置“北向偏移”为260°，如图5-91所示，改变太阳的光照角度。

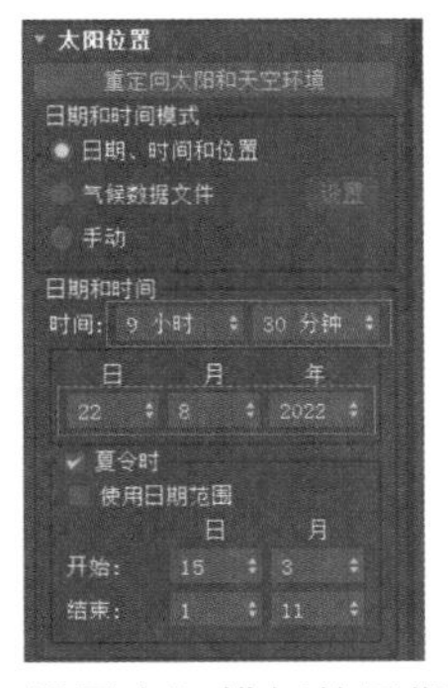

图5-90 设置太阳模拟的日期和时间

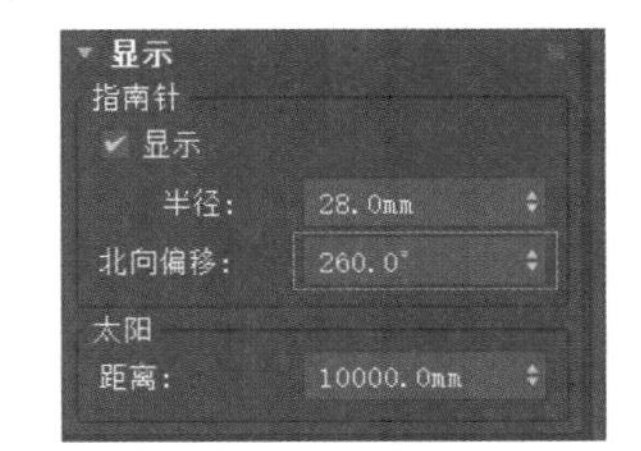

图5-91 设置“北向偏移”的数值

06 按数字8键，打开“环境和效果”窗口，然后按M键，打开“材质编辑器”窗口，将“环境和效果”窗口中的“环境贴图”以“实例”的方式拖曳至“材质编辑器”窗口中的空白材质球上，如图5-92所示。

07 展开“物理太阳和天空环境”卷展栏，设置“全局”组的“强度”数值为0.06，降低“太阳定位器”灯光的默认照明强度，再设置“饱和度”数值为1.3，提高渲染图像的色彩鲜艳程度，如图5-93所示。

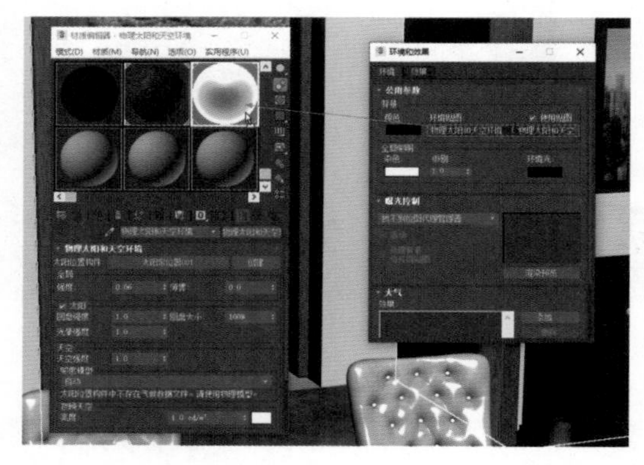

图5-92 拖曳“物理太阳和天空环境”贴图

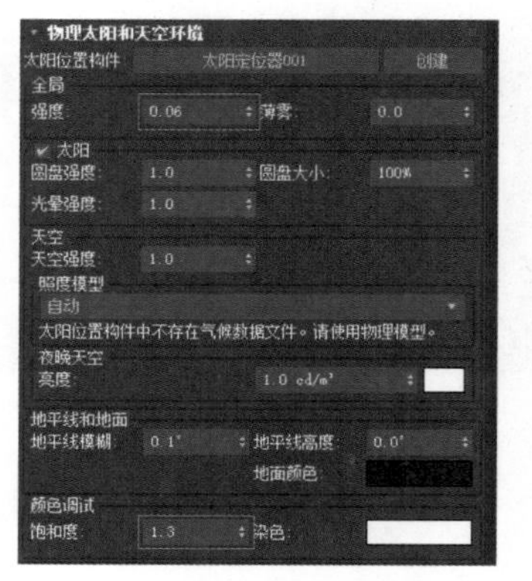

图5-93 调整太阳定位器的参数

08 在主工具栏中单击“渲染设置”按钮，打开“渲染设置：Arnold”窗口，在该窗口的Arnold Renderer选项卡中设置Camera(AA)的数值为12，提高渲染的精度，如图5-94所示。

09 设置完成后，在主工具栏中单击“渲染帧窗口”按钮渲染场景，渲染效果如图5-86所示。

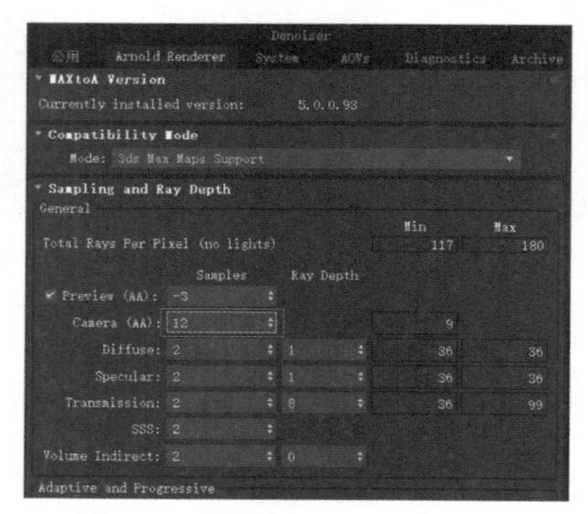

图5-94 设置Camera(AA)的数值

5.7 习题

1. 简述3ds Max 2024中不同类型的摄影机及其用途。
2. 简述如何创建摄影机动画，以实现镜头跟随动画。
3. 简述如何使用Arnold灯光创建日光照明效果。

第 6 章
动画技术

三维动画是一种将静态的三维模型赋予生命力的艺术形式。它涉及对三维空间中物体的运动、变形和交互的模拟，以创造出流畅、逼真的动画效果。本章将从基础理论开始讲解，逐步深入到 3ds Max 2024 中三维动画的制作技巧和实践应用，具体包括设置动画方式、控制动画、设置关键点过滤器、设置关键点切线，以及使用曲线编辑器设置循环动画等。

6.1 动画简介

动画是讲述故事、传达情感和激发想象的强大工具。广义上的动画是指把一些原本不具备生命的、不活动的对象，经过艺术加工和技术处理后，使其成为有生命的、会动的影像。

作为一种空间和时间的艺术，动画的表现形式多种多样，但万变不离其宗，以下两点是共通的：

- 逐格(帧)拍摄(记录)；
- 创造运动幻觉(这需要利用人的心理偏好作用和生理上的视觉残留现象)。

动画是通过连续播放静态图像而形成的动态幻觉，这种幻觉源于两个方面：一是人类生理上的“视觉残留”；二是心理上的“感官经验”。人类倾向于将连续、类似的图像在大脑中组织起来，然后能动地将之识别为动态图像，从而产生视觉动感。

因此，狭义上的动画可定义为融合了电影、绘画、木偶等语言要素，利用人的视觉残留原理和心理偏好作用，以逐格(帧)拍摄的方式，创造出来的一系列运动的、富有生命感的幻觉画面(“逐帧动画”)，如图6-1所示。

图6-1　三维动画画面

3ds Max 2024提供了一套非常强大的动画系统，包括基本动画系统和骨骼动画系统。使用3ds Max 2024制作动画时，具备美术基础和对生物的骨骼肌肉及运动规律的了解非常有益，尤其是对于特殊角色或复杂动作，如翅膀的扇动、软体动物的蠕动等，如图6-2所示，了解骨骼肌肉知识可以帮助动画师设计出更加合理的动画效果。

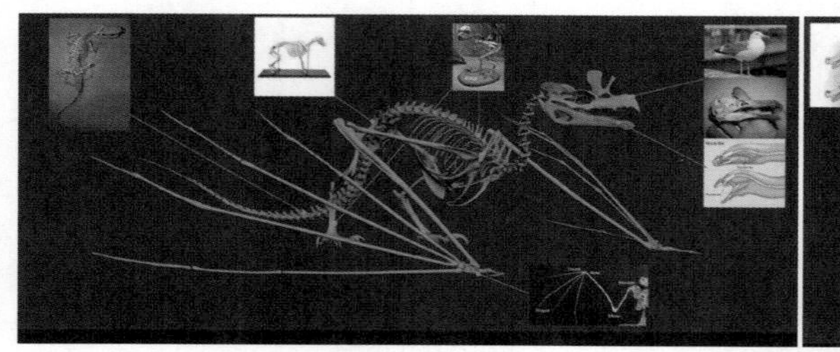
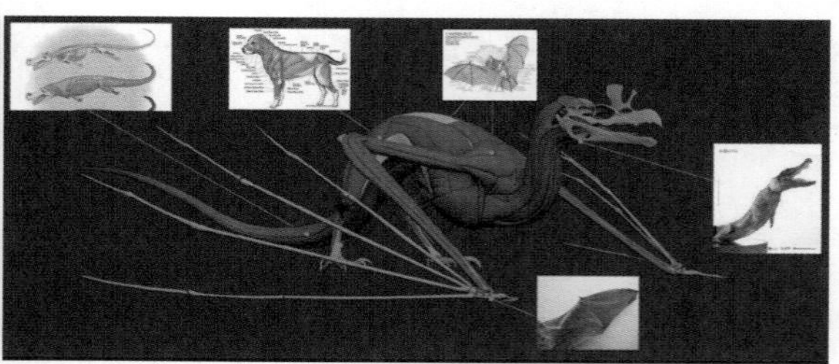

图6-2　生物的骨骼和肌肉

在3ds Max 2024中，设置动画的基本方式非常简单，用户可以为对象的位置、角度、尺寸以及几乎所有能够影响对象形状与外观的参数设置动画。但无论采用何种方法制作动画，了解运动规律可以帮助用户制作出更加流畅和自然的动画。比如，了解物体运动时的加速度和减速度规律，可以帮助用户制作出更符合物理规律的动画，如图6-3所示。

图6-3　三维动画

6.2　关键帧动画

关键帧动画是影像动画中最小单位的单幅影像画面，即每幅图片就是一帧，也是电影胶片上的每一格镜头。关键帧动画是3ds Max 2024动画技术中最常用也最基础的动画设置技术，用于指定对象在特定时间内的属性值。关键帧是角色动作的关键转折点，类似于二维动画中的原画。在三维软件中，通过创建一些关键帧来表示对象的属性何时在动画中发生更改，计算机会自动演算出两个关键帧之间的变化状态，即过渡帧。

3ds Max 2024提供了两种记录动画的模式，分别为“自动关键点”模式和“设置关键点”模式，这两种动画记录模式各有不同的特点。

6.2.1　实例：“自动关键点”设置方法

“自动关键点”模式是最常用的动画记录模式，单击“自动关键点”按钮之后，才能启用这一功能。系统会根据用户对物体对象所做的更改自动创建出关键帧，从而产生动画效果。

【例6-1】 在3ds Max 2024中使用“自动关键点”模式制作关键帧动画。视频

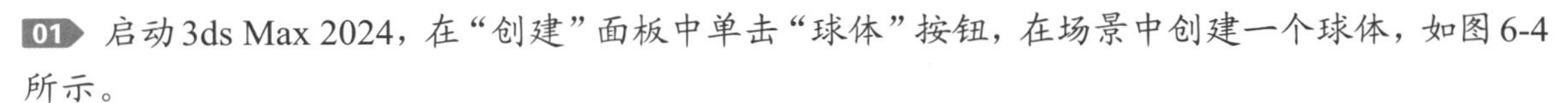

01 启动3ds Max 2024，在“创建”面板中单击“球体”按钮，在场景中创建一个球体，如图6-4所示。

02 单击“自动关键点”按钮，可以看到界面下方的“时间滑块”呈红色显示，说明软件的动画记录功能启动，如图6-5所示。

图6-4　创建一个球体

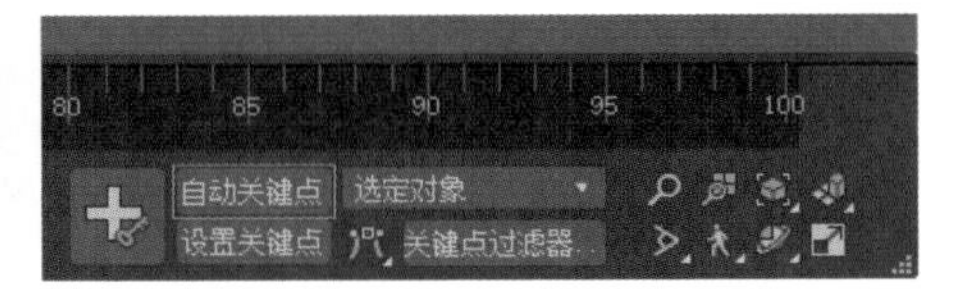

图6-5　单击“自动关键点”按钮

03 将“时间滑块”拖曳至第30帧处，然后移动场景中的球体至如图6-6所示的位置。

04 观察场景，可以看到在“时间滑块”下方的区域里生成红色的关键帧，如图6-7所示。

05 动画制作完成后，再次单击“自动关键点”按钮，结束自动记录动画功能。然后拖曳时间滑块或者单击“播放”按钮▶，可以看到一个平移动画制作完成。

图6-6　移动球体

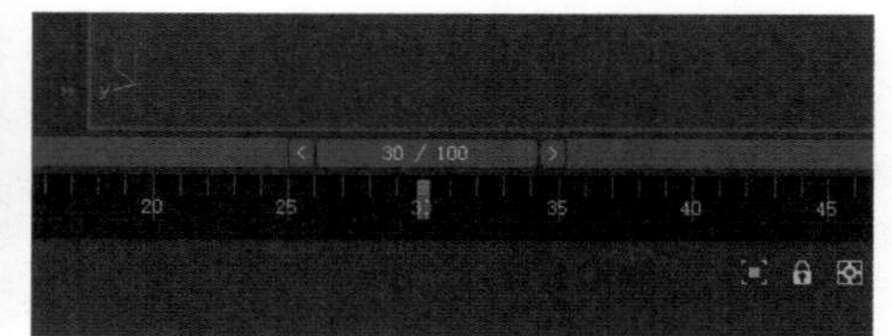

图6-7　生成红色的关键帧

6.2.2　实例：“设置关键点”设置方法

在“设置关键点”模式下，需要用户在轨迹栏中的每一个关键帧处通过手动设置的方式来完成动画的创建。

【例6-2】 在3ds Max 2024中使用“设置关键点”模式制作关键帧动画。视频

01 启动3ds Max 2024，在“创建”面板中单击“球体”按钮，在场景中创建一个球体，如图6-8所示。

02 单击“设置关键点”按钮，可以看到界面下方的“时间滑块”呈红色显示，如图6-9所示。

图6-8　创建一个球体

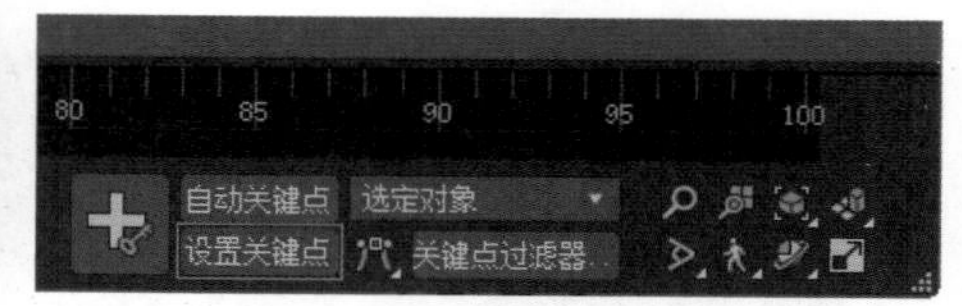

图6-9　单击“设置关键点”按钮

03 将“时间滑块”拖曳至第0帧，然后单击“设置关键点”按钮+，观察场景，可以看到在“时间滑块”下方的区域里生成了一个关键帧，如图6-10所示。

04 将“时间滑块”拖曳至第30帧处，然后移动场景中的球体至如图6-11所示的位置。

05 单击“设置关键点”按钮+，在第30帧处设置最后一个关键帧，如图6-12所示。

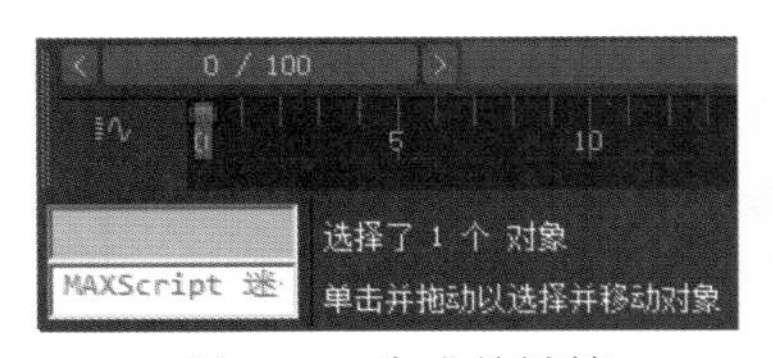

图6-10　生成关键帧

图6-11　移动球体

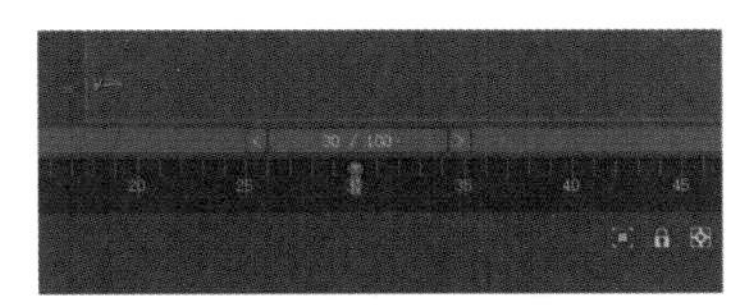

图6-12　设置最后一个关键帧

06 动画制作完成后，再次单击“设置关键点”按钮，结束自动记录动画功能。然后拖曳时间滑块或者单击“播放”按钮，可以看到一个平移动画制作完成。

6.2.3　时间配置

不同格式的动画具有不同的帧速率，单位时间中的帧数越多，动画越细腻、流畅；反之，动画就会出现抖动和卡顿的现象。动画每秒至少要播放15帧才可以形成流畅的动画效果，传统的电影通常每秒播放24帧。

时间配置不仅设置动画的开始和结束点，它还涉及对动画节奏、速度和持续时间的精细调整，这些因素共同决定了动画的流畅度和视觉冲击力。在3ds Max 2024中，“时间配置”对话框是实现这些调整的关键工具，它提供了一系列的参数和选项，使创作者能够精确地控制动画的时间线。

在3ds Max 2024中，单击动画控制区的“时间配置”按钮，如图6-13左图所示，可在打开的“时间配置”对话框中进行参数设置，如图6-13右图所示，各选项的功能说明如下。

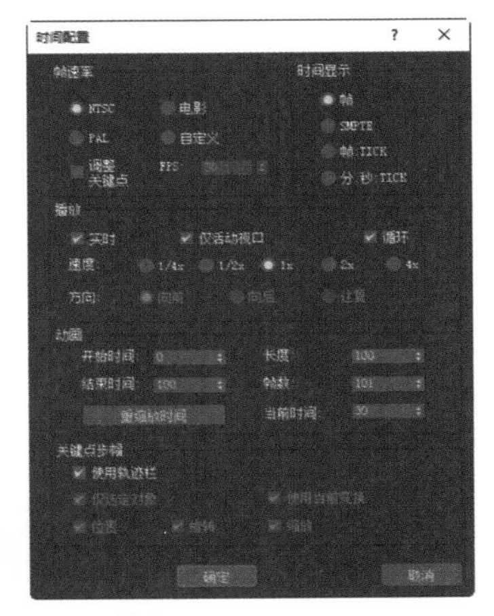

图6-13　打开“时间配置”对话框

(1) “帧速率”组

- NTSC/电影/PAL/自定义单选按钮：这是3ds Max 2024提供给用户选择的4个不同的帧速率选项，用户可以选择其中一个作为当前场景的帧速率渲染标准。
- “调整关键点”复选框：选中该复选框，将关键点缩放到全部帧，迫使量化。
- FPS微调框：用户选择了不同的帧速率选项后，这里可以显示当前场景文件采用每秒多少帧数设置动画的帧速率。比如欧美国家的视频使用30 fps的帧速率，电影使用24 fps的帧速率，而Web和媒体动画则使用更低的帧速率。

(2) “时间显示”组

- 帧/SMPTE/帧:TICK/分:秒:TICK单选按钮：设置场景文件以何种方式显示场景的动画时间，默认为“帧”显示，如图6-14所示。当该选项设置为SMPTE选项时，场景时间显示状态如图6-15所示。当该选项设置为“帧:TICK”选项时，场景时间显示状态如图6-16所示。当该选项设置为“分:秒:TICK”选项时，场景时间显示状态如图6-17所示。

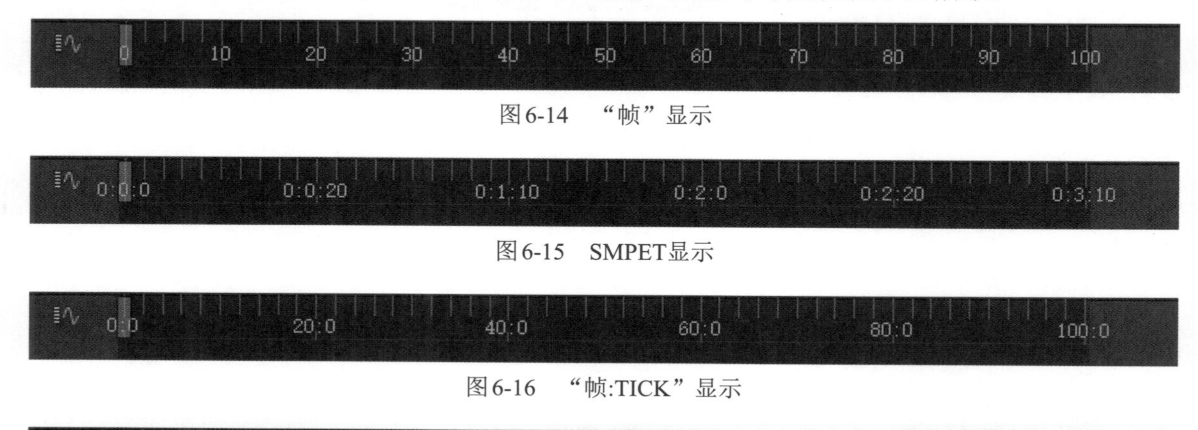

图6-14 “帧”显示

图6-15 SMPET显示

图6-16 “帧:TICK”显示

图6-17 “分:秒:TICK”显示

(3) “播放”组

- “实时”复选框：选中该复选框，可使视口播放跳过帧，以与当前“帧速率”设置保持一致。
- “仅活动视口”复选框：可以使播放只在活动视口中进行。取消选中该复选框后，所有视口都显示动画。
- “循环”复选框：控制动画只播放一次，还是反复播放。选中该复选框后，播放将反复进行。
- “速度”：可以选择5种播放速度，1x是正常速度，1/2x是半速，2x是双倍速度等。速度设置只影响在视口中的播放。默认设置为1x。
- “方向”：将动画设置为向前播放、反转播放或往复播放。

(4) “动画”组

- “开始时间”/“结束时间”微调框：设置在时间滑块中显示的活动时间段。
- “长度”微调框：显示活动时间段的帧数。

- “帧数”微调框：设置渲染的帧数。
- “重缩放时间”按钮 重缩放时间 ：单击该按钮后，打开“重缩放时间”对话框，如图6-18所示。

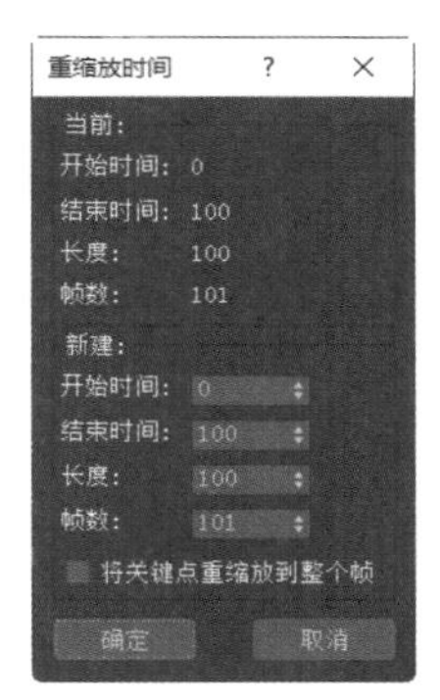

图6-18 “重缩放时间”对话框

- “当前时间”微调框：指定时间滑块的当前帧。

(5)“关键点步幅”组

- “使用轨迹栏”复选框：使关键点模式能够遵循轨迹栏中的所有关键点模式。
- “仅选定对象”复选框：在使用“关键点步幅”模式时只考虑选定对象的变换。
- “使用当前变换”复选框：禁用“位置”“旋转”和“缩放”变换类型，并在“关键点模式”中使用当前变换。
- “位置”/“旋转”/“缩放”复选框：指定“关键点模式”所使用的变换类型。

6.3 轨迹视图-曲线编辑器

当不方便观察动画控制区中的关键点时，用户可以使用曲线编辑器。“轨迹视图”有两种显示模式，分别为“曲线编辑器”和“摄影表”。其主要功能是查看及修改场景中的动画数据。用户可以在此为场景中的对象重新指定动画控制器，插补或控制场景中对象的关键帧及参数。

“轨迹视图-曲线编辑器”模式可以将动画显示为动画运动的功能曲线，“轨迹视图-摄影表”模式则可以将动画显示为关键点和范围的表格。

打开“轨迹视图-曲线编辑器”窗口的方法有三种：第一种方法是在菜单栏中选择“图形编辑器”|“轨迹视图-曲线编辑器”命令，打开“轨迹视图-曲线编辑器”窗口，如图6-19所示。

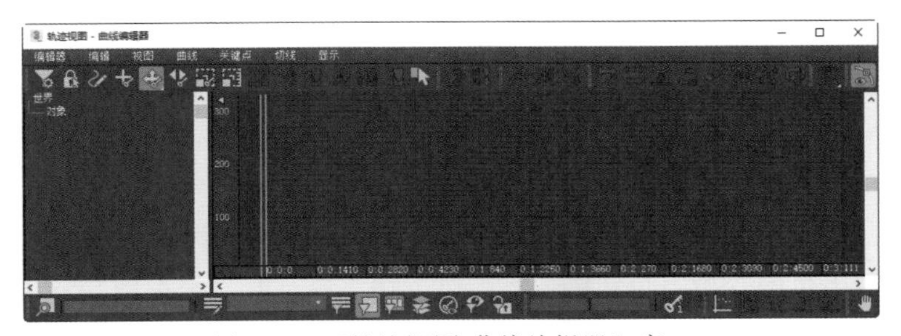

图6-19 “轨迹视图-曲线编辑器”窗口

第二种方法是单击主工具栏中的“曲线编辑器”按钮，如图6-20所示。

第三种方法是在视图中右击，从弹出的快捷菜单中选择“曲线编辑器”命令，如图6-21所示。

图6-20　单击“曲线编辑器”按钮

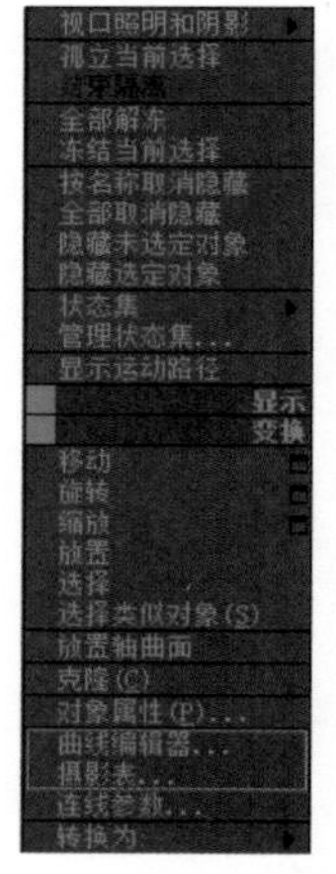

图6-21　选择“曲线编辑器”命令

6.3.1　“新关键点”工具栏

“新关键点”工具栏在“轨迹视图-曲线编辑器”窗口的上方，如图6-22所示，包含编辑关键帧和切线的工具，各选项的功能说明如下：

图6-22　“新关键点”工具栏

- “过滤器”按钮：使用“过滤器”可以确定在“轨迹视图”中显示哪些场景组件。单击该按钮，可以打开“过滤器”对话框。
- “锁定当前选择”按钮：锁定选定的关键点。
- “绘制曲线”按钮：可使用该选项绘制新曲线，或直接在函数曲线图上绘制草图来修改已有曲线。
- “添加/移除关键点”按钮：在现有曲线上创建关键点。按住Shift键可移除关键点。
- “移动关键点”按钮：在关键点窗口中水平和垂直、仅水平或仅垂直移动关键点。
- “滑动关键点”按钮：在“曲线编辑器”中使用“滑动关键点”可移动一个或多个关键点，并在移动时滑动相邻的关键点。
- “缩放关键点”按钮：可使用“缩放关键点”压缩或扩展两个关键帧之间的时间量。
- “缩放值”按钮：按比例增加或减小关键点的值，而不是在时间上移动关键点。
- “捕捉缩放”按钮：将缩放原点移到第一个选定关键点。
- “简化曲线”按钮：单击该按钮，可弹出“简化曲线”对话框，在此设置“阈值”来减少轨迹中的关键点数量。
- “参数曲线超出范围类型”按钮：单击该按钮，可打开“参数曲线超出范围类型”对话框，该对话框用于指定动画对象在用户定义的关键点范围之外的行为方式。该对话框中包括“恒定”“周期”“循环”“往复”“线性”和“相对重复”6个选项，如图6-23所示。

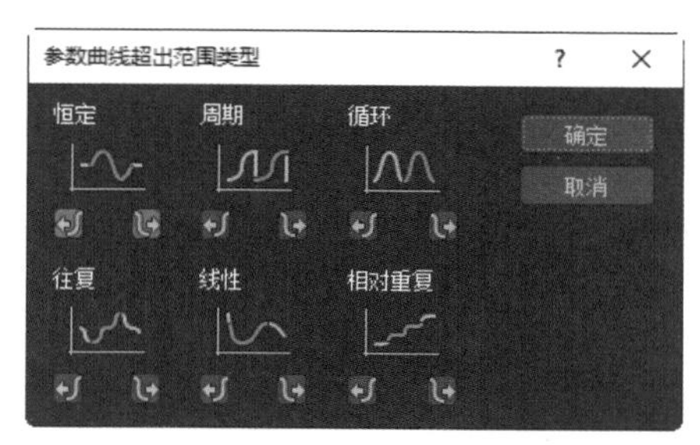

图6-23 “参数曲线超出范围类型”对话框

- “减缓曲线超出范围类型”按钮：用于指定减缓曲线在定义的关键点范围之外的行为方式。调整减缓曲线会降低效果的强度。
- “增强曲线超出范围类型”按钮：用于指定增强曲线在定义的关键点范围之外的行为方式。调整增强曲线会增加效果的强度。
- “减缓/增强曲线启用/禁用切换”按钮：启用/禁用减缓曲线和增强曲线。
- “区域关键点工具”按钮：在矩形区域内移动和缩放关键点。

6.3.2 “关键点选择工具”工具栏

“关键点选择工具”工具栏包含选择关键帧的工具，如图6-24所示，各选项的功能说明如下。

图6-24 “关键点选择工具”工具栏

- “选择下一组关键点”按钮：取消选择当前选定的关键点，然后选择下一个关键点。按住Shift键可选择上一个关键点。
- “增加关键点选择”按钮：选择与一个选定关键点相邻的关键点。按住Shift键可取消选择外部的两个关键点。

6.3.3 “切线工具”工具栏

“切线工具”工具栏包含放长、镜像和缩短切线的工具，如图6-25所示，各选项的功能说明如下。

图6-25 “切线工具”工具栏

- “放长切线”按钮：加长选定关键点的切线。如果选中多个关键点，则需按住Shift 键以加长内切线。
- “镜像切线”按钮：将选定关键点的切线镜像到相邻关键点。
- “缩短切线”按钮：减短选定关键点的切线。如果选中多个关键点，则需按住Shift键以减短内切线。

6.3.4 “仅关键点”工具栏

“仅关键点”工具栏包含编辑关键点的工具，如图6-26所示，其中各选项的功能说明如下。

图6-26 “仅关键点”工具栏

- “轻移”按钮：将关键点稍微向右移动。按住Shift键可将关键点稍微向左移动。
- “展平到平均值”按钮：确定选定关键点的平均值，然后将平均值指定给每个关键点。按住Shift键可焊接所有选定关键点的平均值和时间。
- “展平”按钮：将选定关键点展平到与所选内容中的第一个关键点相同的值。
- “缓入到下一个关键点”按钮：减少选定关键点与下一个关键点之间的差值。按住Shift键可减少与上一个关键点之间的差值。
- “拆分”按钮：使用两个关键点替换选定关键点。
- “均匀隔开关键点”按钮：调整间距，使所有关键点按时间在第一个关键点和最后一个关键点之间均匀分布。
- “松弛关键点”按钮：减缓第一个和最后一个选定关键点之间的关键点的值和切线。按住Shift键可对齐第一个和最后一个选定关键点之间的关键点。
- “循环”按钮：将第一个关键点的值复制到当前动画范围的最后一帧。按住Shift键可将当前动画的第一个关键点的值复制到最后一个动画。

6.3.5 “关键点切线”工具栏

“关键点切线”工具栏为关键点指定切线，如图6-27所示，其中主要选项的功能说明如下。

图6-27 “关键点切线”工具栏

- “将切线设置为自动”按钮：按关键点附近的功能曲线的形状进行计算，将高亮显示的关键点设置为自动切线。
- “将切线设置为样条线”按钮：将高亮显示的关键点设置为样条线切线，它具有关键点控制柄，可以通过在“曲线”窗口中拖动进行编辑。在编辑控制柄时，按住Shift键以中断连续性。
- “将切线设置为快速”按钮：将关键点切线设置为快。
- “将切线设置为慢速”按钮：将关键点切线设置为慢。
- “将切线设置为阶梯式”按钮：将关键点切线设置为步长。使用阶跃来冻结从一个关键点到另一个关键点的移动。
- “将切线设置为线性”按钮：将关键点切线设置为线性。
- “将切线设置为平滑”按钮：将关键点切线设置为平滑。可用它来处理不能继续进行的移动。

注意

在制作动画之前，用户还可以通过单击“新建关键点的默认入/出切线”按钮设定关键点的切线类型，如图6-28所示。

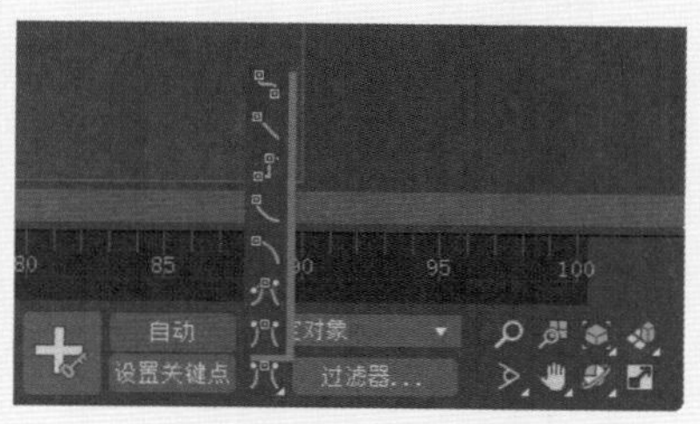

图6-28　单击“新建关键点的默认入/出切线”按钮

6.3.6　“切线动作”工具栏

“切线动作”工具栏包含显示、断开、统一和锁定关键点切线工具，如图6-29所示，其中各选项的功能说明如下。

图6-29　“切线动作”工具栏

- “显示切线”按钮：切换显示或隐藏切线。图6-30所示为显示及隐藏切线后的曲线显示效果对比。

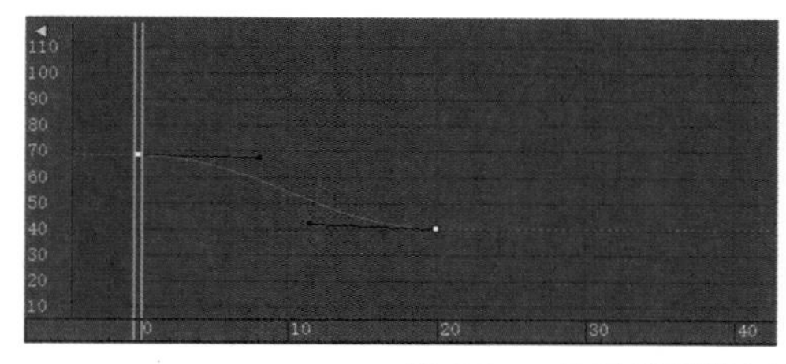
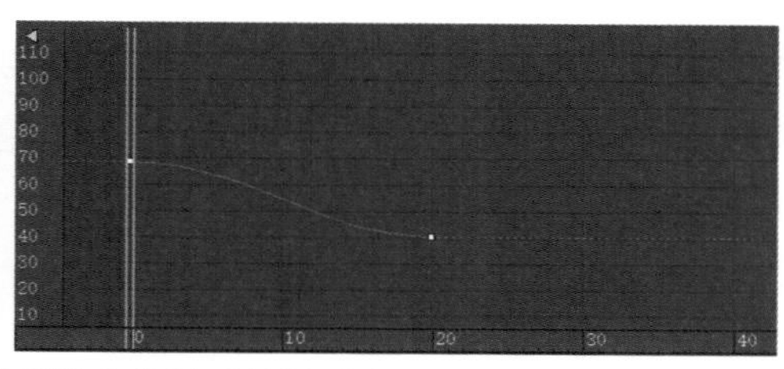

图6-30　显示及隐藏切线后的曲线显示效果对比

- “断开切线”按钮：允许将两条切线(控制柄)连接到一个关键点，使其能够独立移动，实现不同的运动能够进出关键点。
- “统一切线”按钮：如果切线是统一的，按任意方向移动控制柄，从而使控制柄之间保持最小角度。
- “锁定切线”按钮：单击该按钮可以锁定切线。

6.3.7　“缓冲区曲线”工具栏

使用“缓冲区曲线”工具栏中的工具，可以快速还原到曲线原始位置、更改缓冲区曲线的位置，以及在缓冲区曲线与实际曲线之间进行交换，“缓冲区曲线”工具栏如图6-31所示，其中各选项的功能说明如下。

图6-31　“缓冲区曲线”工具栏

- “使用缓冲区曲线”按钮：切换是否在移动曲线/切线时创建原始曲线的重影图像。
- “显示/隐藏缓冲区曲线”按钮：切换显示或隐藏缓冲区(重影)曲线。
- “与缓冲区交换曲线”按钮：交换曲线与缓冲区(重影)曲线的位置。
- “快照”按钮：将缓冲区(重影)曲线重置到曲线的当前位置。
- “还原为缓冲区曲线”按钮：将曲线重置到缓冲区(重影)曲线的位置。

6.3.8　“轨迹选择”工具栏

“轨迹选择”工具栏包含选定对象或轨迹选择的控件，如图6-32所示，其中各选项的功能说明如下。

图6-32　“轨迹选择”工具栏

- “缩放选定对象”按钮：将当前选定对象放置在控制器窗口中“层次”列表的顶部。
- “编辑轨迹集”按钮：通过在可编辑字段中输入轨迹名称，可以高亮显示“控制器”窗口中的轨迹。
- “过滤器-选定轨迹切换”按钮：单击该按钮，“控制器”窗口仅显示选定轨迹。
- “过滤器-选定对象切换”按钮：单击该按钮，“控制器”窗口仅显示选定对象的轨迹。
- “过滤器-动画轨迹切换”按钮：单击该按钮，“控制器”窗口仅显示带有动画的轨迹。
- “过滤器-活动层切换”按钮：单击该按钮，“控制器”窗口仅显示活动层的轨迹。
- “过滤器-可设置关键点轨迹切换”按钮：单击该按钮，“控制器”窗口仅显示可设置关键点的轨迹。
- “过滤器-可见对象切换”按钮：单击该按钮，“控制器”窗口仅显示包含可见对象的轨迹。
- “过滤器-解除锁定属性切换”按钮：单击该按钮，“控制器”窗口仅显示未锁定其属性的轨迹。

6.3.9　“控制器”窗口

“控制器”窗口不仅显示对象名称和控制器轨迹，还能确定哪些曲线和轨迹可以进行显示和编辑。用户可以根据需要使用层次列表右击菜单在控制器窗口中展开和重新排列层次列表项。在轨迹视图“显示”菜单中也可以找到一些导航工具。默认行为是仅显示选定的对象轨迹。使用“手动导航”模式，可以单独折叠或展开轨迹，或者按Alt键并右击，可以显示另一个菜单来折叠和展开轨迹。“控制器”窗口如图6-33所示。

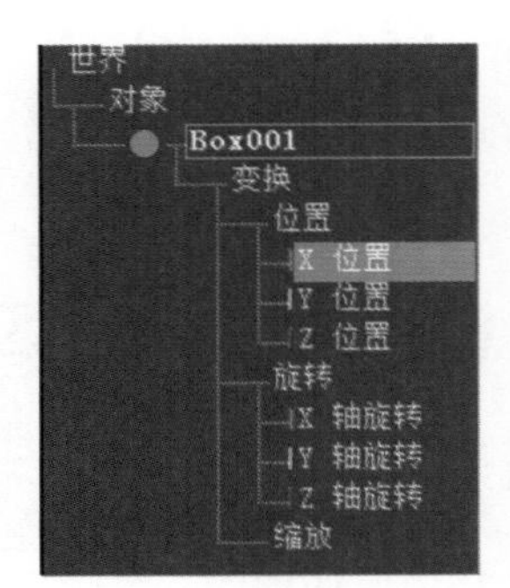

图6-33　“控制器”窗口

6.3.10　实例：制作小球的运动动画

【例6-3】 本实例通过制作一个小球的运动动画为用户讲解如何制作关键帧动画，动画效果如图6-34所示。 视频

图6-34　球体运动动画

01 启动3ds Max 2024，在“创建”面板中单击“球体”按钮，在场景中创建一个球体，如图6-35所示。

02 在顶视图中将时间滑块放置在第0帧处，按N键激活“自动关键点”命令，然后将时间滑块拖曳至第100帧处，并将球体移至如图6-36所示位置。

图6-35　创建一个球体

图6-36　移动球体

03 单击“播放”按钮▶，可以看到一个球体平移动画，如图6-37所示。

图6-37　播放动画

04 再按N键关闭“自动关键点”命令，选择球体，按Shift键并移动坐标轴，复制一个球体副本，如图6-38所示。

05 在时间轴中框选粉色球体所有的关键点，按Delete进行删除，然后将时间滑块移至第0帧处，按N键激活“自动关键点”命令，再将时间滑块放置在第100帧处。在主工具栏中单击“对齐”按钮，然后单击蓝色球体，在弹出的“对齐当前选择”对话框中取消选中“Y位置”复选框，如图6-39所示，最后单击“确定”按钮。

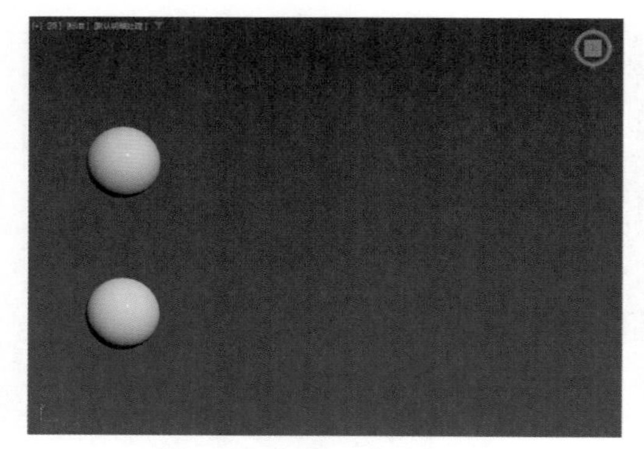

图6-38　复制一个球体副本

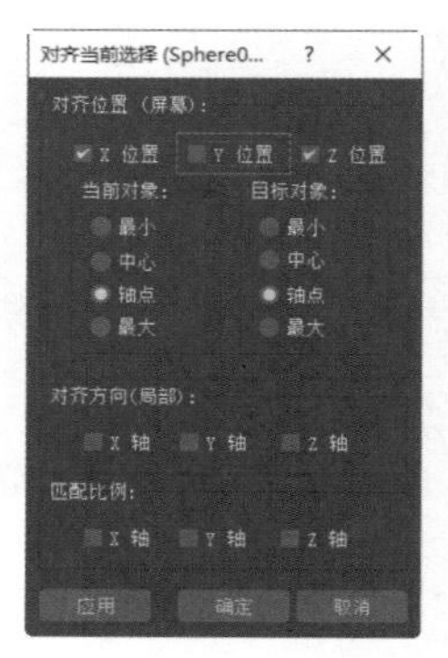

图6-39　取消选中“Y位置”复选框

06 设置完成后，场景中粉色球体的效果如图6-40所示。

07 选择蓝色球体，在菜单栏中选择“图形编辑器”|“轨迹视图-曲线编辑器”命令，打开“轨迹视图-曲线编辑器”窗口，在该窗口中选中曲线上最后一个关键点，然后在“切线动作”工具栏中单击“显示切线”，选中切线，更改蓝色球体的动画曲线，如图6-41所示。

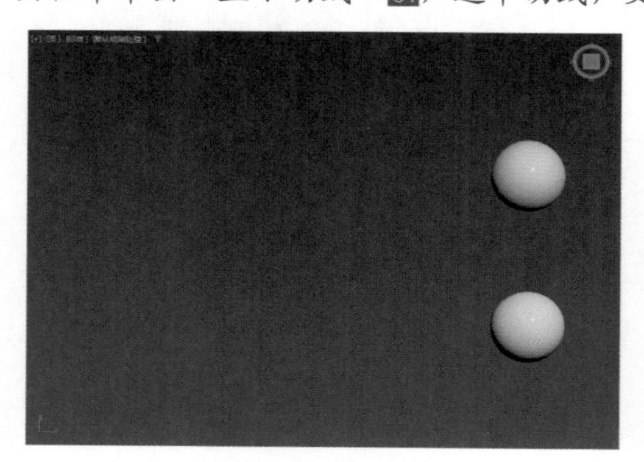

图6-40　模型效果

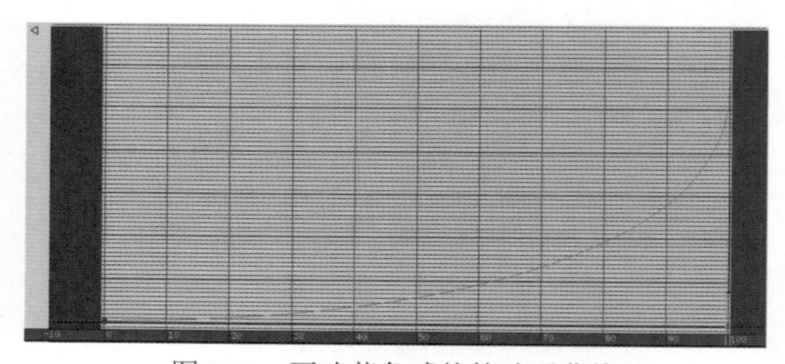

图6-41　更改蓝色球体的动画曲线

08 单击“播放”按钮，可以看到蓝色球体变成了一个由慢到快的加速动画，如图6-42所示。

图6-42　播放动画

09 选择粉色球体，在“轨迹视图-曲线编辑器”窗口中，选中最后一个关键点，然后单击“显示切线”按钮，更改粉色球体的动画曲线，如图6-43所示。

10 单击“播放”按钮，可以看到粉色球体变成了一个由快到慢的减速动画，如图6-34所示。

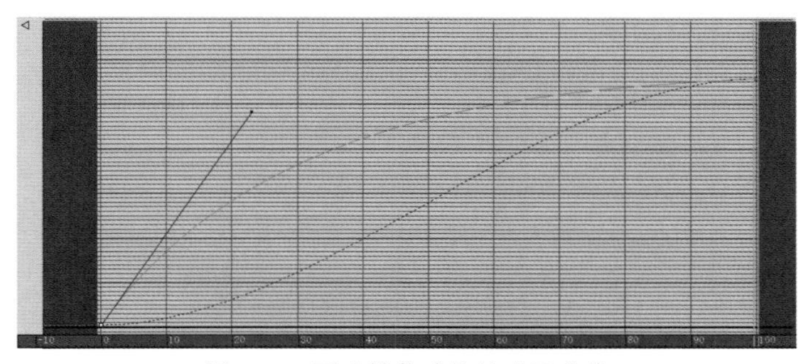

图6-43　更改粉色球体的动画曲线

6.4　轨迹试图-摄影表

打开“轨迹视图-摄影表”窗口的方法与打开“轨迹视图-曲线编辑器”的方法相似，在菜单栏中选择“图形编辑器”|“轨迹视图-摄影表”命令，或者在视图中右击，从弹出的快捷菜单中选择“摄影表”命令，可将“轨迹视图-曲线编辑器”窗口切换为“轨迹视图-摄影表”窗口，如图6-44所示。

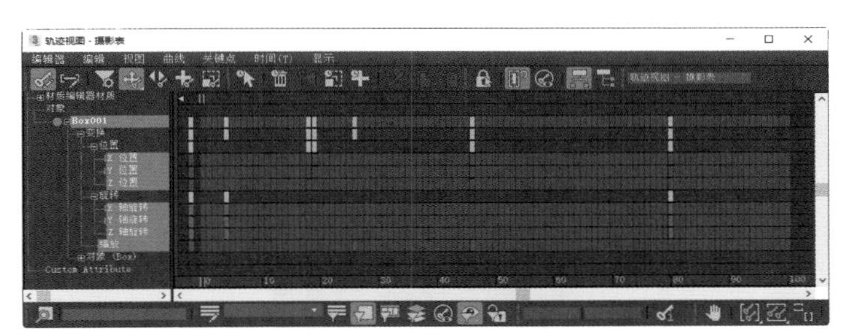

图6-44　“轨迹视图-摄影表”窗口

6.4.1　“关键点”工具栏

“关键点”工具栏包含用于变换关键点的工具以及其他编辑工具，如图6-45所示，其中各选项的功能说明如下。

图6-45　“关键点”工具栏

- “编辑关键点”按钮：此模式在图形上将关键点显示为长方体。
- “编辑范围”按钮：此模式将设置关键点的轨迹显示为范围栏，用户可以在宏级别编辑动画轨迹。

- “过滤器”按钮：用来确定在“轨迹视图”中显示哪些场景组件。
- “移动关键点”按钮：在关键点窗口中水平和垂直、仅水平或仅垂直移动关键点。
- “滑动关键点”按钮：用来移动一组关键点，同时在移动时移开相邻的关键点。
- “添加/移除关键点”按钮：用来创建关键点。按住Shift键可移除关键点。
- “缩放关键点”按钮：用来减少或增加两个关键帧之间的时间量。

6.4.2 “时间”工具栏

“时间”工具栏包含的工具如图6-46所示，其中各选项的功能说明如下。

图6-46 “时间”工具栏

- “选择时间”按钮：可以选择时间范围，时间选择包含时间范围内的任意关键点。
- “删除时间”按钮：从选定轨迹上移除选定时间。
- “反转时间”按钮：在选定时间段内反转选定轨迹上的关键点。
- “缩放时间”按钮：在选中的时间段内，缩放选中轨迹上的关键点。
- “插入时间”按钮：可以在插入时间时插入一个范围的帧。
- “剪切时间”按钮：删除选定轨迹上的时间选择。
- “复制时间”按钮：复制选定的时间选择，以供粘贴使用。
- “粘贴时间”按钮：粘贴选定的时间选择。

6.4.3 “显示”工具栏

“显示”工具栏包含选择和编辑关键帧的控件，如图6-47所示，其中各选项的功能说明如下。

图6-47 “显示”工具栏

- “锁定当前选择”按钮：锁定关键点选择。一旦创建了一个选择，单击该按钮就可以避免选择其他对象。
- “捕捉帧”按钮：限制关键点到帧的移动。
- “显示可设置关键点的图标”按钮：显示可将轨迹定义为可设置关键点或不可设置关键点的图标。
- “修改子树”按钮：单击该按钮，允许对父轨迹的关键点操纵作用于该层次下的轨迹。
- “修改子对象关键点”按钮：如果在没有启用“修改子树”的情况下修改父对象，单击“修改子对象关键点”按钮，可将更改应用于子关键点。

6.5 动画约束

动画约束是一种可以使整个动画过程实现自动化的控制器类型。通过与另一个对象的绑定关系，用户可以使用约束来控制对象的位置、旋转或缩放。通过对对象设置约束，可以将多个物体的变换约束到一个物体上，极大地减少动画师的工作量，也便于项目后期的动画修改。在菜单栏中选择“动画”|“约束”命令，即可看到3ds Max 2024为用户提供的所有约束命令，如图6-48所示。

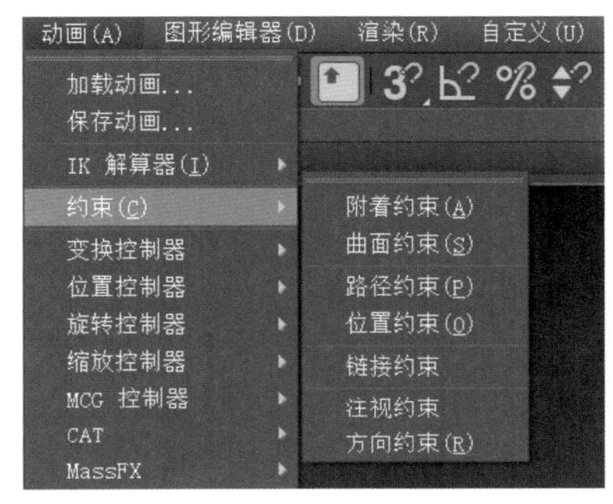

图6-48　约束命令

6.5.1　附着约束

附着约束是一种位置约束，它将一个对象的位置附着到另一个对象的面上，其参数如图6-49所示，各选项的功能说明如下。

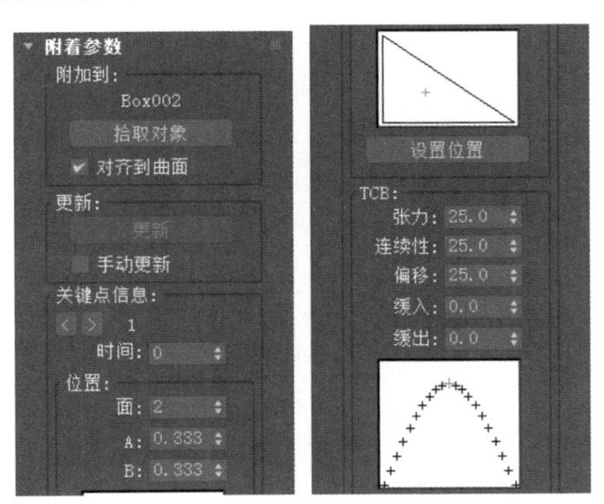

图6-49　附着约束的参数

(1) “附加到”组

- “拾取对象”按钮 拾取对象 ：在视口中为附着选择并拾取目标对象。
- “对齐到曲面”复选框：将附加的对象的方向固定在其所指定到的面上。

(2) “更新”组

- “更新”按钮更新：单击该按钮，更新显示。
- “手动更新”复选框：选中该复选框，可以激活“更新”按钮。

(3) “关键点信息”组

- “时间”微调框：显示当前帧，并可以将当前关键点移到不同的帧中。

(4) “位置”组

- “面”微调框：设置对象所附加到的面的ID。
- A/B微调框：设置定义面上附加对象的位置的重心坐标。
- “设置位置”按钮设置位置：单击该按钮，可以在视口中，在目标对象上拖动指定面和面上的位置。

(5) TCB组

- “张力”微调框：设置TCB控制器的张力，该值范围从0到50。
- “连续性”微调框：设置TCB控制器的连续性，该值范围从0到50。
- “偏移”微调框：设置TCB控制器的偏移，该值范围从0到50。
- “缓入”微调框：设置TCB控制器的缓入，该值范围从0到50。
- “缓出”微调框：设置TCB控制器的缓出，该值范围从0到50。

6.5.2 曲面约束

曲面约束能将对象限制在另外对象的表面上，需要注意的是，作为曲面对象的对象类型是有限制的，即它们的表面必须能用参数来表示。例如，标准基本体中的球体、圆锥体、圆柱体、圆环可以作为曲面对象，而其中的长方体、四棱锥、茶壶、平面则不可以作为曲面对象。曲面约束的参数如图6-50所示，各选项的功能说明如下。

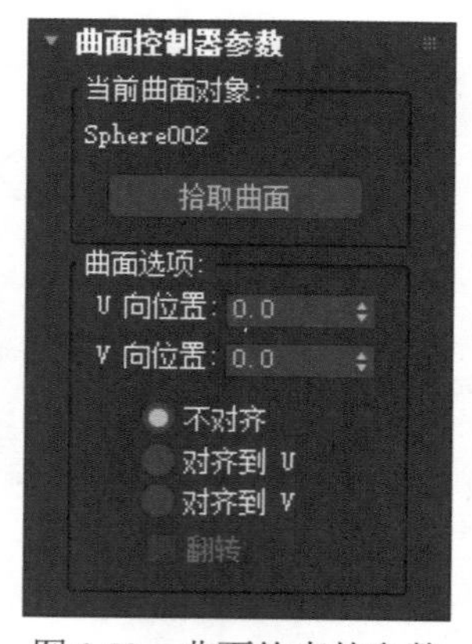

图6-50　曲面约束的参数

(1) “当前曲面对象”组

- “拾取曲面”按钮拾取曲面：单击该按钮，以拾取对象，拾取成功后在按钮的上方显示曲面对象的名称。

(2) “曲面选项”组

- “U向位置”/“V向位置”微调框：调整控制对象在曲面对象U/V坐标轴上的位置。

- “不对齐”单选按钮：选中该单选按钮，不管控制对象在曲面对象上处于什么位置，它都不会重定向。
- “对齐到U”单选按钮：将控制对象的本地Z轴与曲面对象的曲面法线对齐，将X轴与曲面对象的U轴对齐。
- “对齐到V”单选按钮：将控制对象的本地Z轴与曲面对象的曲面法线对齐，将X轴与曲面对象的V轴对齐。
- “翻转”复选框：翻转控制对象局部Z轴的对齐方式。

6.5.3 路径约束

使用路径约束可限制对象的移动，并将对象约束在一条样条线上移动，或在多条样条线之间以平均间距进行移动。其参数如图6-51所示，各选项的功能说明如下。

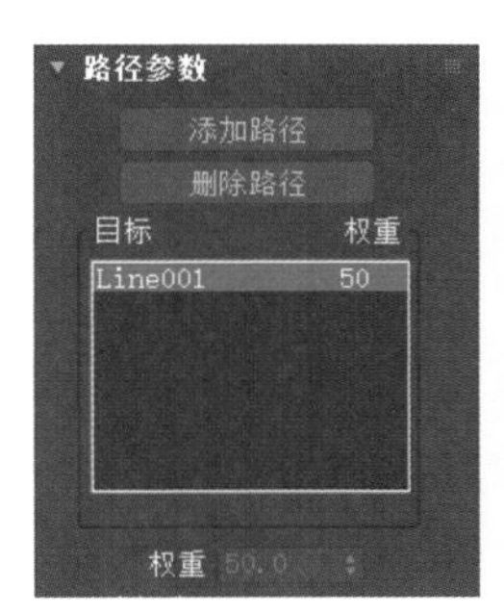

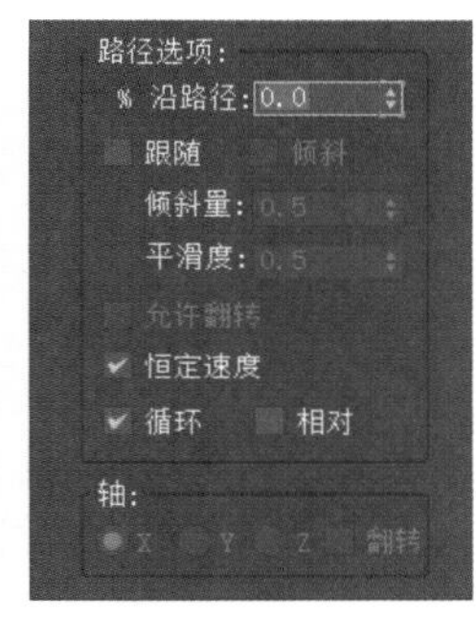

图6-51　路径约束的参数

- “添加路径”按钮 添加路径 ：添加一个新的样条线路径，使之对约束对象产生影响。
- “删除路径”按钮 删除路径 ：从目标列表中移除一个路径。一旦移除目标路径，它将不再对约束对象产生影响。
- “权重”：为每个路径指定约束的强度。

(1)“路径选项”组

- “%沿路径”微调框：设置对象沿路径的位置百分比。
- “跟随”复选框：在对象跟随轮廓运动的同时将对象指定给轨迹。
- “倾斜”复选框：当对象通过样条线的曲线时允许对象倾斜。
- “倾斜量”微调框：倾斜从一边或另一边开始，取决于“倾斜量”的值是正数还是负数。
- “平滑度”微调框：控制对象在经过路径中的转弯时翻转角度改变的快慢程度。
- “允许翻转”复选框：选中该复选框，可避免在对象沿着垂直方向的路径行进时出现翻转的情况。
- “恒定速度”复选框：沿着路径提供一个恒定的速度。
- “循环”复选框：在默认情况下，当约束对象到达路径末端时，它不会越过末端点。选中该复选框后，当约束对象到达路径末端时，会循环至起始点。
- “相对”复选框：选中该复选框后，保持约束对象的原始位置。对象沿着路径的同时有一个偏移距离，这个距离基于它的原始世界的空间位置。

(2) “轴”组

- X/Y/Z单选按钮：定义对象的X/Y/Z轴与路径轨迹对齐。
- “翻转”复选框：选中该复选框，可翻转轴的方向。

6.5.4　实例：制作乌鸦飞行路径动画

【例6-4】 本实例主要讲解如何使用多个约束命令制作乌鸦飞行的路径动画，动画效果如图6-52所示。视频

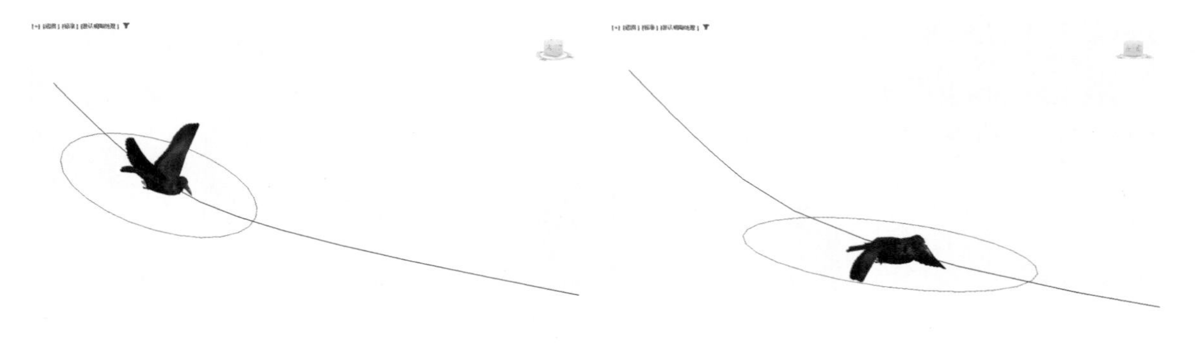

图6-52　播放动画

01 启动3ds Max 2024，打开本书的配套资源文件“乌鸦.max”，如图6-53所示，场景中已经创建好动画。

02 在“创建”面板中单击“圆”按钮，如图6-54所示。

图6-53　打开“乌鸦.max”文件

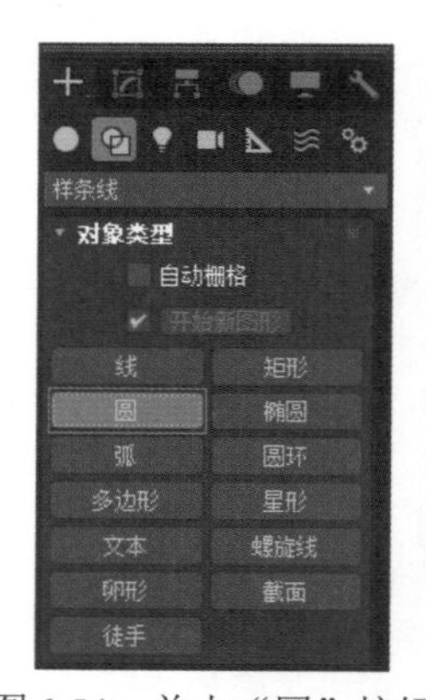

图6-54　单击“圆”按钮

03 在顶视图中创建一个圆形，作为乌鸦模型的控制器，如图6-55所示。

04 将构成乌鸦动画的所有模型选中，然后在主工具栏中单击“选择并链接”按钮，将其链接至圆形控制器上，如图6-56所示。

05 在“创建”面板中单击“线”按钮，如图6-57所示。

06 在左视图中创建一条曲线，作为乌鸦飞行的路径，如图6-58所示。

图6-55　创建一个圆形

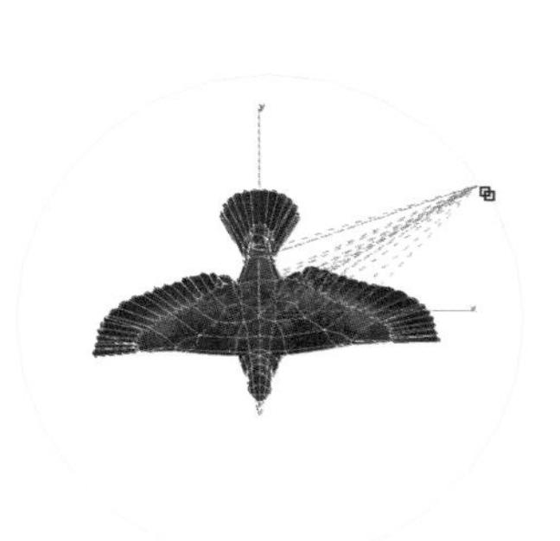

图6-56　将乌鸦动画模型链接至圆形控制器上

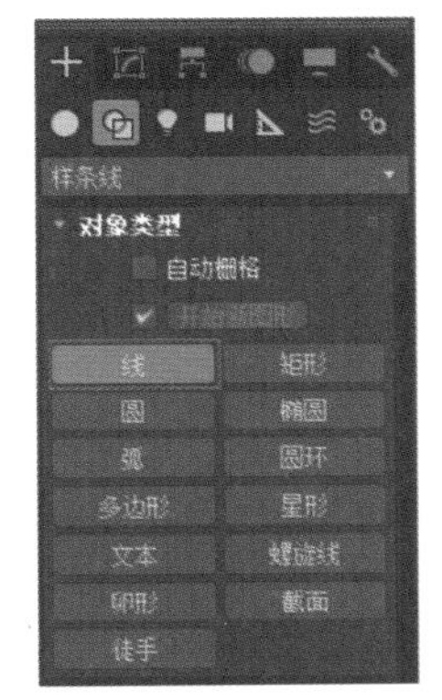

图6-57　单击“线”按钮

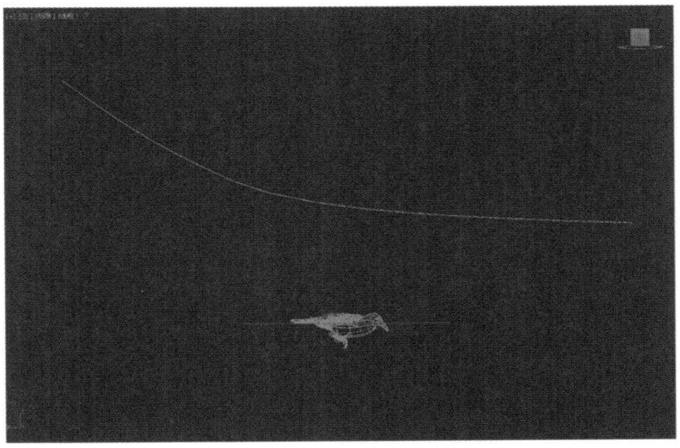

图6-58　创建一条曲线作为乌鸦飞行的路径

07 在场景中选择圆形控制器，在菜单栏中选择“动画”|“约束”|“路径约束”命令，再单击场景中的曲线，如图6-59所示。

08 在“路径参数”卷展栏中，选中“跟随”复选框，在“轴”组中选中Y单选按钮并选中“翻转”复选框，如图6-60所示。

09 设置完成后，播放场景动画，可以看到乌鸦沿着路径进行移动，如图6-52所示。

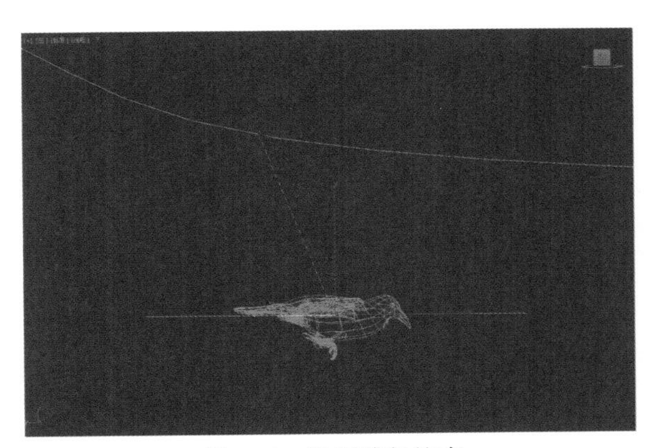

图6-59　进行路径约束

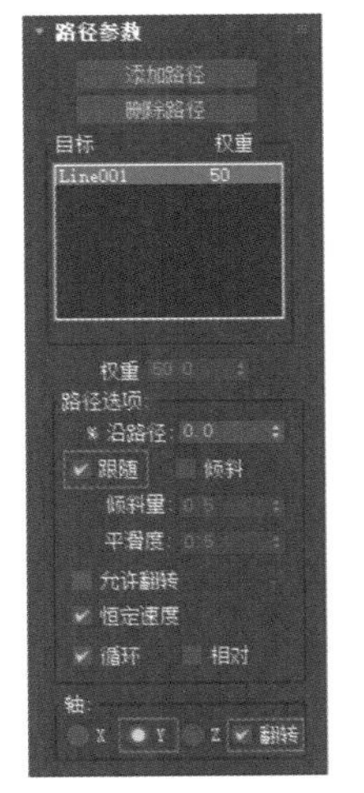

图6-60　设置路径参数

6.5.5 位置约束

使用位置约束，可以根据目标对象的位置或若干对象的加权平均位置对某一对象进行定位，其参数如图6-61所示，各选项的功能说明如下。

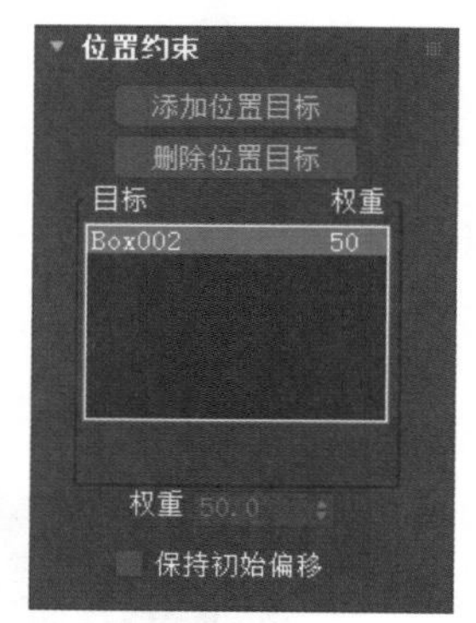

图6-61　位置约束的参数

- “添加位置目标”按钮 添加位置目标 ：添加新的目标对象以影响受约束对象的位置。
- “删除位置目标”按钮 删除位置目标 ：移除高亮显示的目标。一旦移除目标，该目标将不再影响受约束的对象。
- “权重”微调框：为高亮显示的目标指定一个权重值并设置动画。
- “保持初始偏移”复选框：用来保存受约束对象与目标对象的原始距离。

6.5.6 链接约束

链接约束可以使对象继承目标对象的位置、旋转度和比例，常用来制作物体在多个对象之间的传递动画，其参数如图6-62所示，各选项的功能说明如下。

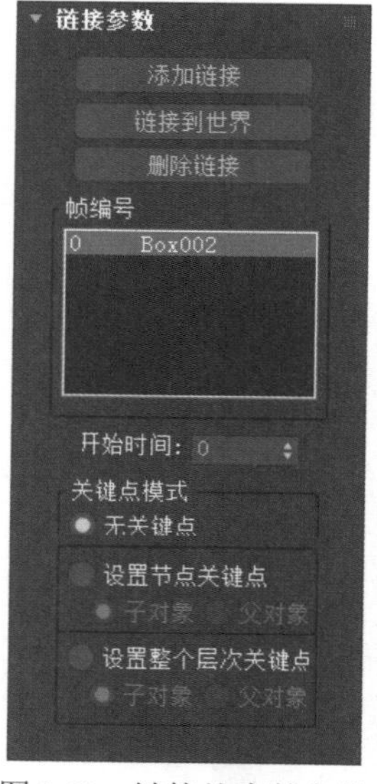

图6-62　链接约束的参数

- “添加链接”按钮：添加一个新的链接目标。
- “链接到世界”按钮：将对象链接到世界(整个场景)。
- “删除链接”按钮：移除高亮显示的链接目标。
- “开始时间”微调框：指定或编辑目标的帧值。
- “无关键点”单选按钮：选中该单选按钮，约束对象或目标中不会写入关键点。
- “设置节点关键点”单选按钮：选中该单选按钮，将关键帧写入指定的选项。
- “设置整个层次关键点”单选按钮：用指定的选项在层次上设置关键帧。

6.5.7 注视约束

注视约束可以控制对象的方向，使它一直注视另外一个或多个对象，常常用来制作角色的眼球动画，其参数如图6-63所示，各选项的功能说明如下。

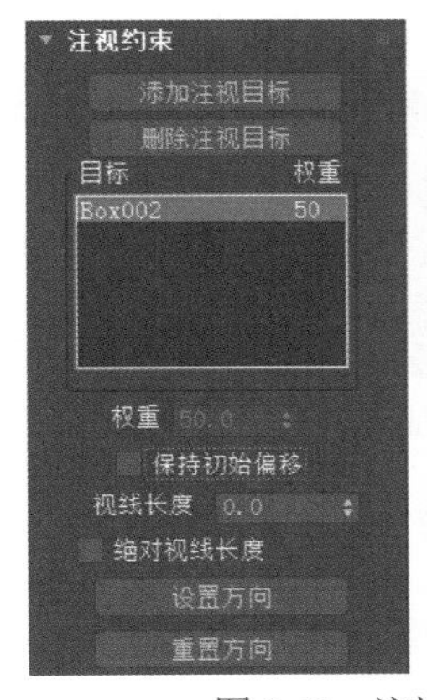

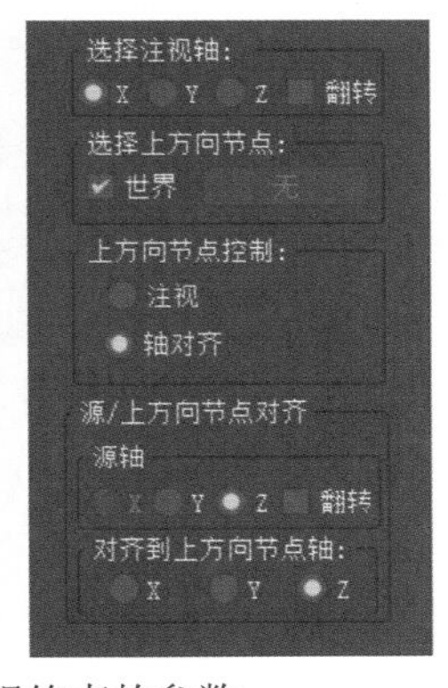

图6-63 注视约束的参数

- “添加注视目标”按钮：用于添加影响约束对象的新目标。
- “删除注视目标”按钮：用于移除影响约束对象的目标对象。
- “权重”微调框：用于为每个目标指定权重值并设置动画。
- “保持初始偏移”复选框：将约束对象的原始方向保持为相对于约束方向上的一个偏移。
- “视线长度”微调框：定义从约束对象轴到目标对象轴所绘制的视线长度。
- “绝对视线长度”复选框：选中该复选框，3ds Max 2024仅使用“视线长度”设置主视线的长度，受约束对象和目标之间的距离对此没有影响。
- “设置方向”按钮：允许对约束对象的偏移方向进行手动定义。单击该按钮，可以使用旋转工具来设置约束对象的方向。在约束对象注视目标时会保持此方向。
- “重置方向”按钮：将约束对象的方向设置回默认值。如果要在手动设置方向后重置约束对象的方向，则可选择该选项。

(1) “选择注视轴”组

- X/Y/Z单选按钮：用于定义注视目标的轴。
- “翻转”复选框：翻转局部轴的方向。

(2) “选择上方向节点”组

- “注视”单选按钮：选中该单选按钮，上方向节点与注视目标相匹配。
- “轴对齐”单选按钮：选中该单选按钮，上方向节点与对象轴对齐。

(3) “源/上方向节点对齐”组

- “源轴”：选择与上方向节点轴对齐的约束对象的轴。
- “对齐到上方向节点轴”：选择与选中的原轴对齐的上方向节点轴。

6.5.8 实例：制作眼球的注视约束

【例6-5】 本实例主要讲解如何使用“注视约束”命令制作眼球注视约束的动画，动画效果如图6-64所示。视频

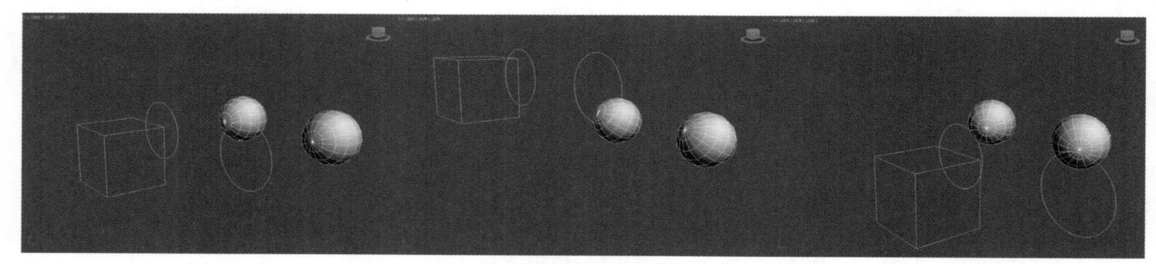

图6-64 眼球注视约束动画

01 启动3ds Max 2024，在“创建”面板中分别单击“球体”按钮和“圆”按钮，在场景中创建两个球体和一个圆形，如图6-65所示。

02 在场景中选择左边的球体，然后在菜单栏中选择“动画”|“约束”|“注视约束”命令，此时球体的方向发生变化，如图6-66所示。

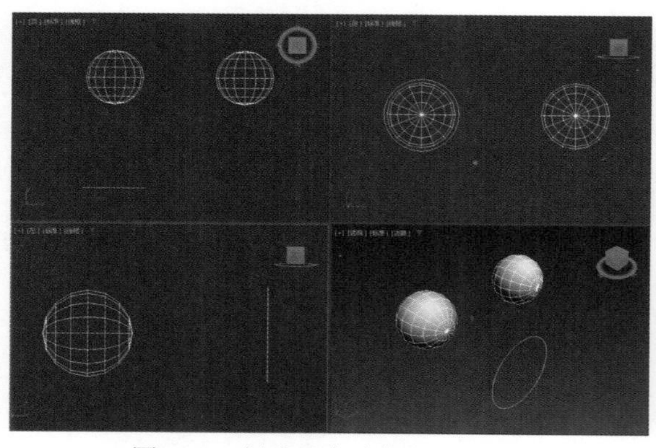

图6-65 创建两个球体和一个圆形

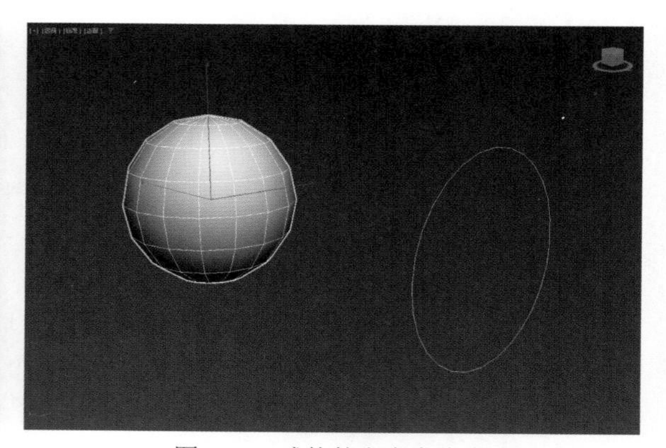

图6-66 球体的方向发生变化

03 在“注视约束”卷展栏中，选中“保持初始偏移”复选框，然后在“选择注视轴”组中选中Z单选按钮，如图6-67所示。

04 移动圆形，如图6-68所示，球体会沿着圆形移动的方向进行旋转。

05 在场景中再创建一个圆形，用同样的方法制作右边球体的注视约束，如图6-69所示。

06 在“创建”面板中单击“虚拟对象”按钮，如图6-70所示。

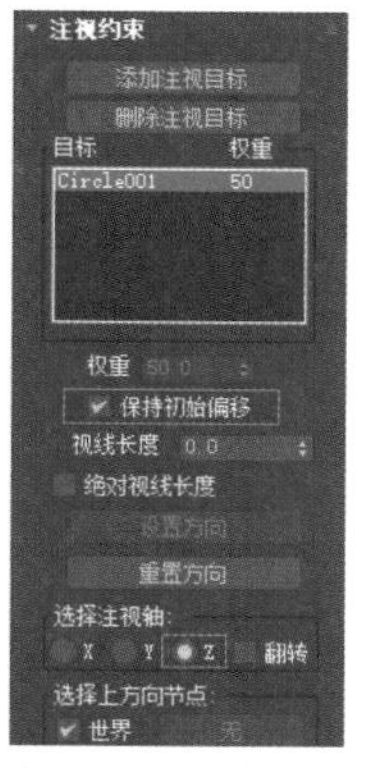

图6-67　设置“注视约束”卷展栏参数

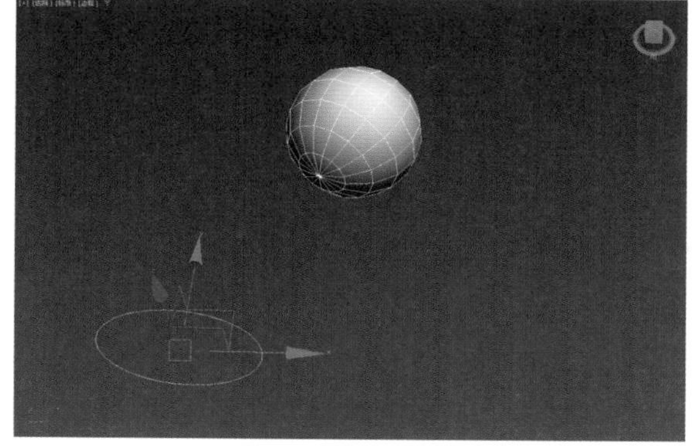

图6-68　移动圆形

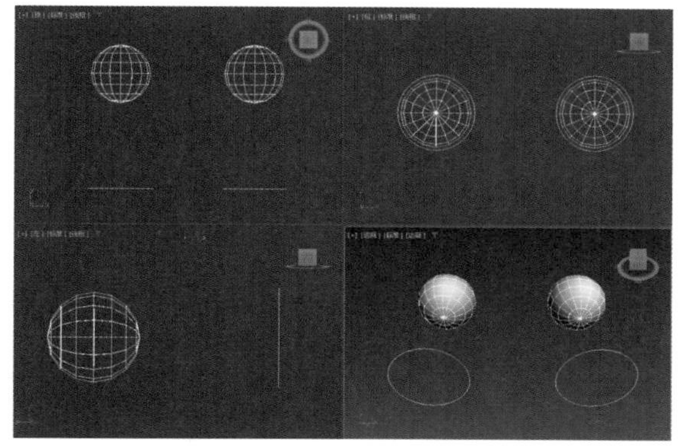

图6-69　制作出另一边的注视约束

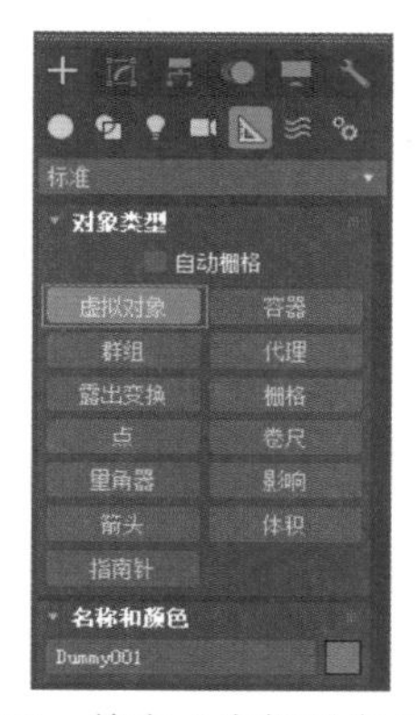

图6-70　单击“虚拟对象”按钮

07 在场景中创建一个虚拟对象，然后选择两个圆形，在主工具栏中单击“选择并链接”按钮，将其链接至虚拟对象上，如图6-71所示。

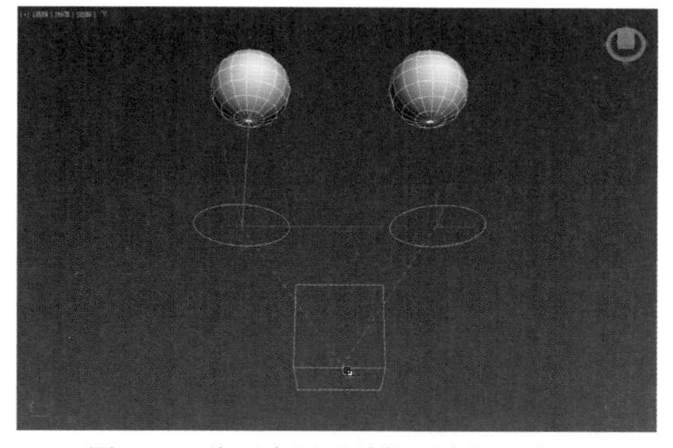

图6-71　将两个圆形链接至虚拟对象上

08 移动虚拟对象，如图6-64所示，球体会沿着虚拟对象移动的方向进行旋转。

6.5.9　方向约束

使用方向约束可以使某个对象的方向沿着目标对象的方向或若干目标对象的平均方向进行约束，其参数如图6-72所示，各选项的功能说明如下。

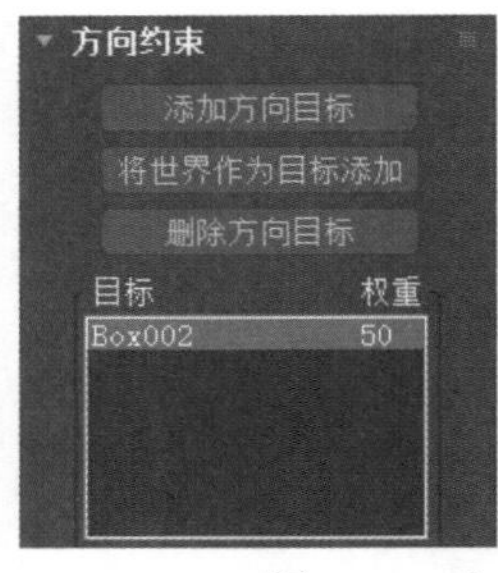

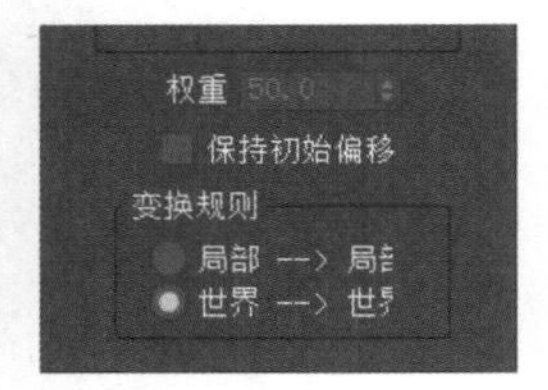

图6-72　方向约束的参数

- “添加方向目标”按钮 添加方向目标 ：添加影响受约束对象的新目标对象。
- “将世界作为目标添加”按钮 将世界作为目标添加 ：将受约束对象与世界坐标轴对齐。单击该按钮，可以设置世界对象相对于任何其他目标对象对受约束对象的影响程度。
- “删除方向目标”按钮 删除方向目标 ：移除目标。移除目标后，将不再影响受约束对象。
- “权重”微调框：为每个目标指定不同的影响值。
- “保持初始偏移”复选框：保留受约束对象的初始方向。
- “局部→局部”单选按钮：选中该单选按钮，局部节点变换将用于方向约束。
- “世界→世界”单选按钮：选中该单选按钮，将应用父变换或世界变换，而不应用局部节点变换。

6.6　动画控制器

3ds Max 2024为用户提供了多种动画控制器来处理场景中的动画任务。使用动画控制器可以存储动画关键点值和程序动画设置，还可以在动画的关键帧之间进行动画插值操作。动画控制器的使用方法与修改器有些类似，当用户在对象的不同属性上指定新的动画控制器时，3ds Max 2024将自动过滤该属性无法使用的控制器，仅提供适用于当前属性的动画控制器。下面介绍动画制作过程中较为常用的动画控制器。

6.6.1　噪波控制器

噪波控制器的参数可以应用在一系列的动画帧上产生随机的、基于分形的动画，其参数如图6-73所示，各选项的功能说明如下。

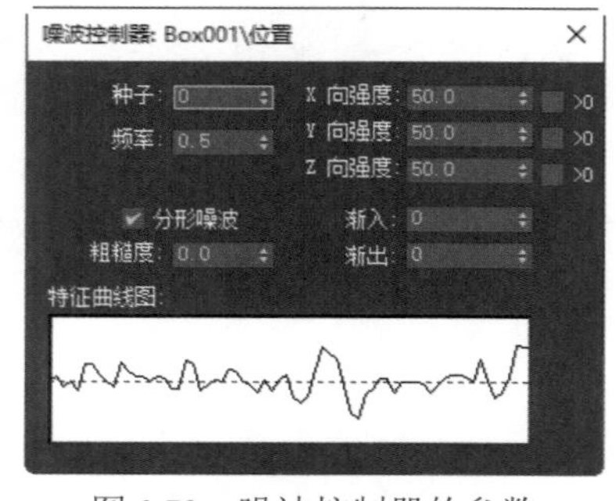

图6-73　噪波控制器的参数

- “种子”微调框：开始噪波计算。改变种子创建一个新的曲线。
- “频率”微调框：控制噪波曲线的波峰和波谷。
- X/Y/Z向强度微调框：在X/Y/Z的方向上设置噪波的输出值。
- “渐入”微调框：设置噪波逐渐达到最大强度所用的时间量。
- “渐出”微调框：设置噪波用于下落至0强度的时间量。该值为0时，噪波在范围末端立即停止。
- “分形噪波”复选框：使用分形算法生成噪波。
- “粗糙度”微调框：改变噪波曲线的粗糙度。
- “特征曲线图”：以图表的方式来表示改变噪波属性所影响的噪波曲线。

6.6.2 表达式控制器

使用表达式控制器，用户可以通过数学表达式来控制对象的属性动画，其参数如图6-74所示，各选项的功能说明如下。

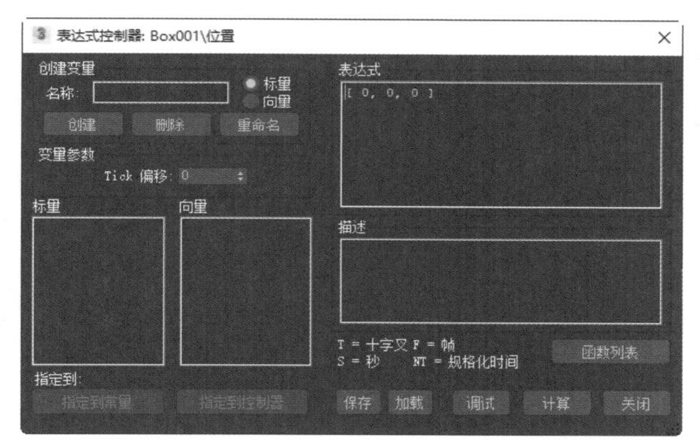

图6-74 “表达式控制器”参数

(1)“创建变量”组

- “名称”文本框：变量的名称。
- “标量”/“向量”单选按钮：选择要创建的变量的类型。
- “创建”按钮 创建：创建该变量并将其添加到相应的列表中。
- “删除”按钮 删除：删除“标量”或“向量”列表中高亮显示的变量。
- “重命名”按钮 重命名：重命名“标量”或“向量”列表中高亮显示的变量。

(2)“变量参数”组

- “Tick偏移”微调框：其包含了偏移值。1Tick 等于1/4800秒。如果变量的Tick偏移为非零，该值就会加到当前的时间上。
- “指定到常量”按钮 指定到常量：单击该按钮，打开TPS对话框，可从中将常量指定给高亮显示的变量。
- “指定到控制器”按钮 指定到控制器：单击该按钮，打开“轨迹视图拾取”对话框，可以从中将控制器指定给高亮显示的变量。

(3) “表达式”组

- “表达式”文本框：用于输入要计算的表达式。表达式必须是有效的数学表达式。

(4) “描述”组

- “描述”文本框：用于输入描述表达式的可选文本，比如说明用户定义的变量。
- “保存”按钮：保存表达式。表达式将保存为扩展名为.xpr的文件。
- “加载”按钮：加载表达式。
- “函数列表”按钮：单击该按钮，打开“表达式”控制器的“函数列表”对话框。
- “调试”按钮：单击该按钮，打开“表达式调试窗口”对话框。
- “计算”按钮：计算动画中每一帧的表达式。
- “关闭”按钮：关闭“表达式控制器”对话框。

6.6.3　实例：制作荷叶摆动动画

【例6-6】本实例主要讲解如何使用多个约束命令制作荷叶摆动的动画，动画效果如图6-75所示。

图6-75　荷叶摆动动画

01 启动3ds Max 2024，打开本书的配套资源文件“荷花.max”，如图6-76所示。

02 在“创建”面板中单击“点”按钮，如图6-77所示。

图6-76　打开“荷花.max”文件

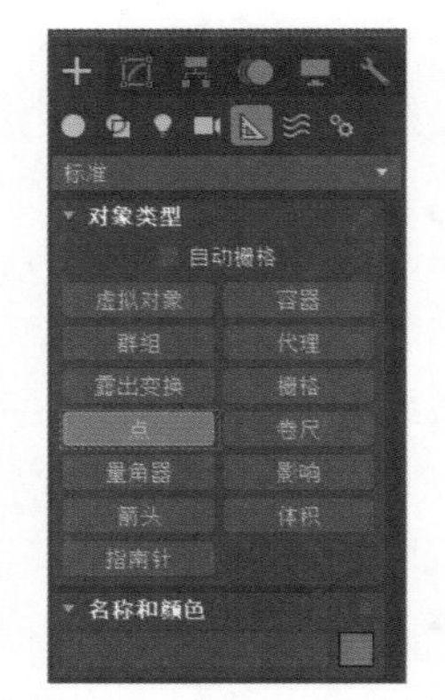

图6-77　单击“点”按钮

03 在场景中任意位置处创建一个点对象，如图6-78所示。

04 选择点，在菜单栏中选择“动画”|“约束”|“附着约束”命令，将点附着约束到根茎模型上，如图6-79所示。

图6-78 创建一个点对象

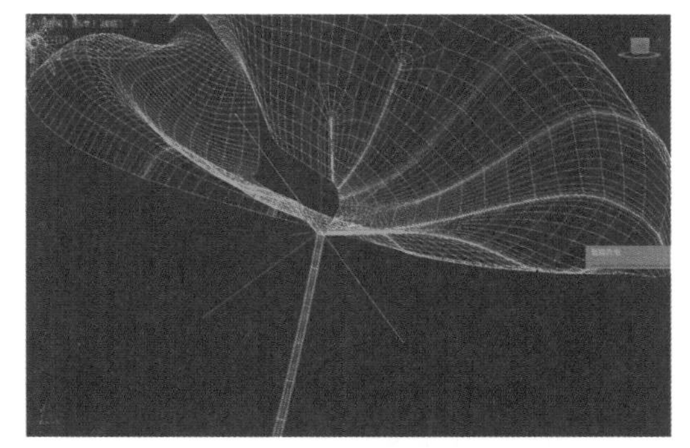

图6-79 将点附着约束到根茎模型上

05 选择场景中的荷叶模型，单击主工具栏上的“选择并链接”图标，将其链接到点对象上，如图6-80所示。

06 选择花枝模型，在“修改”面板中为其添加“弯曲”修改器，如图6-81所示。

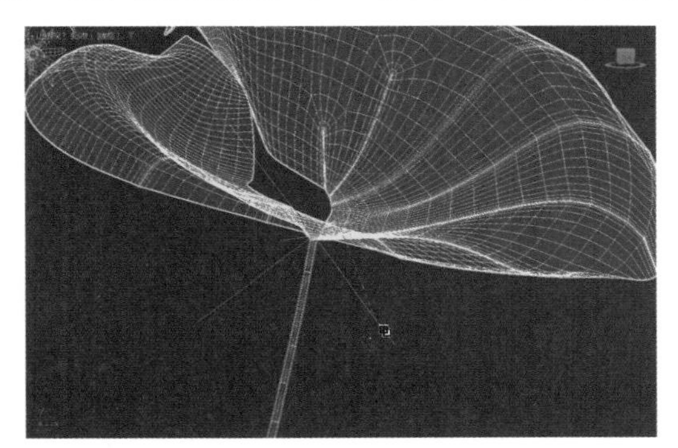

图6-80 将荷叶模型链接到点对象上

图6-81 添加“弯曲”修改器

07 在“修改”面板中，将光标移至“弯曲”修改器的“角度”参数上，右击并在弹出的快捷菜单中选择“在轨迹视图中显示”命令，系统会自动打开“选定对象”窗口，并且在该窗口中的“角度”参数处于选择状态，如图6-82所示。

08 右击“角度”参数，在弹出的快捷菜单中选择“指定控制器”命令，如图6-83所示，为“角度”属性指定新的控制器。

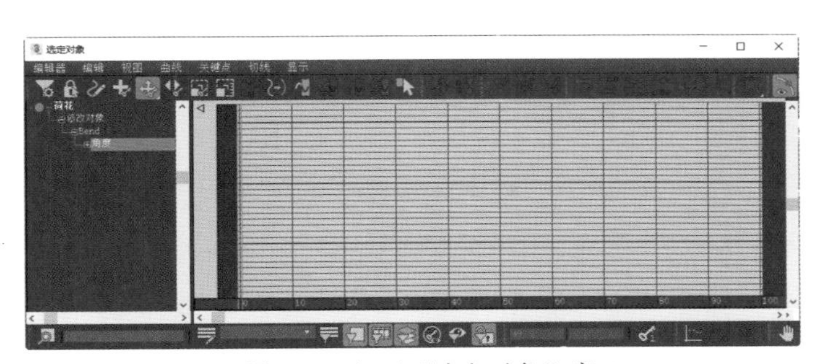

图6-82 打开“选定对象”窗口

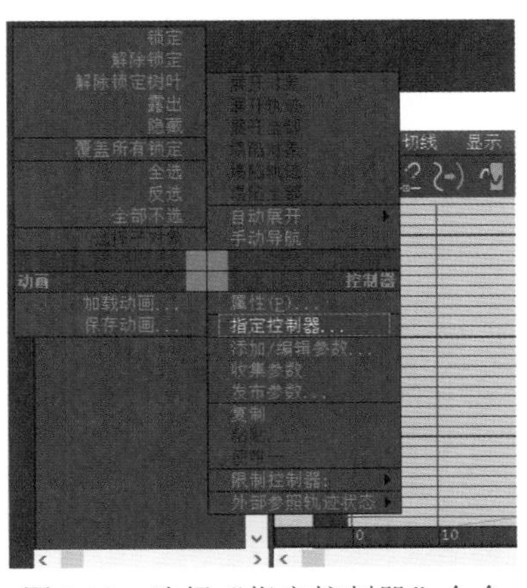

图6-83 选择“指定控制器”命令

09 在弹出的“指定浮点控制器”对话框中，选择“噪波浮点”选项，如图6-84所示。

10 设置完成后，单击“确定”按钮，系统会弹出“噪波控制器”对话框，在该对话框中设置“强度”数值为20，并选中“>0”复选框，设置“频率”数值为0.03，如图6-85所示。

11 在“修改”面板的“参数”卷展栏中设置“方向”数值为60，如图6-86所示，观察“角度”属性，可以看到设置了“噪波控制器”的“角度”属性目前是灰色不可更改的状态。

12 播放场景动画，可以看到荷叶模型随着时间的变化随机晃动，本实例的最终动画效果如图6-75所示。

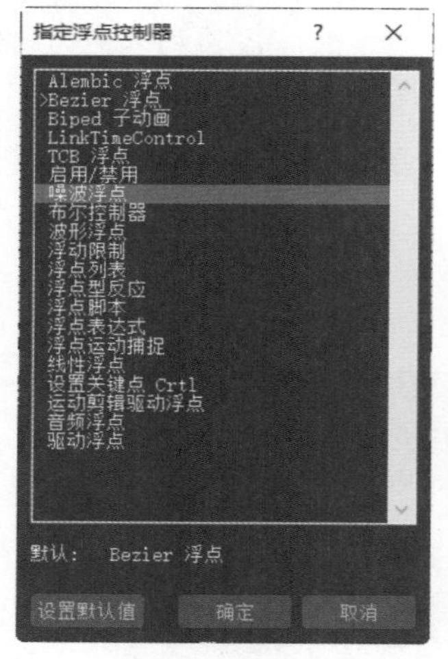

图6-84 选择“噪波浮点”选项

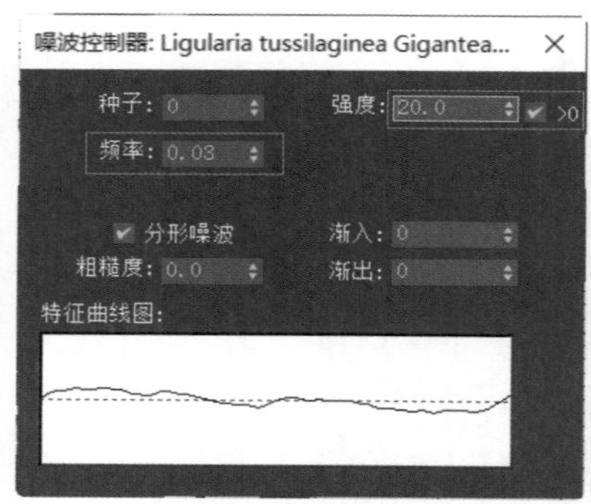

图6-85 设置噪波控制器的参数

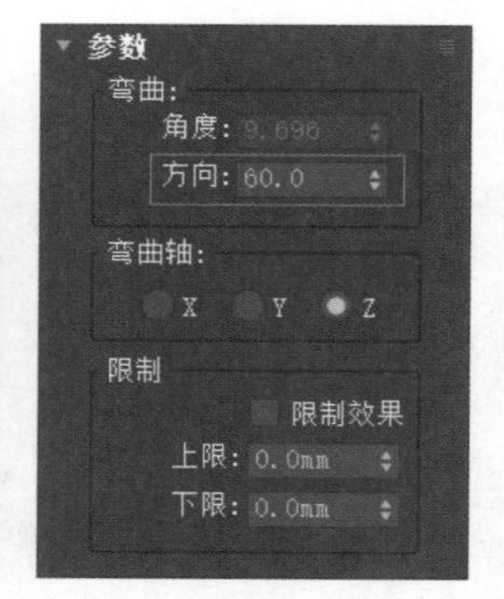

图6-86 设置“方向”数值

6.7 习题

1. 简述关键帧在三维动画中的作用和基本原理，并说明自动和手动关键帧的区别。
2. 简述3ds Max 2024中常见的动画约束类型。
3. 简述如何为一个物体设置注视约束。
4. 简述如何使用动画控制器来控制物体的动画效果。

第 7 章
动力学技术

3ds Max 2024 中的动力学是指通过模拟对象的物理属性及其交互方式来创建动画，通过学习和掌握这些技术，可以模拟出真实、自然的动画效果。本章将通过实例操作，介绍 3ds Max 2024 中的动力学基础知识，具体包括使用动力学制作物体之间的掉落动画、碰撞动画、布料模拟动画等，以及液体模拟系统，帮助用户掌握动力学技术。

7.1 动力学概述

3ds Max 2024为用户提供了多个功能强大且易于掌握的动力学动画模拟系统，主要有MassFX动力学、Cloth修改器、流体等，用来制作运动规律较为复杂的自由落体动画、刚体碰撞动画、布料运动动画以及液体流动动画。这些内置的动力学动画模拟系统不但为用户提供了效果逼真、合理的动力学动画模拟解决方案，还极大地节省了手动设置关键帧所消耗的时间。不过需要注意的是，某些动力学计算需要较高性能的计算机硬件支持和足够大的硬盘空间存放计算缓存文件，以实现真实、细节丰富的动画模拟效果。

7.2 MassFX动力学

MassFX动力学通过对物体质量、摩擦力、反弹力等多个属性进行合理设置，可以在物体和物体之间产生非常真实的物理作用效果，并在对象上生成大量的动画关键帧。启动3ds Max 2024后，在主工具栏上右击并在弹出的快捷菜单中选择“MassFX工具栏”命令，如图7-1所示，打开动力学设置相关的命令图标，如图7-2所示。

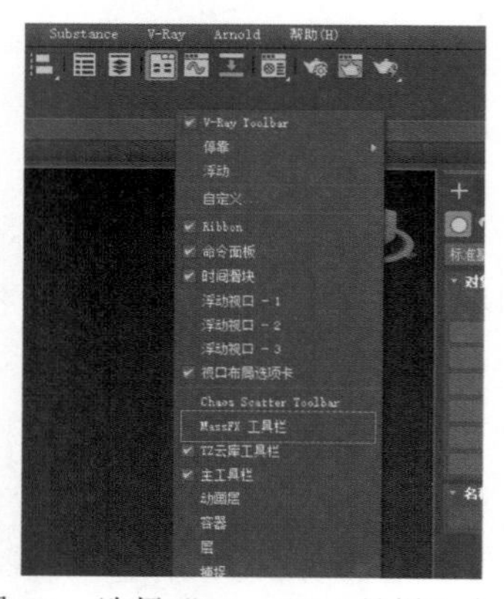

图7-1 选择“MassFX工具栏”命令

图7-2 动力学命令图标

7.3 MassFX工具

MassFX模拟的刚体是在动力学计算期间，其形态不发生改变的模型对象。例如，将场景中的任意几何体模型设置为刚体，它可能会反弹、滚动和四处滑动，但无论施加了多大的力，它都不会弯曲或折断。另外，还需要注意的是，当进行动力学模拟时，一定要先设置好场景的单位，并保证所要模拟的对象与真实世界中的对象比例相似，这样才能实现较为正确的动画效果。“MassFX工具栏”提供了“动力学”“运动学”和“静态”3种不同类型的工具供用户选择和设置，如图7-3所示。

“MassFX工具”面板中包含“世界参数”“模拟工具”“多对象编辑器”和“显示选项”4个选项卡，如图7-4所示。

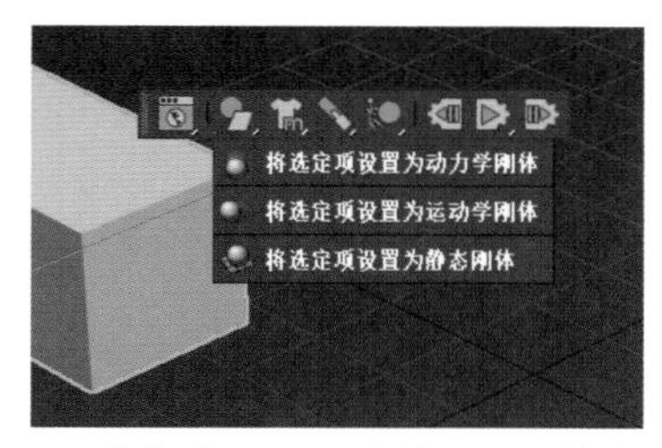

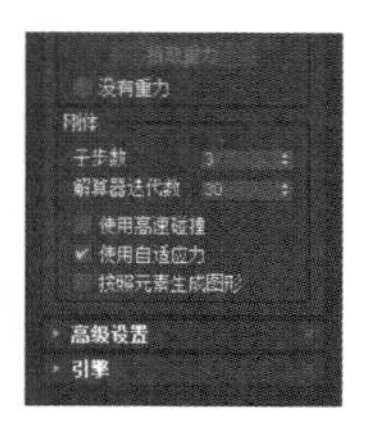

图7-3　“动力学”“运动学”和“静态”工具　　图7-4　“MassFX工具”面板

7.3.1　“世界参数”选项卡

“世界参数”选项卡包含“场景设置”“高级设置”和“引擎”3个卷展栏，如图7-5所示。

图7-5　“世界参数”选项卡

1. “场景设置”卷展栏

展开“场景设置”卷展栏，如图7-6所示，其中主要选项的功能说明如下。

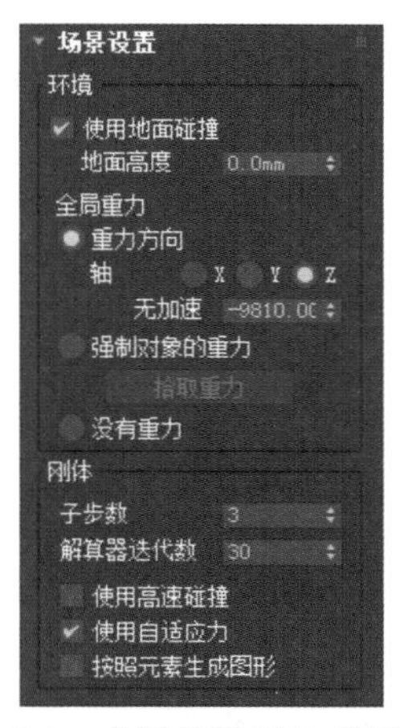

图7-6　“场景设置”卷展栏

(1) “环境”组

- “使用地面碰撞”复选框：该复选框默认为选中状态。MassFX使用地面高度级别的无限、平面、静态刚体。
- “地面高度”微调框：用于设置选中“使用地面碰撞”复选框时地面刚体的高度。
- “重力方向”单选按钮：应用 MassFX 中的内置重力，并允许用户通过该单选按钮下方的“轴”更改重力的方向。
- “强制对象的重力”单选按钮：可以使用重力空间扭曲将重力应用于刚体。

- “没有重力”单选按钮：选中该单选按钮，重力不会影响模拟。

(2) “刚体”组

- “子步数”微调框：每个图形更新之间执行的模拟步数，该值由以下公式确定：(子步数+1)×帧速率。
- “解算器迭代数”微调框：全局设置，约束解算器强制执行碰撞和约束的次数。
- “使用高速碰撞”复选框：全局设置，用于切换连续的碰撞检测。
- “使用自适应力”复选框：选中该复选框时，MassFX根据需要收缩组合防穿透力来减少堆叠和紧密聚合刚体中的抖动。
- “按照元素生成图形”复选框：选中该复选框并将“MassFX 刚体”修改器应用于对象后，MassFX会为对象中的每个元素创建一个单独的物理图形。图7-7所示分别为选中该复选框前后的凸面外壳生成显示效果。

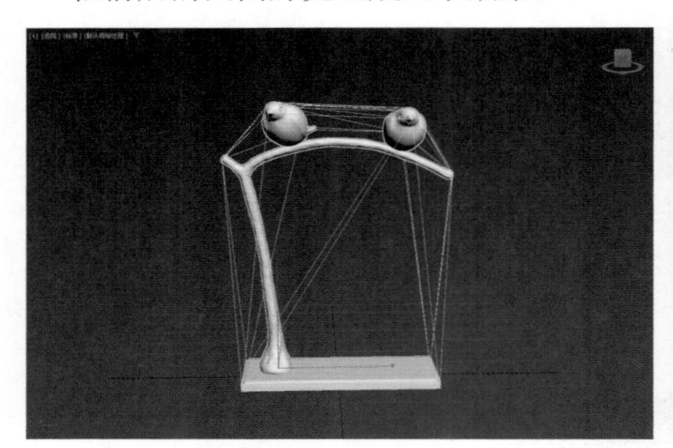
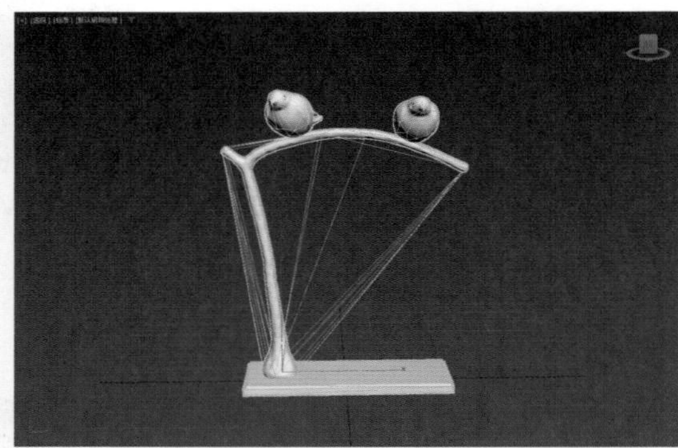

图7-7　选中“按照元素生成图形”复选框前后的显示效果

2. “高级设置”卷展栏

展开“高级设置”卷展栏，如图7-8所示，各选项的功能说明如下。

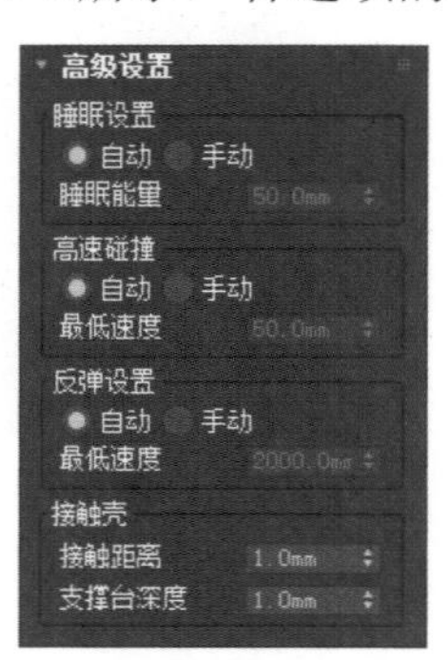

图7-8　“高级设置”卷展栏

(1) “睡眠设置”组

- “自动”单选按钮：MassFX自动计算合理的线速度和角速度睡眠阈值，高于该阈值即应用睡眠。
- “手动”单选按钮：可以根据“睡眠能量”的值来进行睡眠设置计算。
- “睡眠能量”微调框：设置“睡眠”机制测量对象的移动量。

(2) “高速碰撞”组

- “自动”单选按钮： MassFX使用试探式算法计算合理的速度阈值，高于该值即应用高速碰撞方法。
- “手动”单选按钮：可以根据“最低速度”的值来计算高速碰撞效果。
- “最低速度”微调框：通过设置该值，可以在模拟中使移动速度高于此速度(以单位/秒为单位)的刚体自动进入高速碰撞模式。

(3) “反弹设置”组

- “自动”单选按钮：MassFX使用试探式算法计算合理的最低速度阈值，高于该值即应用反弹。
- “手动”单选按钮：可以根据“最低速度”的值来进行反弹模拟计算。
- “最低速度”微调框：通过设置该值，可以在模拟中使移动速度高于此速度（以单位/秒为单位)的刚体相互反弹。

(4) “接触壳”组

- “接触距离”微调框：允许移动刚体重叠的距离。
- “支撑台深度”微调框：允许支撑体重叠的距离。

3. “引擎”卷展栏

展开“引擎”卷展栏，如图7-9所示，其中主要选项的功能说明如下。

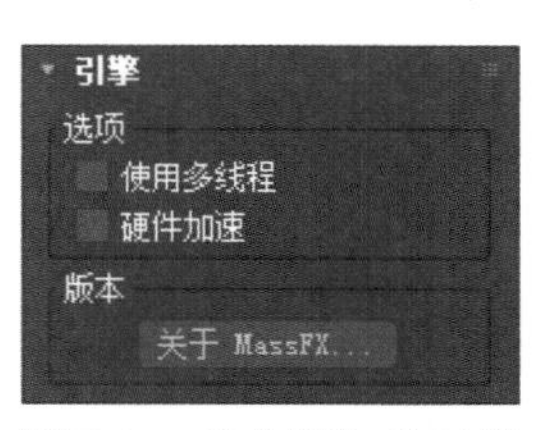

图7-9 “引擎”卷展栏

(1) “选项”组

- “使用多线程”复选框：选中该复选框时，如果 CPU具有多个内核，CPU可以执行多线程，以加快模拟的计算速度。在某些条件下可以提高性能，但是连续进行模拟的结果可能有所不同。
- “硬件加速”复选框：选中该复选框时，如果用户的系统配备有NVIDIA GPU，可以使用硬件加速执行某些计算。在某些条件下可以提高性能，但是连续进行模拟的结果可能有所不同。

(2) “版本”组

- “关于MassFX”按钮关于 MassFX...：单击该按钮，将弹出“关于MassFX”对话框以显示当前MassFX的版本信息。

7.3.2 “模拟工具”选项卡

“模拟工具”选项卡包含“模拟”“模拟设置”和“实用程序”3个卷展栏，如图7-10所示，其中主要选项的功能说明如下。

图7-10　“世界参数”选项卡

1. “模拟”卷展栏

展开“模拟”卷展栏，如图7-11所示，各选项的功能说明如下。

图7-11　“模拟”卷展栏

(1) “播放”组

- “重置模拟”按钮：停止模拟，将时间滑块移到第1帧，并将任意动力学刚体设置为其初始变换。
- “开始模拟”按钮：从当前模拟帧运行模拟。
- “开始没有动画的模拟”按钮：与“开始模拟”类似(前面所述)，只是模拟运行时时间滑块不会前进。其可用于使动力学刚体移到固定点，以准备使用捕捉初始变换。
- “逐帧模拟”按钮：运行一个帧的模拟并使时间滑块前进相同量。

(2) “模拟烘焙”组

- “烘焙所有”按钮 烘焙所有 ：将所有动力学对象(包括mCloth)的变换存储为动画关键帧时，重置模拟并运行。
- “烘焙选定项”按钮 烘焙选定项 ：与“烘焙所有”类似，只是烘焙仅应用于选定的动力学对象。
- “取消烘焙所有”按钮 取消烘焙所有 ：删除通过烘焙设置为运动学状态的所有对象的关键帧，从而将这些对象恢复为动力学状态。
- “取消烘焙选定项”按钮 取消烘焙选定项 ：与“取消烘焙所有”类似，只是取消烘焙仅应用于选定的适用对象。

(3) “捕获变换”组

- “捕获变换”按钮 捕获变换 ：将每个选定动力学对象(包括mCloth)的初始变换设置为其当前变换。

2. “模拟设置”卷展栏

展开“模拟设置”卷展栏，如图7-12所示，其中主要选项的功能说明如下。

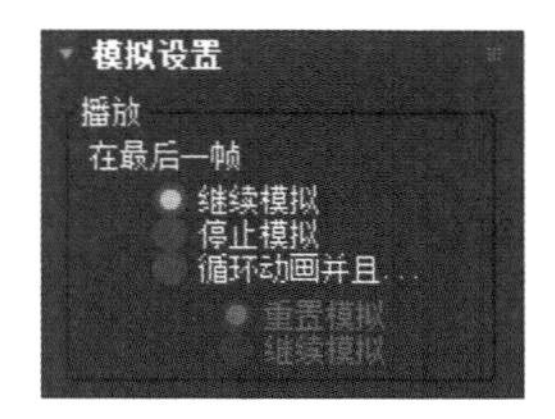

图 7-12　“模拟设置”卷展栏

- “在最后一帧”：选择当动画进行到最后一帧时，是否继续进行模拟。3ds Max 2024 为用户提供了“继续模拟”“停止模拟”和“循环动画并且...”3 个选项。

3. “实用程序”卷展栏

展开“实用程序”卷展栏，如图 7-13 所示，各选项的功能说明如下。

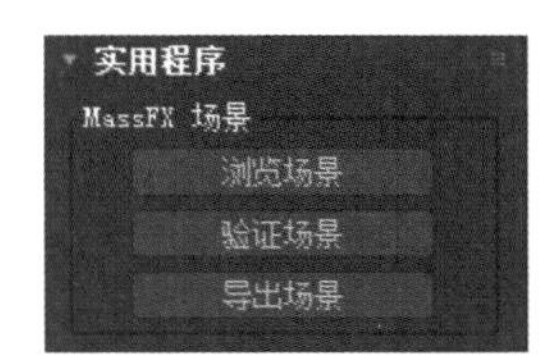

图 7-13　“实用程序”卷展栏

- “浏览场景”按钮 浏览场景 ：单击该按钮，可以打开“场景资源管理器MassFX资源管理器”对话框。
- “验证场景”按钮 验证场景 ：单击该按钮，可以打开“验证PhysX场景”对话框，验证各种场景元素不违反模拟要求。
- “导出场景”按钮 导出场景 ：将场景导出为PXPROJ文件以使该模拟可用于其他程序。

7.3.3　“多对象编辑器”选项卡

“多对象编辑器”选项卡在默认状态下如图 7-14 所示。当用户在场景中选择设置刚体的模型后，该选项卡显示“刚体属性”“物理材质”“物理材质属性”“物理网格”“物理网格参数”“力”和“高级”7 个卷展栏，如图 7-15 所示。

图 7-14　默认状态

图 7-15　7 个卷展栏

7.3.4　“显示选项”选项卡

“显示选项”选项卡包含“刚体”和“MassFX可视化工具”2 个卷展栏，如图 7-16 所示。

图7-16 “显示选项”选项卡

1. “刚体”卷展栏

展开“刚体”卷展栏，如图7-17所示，其中各选项的功能说明如下。

图7-17 “刚体”卷展栏

- “显示物理网格”复选框：选中该复选框时，物理网格将显示在视口中，且可以使用“仅选定对象”开关。
- “仅选定对象”复选框：选中该复选框时，仅选定对象的物理网格显示在视口中。

2. “MassFX 可视化工具”卷展栏

展开“MassFX可视化工具”卷展栏，如图7-18所示，其中主要选项的功能说明如下。

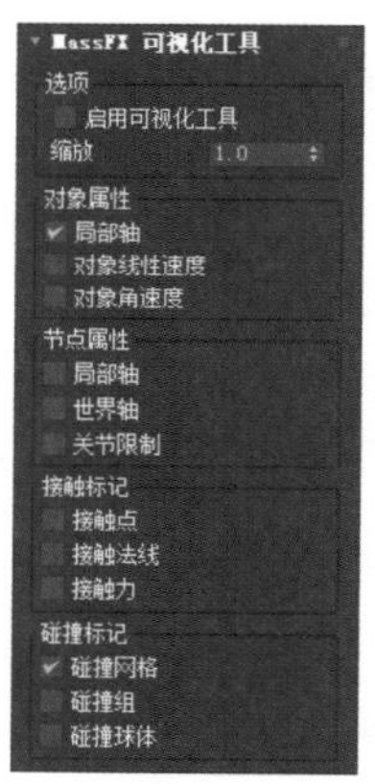

图7-18 “MassFX可视化工具”卷展栏

- “启用可视化工具”复选框：选中该复选框时，此卷展栏中的其余设置生效。
- “缩放”微调框：设置基于视口的指示器(如轴)的相对大小。

7.3.5 实例：制作球体掉落动画

【例7-1】本实例将讲解如何制作球体掉落的动画，动画效果如图7-19所示。视频

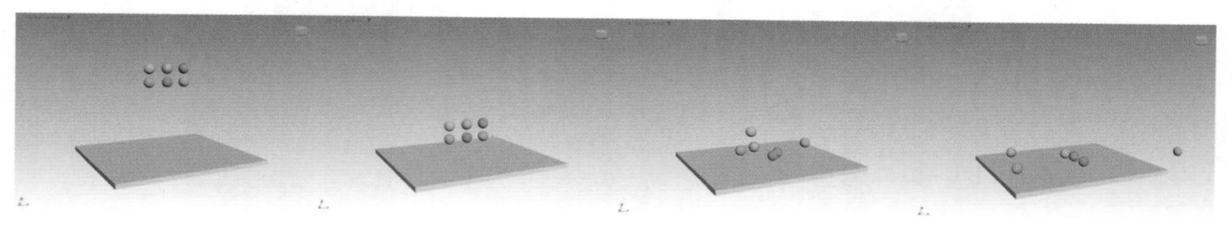

图7-19 球体掉落动画

01 启动3ds Max 2024，在菜单栏中选择“自定义”|“单位设置”命令，打开“单位设置”对话框，在该对话框中选中“公制”单选按钮，在“显示单位比例”下拉列表中选择“厘米”，然后单击“系统单位设置”按钮，如图7-20所示。单位的大小会影响动力学模拟的效果。

02 在弹出的“系统单位设置”对话框中设置1单位=1.0厘米，如图7-21所示。

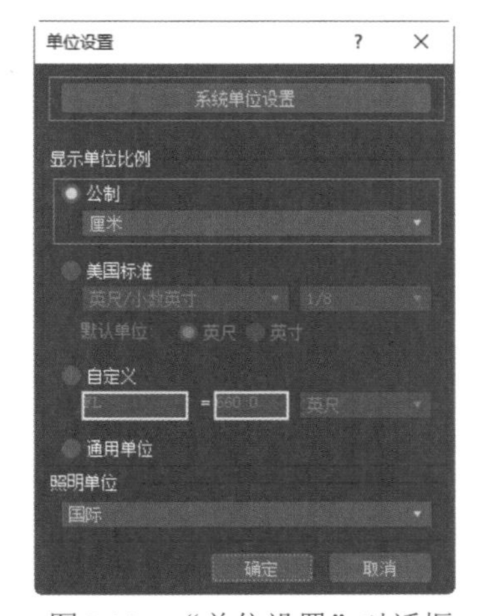

图7-20 “单位设置”对话框

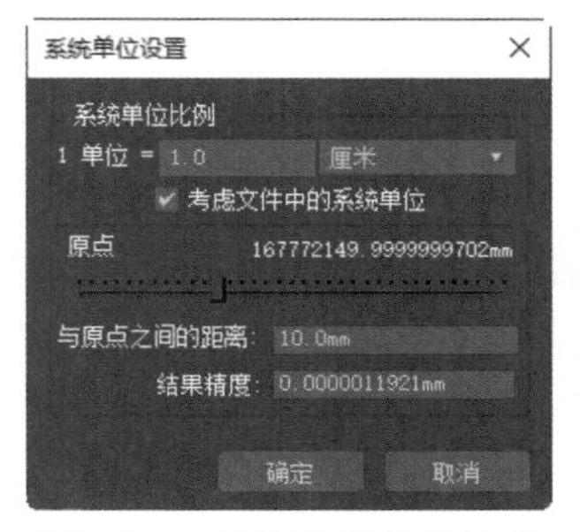

图7-21 设置系统单位比例

03 在场景中创建1个长方体，如图7-22左图所示，再创建6个球体，如图7-22右图所示。

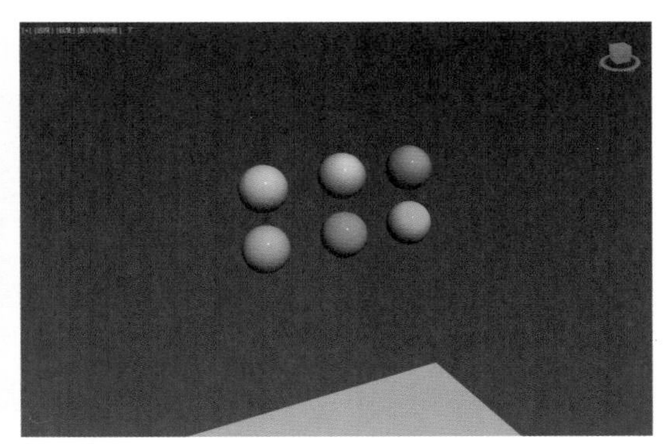

图7-22 创建1个长方体和6个球体

04 框选场景中的所有球体，单击“将选定项设置为动力学刚体”按钮，如图7-23所示。

05 选择球体，此时系统自动为球体添加MassFX Rigid Body修改器，如图7-24所示。

图7-23 设置为动力学刚体

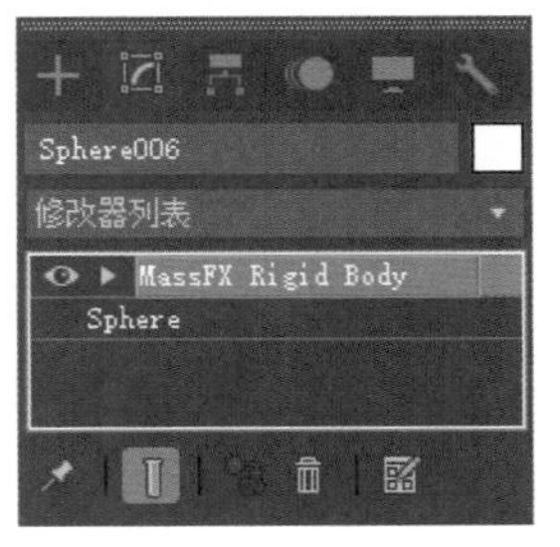

图7-24 添加MassFX Rigid Body修改器

06 选择场景中的长方体，单击“将选定项设置为静态刚体”按钮，如图7-25所示。

07 在MassFX工具栏中单击按钮，在“MassFX工具”面板中打开“模拟工具”选项卡，选择场景中的球体，然后在“模拟”卷展栏中单击“烘焙所有”按钮，如图7-26所示，开始计算球体的自由落体动画。

08 设置完成后，单击“播放”按钮，本实例的最终动画效果如图7-19所示。

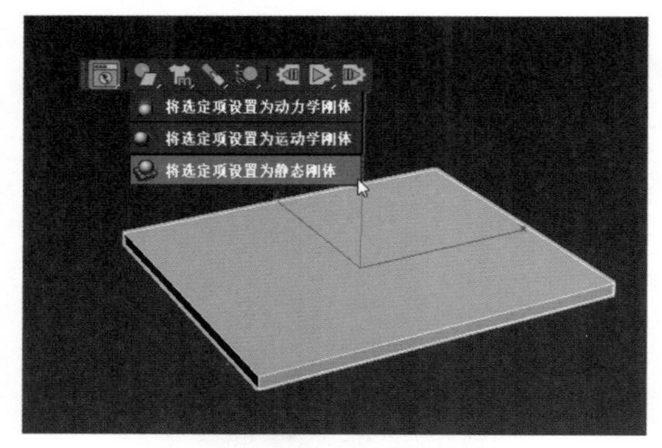

图7-25 设置为静态刚体

图7-26 单击“烘焙所有”按钮

7.3.6 实例：制作物体碰撞动画

【例7-2】 本实例将讲解如何制作物体碰撞动画，动画效果如图7-27所示。 视频

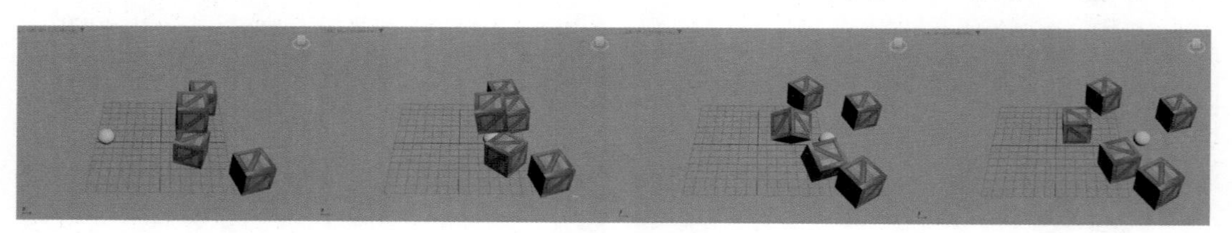

图7-27 物体碰撞动画

01 启动3ds Max 2024，打开本书的配套资源文件“碰撞.max”，如图7-28所示。

02 按N键，开启自动记录关键帧功能。选择球体，将“时间滑块”拖曳至第20帧处，调整其至如图7-29所示的位置，再次按N键，关闭自动记录关键帧功能。

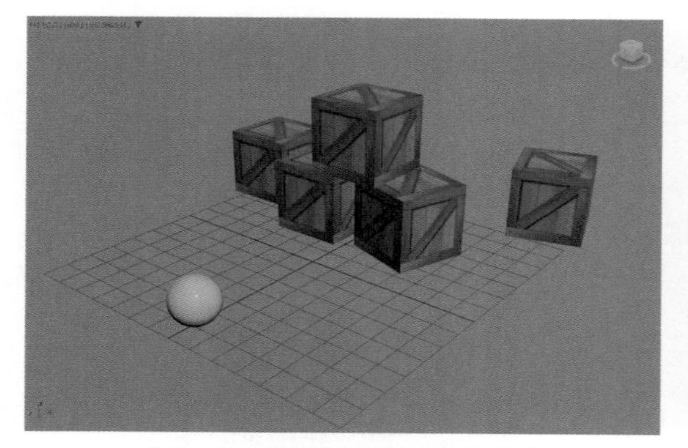

图7-28 打开“碰撞.max”文件

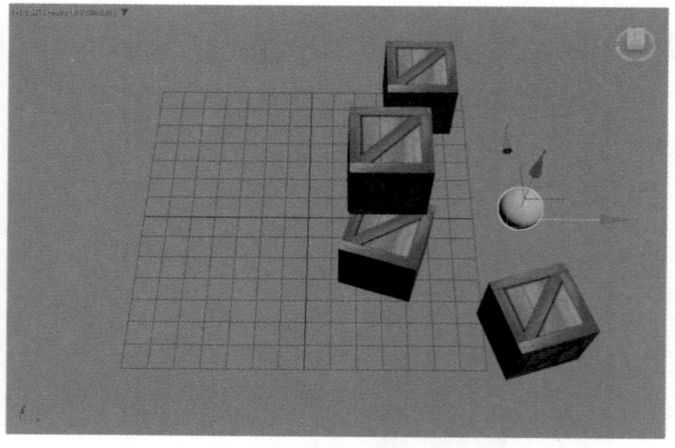

图7-29 设置关键帧动画

03 选择球体，然后在菜单栏中选择“图形编辑器”|“轨迹视图-曲线编辑器”命令，打开“轨迹视图-曲线编辑器”窗口，可以看到球体的动画线，如图7-30所示。

04 选中曲线上最后一个关键点，然后在“切线动作”工具栏中单击“显示切线”按钮，选中切线并更改动画曲线形态，如图7-31所示。

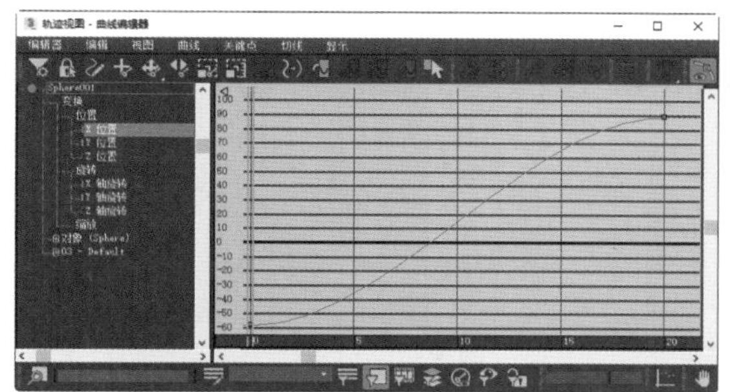

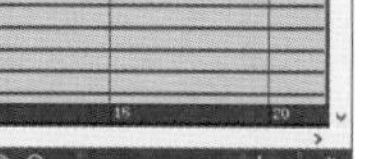

图7-30 打开“轨迹视图-曲线编辑器”窗口

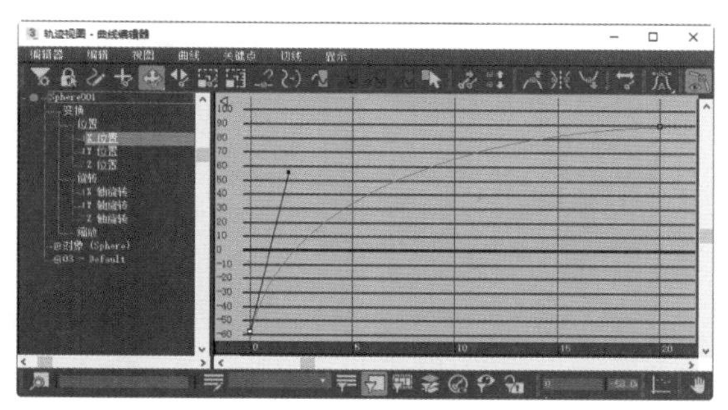

图7-31 更改动画曲线形态

05 选择球体，然后单击“将选定项设置为运动学刚体”按钮，如图7-32所示。

06 此时系统自动为球体添加MassFX Rigid Body修改器，如图7-33所示。

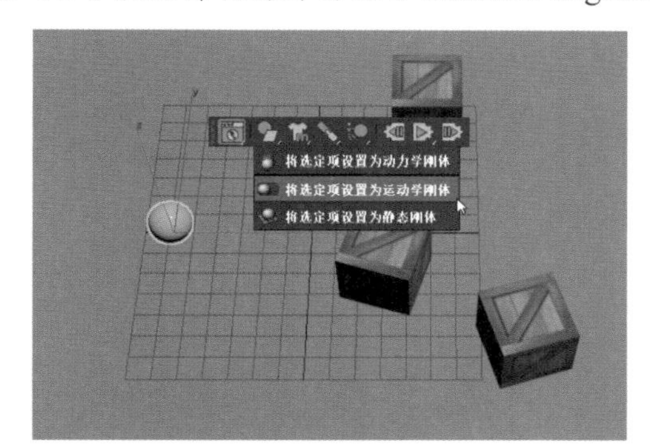

图7-32 设置为运动学刚体

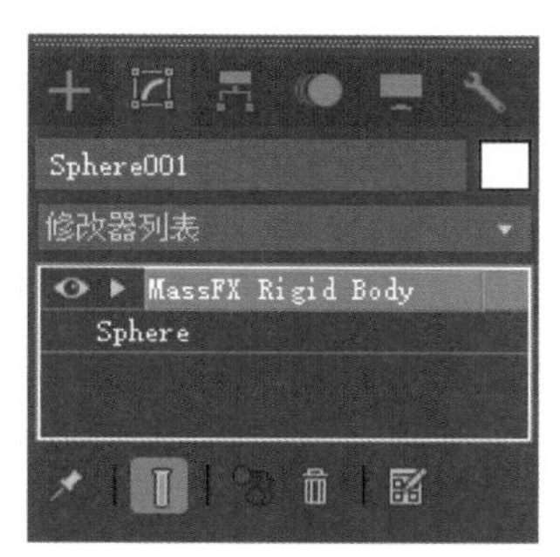

图7-33 添加MassFX Rigid Body修改器

07 在“刚体属性”卷展栏中选中“直到帧”复选框，然后设置“直到帧”数值为20，如图7-34所示。

08 框选场景中所有的木箱模型，单击“将选定项设置为动力学刚体”按钮，如图7-35所示。

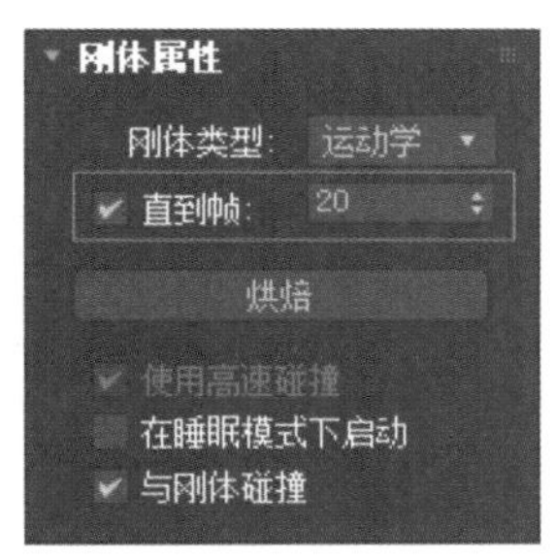

图7-34 设置“直到帧”数值

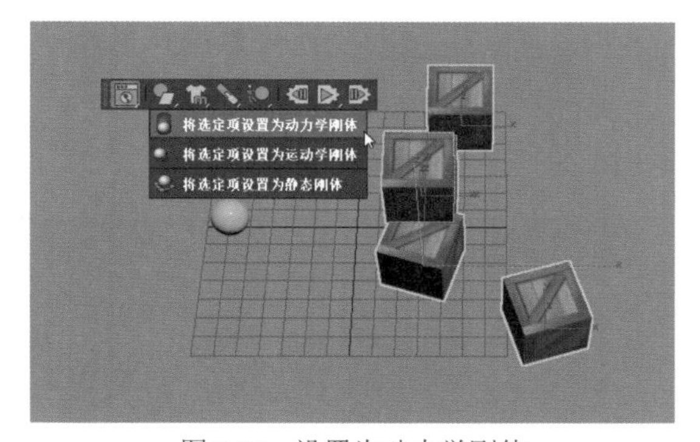

图7-35 设置为动力学刚体

09 在MassFX工具栏中单击按钮，在“MassFX工具”面板中选择“多对象编辑器”选项卡，选中“在睡眠模式中启动”复选框，如图7-36所示。

10 在“世界参数”选项卡中，设置“子步数”数值为10，如图7-37所示。

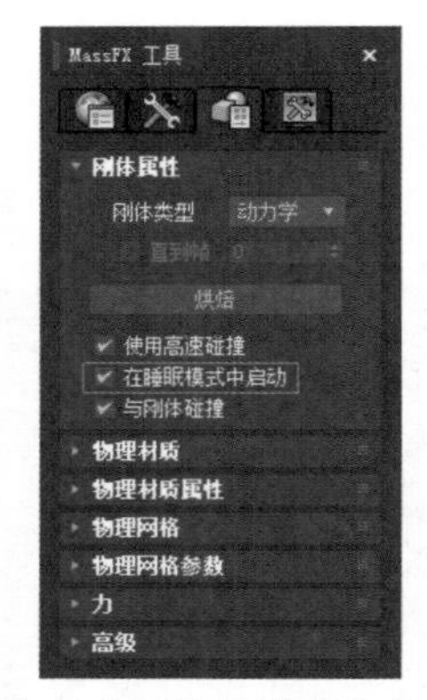

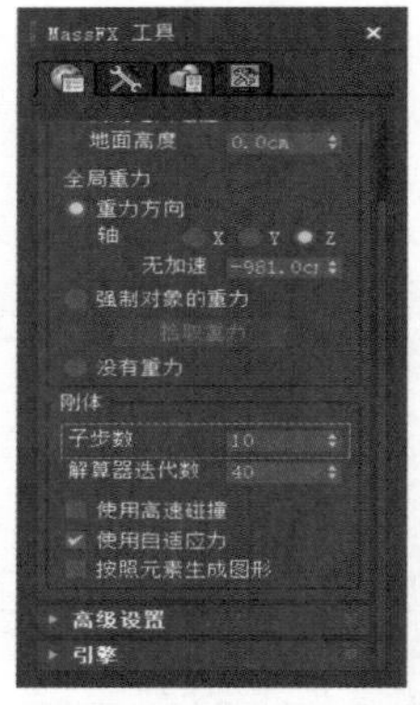

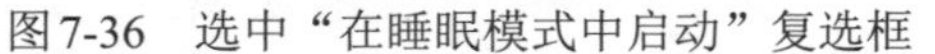

图7-36 选中“在睡眠模式中启动”复选框　　图7-37 设置“子步数”数值

11 在MassFX工具栏中单击“开始模拟”按钮，进行动力学模拟计算，模拟效果如图7-38所示。

12 在“MassFX工具”面板中打开“模拟工具”选项卡，选择场景中的球体，在“模拟”卷展栏中单击“烘焙所有”按钮，如图7-39所示。

13 设置完成后，单击“播放”按钮，本实例的最终动画效果如图7-27所示。

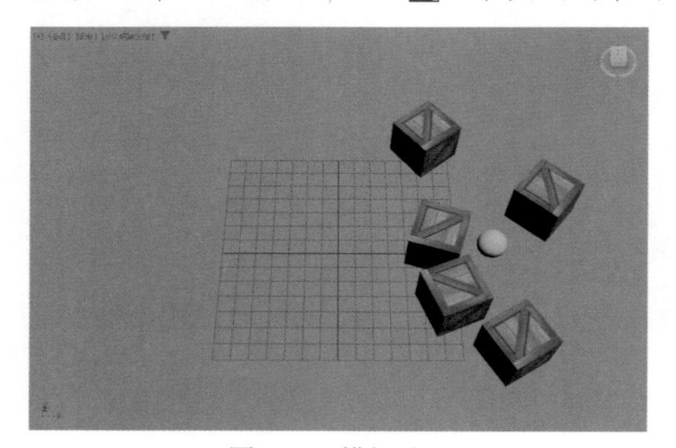

图7-38 模拟动画

图7-39 单击“烘焙所有”按钮

7.3.7 实例：制作布料模拟动画

【例7-3】 本实例将讲解如何使用“MassFX动力学”系统制作布料模拟动画，动画效果如图7-40所示。视频

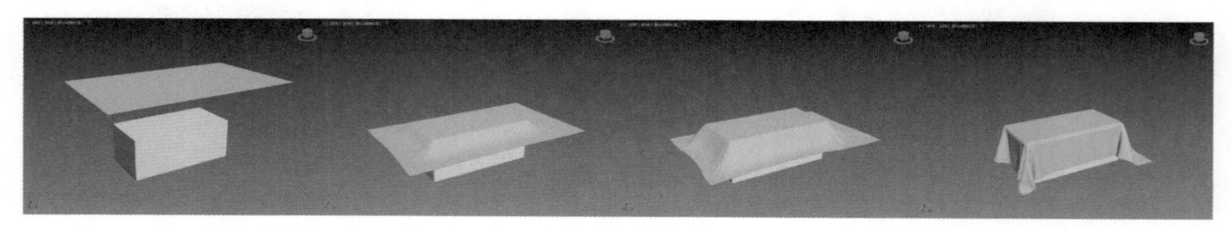

图7-40 布料模拟动画

01 在"创建"面板中单击"长方体"按钮，在场景中创建一个长方体，再创建一个平面，如图7-41所示。

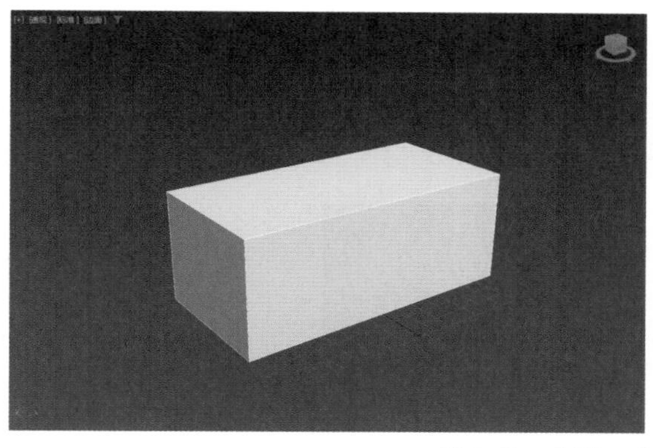

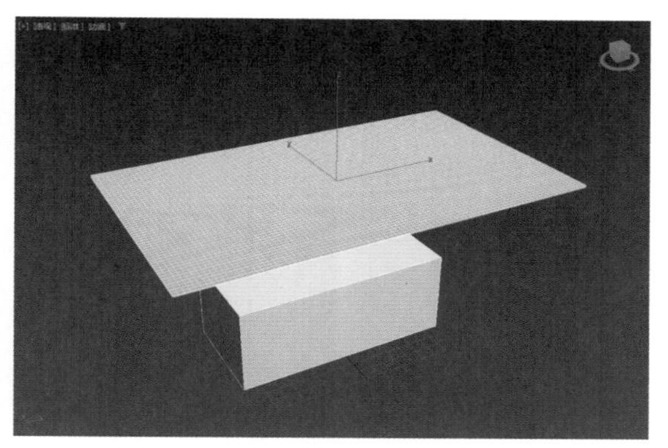

图7-41　创建一个长方体和一个平面

02 选择长方体，然后单击"将选定项设置为静态刚体"按钮，如图7-42所示。

03 设置完成后，系统自动为长方体添加MassFX Rigid Body修改器，如图7-43所示。

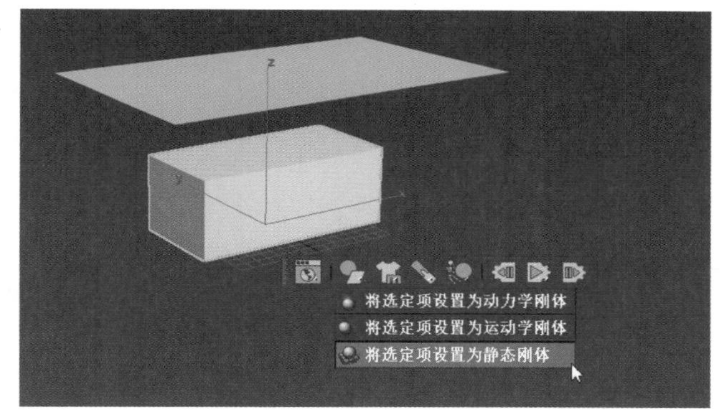

图7-42　创建为静态刚体

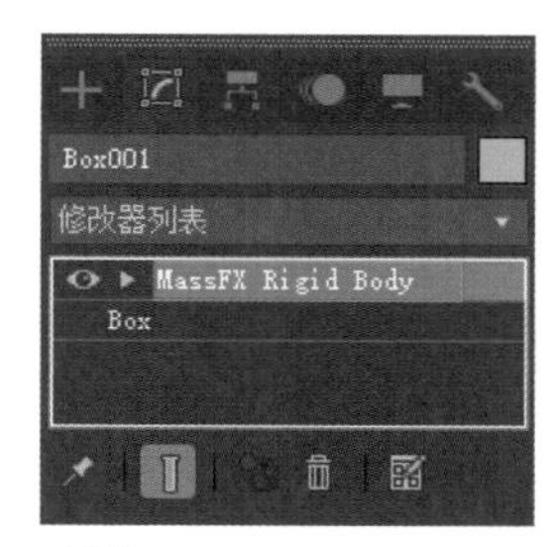

图7-43　添加MassFX Rigid Body修改器

04 选择平面，然后单击"将选定对象设置为mCloth对象"按钮，如图7-44所示。

05 设置完成后，系统自动为平面添加mCloth修改器，如图7-45所示。

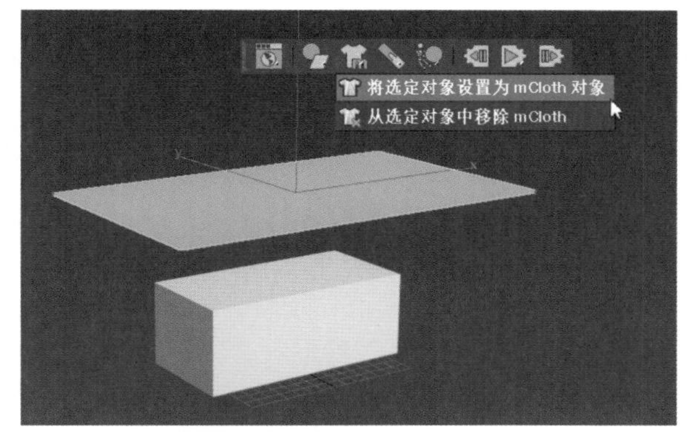

图7-44　创建为mCloth对象

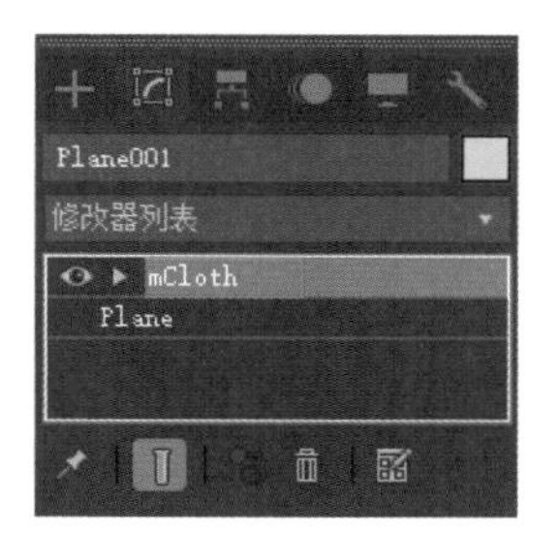

图7-45　添加mCloth修改器

06 在“修改”面板中展开“纺织品物理特性”卷展栏，设置“弯曲度”数值为0.4，“摩擦力”数值为0.7，如图7-46所示。

07 在MassFX工具栏中单击按钮，在“MassFX工具”面板中打开“模拟工具”选项卡，选择场景中的平面，在“模拟”卷展栏中单击“烘焙所有”按钮，如图7-47所示，开始计算布料的自由落体动画。

08 设置完成后，单击“播放”按钮，本实例的最终动画效果如图7-40所示。

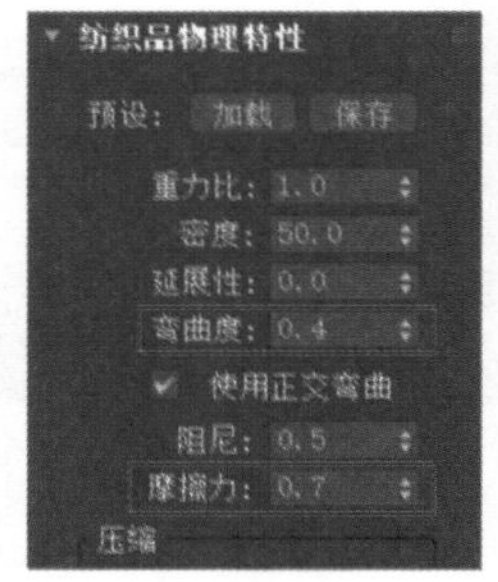

图7-46　设置mCloth修改器属性　　图7-47　单击“烘焙所有”按钮

7.4　流体

3ds Max 2024为用户提供了功能强大的液体模拟系统——流体，使用该液体模拟系统，可以制作效果逼真的水、油等液体的流动动画。在“创建”面板中，单击“标准基本体”下拉按钮，在打开的下拉列表中选择“流体”选项，即可看到其“对象类型”中为用户提供的“液体”按钮和“流体加载器”按钮，如图7-48所示。其中，“液体”选项用来创建液体并计算液体的流动动画，“流体加载器”选项则用来添加现有的计算完成的“缓存文件”。

图7-48　流体

7.4.1　液体

在“创建”面板中，单击“液体”按钮，可以在场景中绘制一个液体图标，如图7-49所示。

在“修改”面板中，“液体”包括“设置”卷展栏和“发射器”卷展栏2个卷展栏，如图7-50所示。其中，“设置”卷展栏中只有“模拟视图”一个选项，单击该按钮可以打开“模拟视图”面板，该面板中包含了流体动力学系统的全部参数命令。“发射器”卷展栏中的选项与“模拟视图”面板的“发射器”卷展栏中的选项完全一样，用户可以参考后面的内容进行学习。

图7-49　绘制液体图标

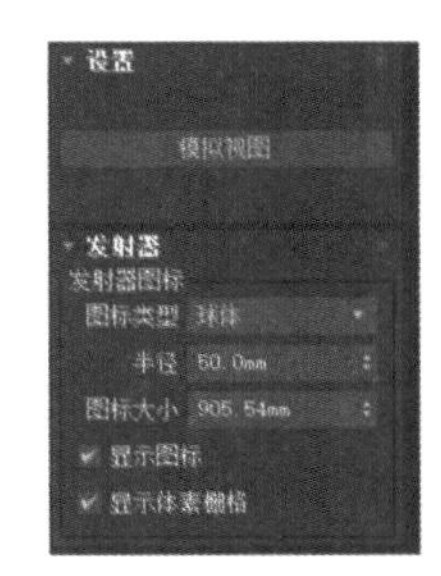

图7-50　液体的卷展栏

7.4.2　流体加载器

在“创建”面板中，单击“流体加载器”按钮，可以在场景中绘制一个流体加载器图标，如图7-51所示。

在“修改”面板中，流体加载器只有一个“参数”卷展栏，主要设置流体加载器的图标大小及开启“模拟视图”面板，如图7-52所示。

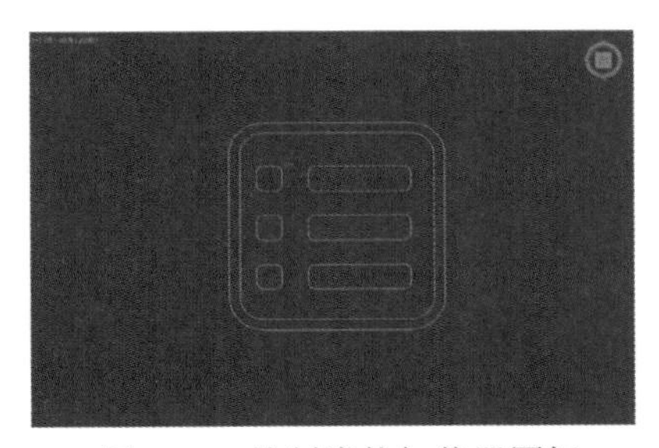

图7-51　绘制流体加载器图标

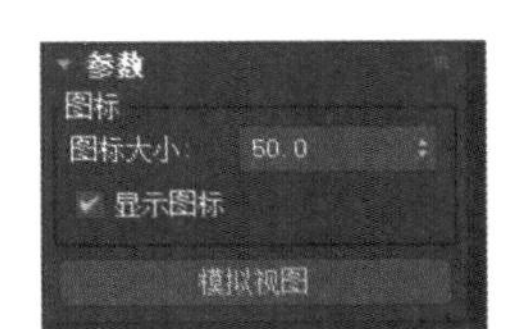

图7-52　“参数”卷展栏

7.4.3　模拟视图

“模拟视图”面板包括“液体属性”“解算器参数”“缓存”“显示设置”和“渲染设置”5个选项卡，如图7-53所示。在液体动画的模拟设置中，主要对“液体属性”和“解算器参数”两个选项卡中的参数进行设置，故本节主要介绍这两个选项卡中卷展栏内的常用参数。

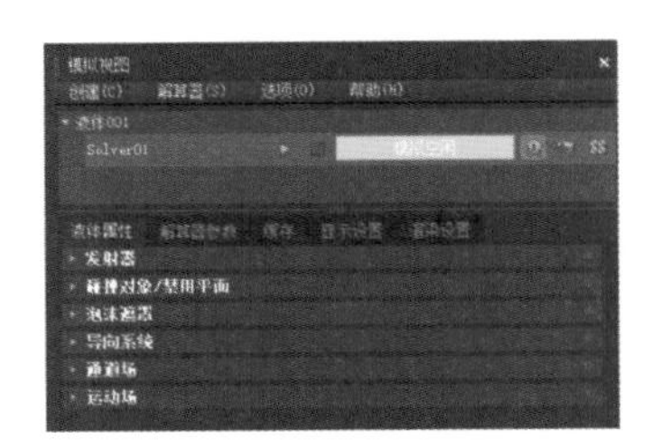

图7-53 “模拟视图”面板

1. “发射器”卷展栏

在“模拟视图”面板的“液体属性”选项卡中，展开“发射器”卷展栏，如图7-54所示，各选项的功能说明如下。

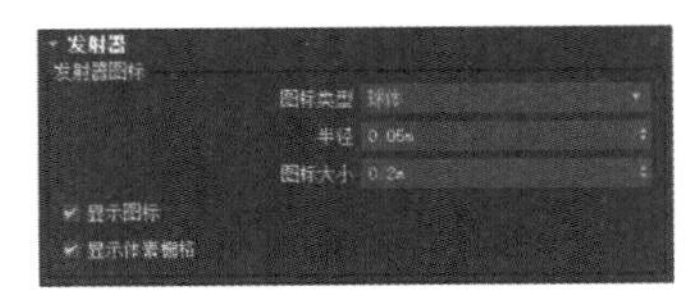

图7-54　“发射器”卷展栏

- “图标类型”下拉按钮：选择发射器的图标类型，包括“球体”“长方体”“平面”和“自定义”4个选项。

- “半径”微调框：设置球体发射器的半径。
- “图标大小”微调框：设置“液体”图标的大小。
- “显示图标”复选框：选中该复选框后，在视口中显示“液体”图标。
- “显示体素栅格”复选框：选中该复选框后，显示体素栅格以可视化当前主体素的大小。

2. “碰撞对象 / 禁用平面”卷展栏

展开“碰撞对象/禁用平面”卷展栏，如图7-55所示，各选项的功能说明如下。

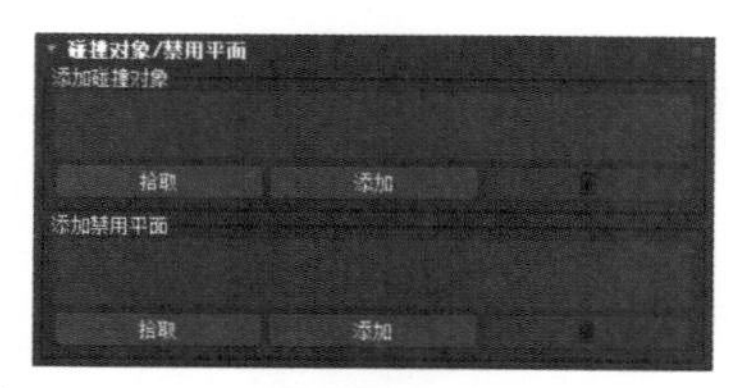

图7-55　“碰撞对象/禁用平面”卷展栏

- “添加碰撞对象”列表：单击该列表下方的“拾取”按钮，可以拾取场景中的对象作为碰撞对象；单击“添加”按钮，可以从弹出的对话框中选择碰撞对象；单击“删除”按钮，可以删除选定的现有碰撞对象。
- “添加禁用平面”列表：单击该列表下方的“拾取”按钮，可以拾取场景中的对象作为禁用平面；单击“添加”按钮，可以从弹出的对话框中选择禁用平面；单击“删除”按钮，可以删除选定的现有禁用平面。

3. “泡沫遮罩”卷展栏

展开“泡沫遮罩”卷展栏，如图7-56所示，各选项的功能说明如下。

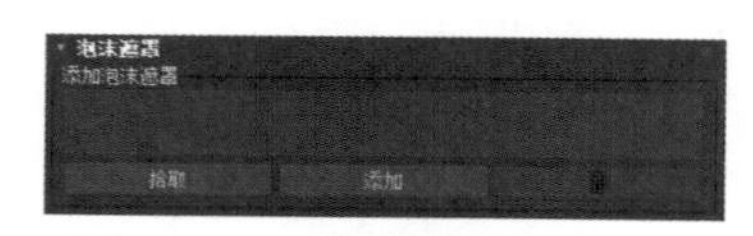

图7-56　“泡沫遮罩”卷展栏

- “添加泡沫遮罩”列表：单击“拾取”按钮，可以拾取场景中的对象作为泡沫遮罩；单击“添加”按钮，可以从弹出的对话框中选择泡沫遮罩；单击“删除”按钮，可以删除选定的现有泡沫遮罩。

4. “导向系统”卷展栏

展开“导向系统”卷展栏，如图7-57所示，其中主要选项的功能说明如下。

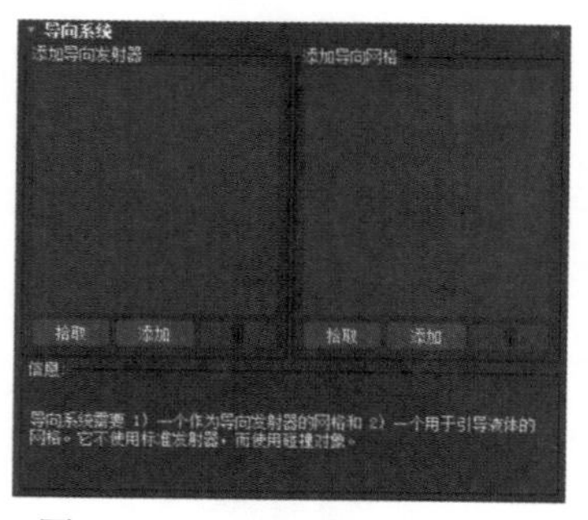

图7-57　“导向系统”卷展栏

- “添加导向发射器”列表：单击该列表下方的“拾取”按钮，可以拾取场景中的对象作为导向发射器；单击“添加”按钮，可以从弹出的对话框中选择导向发射器；单击“删除”按钮，可以删除选定的现有导向发射器。
- “添加导向网格”列表：单击该列表下方的“拾取”按钮，可以拾取场景中的对象作为导向网格；单击“添加”按钮，可以从弹出的对话框中选择导向网格；单击“删除”按钮，可以删除选定的现有导向网格。

5. “通道场”卷展栏

展开“通道场”卷展栏，如图7-58所示，各选项的功能说明如下。

图7-58　“通道场”卷展栏

- “添加通道场”列表：单击“拾取”按钮，可以拾取场景中的对象作为通道场；单击“添加”按钮，可以从弹出的对话框中选择通道场；单击“删除”按钮，可以删除选定的现有通道场。

6. “运动场”卷展栏

展开“运动场”卷展栏，如图7-59所示，各选项的功能说明如下。

图7-59　“运动场”卷展栏

- “添加运动场”列表：单击“拾取”按钮，可以拾取场景中的对象作为运动场；单击“添加”按钮，可以从弹出的对话框中选择运动场；单击“删除”按钮，可以删除选定的现有运动场。

7. “常规参数”卷展栏

展开“常规参数”卷展栏，如图7-60所示，各选项的功能说明如下。

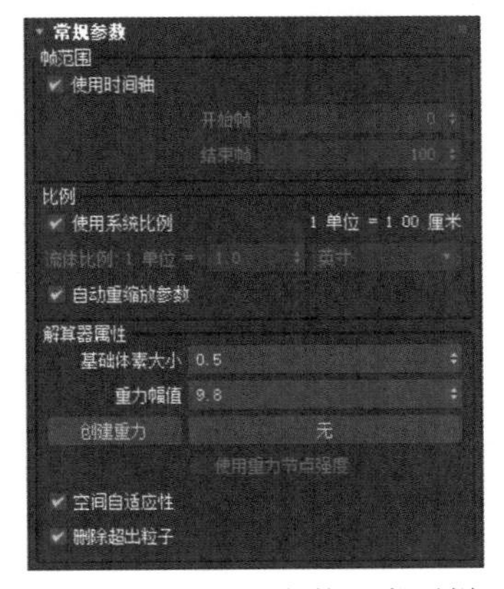

图7-60　“常规参数”卷展栏

(1) “帧范围”组

- “使用时间轴”复选框：使用当前时间轴来设置模拟的帧范围。
- “开始帧”微调框：设置模拟的开始帧。
- “结束帧”微调框：设置模拟的结束帧。

(2) “比例”组

- “使用系统比例”复选框：将模拟设置为使用系统比例，可以在“自定义”菜单的“单位设置”下修改系统比例。
- “流体比例”微调框：覆盖系统比例并使用具有指定单位的自定义比例。当模型比例不等于所需的真实世界比例时，这有助于使模拟看起来更真实。
- “自动重缩放参数”复选框：自动重缩放主体素大小以使用自定义流体比例。

(3) “解算器属性”组

- “基础体素大小”微调框：设置模拟的基本分辨率(以栅格单位表示)。该值越小，细节越详细，精度越高，但需要的内存和计算越多。较大的值有助于快速预览模拟行为，或者适用于内存小和处理能力有限的系统。
- “重力幅值”微调框：重力加速度的单位默认以m/s^2表示。该值为9.8时，对应于地球重力；该值为0时，则模拟零重力环境。
- “创建重力”按钮 创建重力 ：在场景中创建重力辅助对象。箭头方向将调整重力的方向。
- “使用重力节点强度”复选框：选中该复选框后，将在场景中使用重力辅助对象的强度而不是“重力幅值”。
- “空间自适应性”复选框：对于液体模拟，此选项允许较低分辨率的体素位于通常不需要细节的流体中心。这样可以避免不必要的计算并有助于提高系统性能。
- “删除超出粒子”复选框：低分辨率区域中的每体素粒子数超过某一阈值时，移除一些粒子。如果在空间自适应模拟和非自适应模拟之间遇到体积丢失或其他大的差异，则禁用此选项。

8. “模拟参数”卷展栏

展开“模拟参数”卷展栏，如图7-61所示，各选项的功能说明如下。

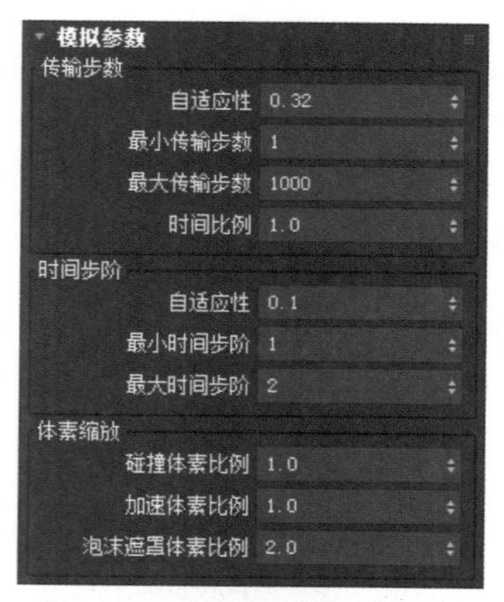

图7-61 “模拟参数”卷展栏

(1) “传输步数”组

- “自适应性”微调框：控制在执行压力计算后用于沿体素速度场平流传递粒子的迭代次数。该值越低，触发后续子步骤的可能性越低。
- “最小传输步数”微调框：设置传输迭代的最小数目。
- “最大传输步数”微调框：设置传输迭代的最大数目。
- “时间比例”微调框：更改粒子流的速度。

(2) “时间步阶”组

- “自适应性”微调框：控制每帧的整个模拟(其中包括体素化、压力和传输相位)的迭代次数。该值越低，触发后续子步骤的可能性越小。
- “最小时间步阶”微调框：设置时间步长迭代的最小次数。
- “最大时间步阶”微调框：设置时间步长迭代的最大次数。

(3) “体素缩放”组

- “碰撞体素比例”微调框：用于对所有碰撞对象体素化的“主体素大小”倍增。
- “加速体素比例”微调框：用于对所有加速器对象体素化的“主体素大小”倍增。
- “泡沫遮罩体素比例”微调框：用于对所有泡沫遮罩体素化的“主体素大小”倍增。

9. “液体参数”卷展栏

展开“液体参数”卷展栏，如图7-62所示，各选项的功能说明如下。

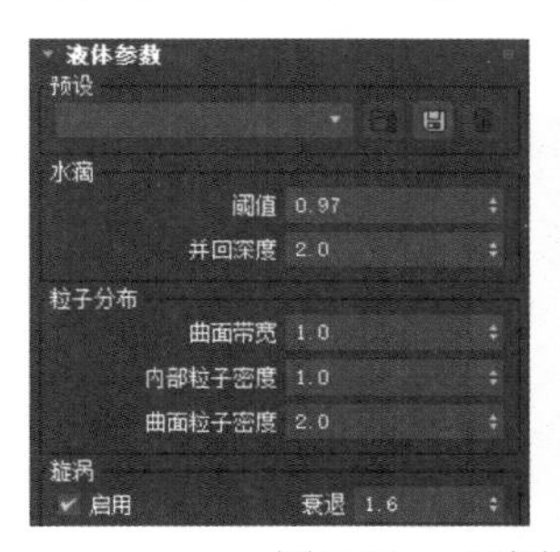

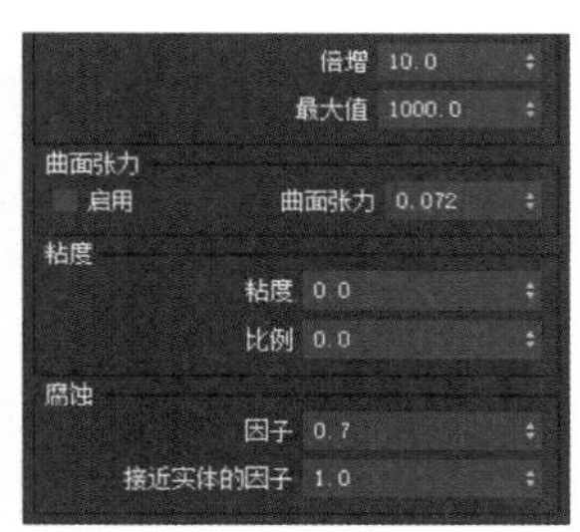

图7-62 “液体参数”卷展栏

(1) “预设”组

- “预设”下拉列表：加载、保存和删除预设液体参数。该下拉列表中包括多种常见液体的预设。

(2) “水滴”组

- “阈值”微调框：设置粒子转化为水滴时的阈值。
- “并回深度”微调框：设置在重新加入液体并参与流体动力学计算之前水滴必须达到的液体曲面深度。

(3) “粒子分布”组

- “曲面带宽”微调框：设置液体曲面的宽度，以体素为单位。
- “内部粒子密度”微调框：设置液体整个内部体积中的粒子密度。
- “曲面粒子密度”微调框：设置液体曲面上的粒子密度。

(4) “漩涡”组

- “启用”复选框：启用漩涡通道的计算。这是体素中旋转幅值的累积。漩涡可用于模拟涡流。
- “衰退”微调框：设置从每一帧累积漩涡中减去的值。
- “倍增”微调框：设置当前帧卷曲幅值在与累积漩涡相加之前的倍增。
- “最大值”微调框：设置总漩涡的限制值。

(5) “曲面张力”组

- “启用”复选框：启用曲面张力。
- “曲面张力”微调框：增加液体粒子之间的吸引力，从而增强成束效果。

(6) “粘度”组

- “粘度”微调框：控制流体的厚度。
- “比例”微调框：将模拟的速度与邻近区域的平均值混合，从而平滑和抑制液体流。

(7) “腐蚀”组

- “因子”微调框：控制流体曲面的腐蚀量。
- “接近实体的因子”微调框：确定流体曲面是否基于碰撞对象曲面的法线，在接近碰撞对象的区域中腐蚀。

10. “发射器参数”卷展栏

展开“发射器参数”卷展栏，如图7-63所示，各选项的功能说明如下。

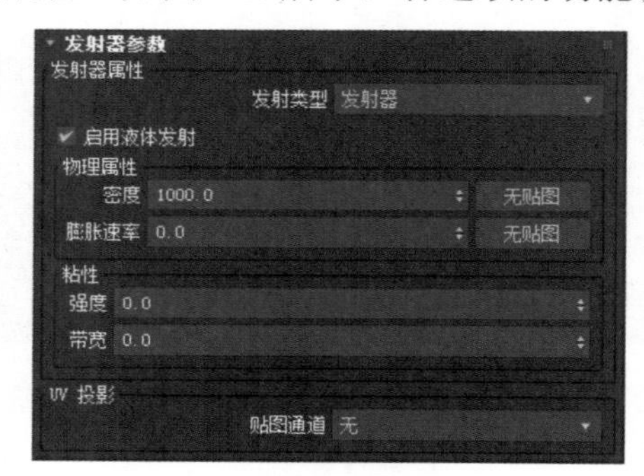

图7-63 “发射器参数”卷展栏

(1) “发射器属性”组

- “发射类型”下拉列表：设置发射类型，即发射器或容器。
- “启用液体发射”复选框：选中该复选框时，允许发射器生成液体。此参数可设置动画。
- “密度”微调框：设置流体的物理密度。
- “膨胀速率”微调框：展开或收拢发射器内的液体。该值为正值时，将粒子从所有方向推出发射器；该值为负值时，则将粒子拉入发射器。
- “强度”微调框：设置此发射器中的流体黏着附近碰撞对象的量。
- “带宽”微调框：设置此发射器中流体与碰撞对象产生黏滞效果的间距。

(2) “UV投影”组

- “贴图通道”下拉列表：设置贴图通道以便将UV投影到液体体积中。

7.4.4 实例：制作水龙头流水动画

【例7-4】 本实例将讲解如何使用流体制作水龙头流水动画，动画效果如图7-64所示。

视频

图7-64 水龙头流水动画

01 启动3ds Max 2024，打开本书的配套资源文件“水龙头.max”，场景中已经设置好摄影机和灯光，如图7-65所示。

02 在“创建”面板中将“标准基本体”切换为“流体”，然后单击“液体”按钮，如图7-66所示。

图7-65 打开“水龙头.max”文件

图7-66 单击“液体”按钮

03 在视图中创建一个液体对象，并调整其至如图7-67所示位置。

04 在“修改”面板中展开“设置”卷展栏，单击“模拟视图”按钮，如图7-68所示。

图7-67 创建液体对象

图7-68 单击“模拟视图”按钮

05 在打开的“模拟视图”面板的“液体属性”选项卡中，展开“发射器”卷展栏，设置“半径”数值为0.5cm，然后展开“碰撞对象/禁用平面”卷展栏，单击“拾取”按钮，如图7-69所示，再分别选择场景中名称为“浴缸”和“下水器”的模型作为液体的碰撞对象。

06 在“解算器参数”选项卡的左侧列表框中单击“液体参数”选项，然后在右侧的参数面板中，在“预设”下拉列表中选择“水”选项，如图7-70所示。

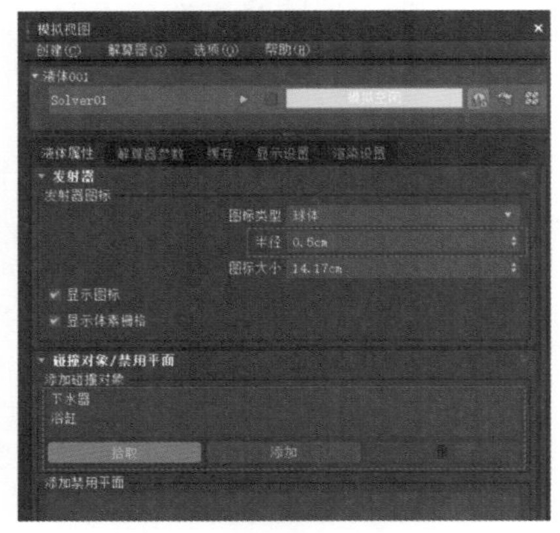

图7-69　设置液体属性

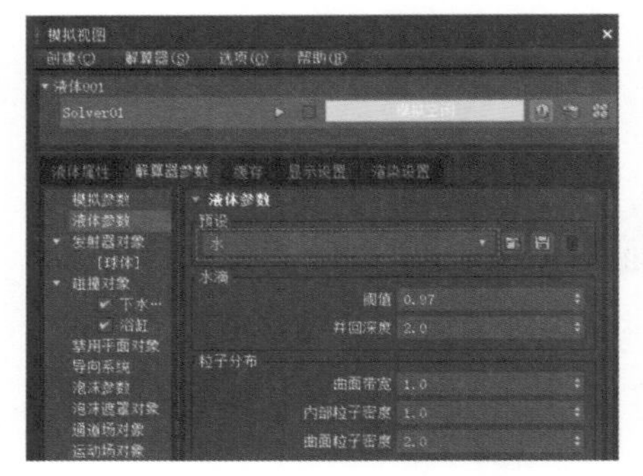

图7-70　选择“水”选项

07 在“发射器转化参数”卷展栏中，选中“启用其他速度”复选框，设置“倍增”数值为0.5，再单击“创建辅助对象”按钮，如图7-71所示。

08 设置完成后，场景中流体对象的位置就自动生成一个箭头对象，旋转箭头对象的角度，如图7-72所示。

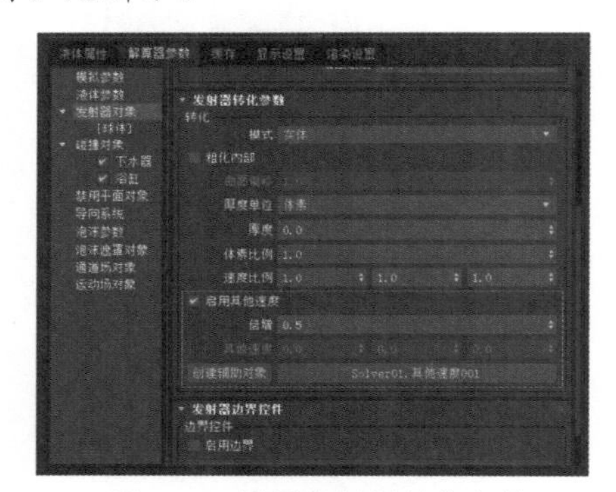

图7-71　设置发射器转化参数

图7-72　旋转箭头对象的角度

09 在“模板视图”中单击“播放”按钮▶，开始进行液体模拟计算，如图7-73所示。

10 液体动画模拟计算完成后，拖动“时间滑块”，液体动画的模拟效果如图7-74所示。

图7-73　单击“播放”按钮

图7-74　液体动画模拟效果

11 打开“显示设置”选项卡，在“液体设置”卷展栏内的“显示类型”下拉列表中选择“Bifrost 动态网格”选项，如图 7-75 所示。

12 此时液体将以实体模型的方式显示，如图 7-76 所示。

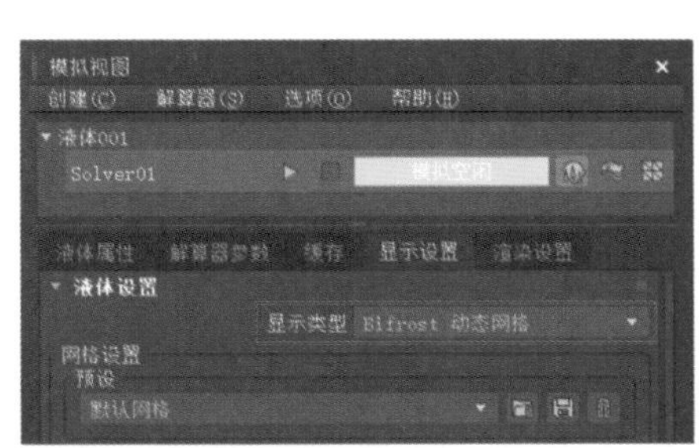

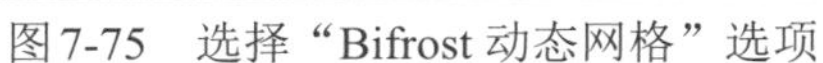
图 7-75　选择“Bifrost 动态网格”选项

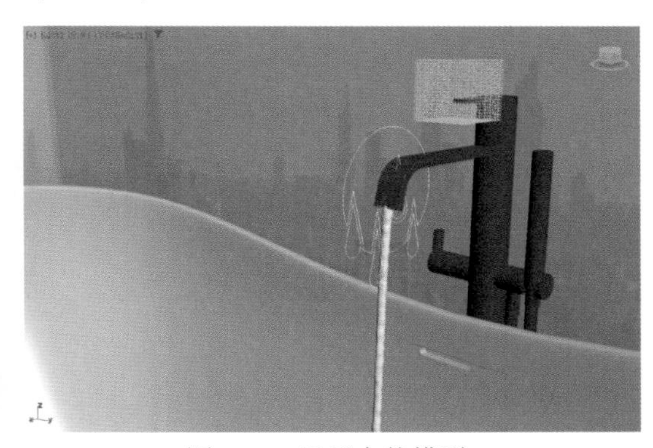
图 7-76　显示实体模型

13 按M键打开“材质编辑器”窗口，在材质编辑器示例窗中选择一个材质球，然后单击“将材质指定给选定对象”按钮，如图 7-77 所示，为液体赋予物理材质。

14 在“基本参数”卷展栏中，设置“基础颜色和反射”组中的“粗糙度”数值为 0.05、IOR 数值为 1.333，设置“透明度”组中的“权重”数值为 1，如图 7-78 所示。

15 设置完成后，在主工具栏中单击“渲染帧窗口”按钮渲染场景，本实例的渲染效果如图 7-64 所示。

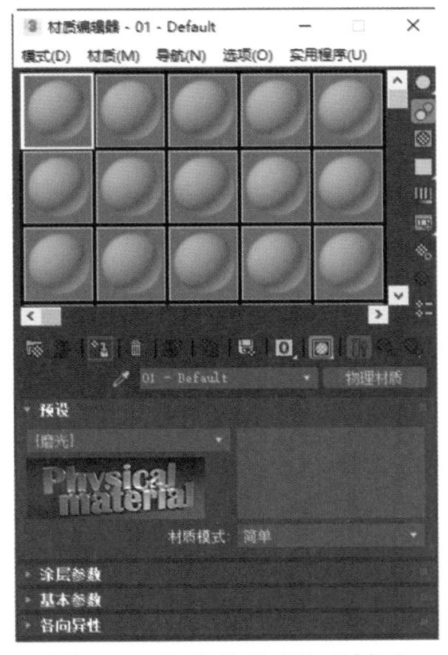

图 7-77　为液体赋予物理材质

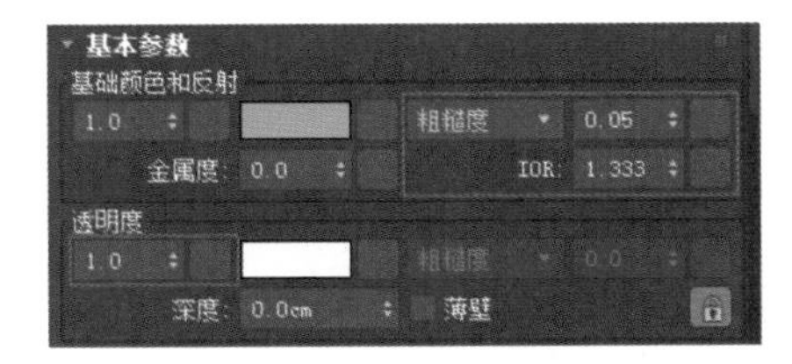

图 7-78　设置物理材质的参数

7.4.5　实例：制作倾倒巧克力酱动画

【例 7-5】本实例将讲解如何使用流体制作倾倒巧克力酱动画，动画效果如图 7-79 所示。

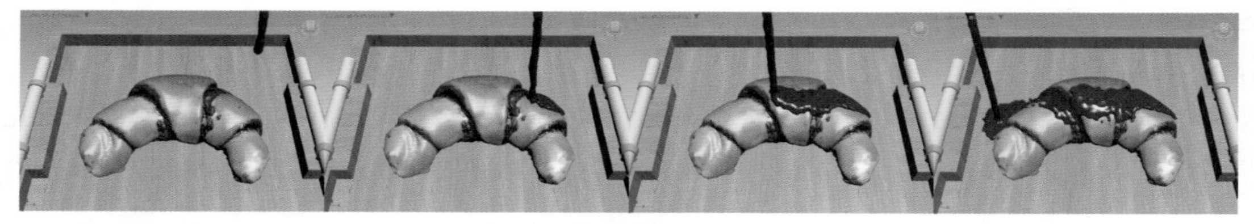

图7-79　倾倒巧克力酱动画

01 启动3ds Max 2024，打开本书的配套资源文件“巧克力酱.max”，场景中已经设置好摄影机和灯光，如图7-80所示。

02 在“创建”面板中，将“标准基本体”切换为“流体”，单击“液体”按钮，在前视图中创建一个液体对象，如图7-81所示。

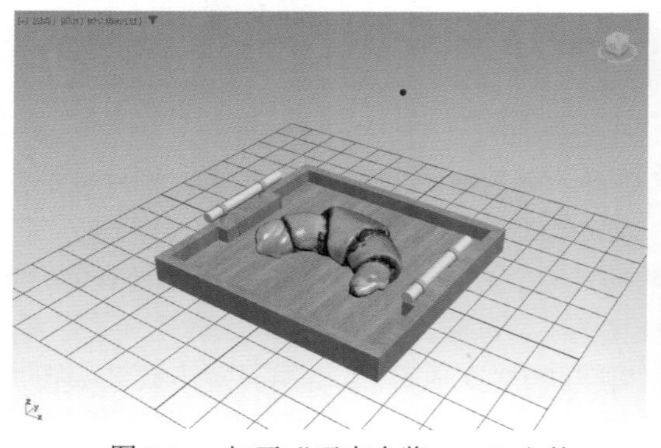

图7-80　打开“巧克力酱.max”文件

图7-81　创建液体对象

03 在“修改”面板的“设置”卷展栏中单击“模拟视图”按钮，如图7-82所示。

04 打开“模拟视图”面板，在“发射器”卷展栏中单击“图标类型”下拉按钮，在弹出的下拉列表中选择“自定义”选项，然后单击“添加自定义发射器对象”下方的“拾取”按钮，如图7-83所示，单击场景中的液体对象，将其作为液体的发射器。

图7-82　单击“模拟视图”按钮

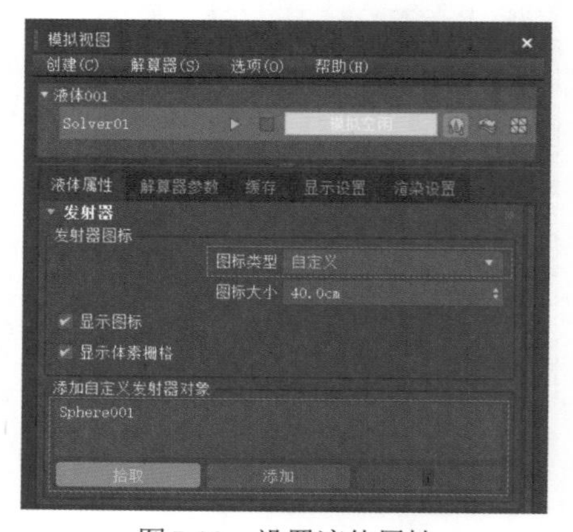

图7-83　设置液体属性

05 在“碰撞对象/禁用平面”卷展栏中，单击“拾取”按钮，如图7-84所示，然后选中场景中的面包模型和托盘模型，将其添加进来作为液体的碰撞对象。

06 在“解算器参数”选项卡的左侧列表中单击“液体参数”选项，然后在右侧的参数面板中，设置“粘度”数值为1，如图7-85所示，增加液体模拟的黏稠程度。

图 7-84　单击“拾取”按钮

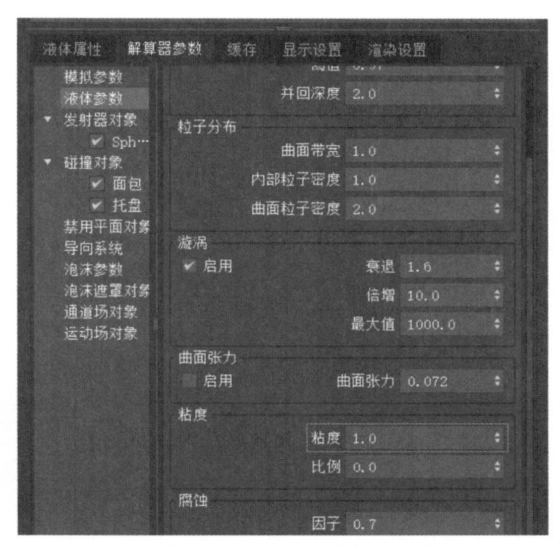

图 7-85　设置“粘度”数值

07 在“模板视图”中单击“播放”按钮▶，如图 7-86 所示，开始进行液体动画的模拟计算。

08 液体动画模拟计算完成后，拖动“时间滑块”，此时的液体模拟动画效果如图 7-87 所示。

图 7-86　单击“播放”按钮

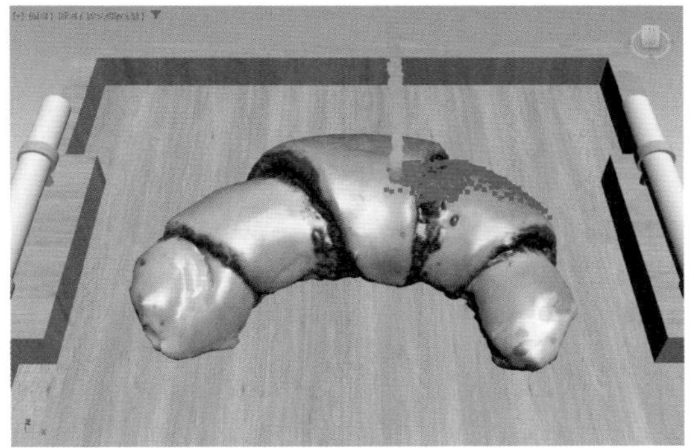

图 7-87　液体的模拟动画效果

09 在“显示设置”选项卡中，展开“液体设置”卷展栏，在“显示类型”下拉列表中选择“Bifrost 动态网格”选项，如图 7-88 所示。

10 此时液体将以实体模型的方式显示，图 7-89 所示。

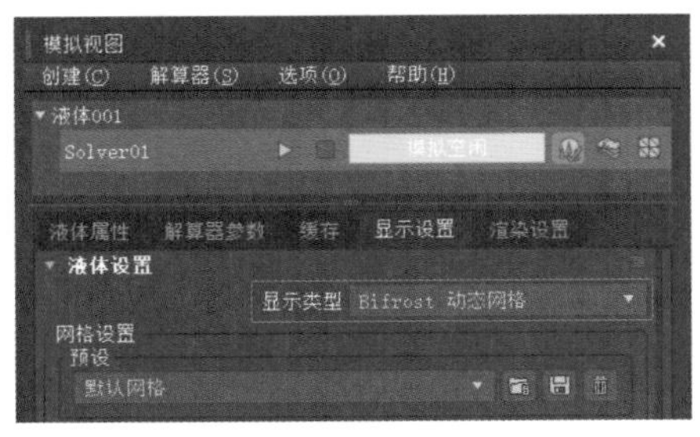

图 7-88　选择“Bifrost动态网格”选项

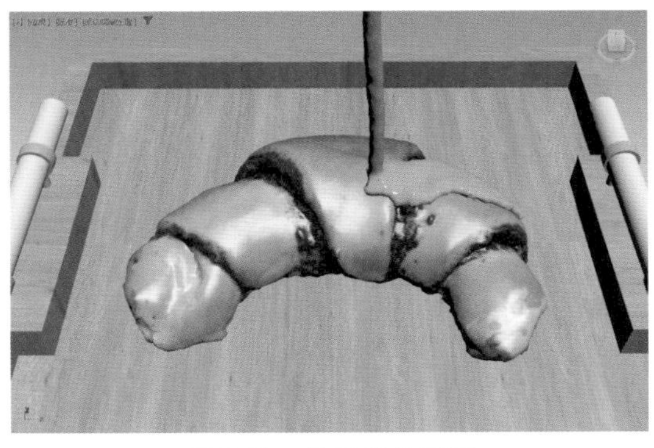

图 7-89　显示实体模型

11 按M键打开“材质编辑器”窗口，在材质编辑器示例窗中选择一个材质球，然后单击“将材质指定给选定对象”按钮，如图7-90所示，为液体赋予物理材质。

12 在“基本参数”卷展栏中，设置“基础颜色”“次表面散射”和“散射颜色”为深棕色，设置“粗糙度”数值为0.3，IOR数值为1.52，如图7-91所示。

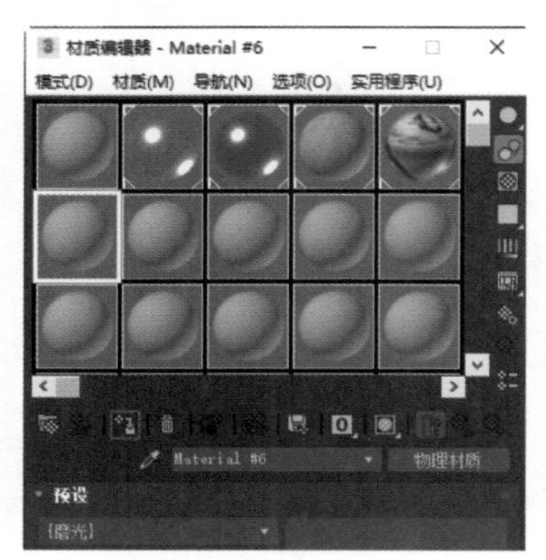

图7-90　为液体赋予物理材质

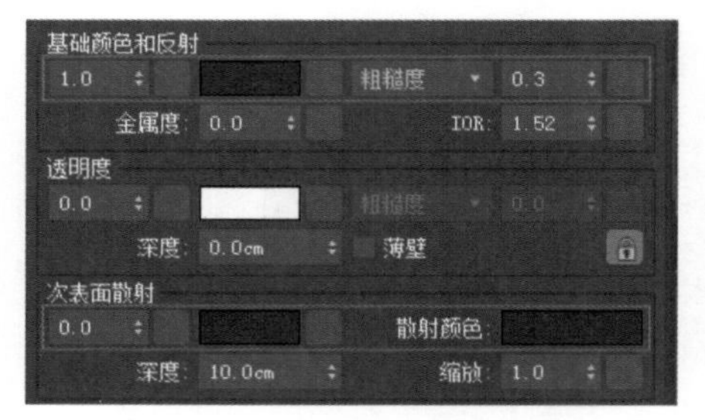

图7-91　设置物理材质参数

13 设置完成后，再次单击“播放”按钮进行动画模拟。这时，系统自动弹出“运行选项”对话框，单击“重新开始”按钮开始液体动画模拟，如图7-92所示。

14 液体动画模拟计算完成后，拖动“时间滑块”，液体动画的模拟效果如图7-93所示。

15 设置完成后，在主工具栏中单击“渲染帧窗口”按钮渲染场景，本实例的渲染效果如图7-79所示。

图7-92　单击“重新开始”按钮

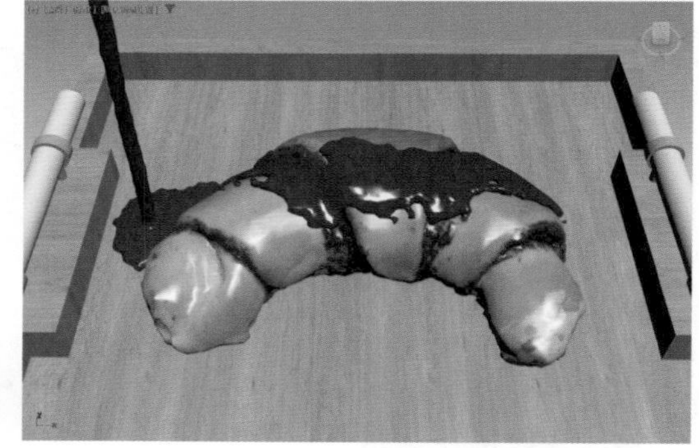

图7-93　巧克力酱动画模拟效果

7.5　习题

1. 简述3ds Max 2024中提供了哪几种动力学动画模拟系统。
2. 简述如何在3ds Max 2024中启用MassFX动力学，并将场景中的物体设置为动力学对象。
3. 简述如何设置流体的初始状态，例如静止或流动。

第 8 章
毛发系统

3ds Max 是一款三维模型制作软件，了解了它的功能之后，想做出真实的毛发并不难。本章将通过实例操作，介绍 3ds Max 2024 “Hair 和 Fur(WSM)” 修改器的基础知识，帮助用户了解修改器中的参数，通过实例讲解如何制作毛发效果和毛发动画效果。

8.1　毛发概述

毛发特效一直是众多三维软件共同关注的核心技术之一，其制作过程较为烦琐，渲染也非常耗时。通过3ds Max 2024自带的“Hair和Fur(WSM)”修改器，可以在任意物体上或物体的局部制作出非常理想的毛发效果以及毛发的动力学碰撞动画。使用这个修改器，不但可以制作人物的头发，还可以制作漂亮的动物毛发、自然的草地效果及逼真的地毯效果。如图8-1所示。

图8-1　毛发作品

8.2　“Hair和Fur(WSM)”修改器

使用“Hair和 Fur(WSM)”修改器是3ds Max毛发技术的核心所在，使用常规的材质设置方法很难实现逼真的毛皮质感。该修改器可应用于任意对象以生成毛发，该对象既可为网格对象，也可为样条线对象。如果对象是网格对象，则可在网格对象的整体表面或局部生成大量的毛发；如果对象是样条线对象，头发将在样条线之间生长，这样通过调整样条线的弯曲程度及位置可轻易控制毛发的生长形态。毛皮效果的设置通常包括两部分，即毛皮形态的设置和质感的设置。

“Hair和 Fur(WSM)”修改器在“修改器列表”中属于“世界空间修改器”类型，这意味着此修改器只能使用世界空间坐标，而不能使用局部坐标。同时，在应用“Hair和Fur(WSM)”修改器之后，在“环境和效果”窗口中会自动添加“Hair和Fur”效果，如图8-2所示。

“Hair和Fur(WSM)”修改器在“修改”面板中具有14个卷展栏，如图8-3所示。

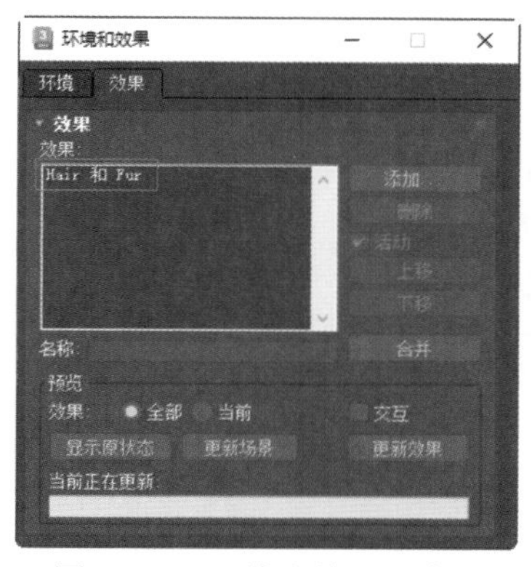

图 8-2 “环境和效果”窗口

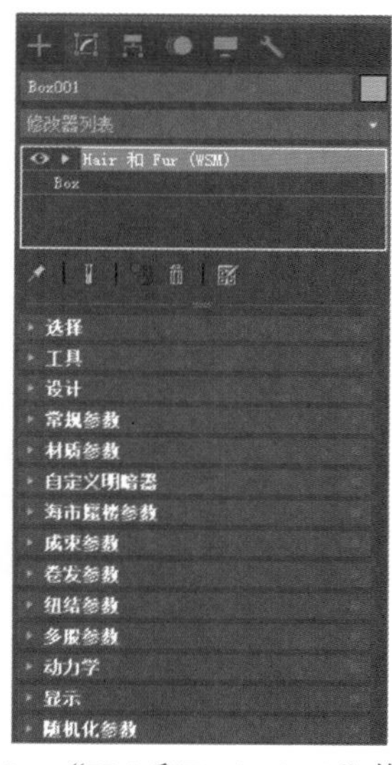

图 8-3 “Hair和Fur(WSM)”修改器

8.2.1 “选择”卷展栏

展开“选择”卷展栏，如图 8-4 所示，各选项的功能说明如下。

图 8-4 “选择”卷展栏

- “导向”按钮：访问“导向”子对象层级。
- “面”按钮：访问“面”子对象层级。
- “多边形”按钮：访问“多边形”子对象层级。
- “元素”按钮：访问“元素”子对象层级。
- “按顶点”复选框：选中该复选框后，只需选择子对象使用的顶点，即可选择子对象。
- “忽略背面”复选框：选中该复选框后，使用鼠标选择子对象，只影响面对用户的面。
- “复制”按钮 复制 ：将命名选择放到复制缓冲区。
- “粘贴”按钮 粘贴 ：从复制缓冲区粘贴命名选择。
- “更新选择”按钮 更新选择 ：根据当前子对象选择重新计算毛发生长的区域，然后刷新显示。

8.2.2 “工具”卷展栏

展开“工具”卷展栏，如图 8-5 所示，各选项的功能说明如下。

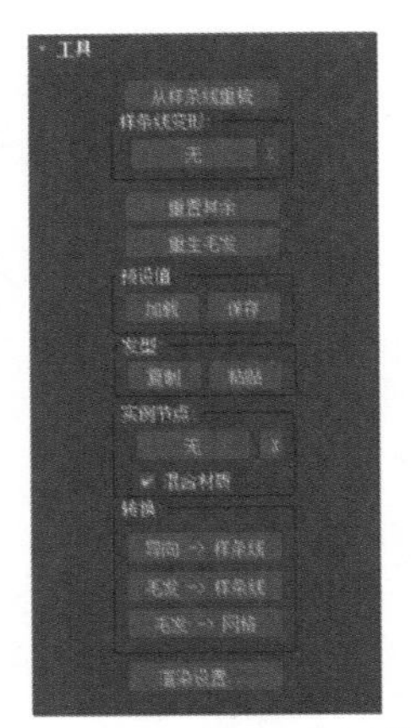

图8-5　“工具”卷展栏

- “从样条线重梳”按钮：用于通过样条线对象来设置毛发的样式。单击此按钮，然后选择构成样条线曲线的对象，将所选曲线转换为导向，并在选定生长网格的每个导向中植入该曲线的副本。

(1) “样条线变形”组

- “无”按钮：单击此按钮，通过使毛发变形至样条线的形状来设置毛发的样式或动画。
- X按钮：停止使用样条线变形。
- “重置其余”按钮：单击此按钮，可以使生长在网格上的毛发导向平均化。
- “重生毛发”按钮：忽略全部样式信息，将毛发复位其默认状态。

(2) “预设值”组

- “加载”按钮：单击此按钮，可以打开“Hair和Fur预设值”窗口，如图8-6所示。“Hair和Fur预设值”窗口中提供了13种预设毛发供用户选择和使用。

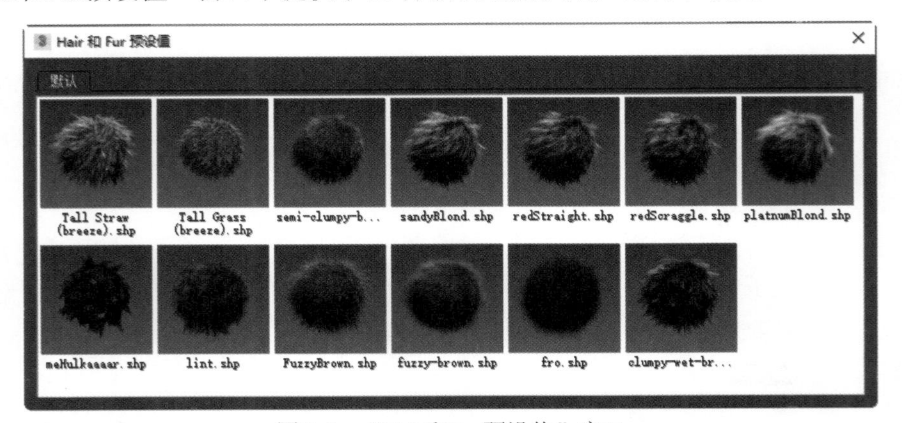

图8-6　“Hair和Fur预设值”窗口

- “保存”按钮：保存新的预设值。

(3) “发型”组

- “复制”按钮：将所有毛发设置和样式信息复制到粘贴缓冲区。
- “粘贴”按钮：将所有毛发设置和样式信息粘贴到当前选择的对象上。

(4) “实例节点”组

- “无”按钮：要指定毛发对象，可单击此按钮，然后选择要使用的对象。此后，该按钮显示拾取对象的名称。
- X按钮：清除所使用的实例节点。
- “混合材质”复选框：选中该复选框后，将应用于生长对象的材质以及应用于毛发对象的材质合并为“多维/子对象”材质，生长对象的材质将应用于实例化的毛发。

(5) “转换”组

- “导向→样条线”按钮：将所有导向复制为新的单一样条线对象。初始导向并未更改。
- “毛发→样条线”按钮：将所有毛发复制为新的单一样条线对象。初始毛发并未更改。
- “毛发→网格”按钮：将所有毛发复制为新的单一网格对象。初始毛发并未更改。
- “渲染设置”按钮：打开“效果”面板并添加“Hair和 Fur”效果。

8.2.3 “设计”卷展栏

展开“设计”卷展栏，如图8-7所示，各选项的功能说明如下。

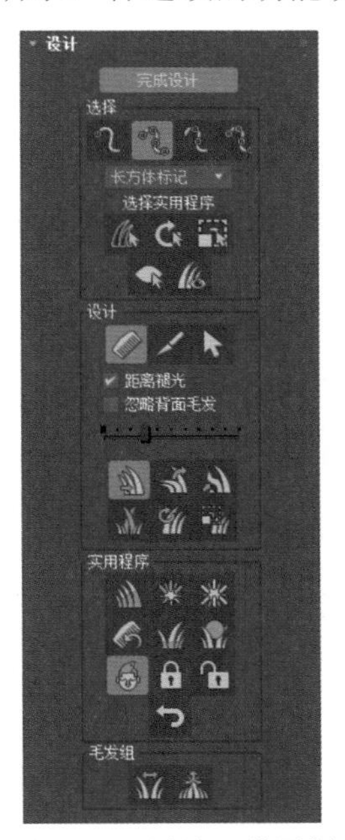

图8-7 “设计”卷展栏

- “设计发型”按钮：只有单击此按钮，才可以激活“设计”卷展栏内的所有功能，同时“设计发型”按钮更改为“完成设计”按钮。

(1) “选择”组

- “由头梢选择毛发”按钮：允许用户只选择每根导向毛发末端的顶点，如图8-8所示。

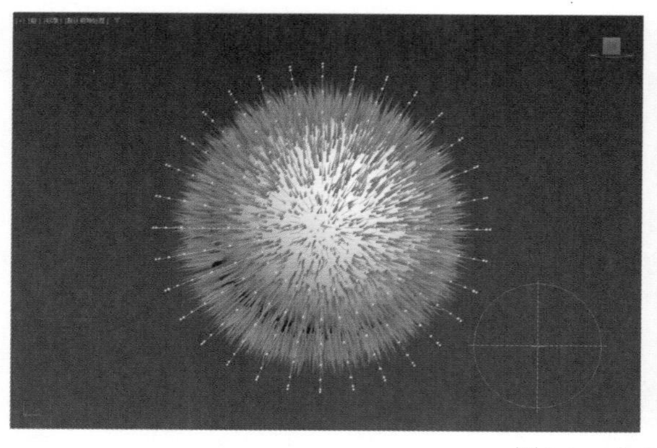
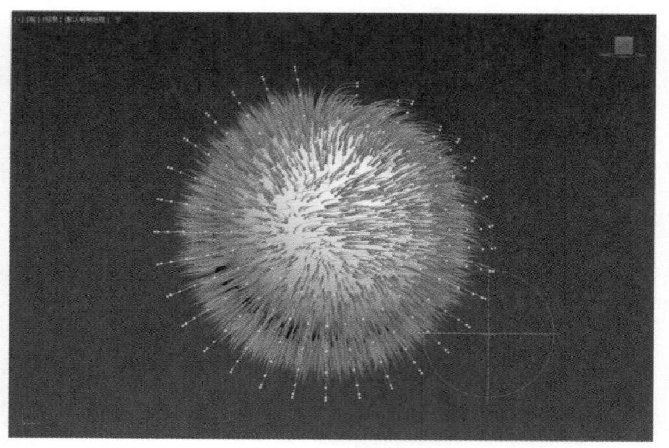

图8-8　由头梢选择毛发

- "选择全部顶点"按钮：选择导向毛发中的任意顶点时，会选择该导向毛发中的所有顶点，如图8-9所示。

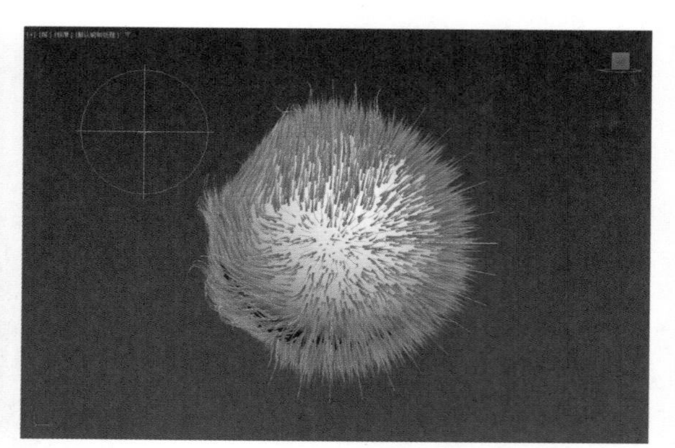

图8-9　选择全部顶点

- "选择导向顶点"按钮：可以选择导向毛发上的任意顶点进行编辑，如图8-10所示。

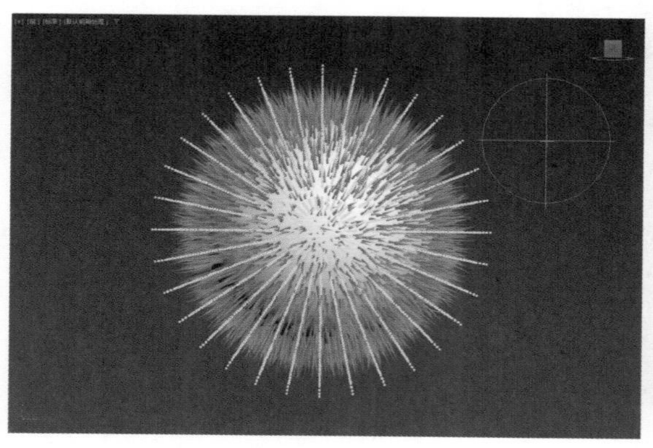
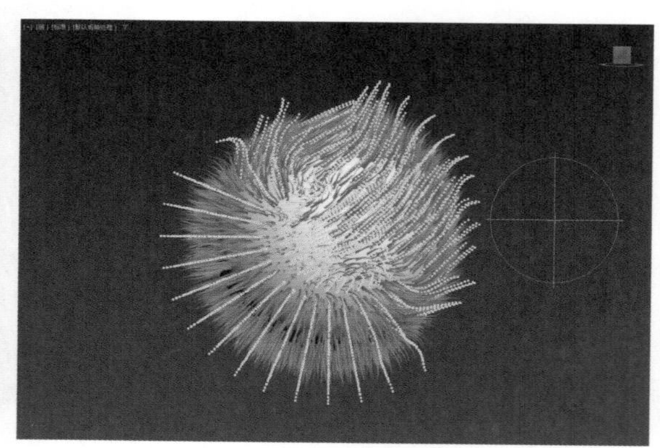

图8-10　选择导向顶点

- "由根选择导向"按钮：可以只选择每根导向毛发根处的顶点，此操作将选择相应导向毛发上的所有顶点，如图8-11所示。
- "反选"按钮：反转顶点的选择。

- “轮流选”按钮：旋转空间中的选择。

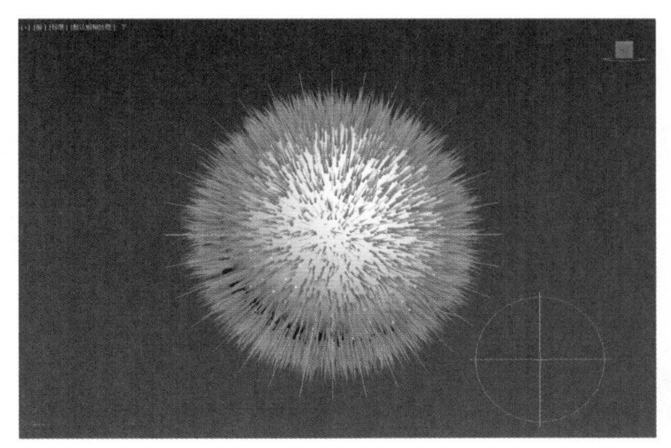
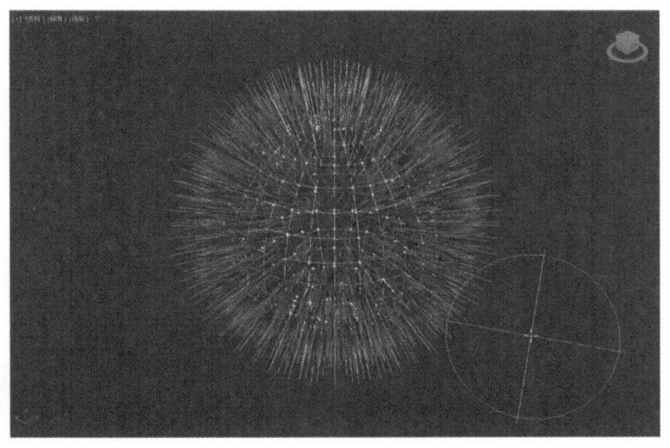

图8-11　由跟选择导向

- “扩展选定对象”按钮：通过递增的方式增大选择区域，从而扩展选择。
- “隐藏选定对象”按钮：隐藏选定的导向毛发。
- “显示隐藏对象”按钮：取消隐藏任何隐藏的导向毛发。

(2) “设计”组

- “发梳”按钮：在这种模式下，拖动鼠标可以整理笔刷区域中的毛发。
- “剪毛发”按钮：可以修剪头发。
- “选择”按钮：在该模式下可以配合使用3ds Max 2024所提供的各种选择工具。
- “距离褪光”复选框：选中该复选框后，刷动效果将朝着笔刷的边缘产生褪光现象，从而产生柔和的边缘效果。
- “忽略背面毛发”复选框：选中该复选框时，背面的毛发不受笔刷的影响。
- “笔刷大小”滑块：通过拖动此滑块更改笔刷的大小。
- “平移”按钮：按照鼠标的拖动方向移动选定的顶点。
- “站立”按钮：向曲面的垂直方向推选定的导向毛发。
- “蓬松发根”按钮：向曲面的垂直方向推选定的导向毛发。
- “从”按钮：强制选定的导向之间相互靠近。
- “旋转”按钮：以光标位置为中心旋转导向头发的顶点。
- “比例”按钮：放大或缩小选定的毛发。

(3) “实用程序”组

- “衰减”按钮：根据底层多边形的曲面面积缩放选定的导向。
- “选定弹出”按钮：沿曲面的法线方向弹出选定毛发。
- “弹出大小为零”按钮：只能对长度为零的毛发进行操作。
- “重梳”按钮：使导向与曲面平行，使用导向的当前方向作为线索。
- “重置剩余”按钮：使用生长网格的连接性执行毛发导向平均化。
- “切换碰撞”按钮：单击该按钮，设计发型时将考虑毛发碰撞。
- “切换Hair”按钮：切换生成毛发的视口显示。
- “锁定”按钮：将选定的顶点相对于最近曲面的方向和距离锁定。锁定的顶点可以选择但不能移动。

- “解除锁定”按钮：解除对所有导向头发的锁定。
- “撤销”按钮：后退至最近的操作。

(4) “毛发组”组

- “拆分选定毛发组”按钮：将选定的导向拆分至一个组。
- “合并选定毛发组”按钮：重新合并选定的导向。

8.2.4 “常规参数”卷展栏

展开“常规参数”卷展栏，如图8-12所示，其中主要选项的功能说明如下。

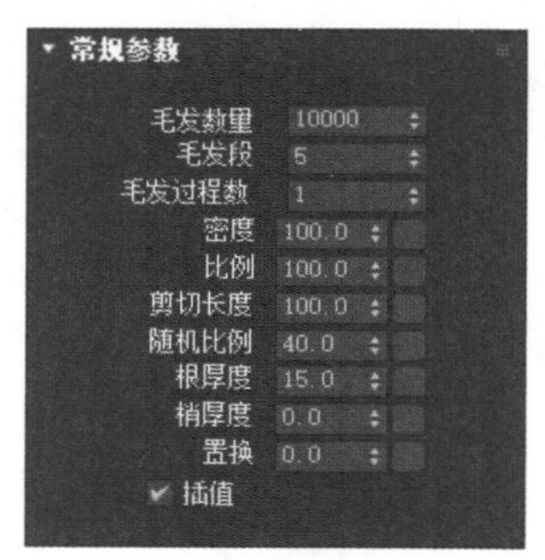

图8-12　“常规参数”卷展栏

- “毛发数量”微调框：毛发总数。在某些情况下，这是一个近似值，实际的数量通常和指定数量非常接近。
- “毛发段”微调框：每根毛发的段数。
- “毛发过程数”微调框：用来设置毛发的透明度。
- “密度”微调框：可以通过数值或者贴图来控制毛发的密度。
- “比例”微调框：设置毛发的整体缩放比例。
- “剪切长度”微调框：控制毛发整体长度的百分比。
- “随机比例”微调框：将随机比例引入渲染的毛发中。
- “根厚度”微调框：控制发根的厚度。
- “梢厚度”微调框：控制发梢的厚度。

8.2.5 “材质参数”卷展栏

展开“材质参数”卷展栏，如图8-13所示，其中主要选项的功能说明如下。

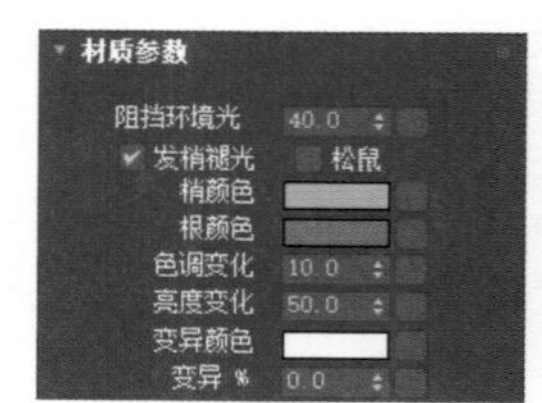

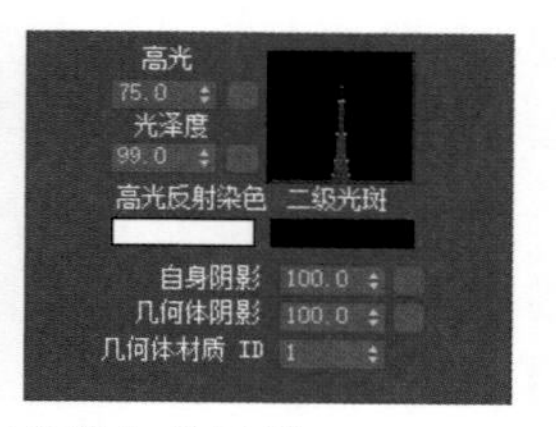

图8-13　“材质参数”卷展栏

- “阻挡环境光”微调框：控制照明模型的环境或漫反射影响的偏差。

- “发梢褪光”复选框：选中该复选框时，毛发朝向梢部淡出到透明。
- “松鼠”复选框：选中该复选框后，根颜色与梢颜色之间的渐变更加锐化，并且更多的梢颜色可见。
- “梢颜色”：距离生长对象曲面最远的毛发梢部的颜色。
- “根颜色”：距离生长对象曲面最近的毛发根部的颜色。
- “色调变化”微调框：令毛发颜色变化的量。该值为默认值时，可以产生看起来比较自然的毛发。
- “亮度变化”微调框：令毛发亮度变化的量。图8-14所示分别为“亮度变化”的值是10和100时的效果。

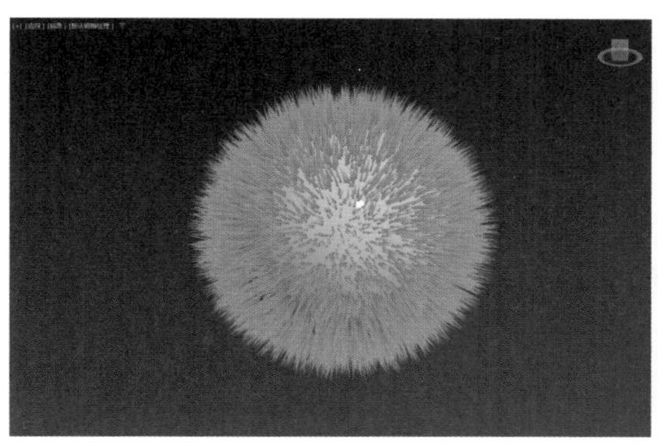

图8-14 “亮度变化”为不同数值时的渲染效果对比

- “变异颜色”微调框：变异毛发的颜色。
- “变异%”微调框：接收变异颜色的毛发的百分比。图8-15所示分别为“变异%”的值是0和30时的渲染效果。

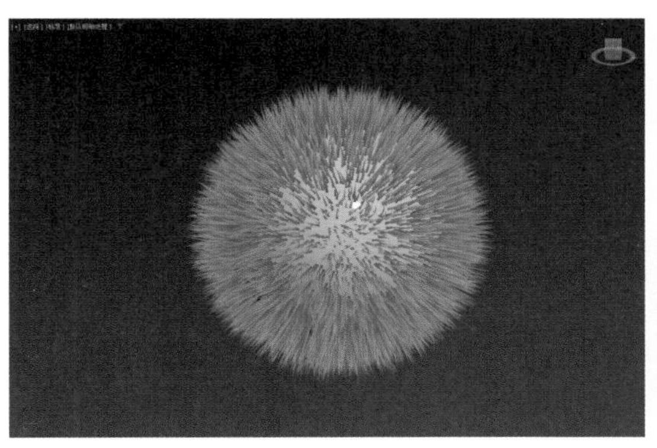

图8-15 “变异%”为不同数值时的渲染效果对比

- “高光”微调框：在毛发上高亮显示的亮度。
- “光泽度”微调框：毛发上高亮显示的相对大小。较小的高亮显示能产生看起来比较光滑的毛发。
- “自身阴影”微调框：控制自身阴影的多少，即毛发在相同的“Hair和Fur”修改器中对其他毛发投影的阴影。该值为0时，将禁用自身阴影；该值为100时，产生的自身阴影最大。该值范围为0 ～ 100，其默认值为100。

- “几何体阴影”微调框：毛发从场景中的几何体接收到的阴影效果的量。该值范围为0～100，其默认值为100。
- “几何体材质ID”微调框：指定给几何体渲染毛发的材质ID。其默认值为1。

8.2.6 “自定义明暗器”卷展栏

展开“自定义明暗器”卷展栏，如图8-16所示，其中主要选项的功能说明如下。

图8-16　“自定义明暗器”卷展栏

- “应用明暗器”复选框：选中该复选框时，可以应用明暗器生成毛发。

8.2.7 “海市蜃楼参数”卷展栏

展开“海市蜃楼参数”卷展栏，如图8-17所示，各选项的功能说明如下。

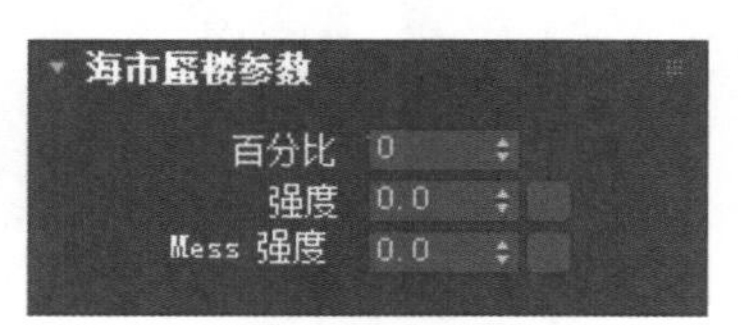

图8-17　“海市蜃楼参数”卷展栏

- “百分比”微调框：设置要对其应用“强度”和“Mess强度”值的毛发百分比。
- “强度”微调框：指定海市蜃楼毛发伸出的长度。
- “Mess强度”微调框：将卷毛应用于海市蜃楼毛发。

8.2.8 “成束参数”卷展栏

展开“成束参数”卷展栏，如图8-18所示，各选项的功能说明如下。

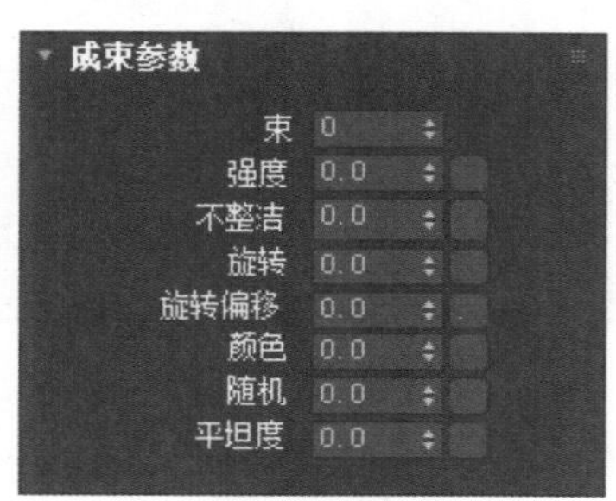

图8-18　“成束参数”卷展栏

- “束”微调框：相对于总体毛发数量，设置毛发束数量。图8-19所示分别为该值是20和50时的毛发显示效果对比。

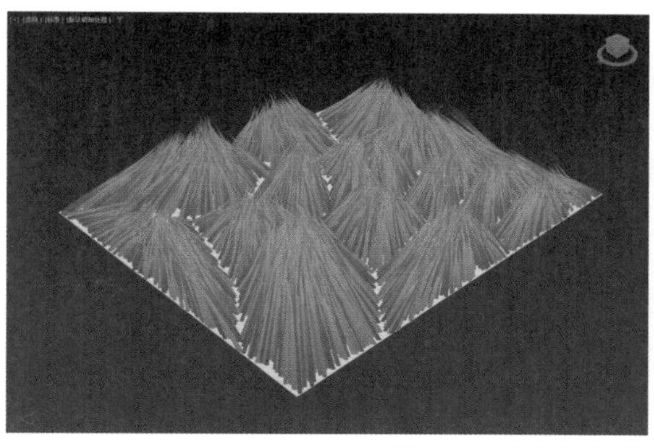
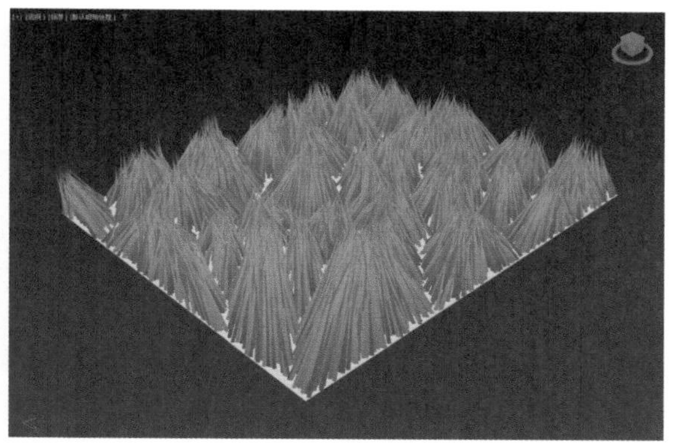

图8-19 “束”为不同数值时的渲染效果对比

- “强度”微调框：“强度”越大，束中各个梢彼此之间的吸引越强。该值范围为0 ～ 1。
- “不整洁”微调框：该值越大，就越不整洁地向内弯曲束，每个束的方向都是随机的。该值范围为0 ～ 400。
- “旋转”微调框：扭曲每个束。该值范围为0 ～ 1。
- “旋转偏移”微调框：从根部偏移束的梢。该值范围为0 ～ 1。较高的“旋转”和“旋转偏移”值使束更卷曲。
- “颜色”微调框：该值为非零时，可改变束中的颜色。
- “随机”微调框：控制随机的比率。
- “平坦度”微调框：在垂直于梳理方向的方向上挤压每个束。

8.2.9 “卷发参数”卷展栏

展开“卷发参数”卷展栏，如图8-20所示，其中主要选项的功能说明如下。

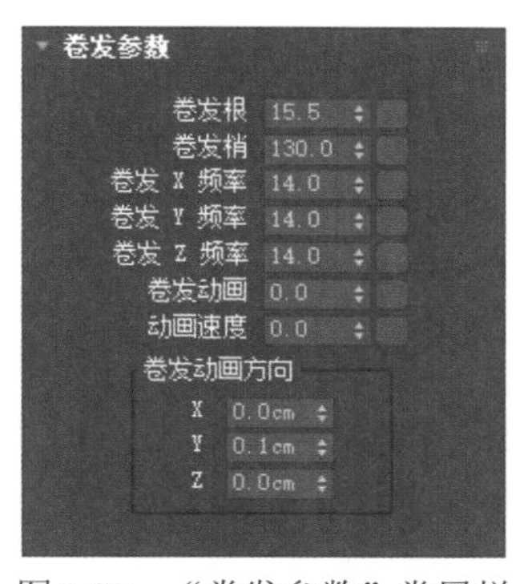

图8-20 “卷发参数”卷展栏

- “卷发根”微调框：控制毛发在其根部的置换。默认值为15.5。该值范围为0 ～ 360。
- “卷发梢”微调框：控制毛发在其梢部的置换。默认值为130。该值范围为0 ～ 360。
- 卷发X/Y/Z频率微调框：控制三个轴中每个轴上的卷发频率效果。
- “卷发动画”微调框：设置波浪运动的幅度。
- “动画速度”微调框：此倍增控制动画噪波场通过空间的速度。

8.2.10 “纽结参数”卷展栏

展开“纽结参数”卷展栏，如图8-21所示，各选项的功能说明如下。

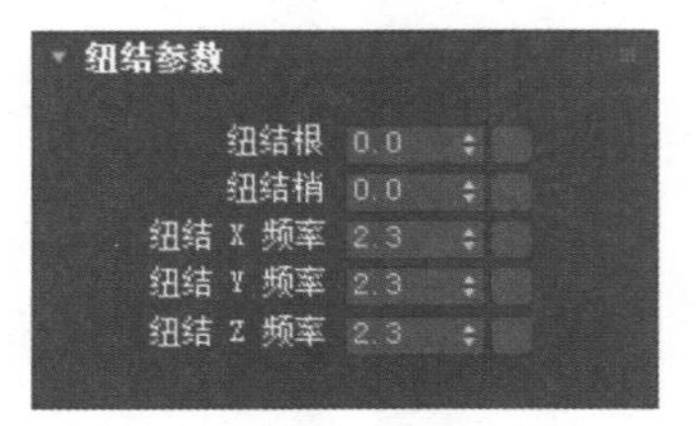

图8-21 “纽结参数”卷展栏

- “纽结根”微调框：控制毛发在其根部的纽结置换量。图8-22所示为该值是0和2时的毛发显示效果对比。
- “纽结梢”微调框：控制毛发在其梢部的纽结置换量。
- 纽结X/Y/Z频率微调框：控制三个轴中每个轴上的纽结频率效果。

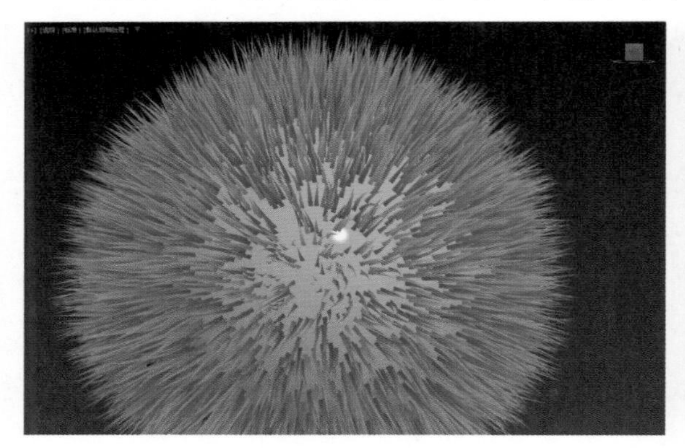
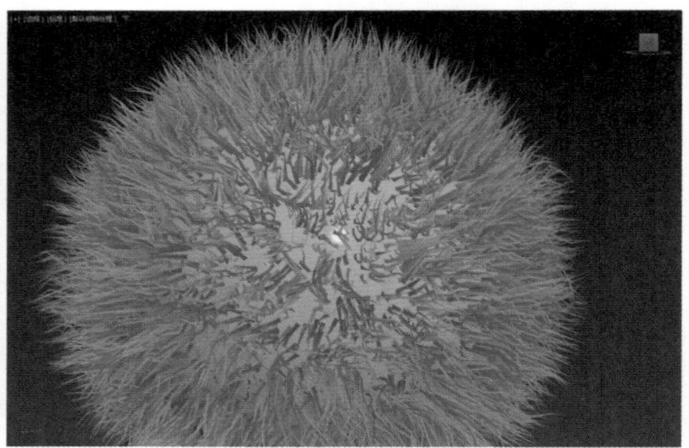

图8-22 “纽结根”为不同数值时的渲染效果对比

8.2.11 “多股参数”卷展栏

展开“多股参数”卷展栏，如图8-23所示，各选项的功能说明如下。

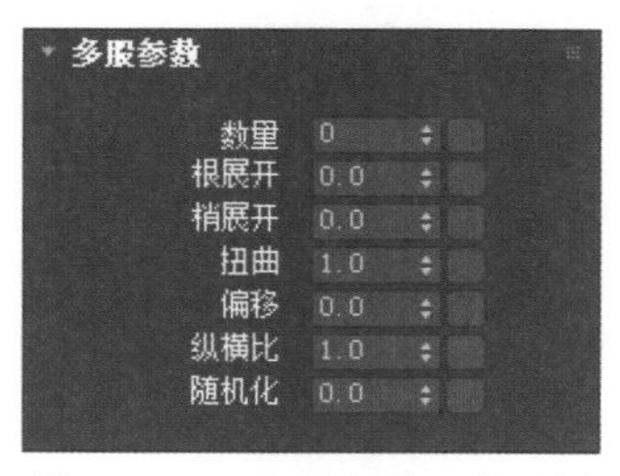

图8-23 “多股参数”卷展栏

- “数量”微调框：每个聚集块的头发数量。图8-24所示为该值是0和10时的毛发显示效果对比。
- “根展开”微调框：为根部聚集块中的每根毛发提供随机补偿。图8-25所示为该值是0和0.12时的毛发显示效果对比。

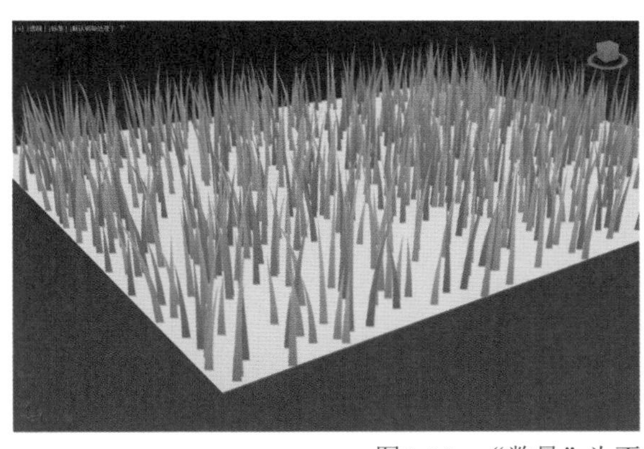
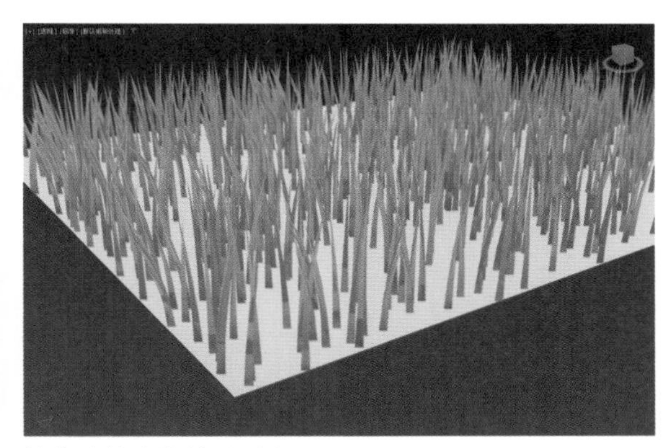

图8-24 “数量”为不同数值时的渲染效果对比

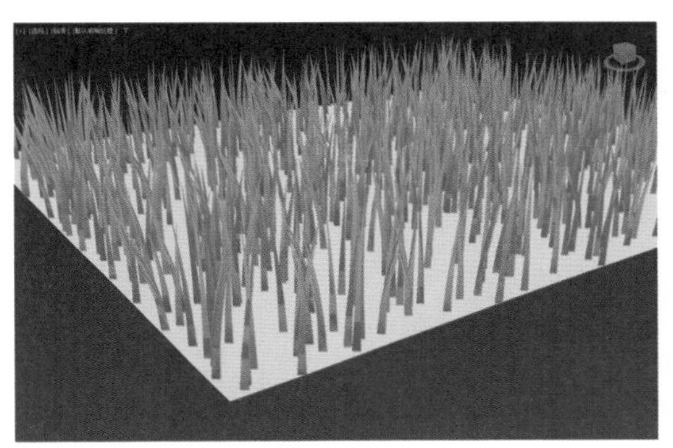
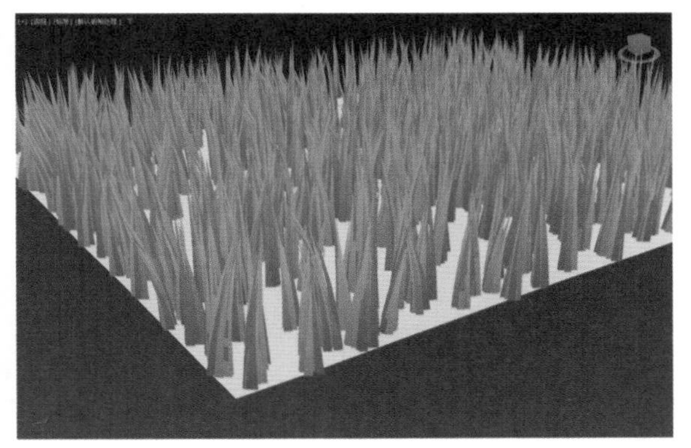

图8-25 “根展开”为不同数值时的渲染效果对比

- “梢展开”微调框：为梢部聚集块中的每根毛发提供随机补偿。图8-26所示为该值是0和0.5的毛发显示效果对比。

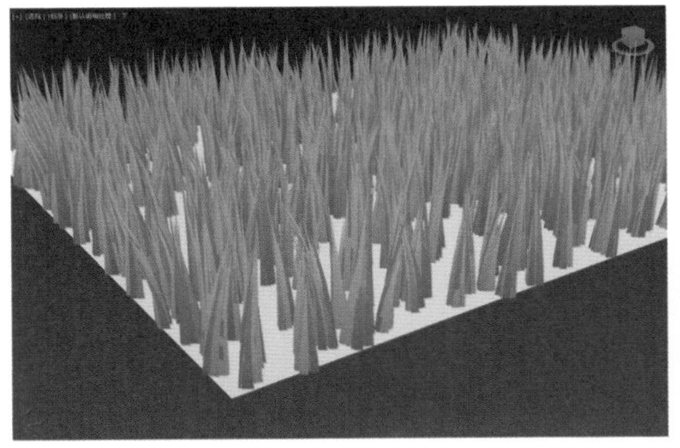

图8-26 “梢展开”为不同数值时的渲染效果对比

- “扭曲”微调框：使用每束的中心作为轴扭曲束。
- “偏移”微调框：使束偏移其中心。离尖端越近，偏移越大。“扭曲”和“偏移”结合使用，可以创建螺旋发束。

- “纵横比”微调框：在垂直于梳理方向的方向上挤压每个束。其效果是缠结毛发，使毛发类似于猫或熊等动物的毛。
- “随机化”微调框：随机处理聚集块中的每根毛发的长度。

8.2.12 “动力学”卷展栏

展开“动力学”卷展栏，如图8-27所示，各选项的功能说明如下。

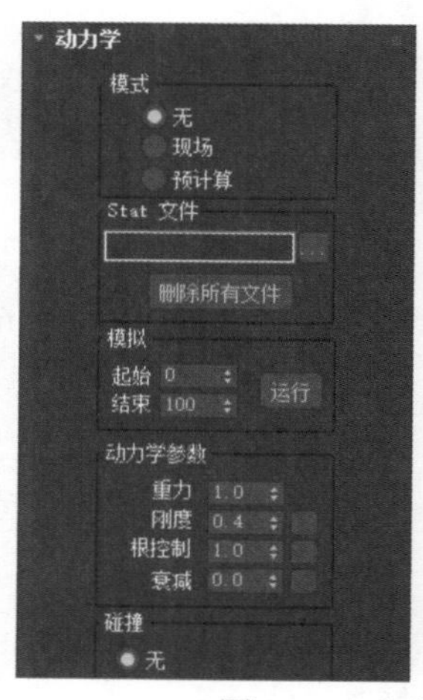

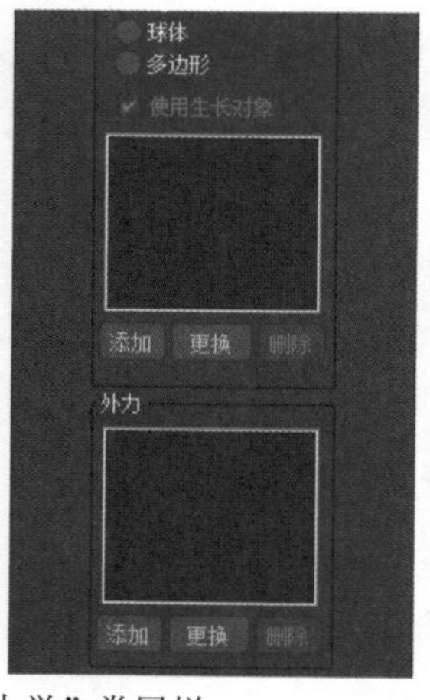

图8-27 “动力学”卷展栏

(1) “模式”组

- “无”单选按钮：毛发不进行动力学计算。
- “现场”单选按钮：毛发在视口中以交互方式模拟动力学效果。
- “预计算”单选按钮：为设置了动力学动画的毛发生成Stat文件并存储在硬盘中，以供后续渲染使用。

(2) “Stat文件”组

- “另存为”按钮■：单击此按钮，打开“另存为”对话框，在该对话框中可设置Stat文件的存储路径。
- “删除所有文件”删除所有文件按钮：单击此按钮，则删除存储在硬盘中的Stat文件。

(3) “模拟”组

- “起始”微调框：设置模拟毛发动力学的第一帧。
- “结束”微调框：设置模拟毛发动力学的最后一帧。
- “运行”按钮运行：单击此按钮，开始进行毛发的动力学模拟计算。

(4) “动力学参数”组

- “重力”微调框：用于指定在全局空间中垂直移动毛发的力。该值为负值时，上拉毛发；该值为正值时，下拉毛发。要令毛发不受重力影响，可将该值设置为0。
- “刚度”微调框：控制动力学效果的强弱。如果将该值设置为1，动力学不会产生任何效果。其默认值为0.4。该值范围为0～1。

- “根控制”微调框：与“刚度”类似，但只在毛发根部产生影响。其默认值为1.0。该值范围为0～1。
- “衰减”微调框：动态毛发承载前进到下一帧的速度。增加衰减将增加这些速度减慢的量。因此，较高的衰减值意味着毛发动态效果较为不活跃。

(5) “碰撞”组

- “无”单选按钮：动态模拟期间不考虑碰撞。这将导致毛发穿透其生长对象以及其开始接触的其他对象。
- “球体”单选按钮：毛发使用球体边界框来计算碰撞。此方法速度更快，其原因在于所需计算更少，但是结果不够精确。当从远距离查看时，该方法较为有效。
- “多边形”单选按钮：毛发考虑碰撞对象中的每个多边形。这是速度最慢的方法，但也是最为精确的方法。
- “添加”按钮添加：要在动力学碰撞列表中添加对象，可单击此按钮，然后在视口中单击对象。
- “更换”按钮更换：要在动力学碰撞列表中更换对象，应先在列表中高亮显示对象，再单击此按钮，然后在视口中单击对象进行更换操作。
- “删除”按钮删除：要在动力学碰撞列表中删除对象，应先在列表中高亮显示对象，再单击此按钮，完成删除操作。

(6) “外力”组

- “添加”按钮添加：要在动力学外力列表中添加“空间扭曲”对象，可单击此按钮，然后在视口中单击对应的“空间扭曲”对象。
- “更换”按钮更换：要在动力学外力列表中更换“空间扭曲”对象，应先在列表中高亮显示“空间扭曲”对象，再单击此按钮，然后在视口中单击“空间扭曲”对象进行更换操作。
- “删除”按钮删除：要在动力学外力列表中删除“空间扭曲”对象，应先在列表中高亮显示“空间扭曲”对象，再单击此按钮，完成删除操作。

8.2.13 “显示”卷展栏

展开“显示”卷展栏，如图8-28所示，其中主要选项的功能说明如下。

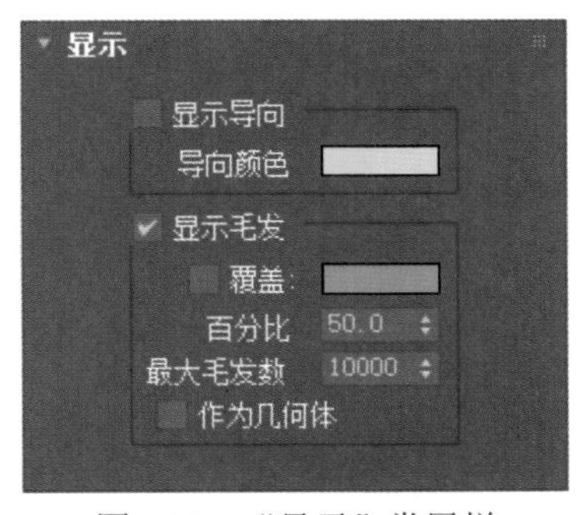

图8-28 “显示”卷展栏

- “显示导向”复选框：选中该复选框，则在视口中显示毛发的导向线，导向线的颜色由“导向颜色”所控制。图8-29所示为选中该复选框前后的显示效果对比。

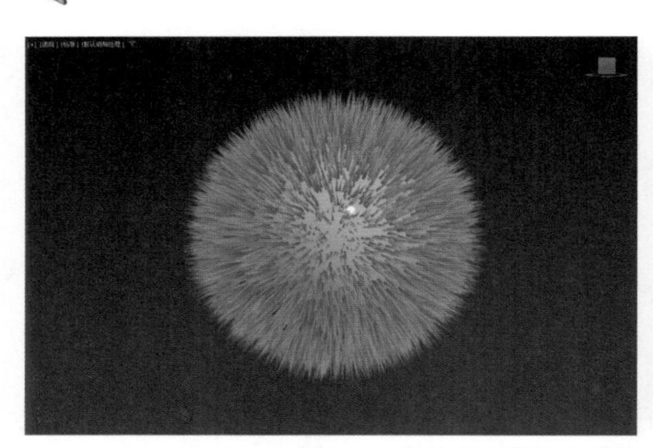
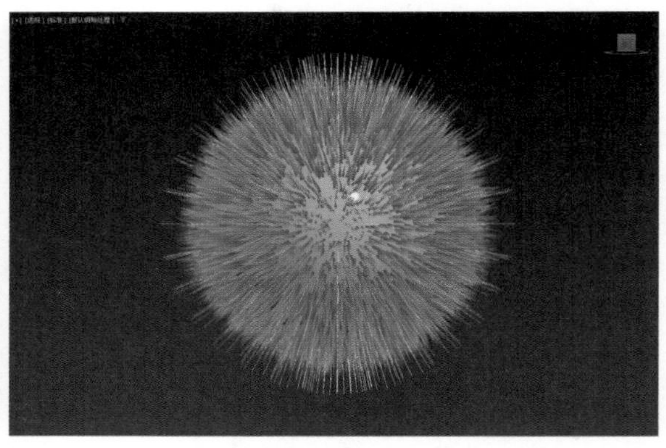

图8-29　选中和取消选中“显示导向”复选框的渲染效果对比

- “显示毛发”复选框：该复选框默认为选中状态，在几何体上显示毛发的形态。
- “百分比”微调框：在视口中显示全部毛发的百分比。降低此值将改善视口中的实时性能。
- “最大毛发数”微调框：无论百分比值为多少，在视口中显示的最大毛发数。
- “作为几何体”复选框：选中该复选框后，将头发在视口中显示为要渲染的实际几何体，而不是默认的线条。

8.2.14　“随机化参数”卷展栏

展开“随机化参数”卷展栏，如图8-30所示，选项的功能说明如下。

图8-30　“随机化参数”卷展栏

- “种子”微调框：通过设置此值来随机改变毛发的形态。

8.3　实例：制作地毯毛发效果

【例8-1】 本实例将讲解如何使用“Hair和Fur(WSM)”修改器制作地毯毛发效果，渲染效果如图8-31所示。视频

图8-31　毛毯毛发效果

01 启动3ds Max 2024，单击“创建”面板中的“平面”按钮，如图8-32所示。

02 在“修改”面板的“参数”卷展栏中，设置“长度”为95cm、“宽度”为125cm，如图8-33所示。

图8-32　单击“平面”按钮

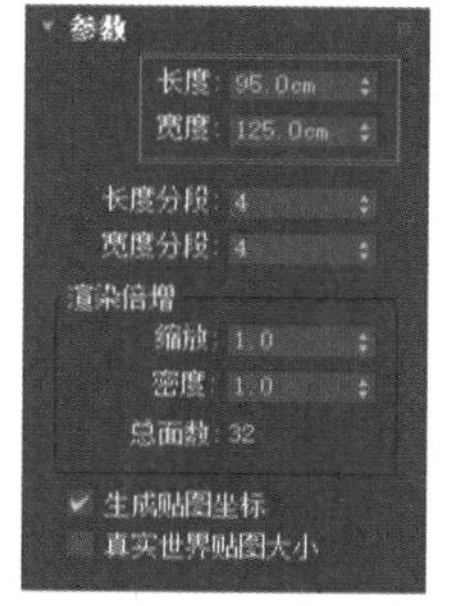

图8-33　设置平面模型的参数

03 在场景中可以得到一个平面模型来作为地毯模型，如图8-34所示。

04 选择场景中的地毯模型，在“修改”面板中为其添加“Hair和Fur(WSM)”修改器，如图8-35所示。

图8-34　平面模型显示效果

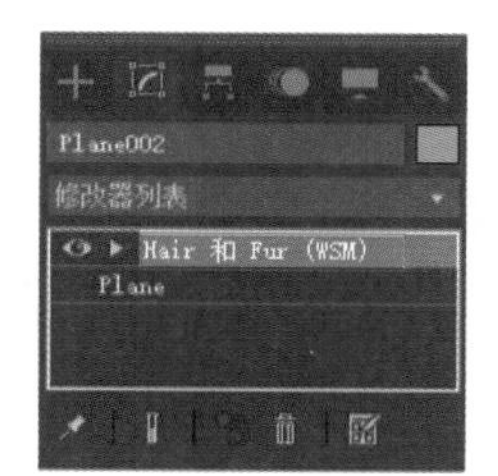

图8-35　添加“Hair和Fur (WSM)”修改器

05 此时平面模型在视图中的显示效果如图8-36所示。

06 在“修改”面板中展开“常规参数”卷展栏，设置“毛发数量”数值为20000，增加地毯的毛发数量，设置“比例”数值为20，缩短地毯上毛发的长度，设置“根厚度”数值为2，降低地毯上毛发的粗细，如图8-37所示。

图8-36　平面模型显示效果

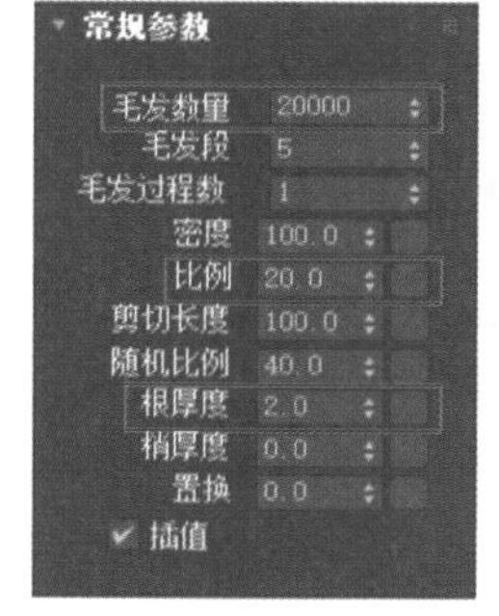

图8-37　设置“常规参数”卷展栏的参数

07 展开“动力学”卷展栏，设置“重力”数值为2、“刚度”数值为0.2，然后在“模式”组中选中“现场”单选按钮，如图8-38所示。

08 模拟结束后，平面模型在视图中的显示效果如图8-39所示。

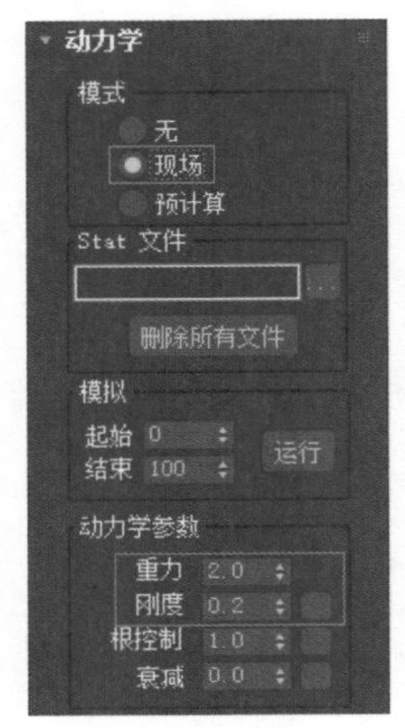

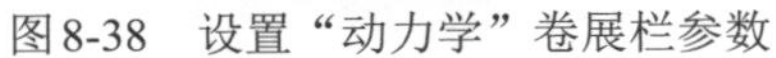

图8-38 设置“动力学”卷展栏参数

图8-39 平面模型显示的效果

09 按Esc键，在弹出的“现场动力学”对话框中单击“冻结”按钮，冻结毛发，如图8-40所示。

10 展开“设计”卷展栏，单击“设计发型”按钮，如图8-41所示。

图8-40 单击“冻结”按钮

图8-41 单击“设计发型”按钮

11 梳理毛发，使毛发的走向具有随机性，如图8-42所示。

12 梳理完成后，单击“完成设计”按钮，如图8-43所示。

图8-42 梳理毛发

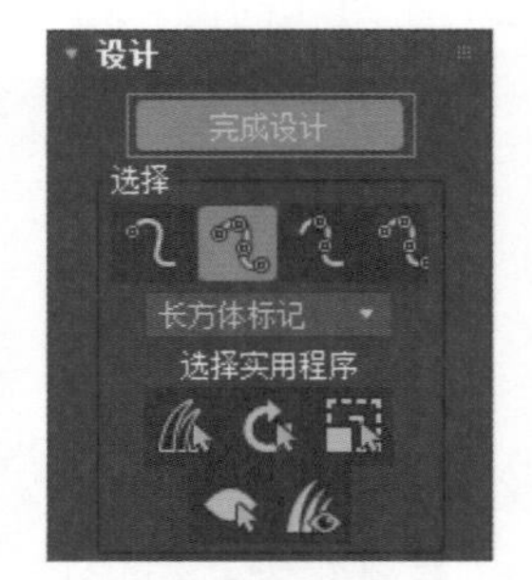

图8-43 单击“完成设计”按钮

13 设置完成后，在主工具栏中单击“渲染帧窗口”按钮渲染场景，渲染效果如图8-31所示。

8.4 实例：制作毛发动画效果

【例8-2】本实例将讲解如何使用"Hair和Fur(WSM)"修改器制作毛发动画效果，如图8-44所示。视频

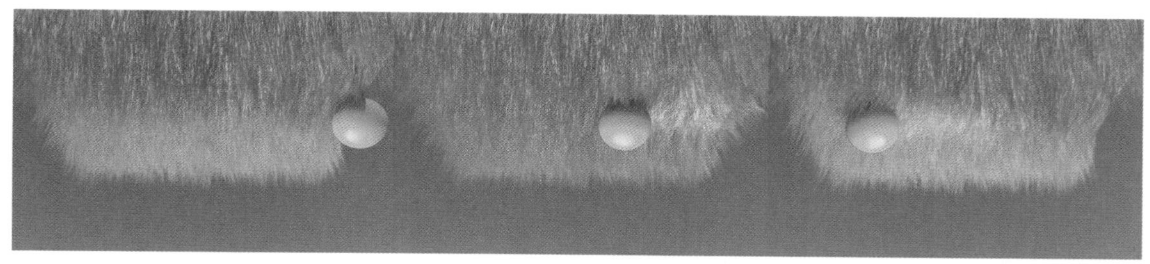

图8-44 毛发动画效果

01 启动3ds Max 2024，单击"创建"面板中的"平面"按钮，如图8-45所示。

02 在"修改"面板的"参数"卷展栏中，设置"长度"为120cm、"宽度"为120cm，如图8-46所示。

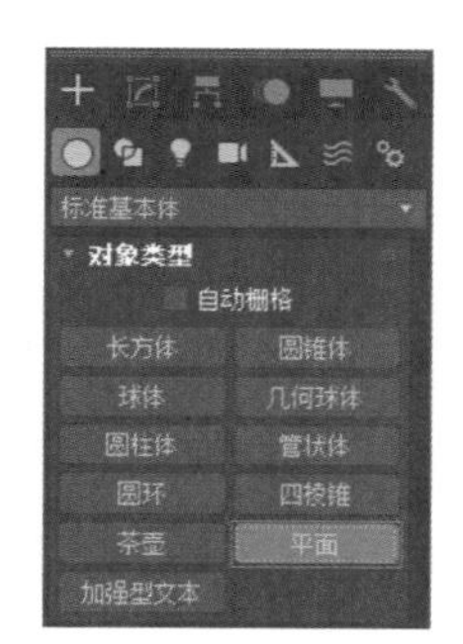

图8-45 单击"平面"按钮

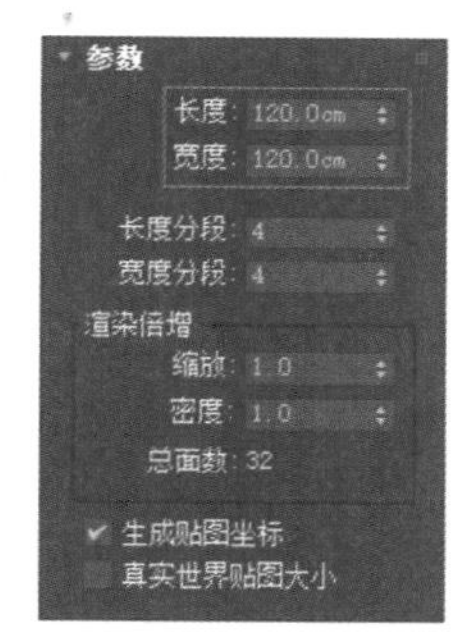

图8-46 设置平面模型的参数

03 在场景中可以得到一个平面模型来作为草坪模型，如图8-47所示。

04 选择场景中的平面模型，在"修改"面板中为其添加"Hair和Fur(WSM)"修改器，如图8-48所示。

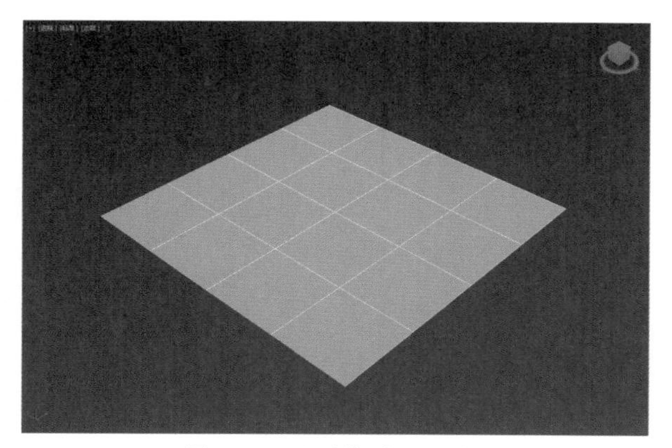

图8-47 平面模型显示效果

图8-48 添加"Hair和Fur(WSM)"修改器

05 此时平面模型在视图中的显示效果如图8-49所示。

06 在“修改”面板中展开“常规参数”卷展栏，设置“毛发数量”数值为20000，增加毛发数量，设置“比例”数值为100，缩短毛发的长度，设置“根厚度”数值为2，降低毛发的粗细，如图8-50所示。

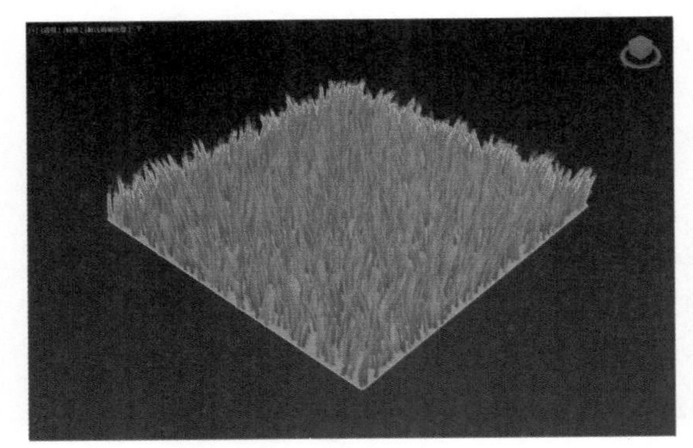

图8-49　平面模型显示效果

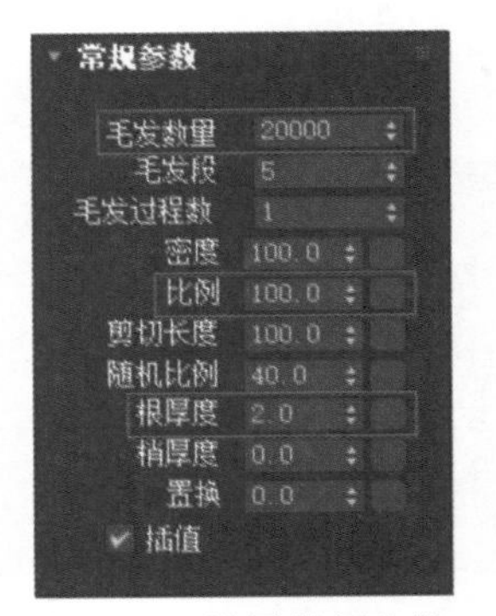

图8-50　设置常规参数

07 展开“动力学”卷展栏，设置“重力”数值为2，设置“刚度”和“根控制”数值均为0，然后在“模式”组中选中“现场”单选按钮，如图8-51所示。

08 模拟结束后，毛发在视图中的显示效果如图8-52所示，毛发全部向下垂。

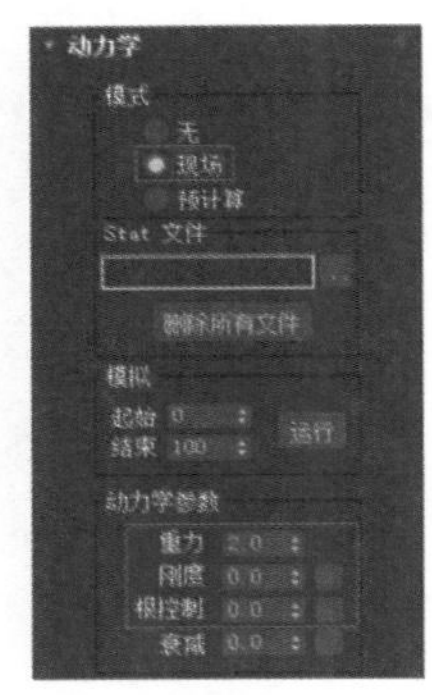

图8-51　设置“动力学”卷展栏的参数

图8-52　毛发显示效果

09 按Esc键，在弹出的“现场动力学”对话框中单击“冻结”按钮，冻结毛发，如图8-53所示。

10 在“创建”面板中单击“球体”按钮，在场景中创建一个球体，如图8-54所示。

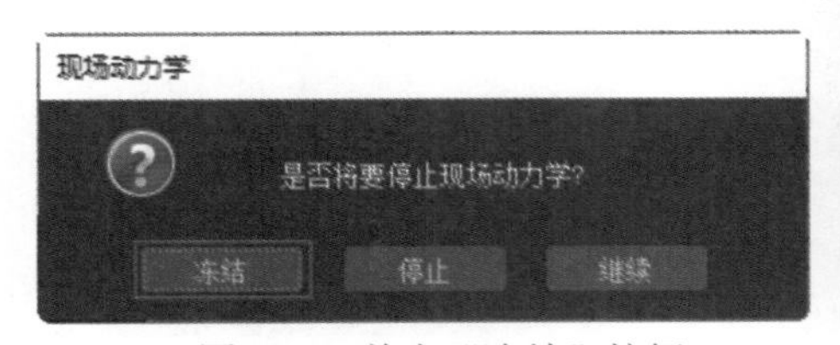

图8-53　单击“冻结”按钮

图8-54　创建球体

11 按N键，启用自动记录关键帧功能，然后在第50帧的位置将球体拖曳至如图8-55所示的位置，完成球体平移动画的设置。

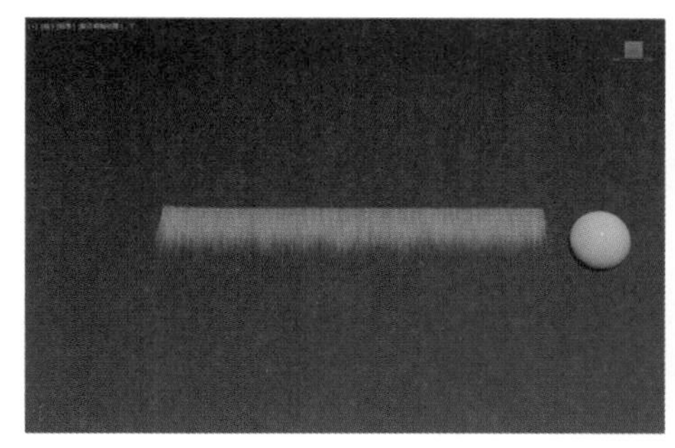
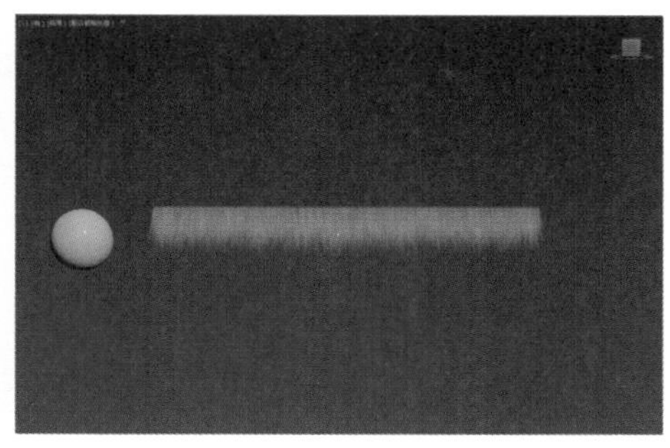

图8-55　设置球体平移动画

12 再按一次N键结束命令，选择场景中的草坪模型，在“修改”面板中展开“动力学”卷展栏。单击“Stat文件”组中的“另存为”按钮，在本地硬盘中选择任意位置存储生成的毛发动力学缓存文件，在“碰撞”组中选中“多边形”单选按钮，并单击“添加”按钮，如图8-56所示，在场景中单击球体，即可将球体添加至毛发的动力学模拟计算中。

13 设置完成后，在“模拟”组中单击“运行”按钮，如图8-57所示，开始毛发的动力学计算。

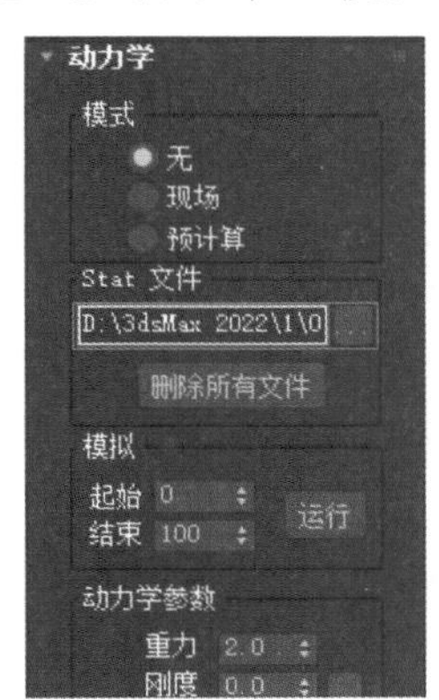

图8-56　设置动力学参数

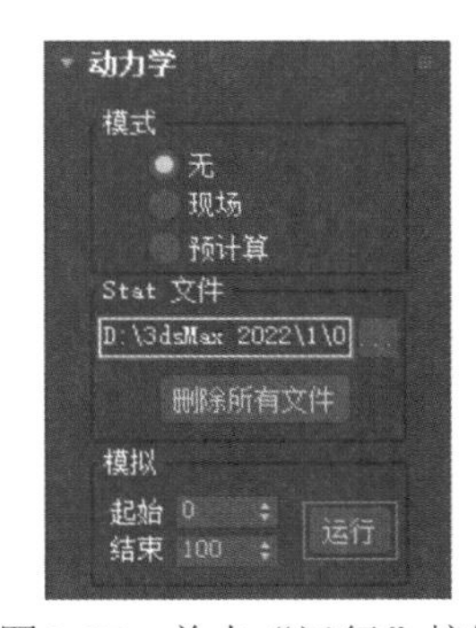

图8-57　单击“运行”按钮

14 动力学计算完成后，拖动“时间滑块”按钮，在视图中观察球体动画对草坪所产生的动力学影响效果，如图8-58所示。

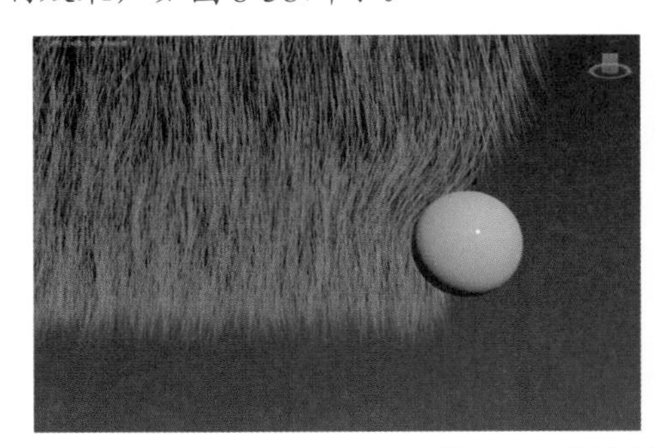
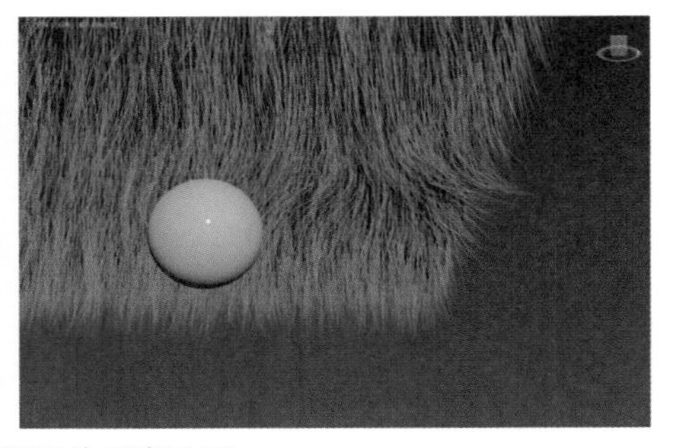

图8-58　拖动时间滑块观察动画

15 设置完成后，在主工具栏中单击“渲染帧窗口”按钮渲染场景，渲染结果如图8-44所示。

8.5 习题

1. 简述3ds Max 2024中Hair和Fur(WSM)修改器的基本功能和用途。
2. 简述如何为物体添加毛发，并调整其基本参数以创建不同长度和密度的毛发。
3. 简述如何创建毛发的动画效果。

第 9 章

渲染技术

在众多渲染器中，3ds Max 软件自带的 Arnold 渲染器和业界知名的 VRay 渲染器以其卓越的性能而脱颖而出。本章将深入探讨这两款渲染器的工作原理、特点以及它们在实际应用中的差异。

9.1 渲染概述

渲染是三维项目制作中的最后阶段，它并不是简单的着色过程，涉及相当复杂的计算过程，且耗时较长。3ds Max 2024提供了多种渲染器供用户选择和使用，并且允许用户自行购买及安装由第三方软件生产商提供的渲染器插件来进行渲染。

计算机通过计算三维场景中的模型、材质、灯光和摄影机属性等，最终输出图像或视频。这个过程可以理解为“出图”，图9-1所示为三维渲染作品。

图9-1　三维渲染作品

9.2 Arnold渲染器

Arnold渲染器是公认的具有代表性的渲染器之一，通过全局光照、光线追踪和路径追踪，提供高质量的图像输出。如果用户已经具备足够的渲染器相关知识或已经能熟练应用其他的渲染器(如VRay渲染器)，那么学习Arnold渲染器将会变得容易很多。该渲染器也将与3ds Max软件保持同步更新，用户无需另外付费给第三方渲染器公司。

单击主工具栏中的“渲染设置”按钮，可打开3ds Max 2024的“渲染设置”窗口，在“渲染设置”窗口的标题栏上，可查看当前场景文件所使用的渲染器名称，在默认状态下，3ds Max 2024使用的渲染器为Arnold渲染器，如图9-2所示。

如果想要更换渲染器，可以通过选择“渲染器”下拉列表中的选项来完成，如图9-3所示。

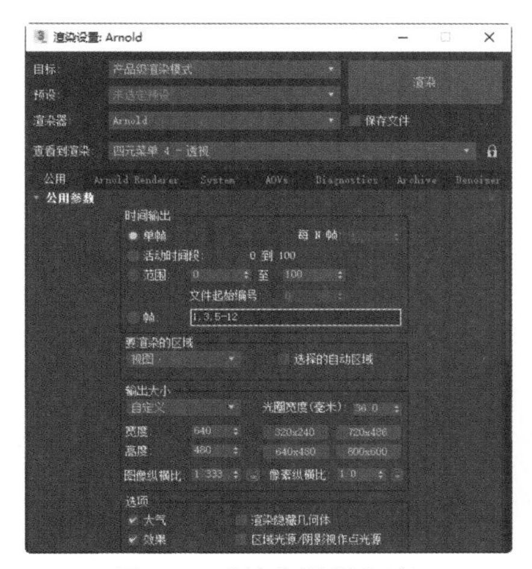

图9-2　“渲染设置”窗口

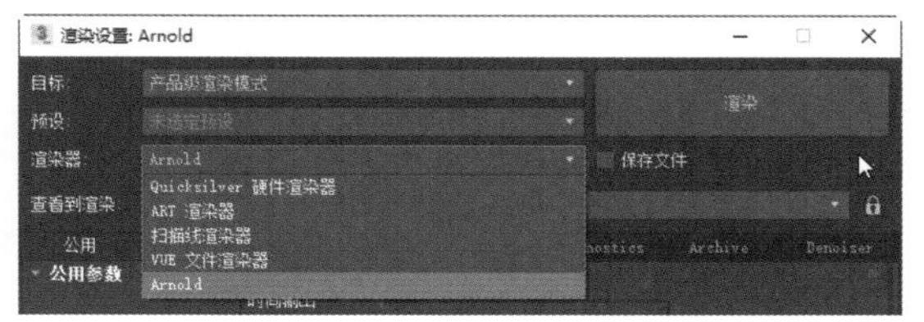

图9-3　“渲染器”下拉列表

9.2.1　实例：制作液体材质

【例9-1】 本实例将讲解如何制作液体材质，渲染效果如图9-4所示。视频

图9-4　液体

01 启动3ds Max 2024，打开本书的配套资源文件“客厅.max”，场景中已经设置好摄影机和灯光，如图9-5所示。

02 选择液体模型，然后打开“材质编辑器”窗口，选择一个空白的物理材质球，并将其重命名为“液体”，再单击“将材质指定给选定对象”按钮，如图9-6所示。

图9-5　打开“客厅.max”文件

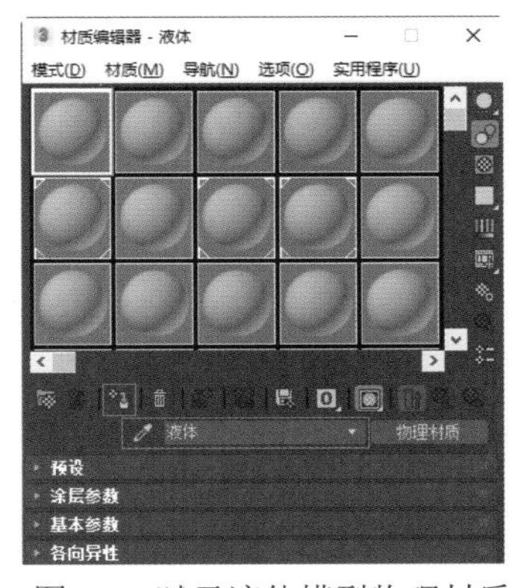

图9-6　赋予液体模型物理材质

03 展开“基本参数”卷展栏，在“基础颜色和反射”组中设置“粗糙度”数值为0.05、IOR数值为1.333，设置“透明度”组的“权重”数值为1，如图9-7所示。

04 在“透明度”组中设置“透明度颜色”为浅粉色，如图9-8所示。

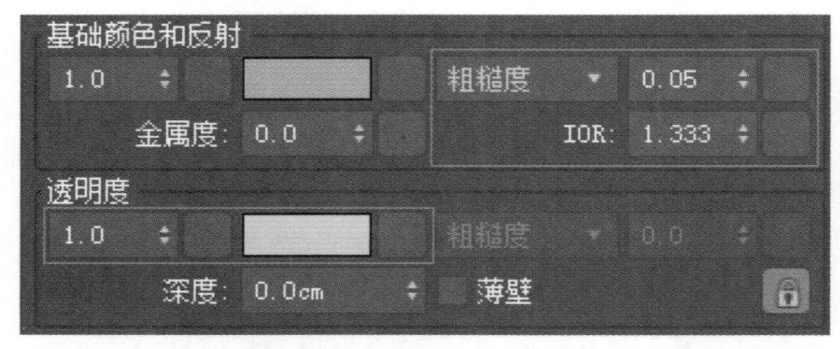

图9-7　设置液体材质的参数

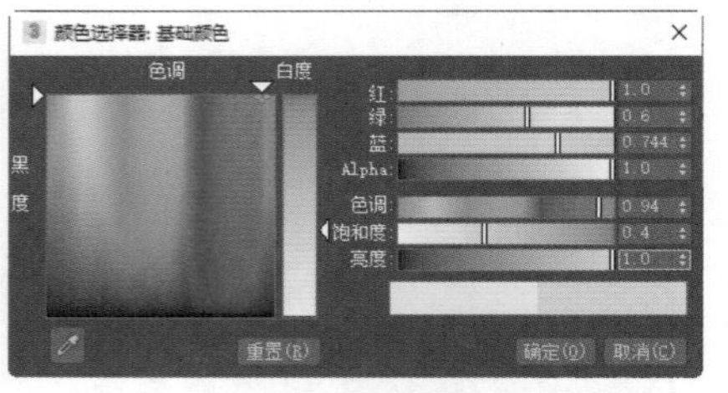

图9-8　设置“透明度”颜色

05 设置完成后，在主工具栏中单击“渲染帧窗口”按钮渲染场景，渲染效果如图9-4所示。

9.2.2　实例：制作陶瓷灯座材质

【例9-2】本实例将讲解如何制作陶瓷灯座材质，渲染效果如图9-9所示。

图9-9　陶瓷灯座

01 启动3ds Max 2024，打开本书的配套资源文件“客厅.max”，场景中已经设置好摄影机和灯光，如图9-10所示。

02 选择陶瓷灯座模型，打开“材质编辑器”窗口，选择一个空白的物理材质球，并将其重命名为“陶瓷灯座”，再单击“将材质指定给选定对象”按钮，如图9-11所示。

图9-10　打开“客厅.max”文件

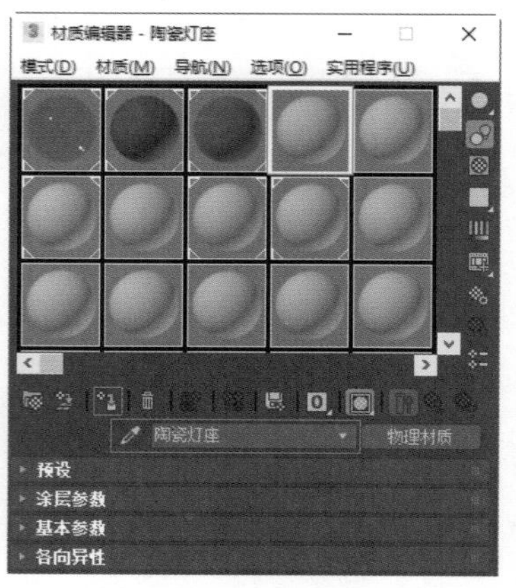

图9-11　赋予陶瓷灯座模型物理材质

03 在“常规贴图”卷展栏中，单击“基础颜色”属性右侧的“无贴图”按钮，添加“陶瓷灯座.jpg”贴图文件，如图9-12所示。

04 展开“基本参数”卷展栏，在“基础颜色和反射”组中设置“粗糙度”数值为0.1，如图9-13所示。

图9-12 添加“陶瓷灯座.jpg”贴图文件

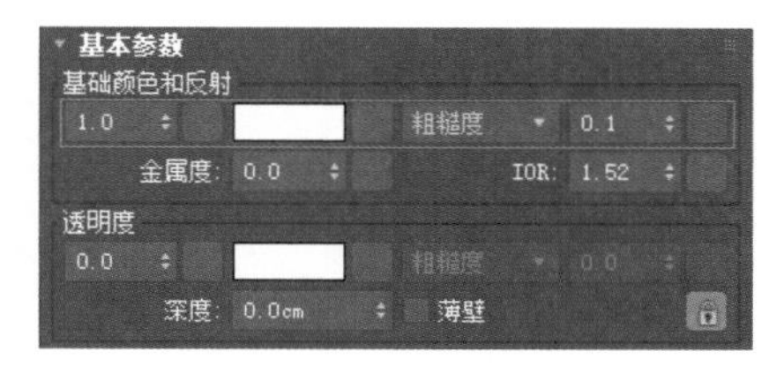

图9-13 设置灯座材质的参数

05 设置完成后，在主工具栏中单击“渲染帧窗口”按钮渲染场景，渲染效果如图9-9所示。

9.2.3 实例：制作植物叶片材质

【例9-3】 本实例将讲解如何制作植物叶片材质，渲染效果如图9-14所示。 

图9-14 植物叶片

01 启动3ds Max 2024，打开本书的配套资源文件“客厅.max”，场景中已经设置好摄影机和灯光，如图9-15所示。

02 选择叶片模型，打开“材质编辑器”窗口，选择一个空白的物理材质球，并将其重命名为“叶片”，再单击“将材质指定给选定对象”按钮，如图9-16所示。

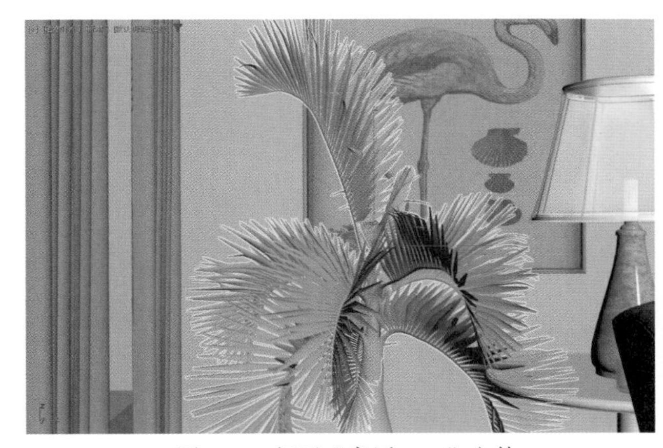

图9-15 打开“客厅.max”文件

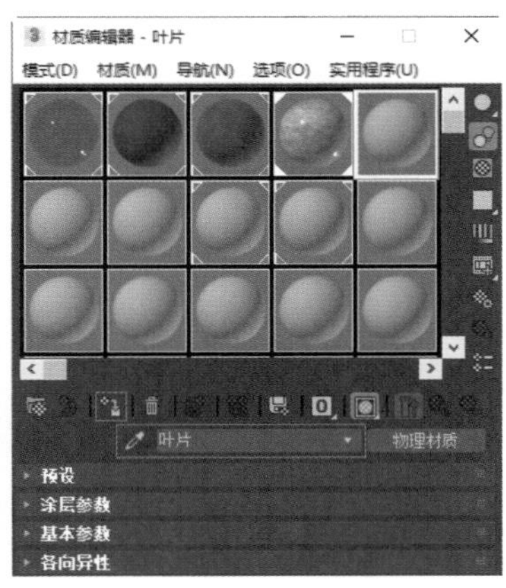

图9-16 赋予叶片模型物理材质

03 在“常规贴图”卷展栏中，单击“基础颜色”属性右侧的“无贴图”按钮，添加“叶片.jpg”贴图文件，如图9-17所示。

04 展开“基本参数”卷展栏，在“基础颜色和反射”组中设置“粗糙度”数值为0.35，如图9-18所示。

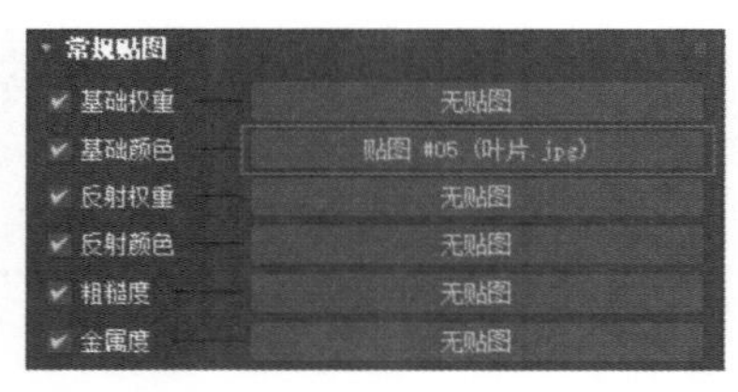

图9-17　添加“叶片.jpg”贴图文件

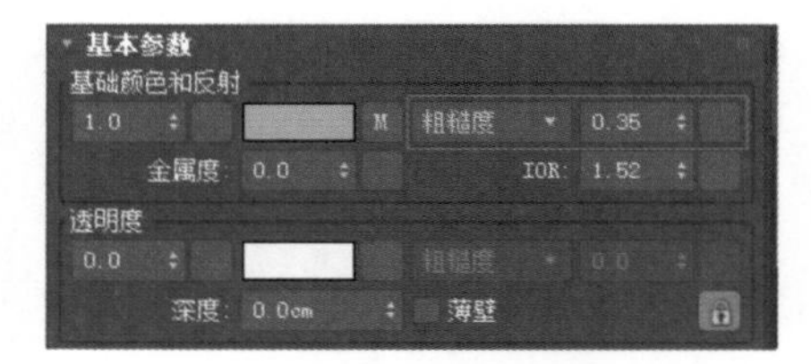

图9-18　设置叶片材质的参数

05 设置完成后，在主工具栏中单击“渲染帧窗口”按钮渲染场景，渲染效果如图9-14所示。

9.2.4　实例：制作镜子材质

【例9-4】本实例将讲解如何制作镜子材质，渲染效果如图9-19所示。

图9-19　镜子

01 启动3ds Max 2024，打开本书的配套资源文件“客厅.max”，场景中已经设置好摄影机和灯光，如图9-20所示。

02 选择镜子模型，然后打开“材质编辑器”窗口，选择一个空白的物理材质球，并将其重命名为“镜子”，再单击“将材质指定给选定对象”按钮，如图9-21所示。

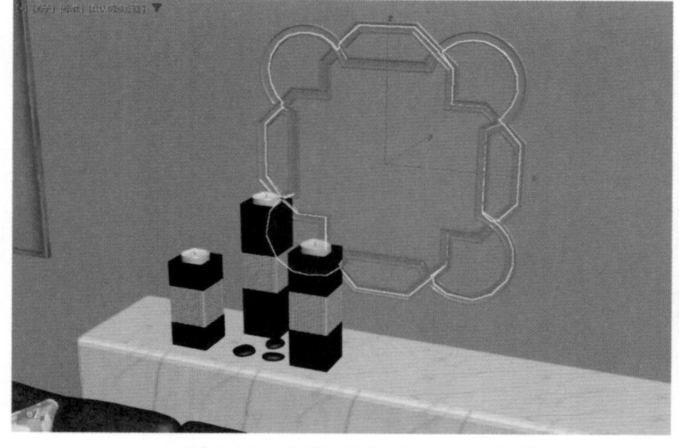

图9-20　打开“客厅.max”文件

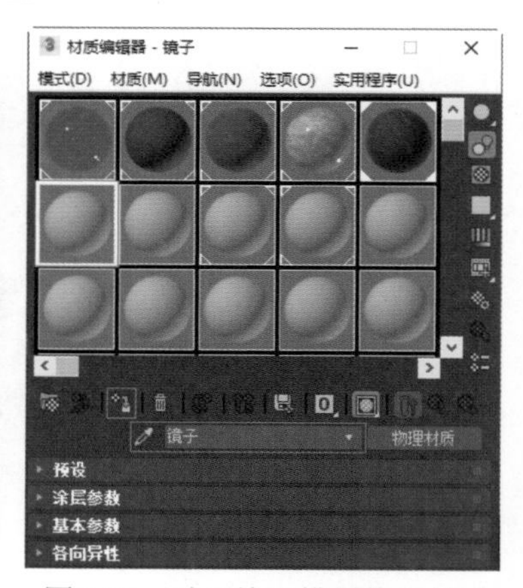

图9-21　赋予镜子模型物理材质

03 展开“基本参数”卷展栏，在“基础颜色和反射”组中设置“基础颜色”为白色，设置“粗糙度”数值为0.02，设置“金属度”数值为1，如图9-22所示。

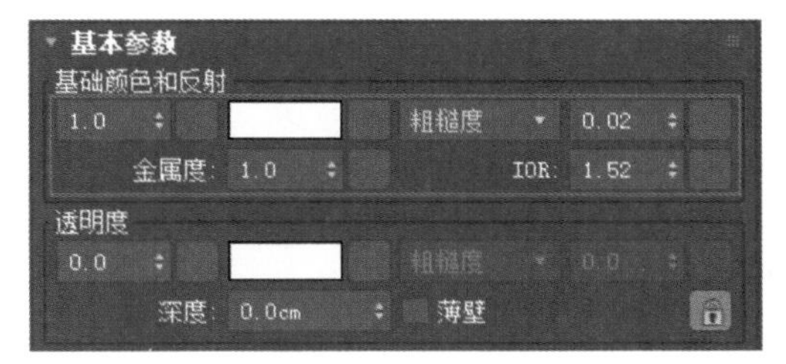

图9-22 设置镜子材质的参数

04 设置完成后，在主工具栏中单击“渲染帧窗口”按钮渲染场景，渲染效果如图9-19所示。

9.2.5 实例：制作灯带照明效果

【例9-5】本实例将主要讲解如何在场景中制作灯带照明效果及合理地调节灯光参数，渲染效果如图9-23所示。视频

图9-23 灯带照明效果

01 启动3ds Max 2024，打开本书的配套资源文件“客厅01.max”，在“创建”面板中单击“目标灯光”按钮，如图9-24所示。

02 在吊顶内侧创建一个目标灯光，如图9-25所示。

图9-24 单击“目标灯光”按钮

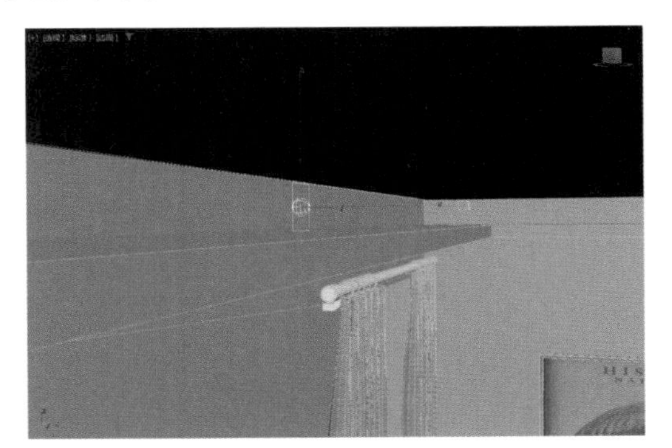

图9-25 创建目标灯光

03 在“修改”面板中展开“常规参数”卷展栏，选择“阴影”下拉列表中的“光线跟踪阴影”选项，如图9-26所示。

04 在“强度/颜色/衰减”卷展栏中选中“颜色”组中的“开尔文”单选按钮，设置“开尔文”数值为3000，设置“强度”数值为1200，如图9-27所示。

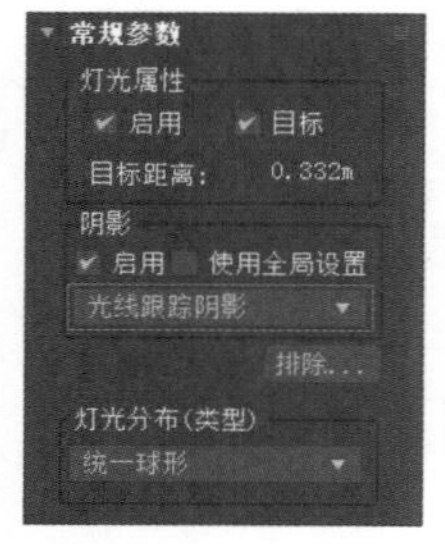

图9-26 选择“光线跟踪阴影”选项

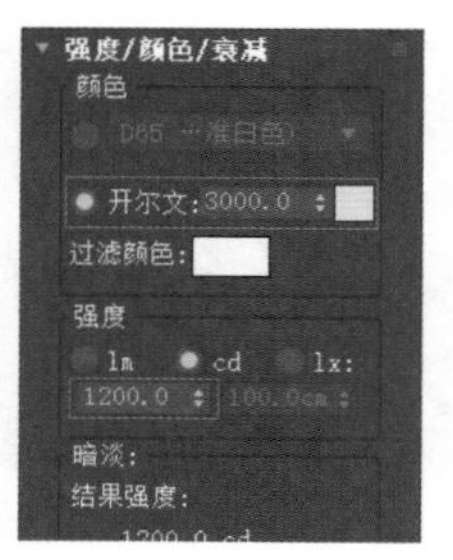

图9-27 设置灯光参数

05 展开“图形/区域阴影”卷展栏，设置“从(图形)发射光线”的类型为“矩形”，设置“长度”为10cm，设置“宽度”为20cm，如图9-28所示。

06 按Shift键并选择灯光，以拖曳的方式沿着吊顶进行复制，如图9-29所示。

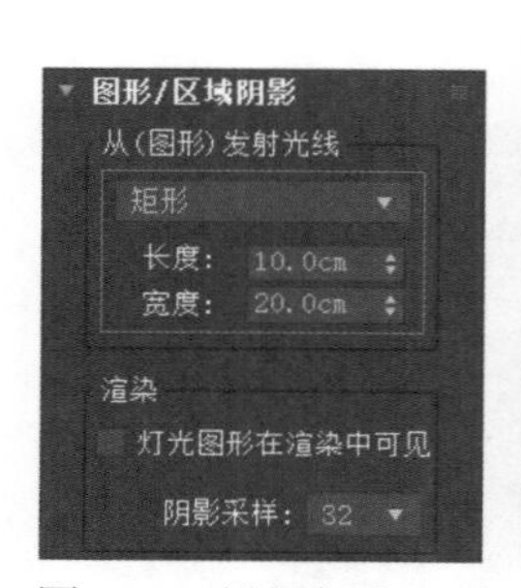

图9-28 设置灯光尺寸

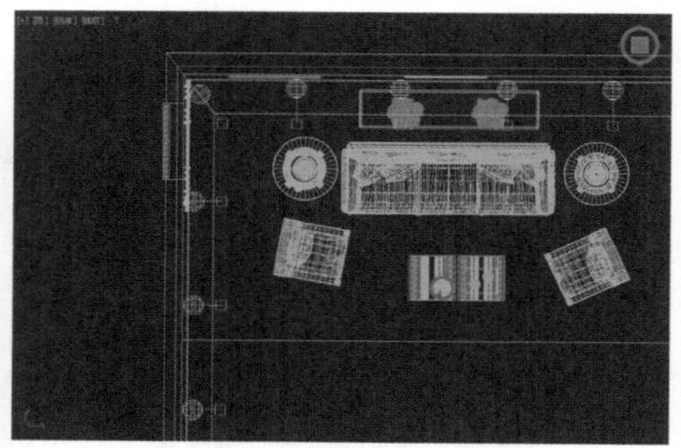

图9-29 复制灯光

07 设置完成后，在主工具栏中单击“渲染帧窗口”按钮渲染场景，渲染效果如图9-23所示。

9.2.6 实例：制作天光照明效果

【例9-6】 本实例将主要讲解如何在场景中制作天光照明效果及合理地调节物理天空光的参数，渲染效果如图9-30所示。视频

图9-30 天光照明效果

01 启动3ds Max 2024，打开本书的配套资源文件“客厅02.max”，在创建面板中单击Arnold Light按钮，如图9-31所示。

02 在前视图中的窗户位置处创建一个Arnold灯光，如图9-32所示。

图9-31 单击Arnold Light按钮

图9-32 创建Arnold灯光

03 在“修改”面板中展开Shape卷展栏，在Type下拉列表中选择Quad选项，设置Quad X为100cm，设置Quad Y为200cm，如图9-33所示。

04 展开Color/Intensity卷展栏，设置Intensity数值为7，Exposure数值为8，如图9-34所示。

05 将复制的灯光移至房屋模型的另一边的窗户位置，如图9-35所示。

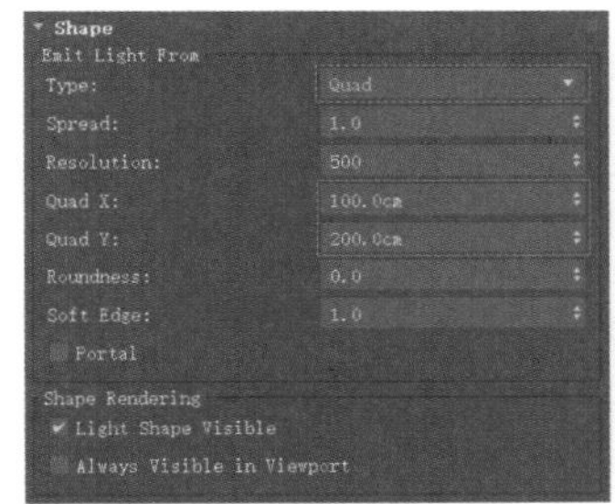

图9-33 设置Arnold灯光参数

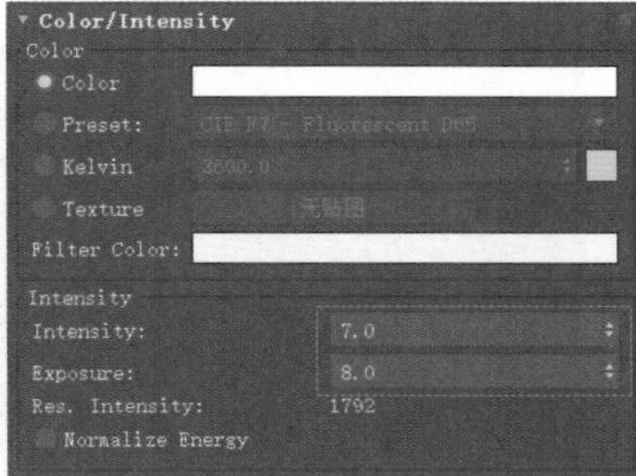

图9-34 设置Arnold灯光强度

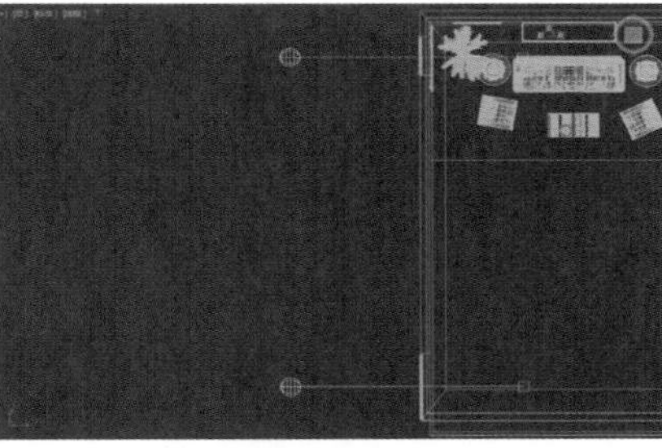

图9-35 调整复制的灯光位置

06 按F10键打开“渲染设置”窗口，在“公用”选项卡中，设置渲染输出图像的“宽度”数值为1060，“高度”数值为740，如图9-36所示。

07 在Arnold Renderer选项卡中，展开Sampling and Ray Depth卷展栏，设置Camera(AA)数值为9，如图9-37所示，降低渲染图像的噪点，提高图像的渲染质量。

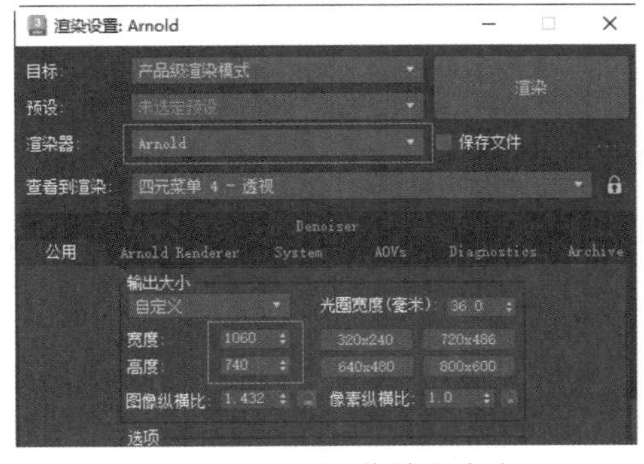

图9-36 设置图像输出大小

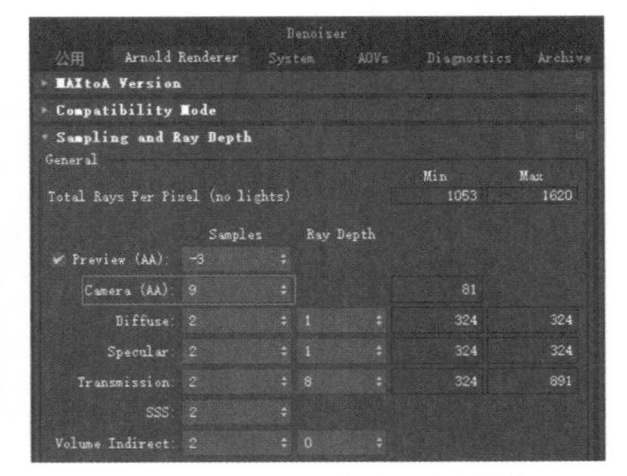

图9-37 设置Camera(AA)数值

08 设置完成后，在主工具栏中单击“渲染帧窗口”按钮渲染场景，渲染效果如图9-30所示。

9.3 VRay渲染器

VRay渲染器具有高效的渲染能力和逼真的效果，因而是许多三维设计师的首选工具之一。用户需要单独下载VRay渲染器并将其安装到3ds Max 2024中。本节将以VRay 6版本为例进行介绍。VRay 6版本进一步优化了渲染性能，增强了对光照、材质和效果的模拟能力。它引入了许多先进的技术，包括全新的实时光线追踪系统、更加智能的材质编辑器，以及快速的全局光照计算。这些技术使得用户能够更快地实现高质量的渲染效果，同时也让对复杂场景的处理更为方便。

VRay渲染器为用户提供了一些专门应用于该渲染器计算的材质、程序贴图、灯光、摄影机及渲染设置命令。实际上，VRay渲染器所提供的材质、灯光等工具与3ds Max 2024自带的材质、灯光非常相似。

打开3ds Max 2024，按F10快捷键，打开“渲染设置”窗口，如图9-38所示。单击“渲染器”下拉列表，从弹出的下拉列表中选择“V-Ray 6，update 2”选项，切换渲染器，切换后会弹出V-Ray工具栏，如图9-39所示。其中，“V-Ray 6，update 2”是CPU渲染，“V-Ray GPU 6，update 2”是显卡渲染。

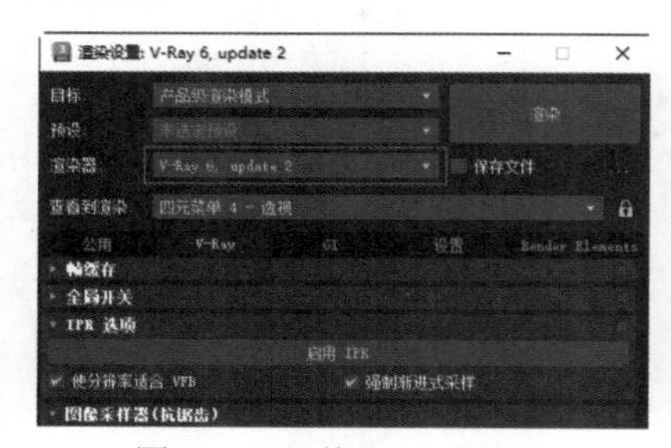

图9-38　切换VRay渲染器

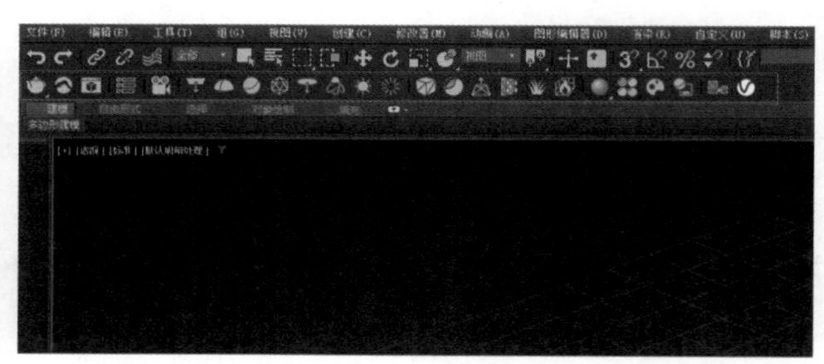

图9-39　V-Ray工具栏

按M键打开“材质编辑器”窗口，单击Standard按钮，打开“材质/贴图浏览器”对话框，展开V-Ray卷展栏，双击VRayMtl材质，如图9-40所示，切换材质球。此时，VRayMtl材质的参数界面如图9-41所示。

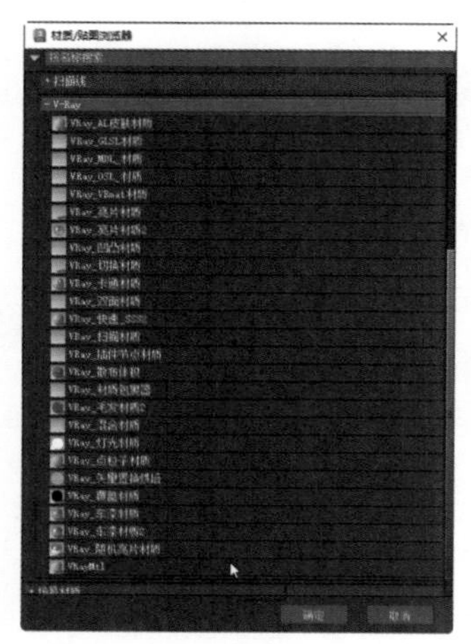

图9-40　双击VRayMtl材质

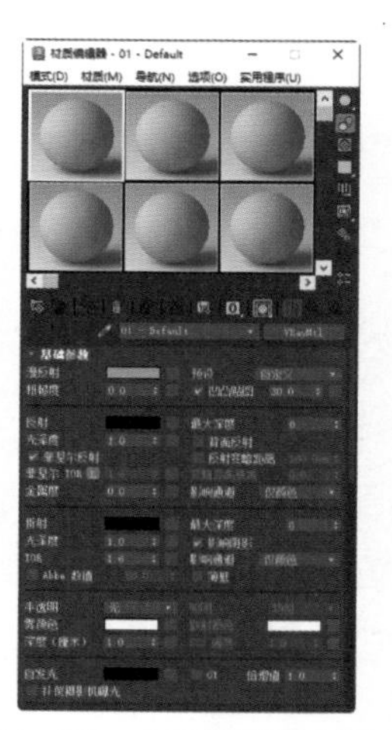

图9-41　VRayMtl材质的参数界面

单击“最近一次的VFB”按钮，打开V-Ray Frame Buffer窗口，如图9-42所示。

图9-42　打开V-Ray Frame Buffer窗口

同时，V-Ray 6渲染器提供了一套独特的灯光和摄影机系统，与3ds Max 2024默认的标准灯光和摄影机相比，有着明显的不同和优势。

V-Ray 6的灯光系统不仅支持更多种类的灯光类型，如全局光照、光源、区域光源等，还增强了对真实世界光照模型的模拟能力。此外，V-Ray 6灯光具备更高的控制精度和实时预览功能，从而确保用户能够直观地调整和优化场景的氛围。在“创建”面板的“灯光”下拉列表中选择“VRay”选项，如图9-43所示，即可在“对象类型”中切换VRay灯光。

在摄影机方面，V-Ray 6也推出了更加丰富的功能，包括对深度效果的细致控制、景深、运动模糊等特性。这些功能使得用户能够在渲染过程中更好地表达视觉故事，并为场景增添生动的动态效果。与3ds Max 2024的标准摄影机相比，V-Ray 6摄影机提供了更强大的参数调整选项，比如光圈设置、焦距控制以及更复杂的曝光选项。在“创建”面板的“摄影机”下拉列表中选择“VRay”选项，如图9-44所示，即可在“对象类型”中切换VRay摄影机。

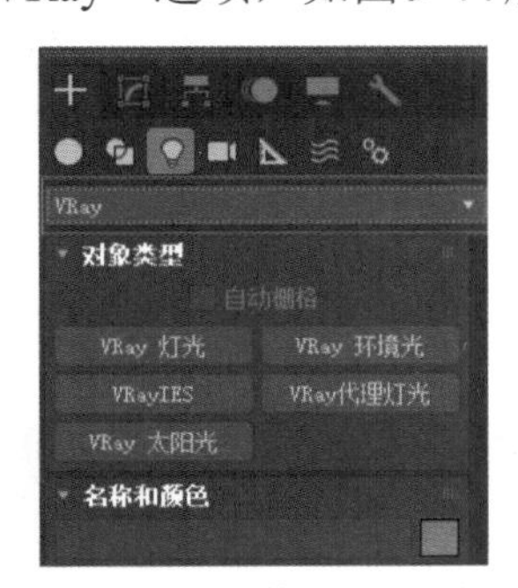

图9-43　切换VRay灯光

图9-44　切换VRay摄影机

9.3.1　实例：制作乳胶漆材质

【例9-7】本实例将讲解如何制作乳胶漆材质，本实例的渲染结果如图9-45所示。

图9-45　乳胶漆

01 启动3ds Max 2024，打开本书的配套资源文件“卧室.max”，场景中已经设置好了摄影机和灯光。按M键打开“Slate材质编辑器”窗口，在活动视图中右击，从弹出的菜单中选择“材质”|“V-Ray”|“VRayMtl”选项，如图9-46所示。

02 在场景中选择墙面模型，单击“将材质指定给选定对象”按钮，并将材质球重命名为“纱帘”，在“参数编辑器”面板中分别设置“漫反射”和“反射”的颜色为浅灰色，然后设置“光泽度”微调框的参数为0.65，如图9-47所示。

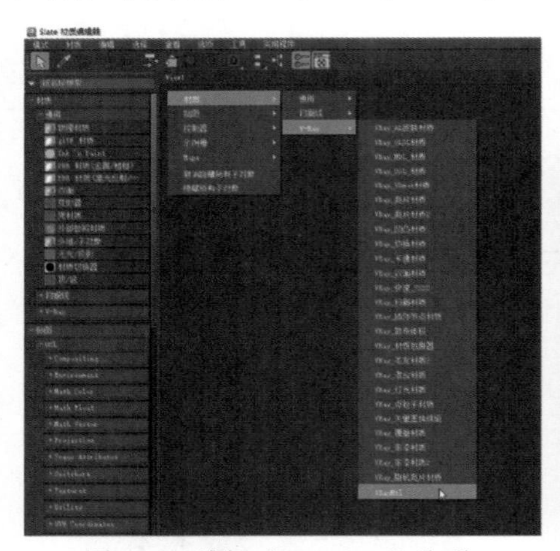

图9-46　选择“VRayMtl”选项

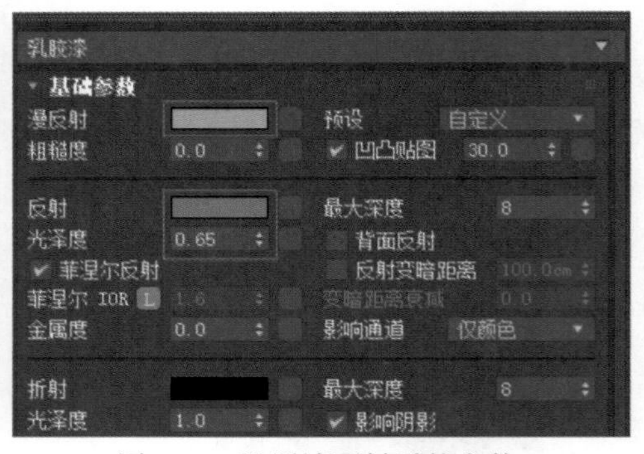

图9-47　设置墙面材质的参数

03 “漫反射”的具体颜色参数如图9-48左图所示，“反射”的具体颜色参数如图9-48右图所示。

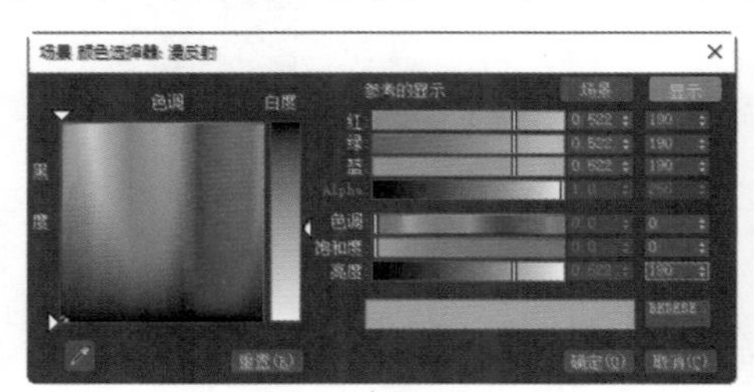

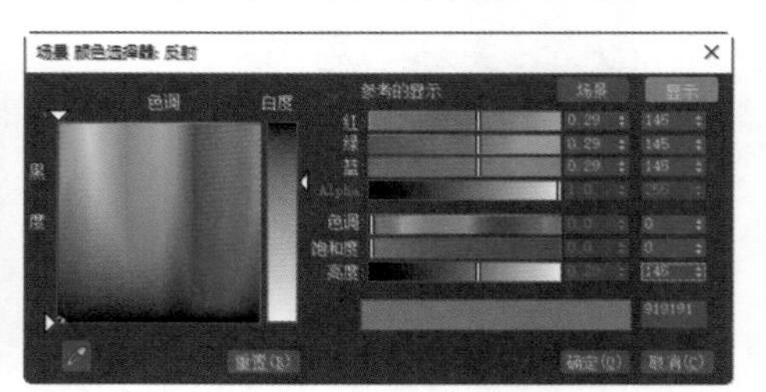

图9-48　设置“漫反射”和“反射”的颜色参数

04 在V-Ray工具栏中单击“渲染当前帧/产品级渲染模式”按钮，在弹出的V-Ray Frame Buffer窗口中即可显示渲染的效果，如图9-45所示。

9.3.2 实例：制作纱帘材质

【例9-8】本实例将讲解如何制作纱帘材质，渲染效果如图9-49所示。

图9-49 纱帘

01 启动3ds Max 2024，打开本书的配套资源文件“卧室.max”，场景中已经设置好了摄影机和灯光。按M键打开“Slate材质编辑器”窗口，在活动视图中右击，从弹出的菜单中选择“通用”|“V-Ray”|“VRayMtl”选项，如图9-50所示。

02 并将材质球重命名为“纱帘”，然后在场景中选择纱帘模型，单击“将材质指定给选定对象”按钮，如图9-51所示。

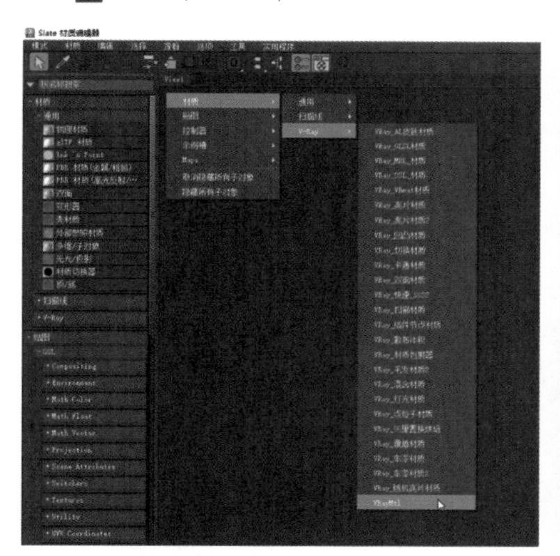

图9-50 选择“VRayMtl”选项

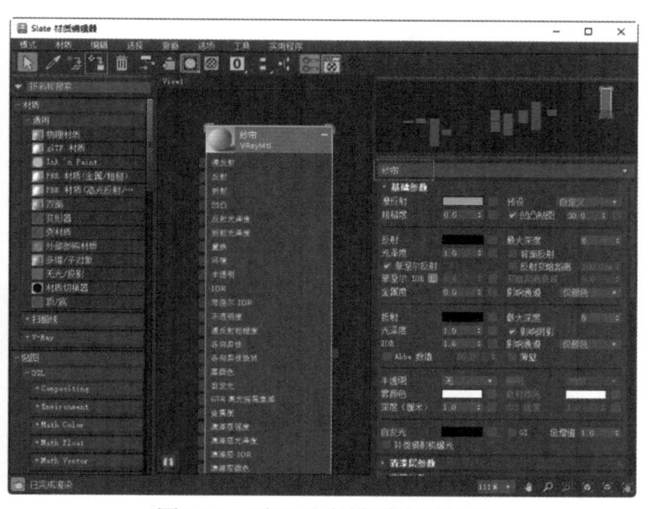

图9-51 赋予纱帘模型物理材质

03 在活动视图中右击，从弹出的菜单中选择“贴图”|“通用”|“衰减”选项，如图9-52所示。

04 选择衰减贴图的节点并拖曳鼠标，将其连接至“纱帘”材质的“不透明度”节点，如图9-53所示。

05 在“参数编辑器”面板中展开“混合曲线”卷展栏，选择曲线左侧的点并右击，从弹出的菜单中选择“Bezier-角点”选项，如图9-54所示。

06 调整曲线的参数，然后展开“衰减参数”卷展栏，设置“前:测边”选项区域中的颜色为浅灰色，如图9-55所示。

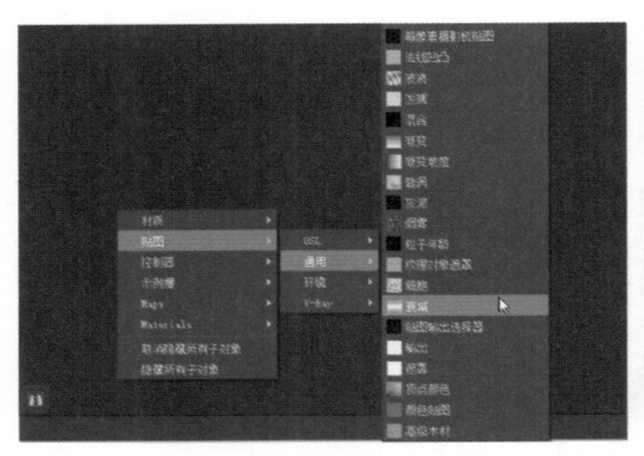

图9-52 选择“衰减”选项

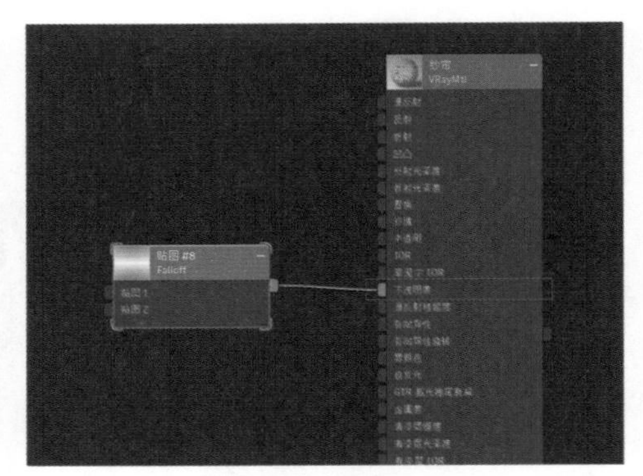

图9-53 连接节点

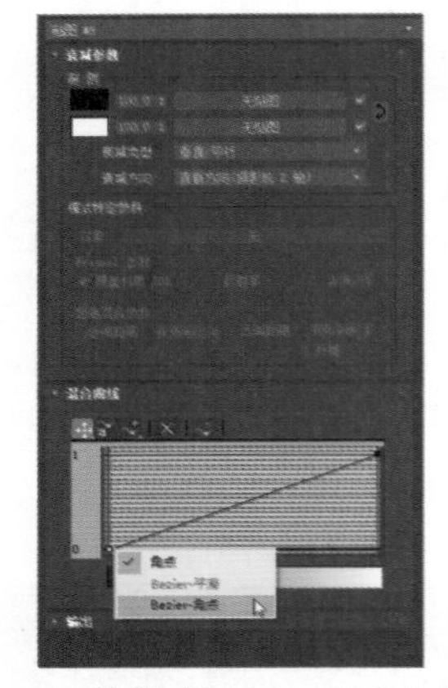

图9-54 选择“Bezier-角点”选项

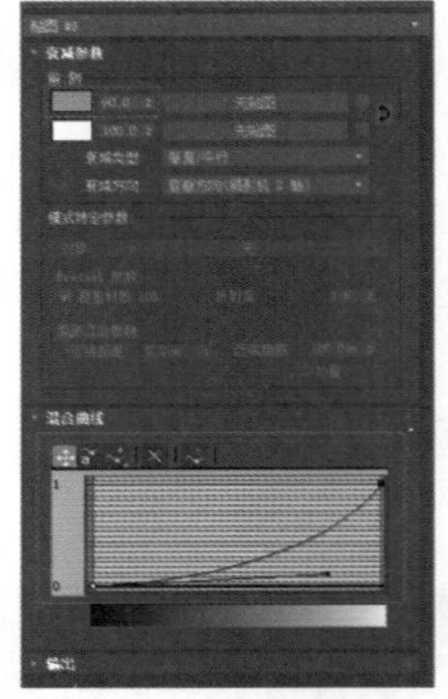

图9-55 调整曲线的参数

07 颜色1的具体颜色参数如图9-56所示。

08 在活动视图中右击，从弹出的菜单中选择“贴图”|“通用”|“Color Correction”选项，如图9-57所示。

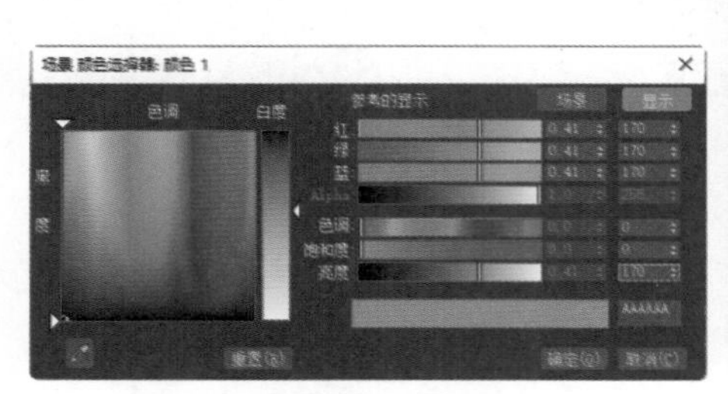

图9-56 颜色1的具体颜色参数

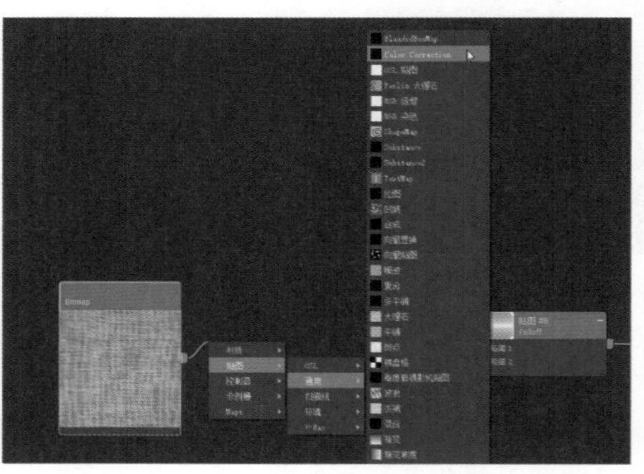

图9-57 选择“Color Correction”选项

09 选择添加的贴图14，按住Shift键并向下拖曳，复制出贴图15，效果如图9-58所示。

10 选择贴图15，在“参数编辑器”面板中展开“亮度”卷展栏，选中“高级”单选按钮，设置“RGB=”数值为120，如图9-59所示。

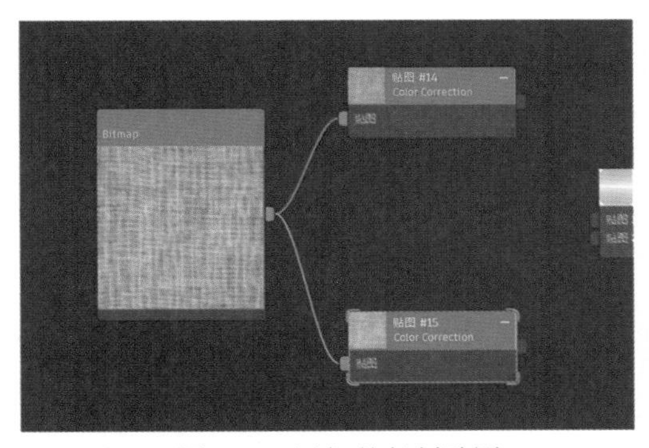

图9-58　添加并复制贴图

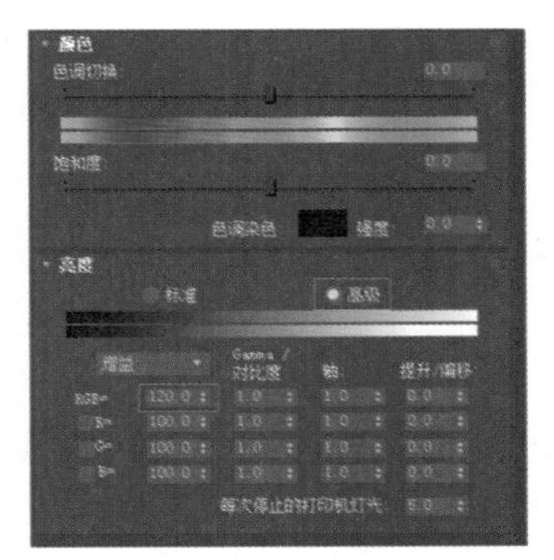

图9-59　设置贴图15的亮度参数

11 选择贴图14的节点并拖曳鼠标，将其连接至“衰减”贴图的贴图1节点，然后选择贴图15的节点并拖曳鼠标，将其连接至“衰减”贴图的贴图2节点，如图9-60所示。

12 选择纱帘的VRayMtl材质球，在“参数编辑器”面板中展开“基础参数”卷展栏，设置“漫反射”的颜色为淡黄色，如图9-61所示。

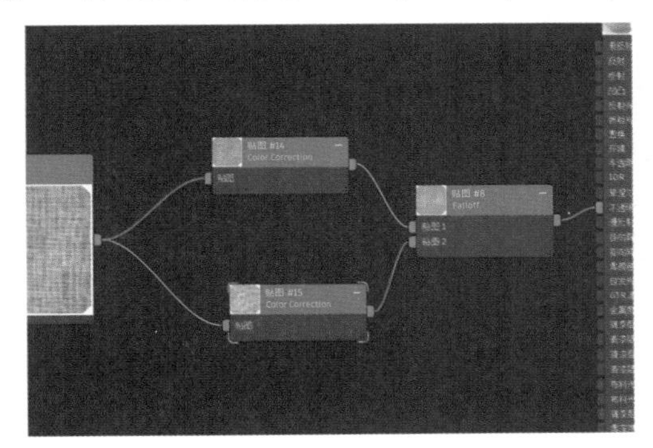

图9-60　连接节点

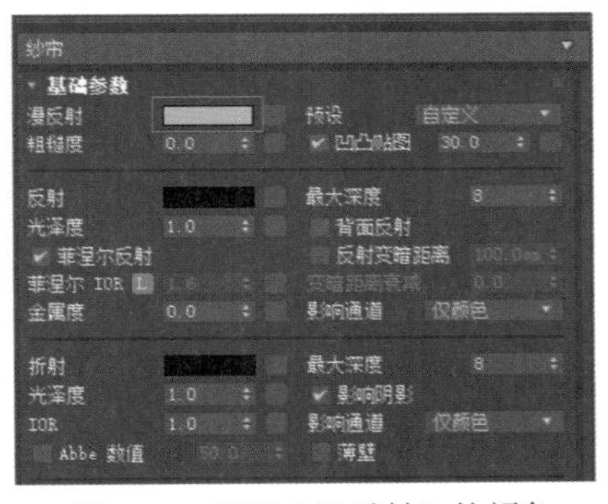

图9-61　设置“漫反射”的颜色

13 “漫反射”的具体颜色参数如图9-62所示。

14 在活动视图中右击，从弹出的菜单中选择“材质”|“V-Ray”|“V-Ray_双面材质”选项，如图9-63所示。

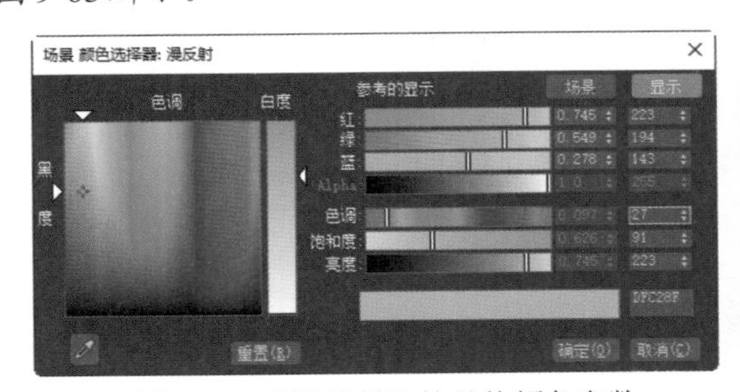

图9-62　“漫反射”的具体颜色参数

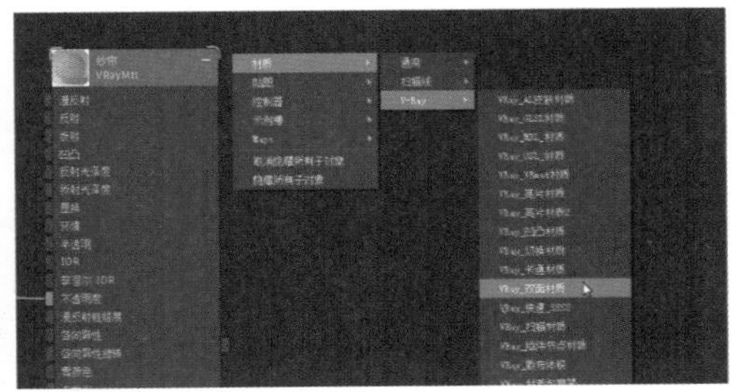

图9-63　选择“V-Ray_双面材质”选项

15 选择纱帘的VRayMtl材质球的节点并拖曳鼠标，将其连接至双面材质的“正面材质”节点，如图9-64所示。

16 在“参数编辑器”面板中设置“半透明”的颜色为深灰色，如图9-65所示。

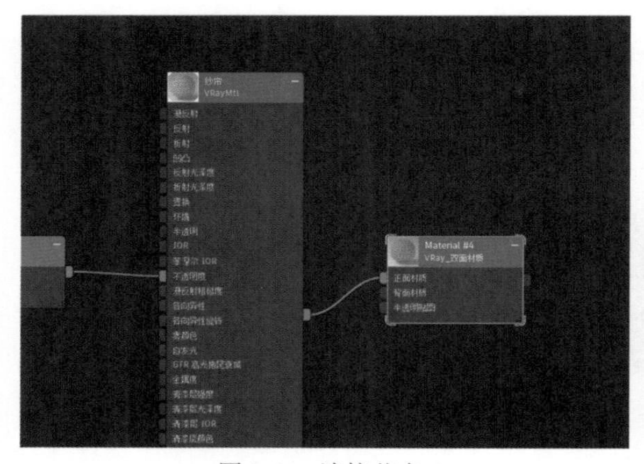

图9-64　连接节点

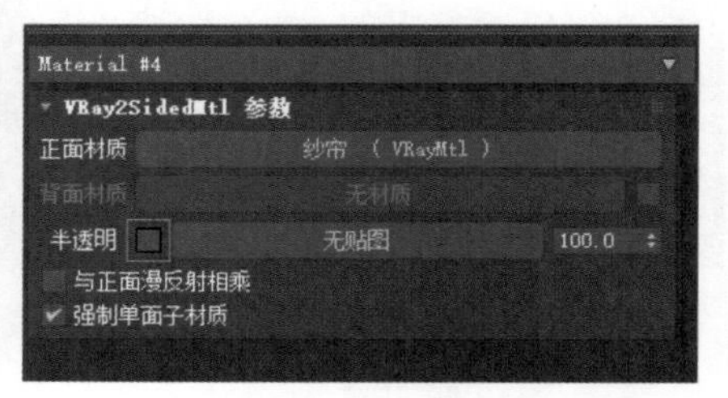

图9-65　设置“半透明”的颜色

17 “半透明”的具体颜色参数如图9-66所示。

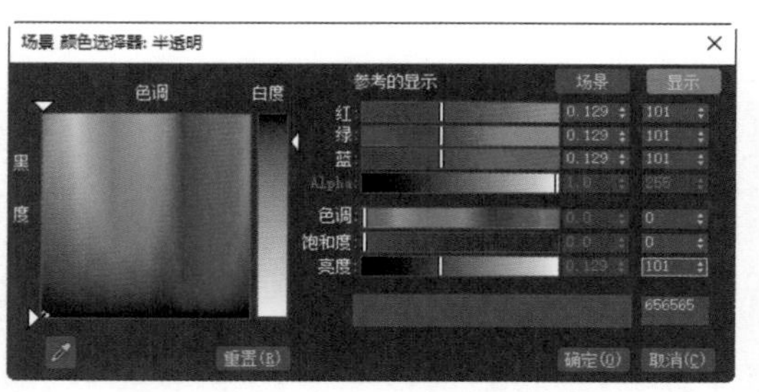

图9-66　“半透明”的具体颜色参数

18 在V-Ray工具栏中单击“渲染当前帧/产品级渲染模式”按钮，在弹出的V-Ray Frame Buffer窗口中即可显示渲染的效果，如图9-49所示。

9.3.3　实例：制作亚克力材质

【例9-9】本实例将讲解如何制作亚克力材质，渲染效果如图9-67所示。视频

图9-67　亚克力

01 启动3ds Max 2024，打开本书的配套资源文件“室内场景.max”，场景中已经设置好了摄影机和灯光。按M键打开“Slate材质编辑器”窗口，在活动视图中右击，从弹出的菜单中选择“材质”|“V-Ray”|“VRayMtl”选项，并将其重命名为“亚克力”。

02 选择场景中的亚克力模型，单击“将材质指定给选定对象”按钮，将该材质赋予亚克力模型，如图9-68所示。

03 在“参数编辑器”面板中设置“反射”的颜色为白色，设置“光泽度”数值为0.95，如图9-69所示。

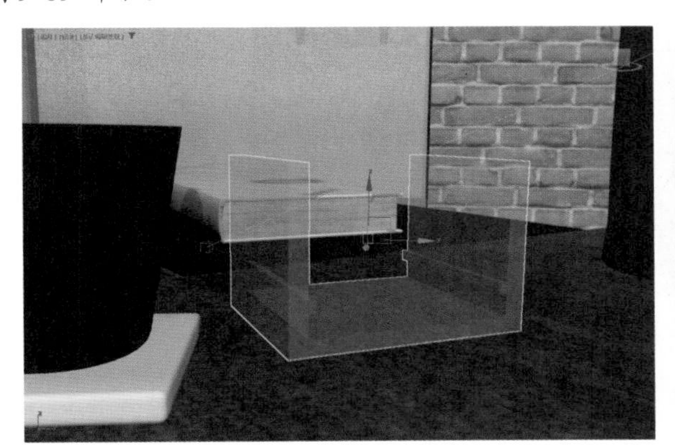

图9-68 赋予亚克力模型材质

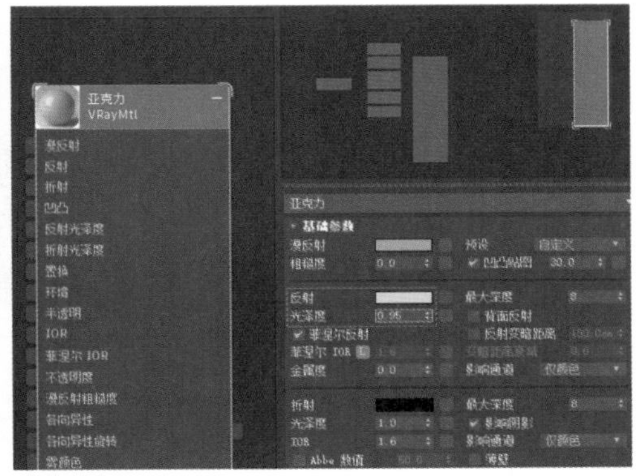

图9-69 设置“反射”的颜色和“光泽度”数值

04 “反射”的具体颜色参数如图9-70所示。

05 设置“折射”颜色为白色，设置“光泽度”数值为0.95、IOR数值为1.49，如图9-71所示。

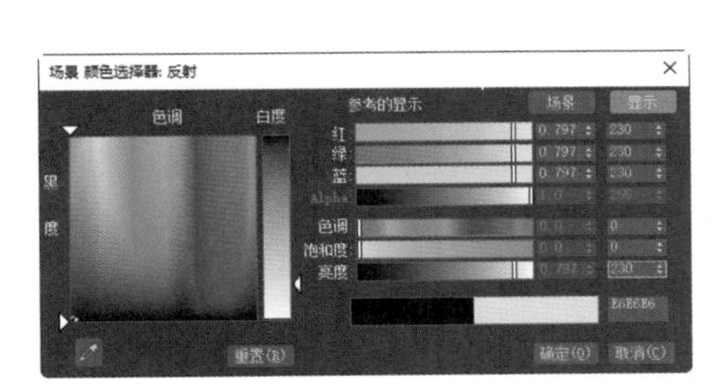

图9-70 “反射”的具体颜色参数

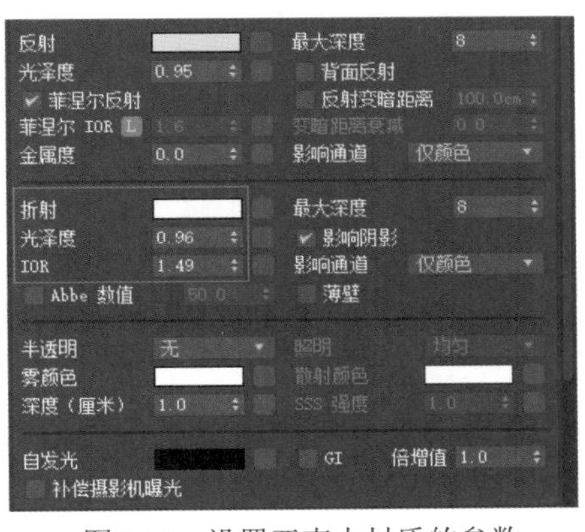

图9-71 设置亚克力材质的参数

06 “折射”的具体颜色参数如图9-72所示。

07 设置“雾颜色”为浅蓝色，设置“深度(厘米)”数值为2，如图9-73所示。

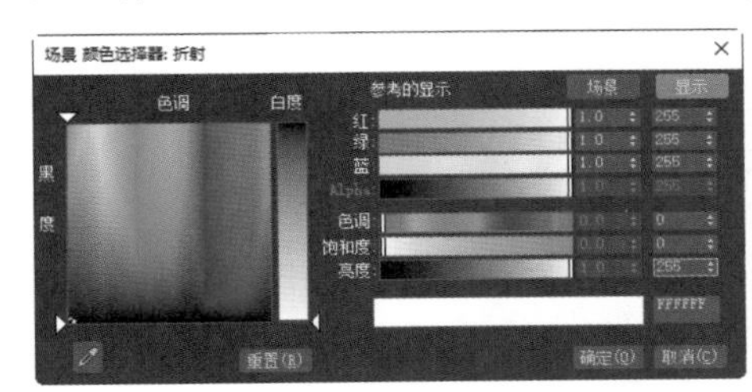

图9-72 “折射”的具体颜色参数

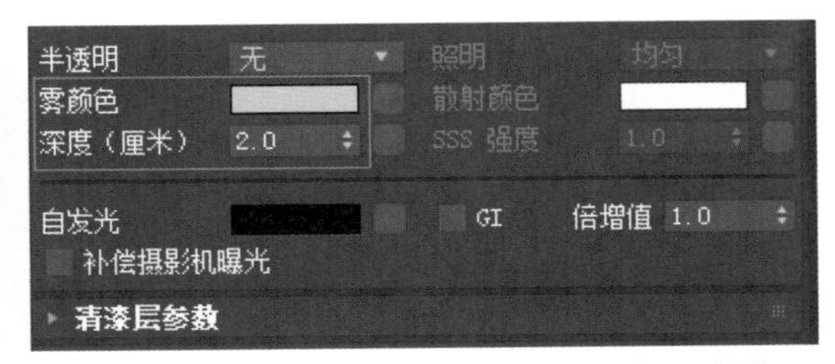

图9-73 设置“雾颜色”和深度(厘米)”数值

08 “折射雾颜色”的具体颜色参数如图9-74所示。

09 在“材质/贴图浏览器”面板中展开V-Ray卷展栏，双击“VRay污垢”选项，如图9-75所示。

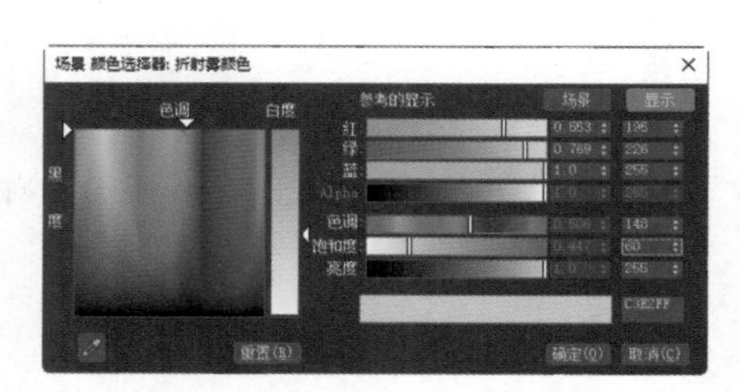

图9-74 “折射雾颜色”的具体颜色参数

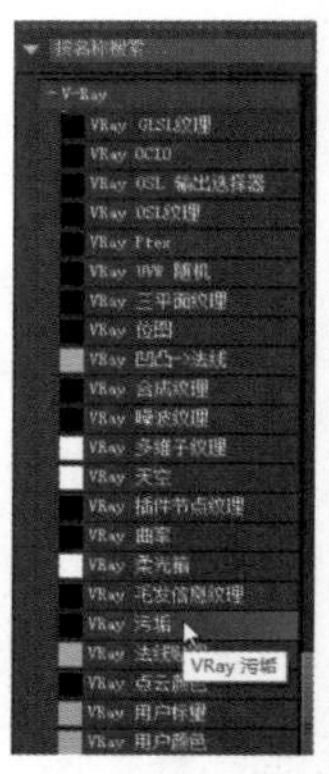

图9-75 双击“VRay污垢”选项

10 选择“VRay污垢”材质的节点并拖曳鼠标，将其连接至“亚克力”材质的“折射”节点，如图9-76所示。

11 在“参数编辑器”面板中，设置“半径”数值为2，如图9-77所示。

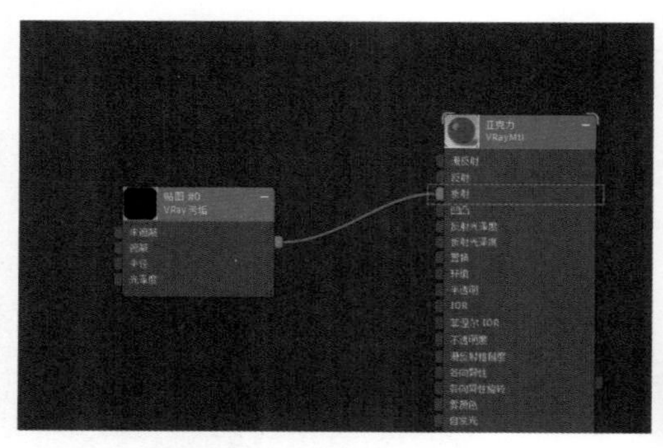

图9-76 连接节点

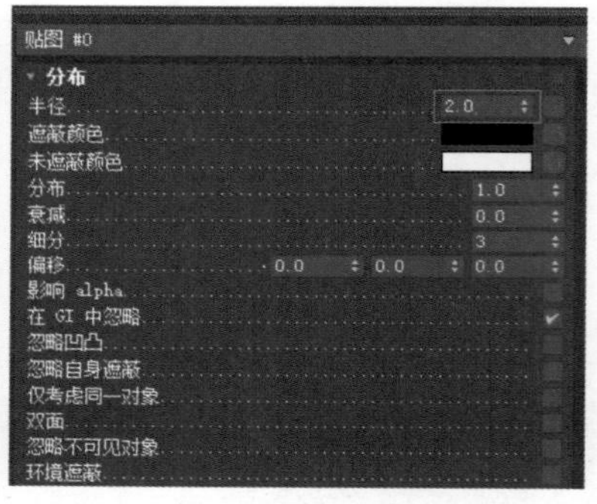

图9-77 设置“半径”数值

12 在V-Ray工具栏中单击“渲染当前帧/产品级渲染模式”按钮，在弹出的V-Ray Frame Buffer窗口中即可显示渲染的效果，如图9-67所示。

9.3.4 实例：制作皮革沙发材质

【例9-10】 本实例将讲解如何制作皮革沙发材质，渲染效果如图9-78所示。 视频

图9-78 皮革沙发

01 启动3ds Max 2024，打开本书配套的“室内场景.max”资源文件，选择沙发模型，如图9-79所示。本场景已经设置好灯光、摄影机及渲染基本参数。

02 按M键打开“Slate材质编辑器”窗口，单击“物理材质”按钮，从map文件夹中选择“沙发_Leather_Diffuse.jpg”文件，如图9-80所示。

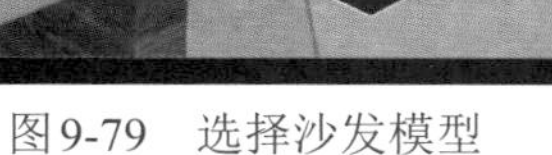

图9-79 选择沙发模型

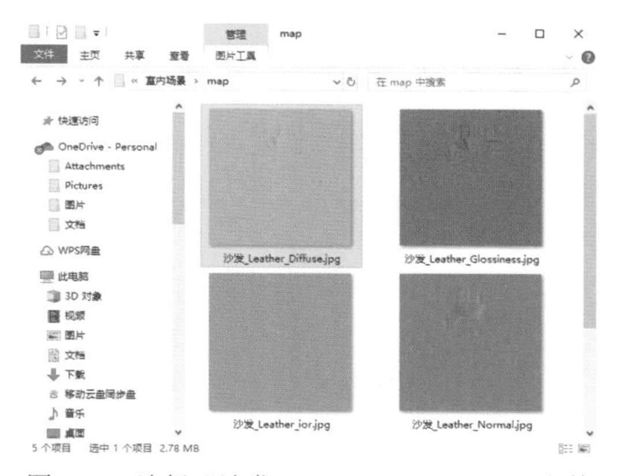

图9-80 选择“沙发_Leather_Diffuse.jpg”文件

03 将“沙发_Leather_Diffuse.jpg”文件拖曳至活动视图中，并将该节点连接至“漫反射”，设置“凹凸贴图”数值为100，如图9-81所示，凹凸贴图的效果根据实际情况进行调整。

04 按照步骤3的方法，将“沙发_Leather_Normal.jpg”文件拖曳至活动视图中，然后单击“位图”按钮，如图9-82所示。

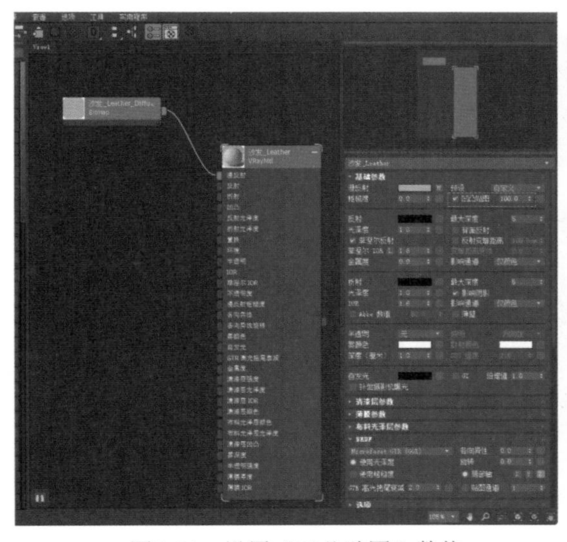

图9-81 设置“凹凸贴图”数值

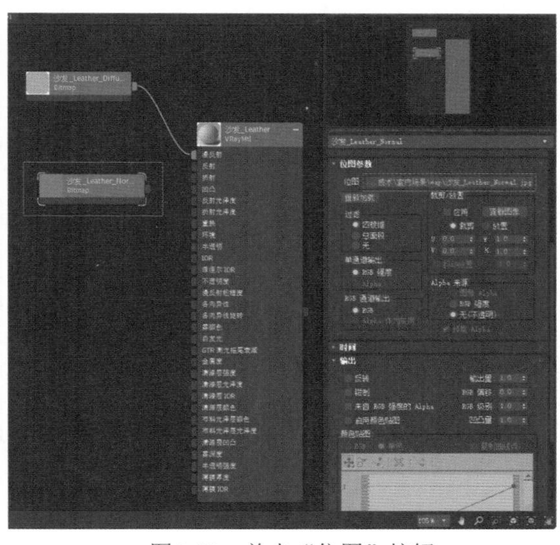

图9-82 单击“位图”按钮

05 打开“选择位图图像文件”对话框，在Gama选项区域中选中“覆盖”单选按钮，然后单击“打开”按钮，如图9-83所示。

06 在活动视图中右击，选择“贴图”|“V-Ray”|“VRay法线贴图”命令，如图9-84所示。

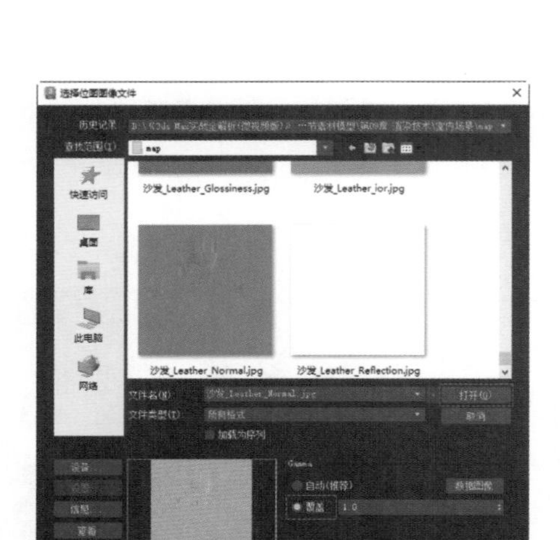

图9-83 “选择位图图像文件”对话框

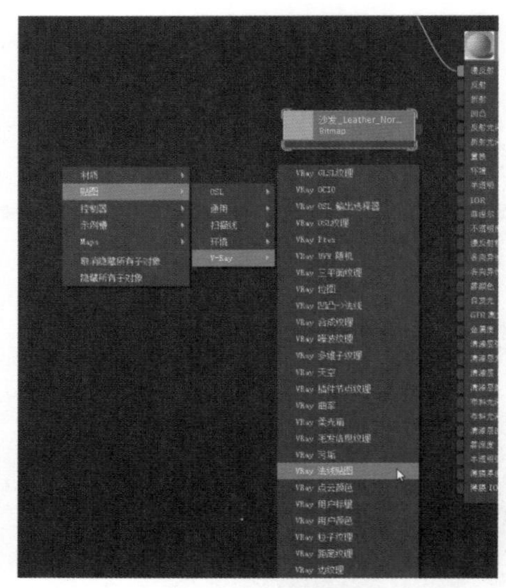

图9-84 选择“VRay法线贴图”命令

07 连接法线贴图的节点，效果如图9-85所示。

08 按照步骤3到步骤7的方法，添加贴图并连接节点，效果如图9-86所示。

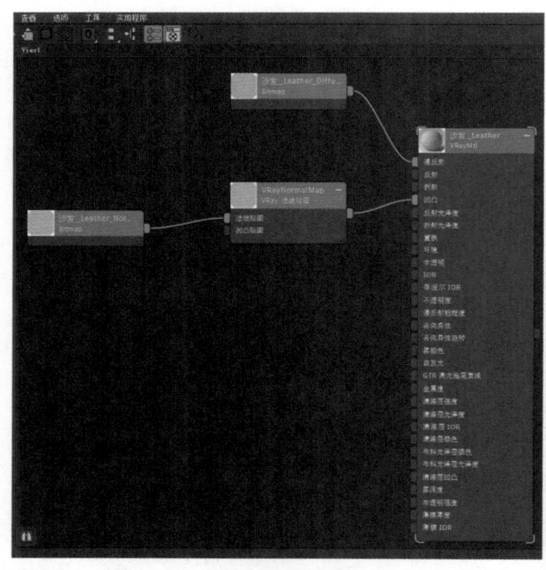

图9-85 连接法线贴图的节点

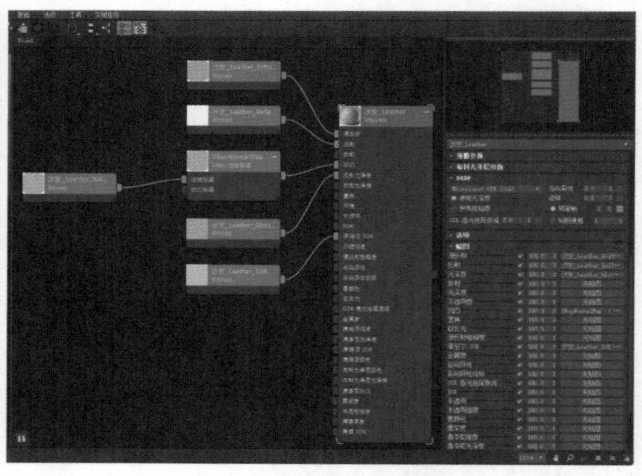

图9-86 添加贴图并连接节点

09 在V-Ray工具栏中单击“渲染当前帧/产品级渲染模式”按钮，在弹出的V-Ray Frame Buffer窗口中即可显示渲染的效果，如图9-78所示。

9.3.5 实例：制作玫瑰金材质

【例9-11】 本实例将讲解如何制作玫瑰金材质，渲染效果如图9-87所示。

图9-87 玫瑰金

01 启动3ds Max 2024，打开本书的配套资源文件“室内场景.max”文件，选择落地灯模型，如图9-88所示。本场景已经设置好灯光、摄影机及渲染基本参数。

02 按M键打开“材质编辑器”窗口，单击“物理材质”按钮，打开“材质/贴图浏览器”对话框，在V-Ray卷展栏中双击VRayMtl选项，切换成VRayMtl材质，单击“将材质指定给选定对象”按钮，并将材质球重命名为“玫瑰金”，然后单击“预设”下拉按钮，从弹出的下拉列表中选择“铜”选项，如图9-89所示。

图9-88 选择落地灯模型

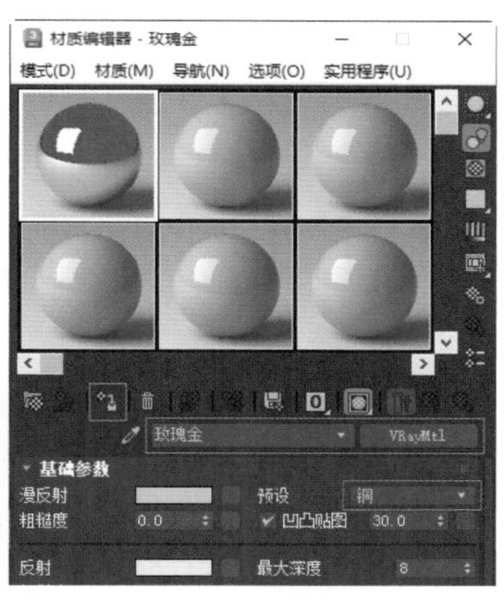

图9-89 赋予模型VRayMtl材质

03 展开BRDF卷展栏，选中“使用光泽度”单选按钮，设置“GTR高光拖尾衰减”数值为1.7，如图9-90所示。

04 展开“基础参数”卷展栏，设置“光泽度”数值为0.95，如图9-91所示。

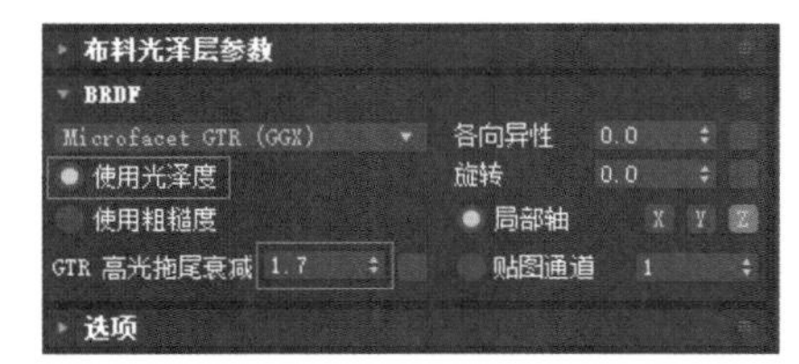

图9-90 设置玫瑰金材质的参数

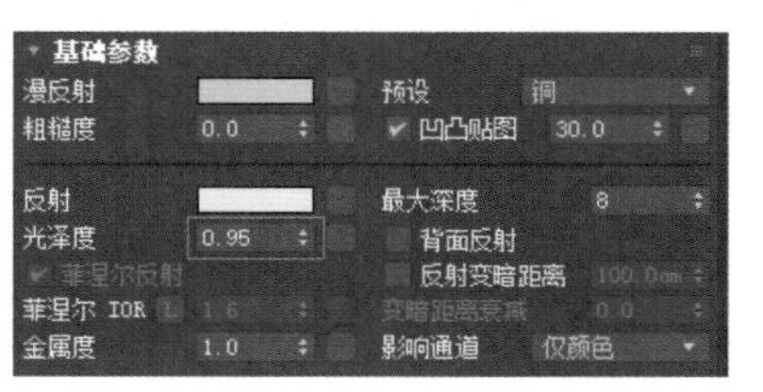

图9-91 设置“光泽度”

05 在V-Ray工具栏中单击“渲染当前帧/产品级渲染模式”按钮，在弹出的V-Ray Frame Buffer窗口中即可显示渲染的效果，如图9-87所示。

9.3.6 实例：渲染室内场景效果

【例9-12】本实例将讲解如何渲染室内场景效果，渲染效果如图9-92所示。

图9-92　室内场景

01 启动3ds Max 2024，打开本书的配套场景资源“办公室.max”文件，本场景已经设置好灯光、摄影机及渲染基本参数，后续的灯光混合模式必须在暴力计算模式下才能使用。

02 按F10键打开“渲染设置”窗口，选择GI选项卡，选择“首次引擎”下拉按钮，从弹出的下拉列表中选择Brute force选项，如图9-93所示，使用暴力算法。

03 选择Render Elements选项卡，展开“渲染元素”卷展栏，单击“添加”按钮，如图9-94所示。

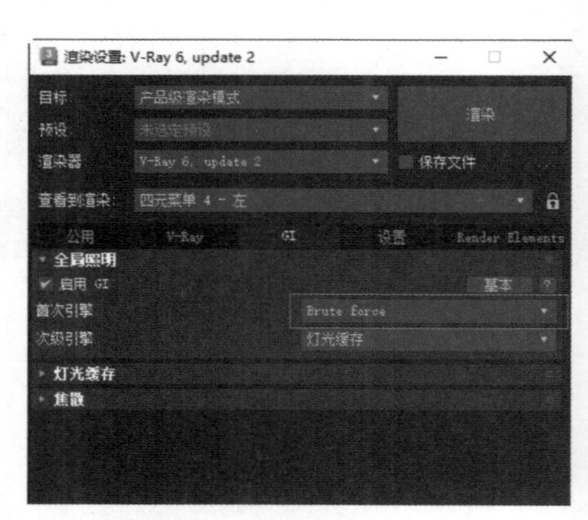

图9-93　选择Brute force选项

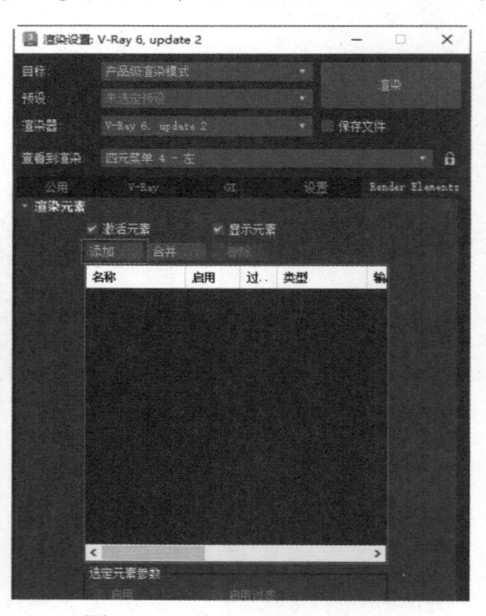

图9-94　单击“添加”按钮

04 打开“渲染元素”对话框，双击“VRay灯光混合”选项，如图9-95所示。

05 按照步骤3到步骤4的方法，添加“VRay降噪器”元素，如图9-96所示。

06 展开“VRayDenoiser参数”卷展栏，单击“降噪引擎”下拉按钮，从弹出的下拉列表中选择“Intel Open Image降噪”选项，该降噪引擎应用CPU计算来减少噪点，达到快速预览渲染图的效果，如图9-97所示。

07 在V-Ray工具栏中单击“V-Ray 穹顶灯光”按钮，如图 9-98 所示。

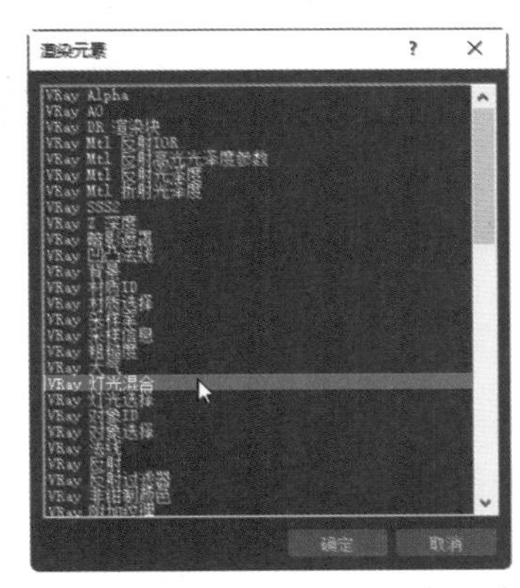
图9-95　双击“VRay灯光混合”选项

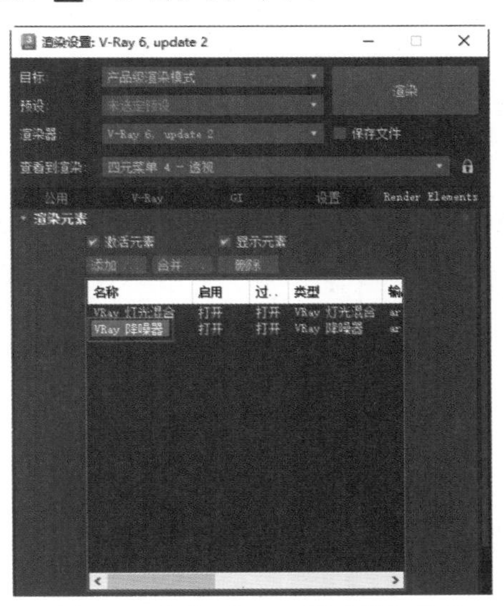
图9-96　添加“VRay降噪器”元素

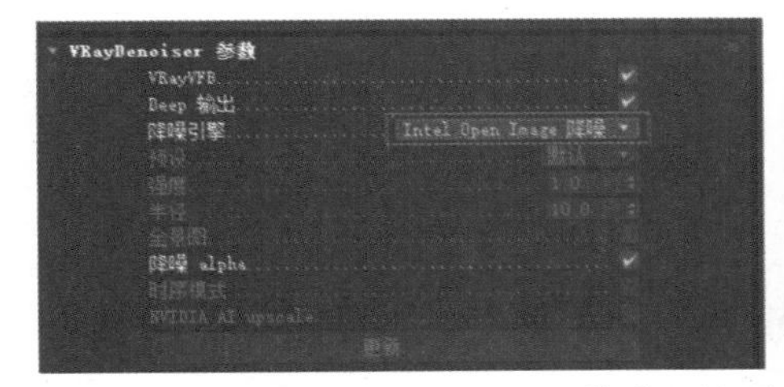
图9-97　选择“Intel Open Image降噪”选项

图9-98　单击“V-Ray 穹顶灯光”按钮

08 在场景中任意处单击鼠标，创建一个穹顶灯光，如图 9-99 所示。

09 在弹出的“V-Ray太阳”对话框中单击“否”按钮，如图 9-100 所示。

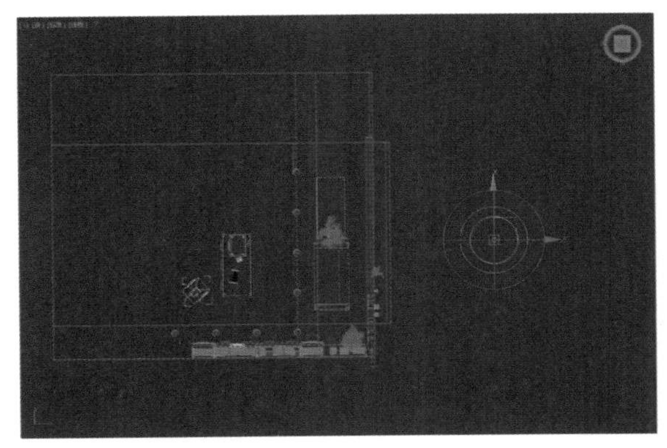
图9-99　创建一个穹顶灯光

图9-100　单击“否”按钮

10 调整“V-Ray太阳光”的角度，如图 9-101 所示。

11 在V-Ray工具栏中单击“渲染当前帧/产品级渲染模式”按钮，在弹出的V-Ray Frame Buffer窗口中查看渲染的效果，如图 9-102 所示。

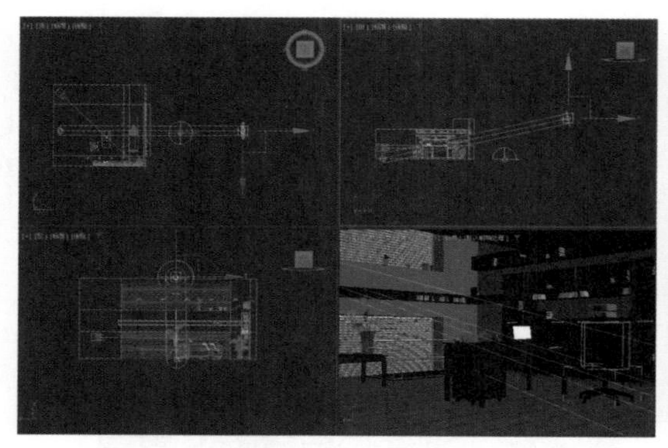

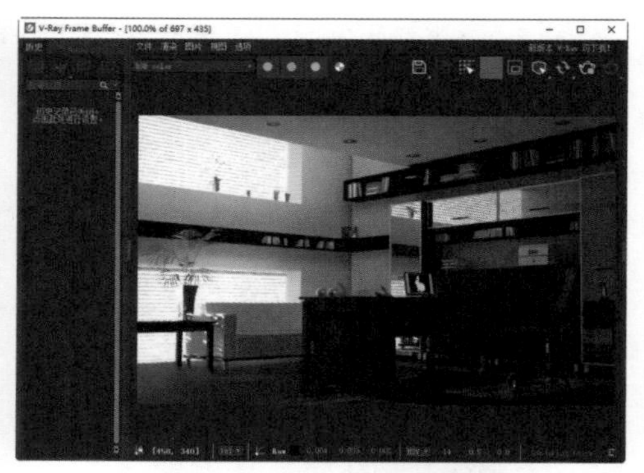

图9-101　调整“V-Ray太阳光”的角度　　　　图9-102　查看渲染的效果

12 选择V-Ray太阳光，展开“太阳参数”卷展栏，打开“颜色模式”下拉列表，选择“覆盖”选项，然后设置“尺寸倍增值”数值为80，如图9-103所示。

13 在V-Ray Frame Buffer窗口中再次查看渲染的效果，如图9-104所示。

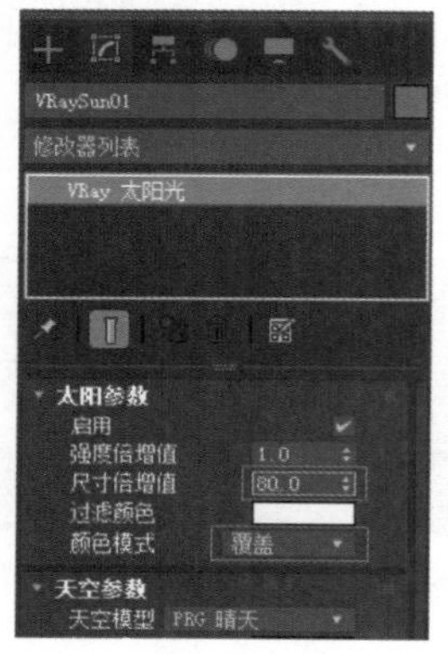

图9-103　设置太阳参数　　　　图9-104　再次查看渲染的效果

14 按照步骤7到步骤10的方法，再次创建一个V-Ray太阳光，然后设置“尺寸倍增值”数值为100，调整其位置和角度至如图9-105所示的位置。

15 在“创建”面板中将灯光切换至VRay模式，单击“VRay灯光”按钮，打开“类型”下拉列表，选择“球体”选项，如图9-106所示。

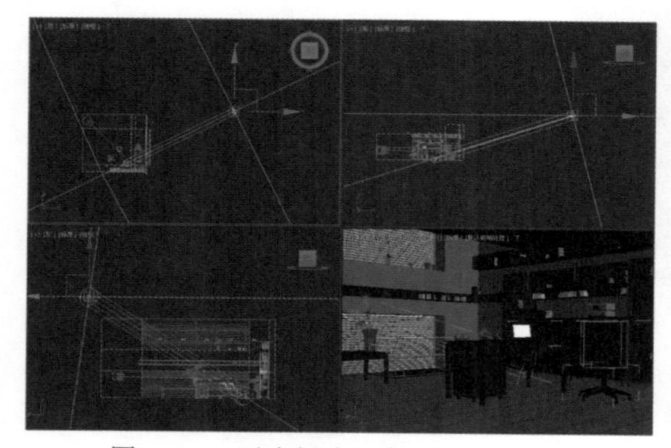

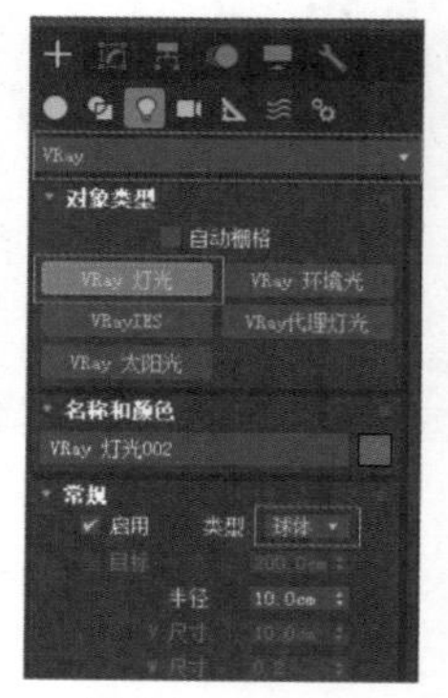

图9-105　再次创建一个V-Ray太阳光　　　　图9-106　创建灯光并设置灯光类型

16 在灯泡的位置中心单击鼠标，创建一个灯光，如图 9-107 所示。

17 选择VRay灯光并按Shift键进行拖曳，在弹出的“克隆选项”对话框中选中“实例”单选按钮，然后单击“确定”按钮，如图 9-108 所示。

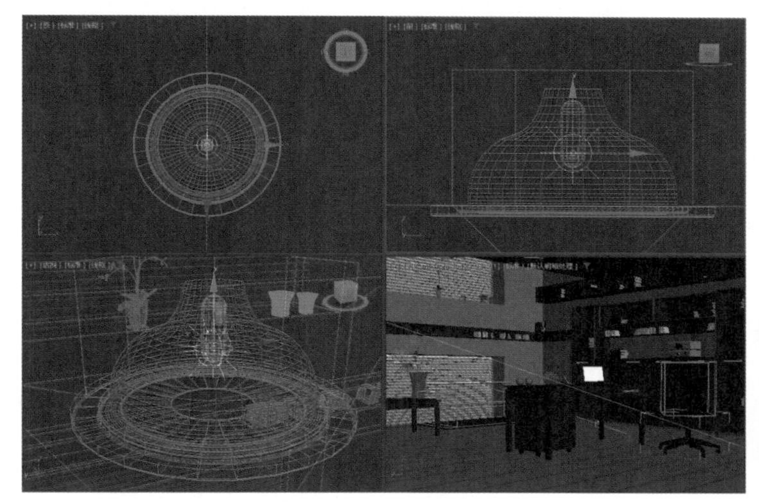

图9-107 创建一个灯光

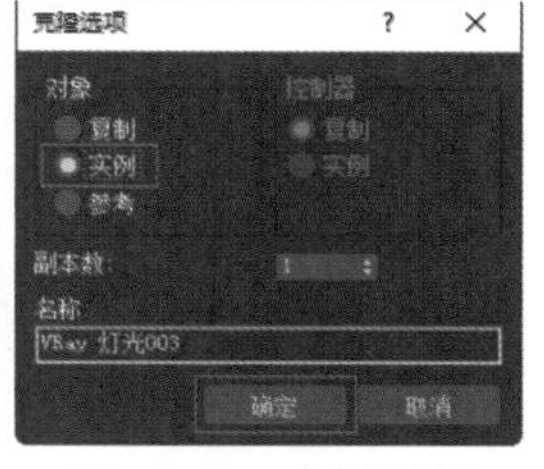

图9-108 实例复制

18 在V-Ray Frame Buffer窗口中查看渲染的效果，如图 9-109 所示。

19 在“修改”面板中设置“倍增值”数值为600，单击“模式”下拉按钮，从弹出的下拉列表中选择“色温”选项，设置“色温”数值为4000，如图 9-110 所示。

图9-109 查看渲染的效果

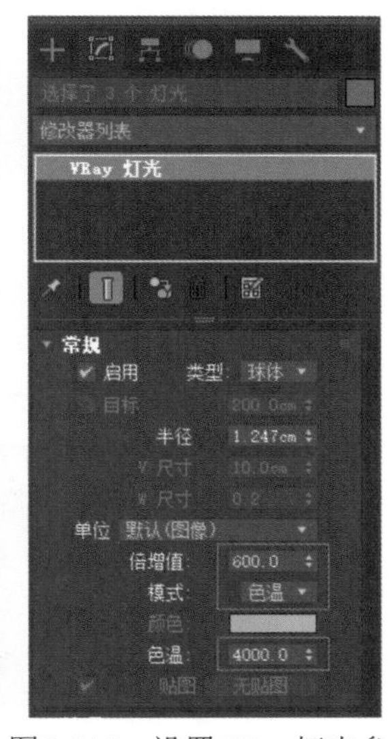

图9-110 设置VRay灯光参数

20 在V-Ray Frame Buffer窗口中查看灯光的效果，如图 9-111 所示。

21 在“图层”选项卡中单击“创建图层”下拉按钮，从弹出的下拉列表中选择“电影色调映射”选项，如图 9-112 所示。

图9-111　查看灯光的效果

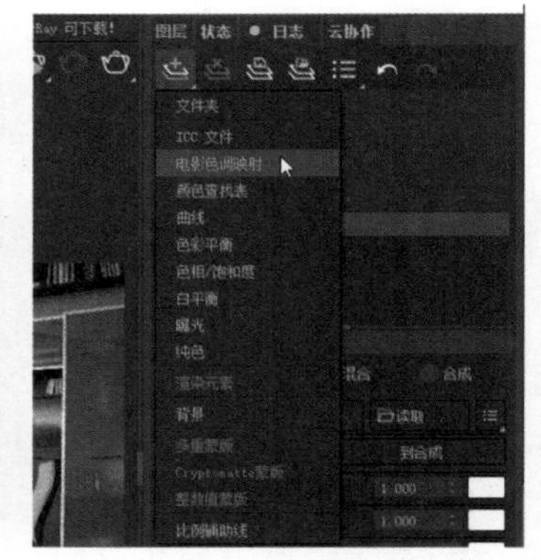

图9-112　选择“电影色调映射”选项

22 在“图层”选项卡中选择“源:灯光混合”选项，在“属性|TZ汉化”选项卡中设置灯光的参数，如图9-113所示。

图9-113　设置灯光的参数

23 在“图层”选项卡中选择“镜头特效”选项，在“属性|TZ汉化”选项卡中设置“强度”数值为0.6，如图9-114所示。

24 选择“电影色调映射”选项，在“属性|TZ汉化”选项卡中设置色调的参数，如图9-115所示。

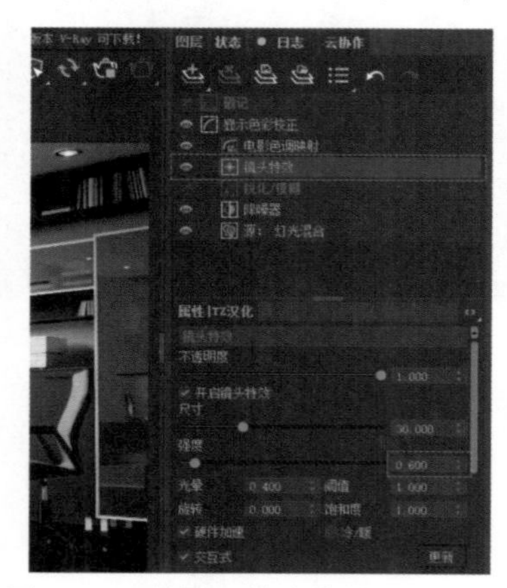

图9-114　设置“镜头特效”的参数

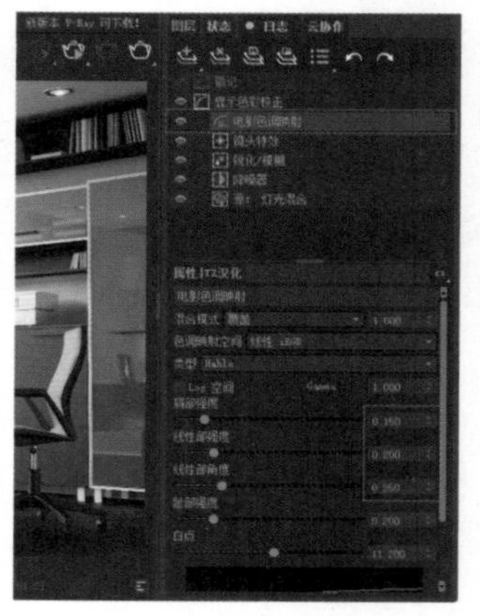

图9-115　设置“电影色调映射”的参数

25 确认渲染效果后，在V-Ray Frame Buffer窗口的工具栏中单击“终止渲染”按钮，在“属性|TZ汉化”选项卡中单击“到场景”按钮，如图9-116所示。

26 在弹出的V-Ray Light Mix对话框中单击“是”按钮，如图9-117所示。

图9-116　终止渲染并单击“到场景”按钮

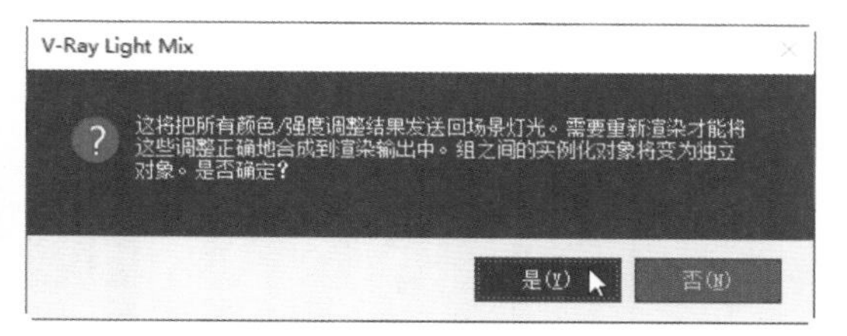

图9-117　单击“是”按钮

27 室内场景的最终渲染效果如图9-92所示。

9.3.7　实例：渲染室外场景效果

【例9-13】 本实例将讲解如何渲染室外场景效果，渲染效果如图9-118所示。

图9-118　室外场景

01 启动3ds Max 2024，打开本书的配套场景资源“室外场景.max”文件。本场景已经设置好摄影机及渲染基本参数。在V-Ray工具栏中单击“V-Ray 穹顶灯光”按钮，在场景中任意处单击鼠标，创建一个穹顶灯光。

02 在“修改”面板中展开“常规”卷展栏，单击“无贴图”按钮，如图9-119所示。

03 打开“材质/贴图浏览器”对话框，双击“VRay位图”选项，如图9-120所示。

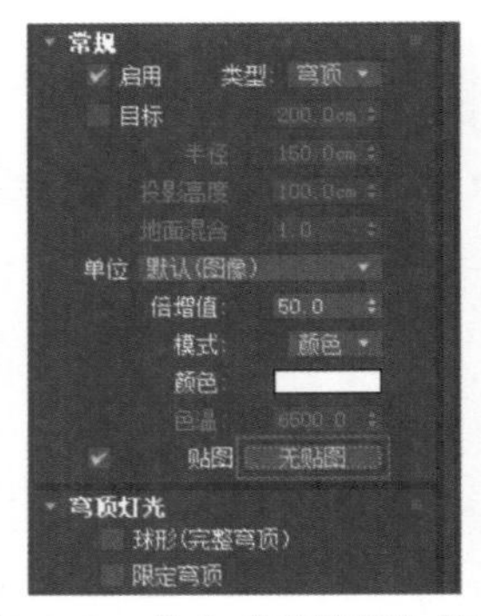

图9-119 单击“无贴图”按钮

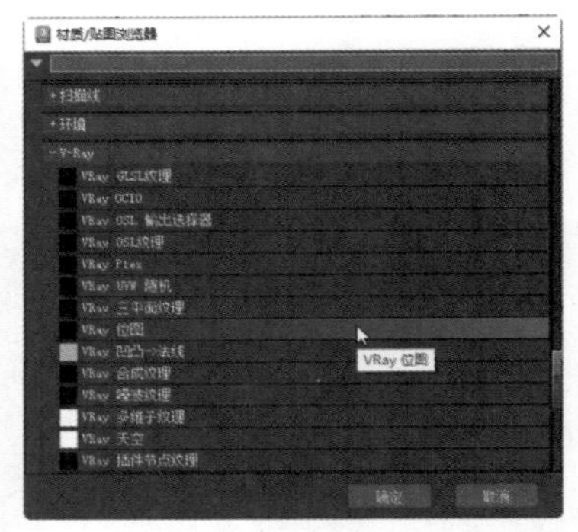

图9-120 双击“VRay位图”选项

04 打开“选择HDR图像”对话框，双击“天空_HDR.hdr”文件，如图9-121所示。

05 在“选项”卷展栏中选中“不可见”复选框，如图9-122所示。

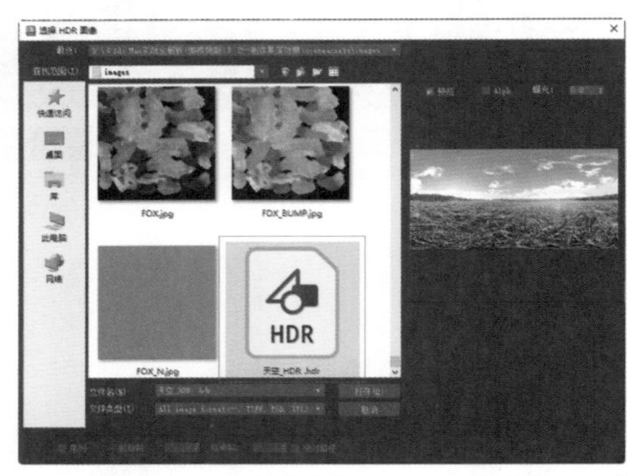

图9-121 双击“天空_HDR.hdr”文件

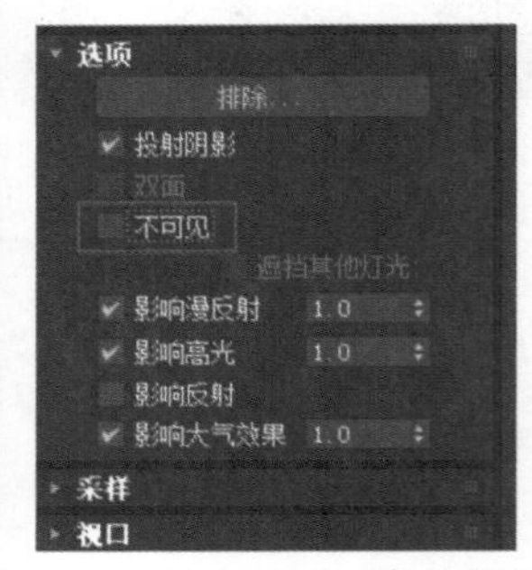

图9-122 选中“不可见”复选框

06 按M键打开“材质编辑器”窗口，然后在“常规”卷展栏中选择添加的“天空_HDR.hdr”文件贴图，将其拖曳至任意空白材质球上，如图9-123所示。

07 从弹出的“实例(副本)贴图”对话框中选中“实例”单选按钮，然后单击“确定”按钮，如图9-124所示。

图9-123 添加“天空_HDR.hdr”贴图

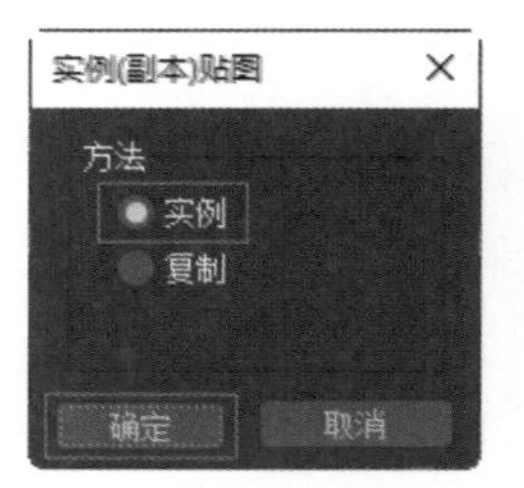

图9-124 实例复制贴图

08 在V-Ray工具栏中单击“渲染当前帧/产品级渲染模式”按钮，在弹出的V-Ray Frame Buffer窗口中观察天空的渲染效果，如图9-125所示。

09 展开“参数”卷展栏，设置“水平旋转”数值为-2，设置“垂直旋转”数值为-10，如图9-126所示。

图9-125 观察天空的渲染效果

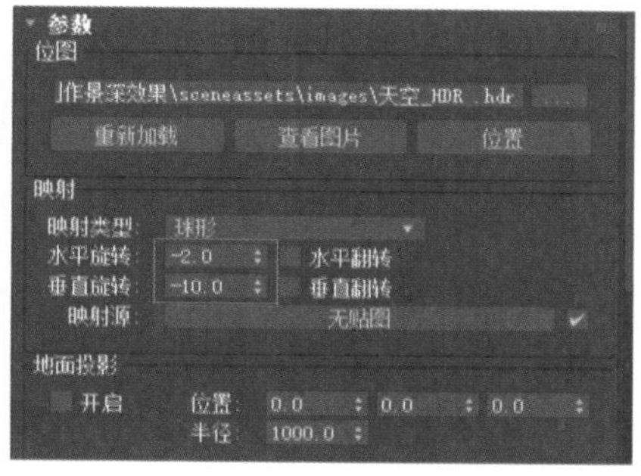

图9-126 设置“水平旋转”和“垂直旋转”参数

10 在“色彩空间转换函数”选项区域中单击“类型”下拉按钮，从弹出的下拉列表中选择“gamma值倒数”选项，设置“Gamma值倒数”数值为0.75，如图9-127所示。

11 返回V-Ray Frame Buffer窗口，在“图层”选项卡中单击“创建图层”下拉按钮，从弹出的下拉列表中选择“电影色调映射”选项，如图9-128所示。

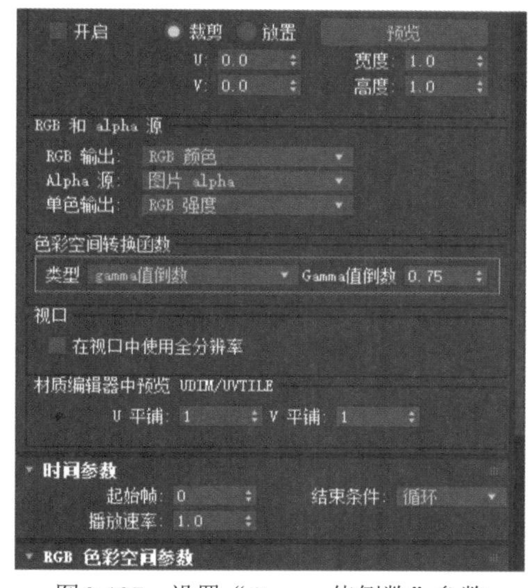

图9-127 设置“Gamma值倒数”参数

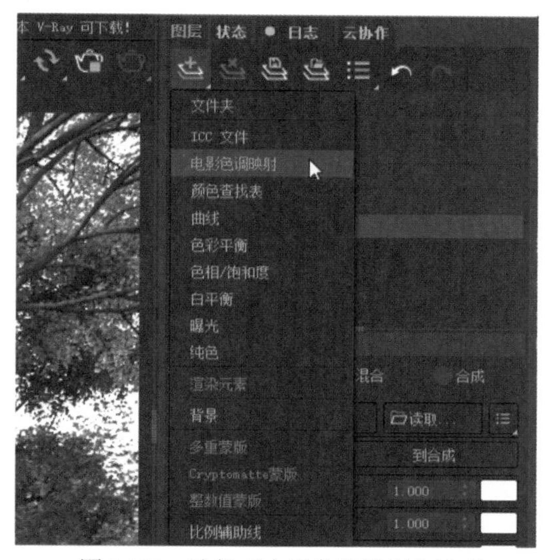

图9-128 选择“电影色调映射”选项

12 在“属性|TZ汉化”选项卡中设置色调的参数，如图9-129所示。

13 选择“源:灯光混合”图层，在“属性”选项卡中设置灯光的参数，如图9-130所示。

14 室内场景的最终渲染效果如图9-118所示。

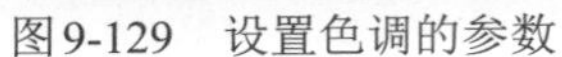
图9-129　设置色调的参数

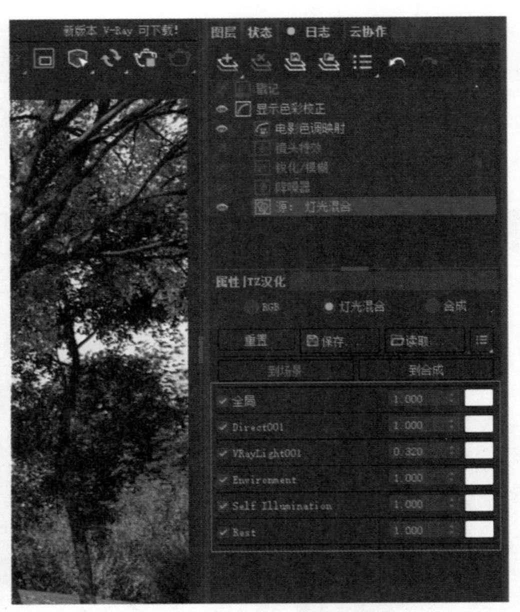

图9-130　设置灯光的参数

9.4　习题

1. 简述Arnold渲染器和VRay渲染器之间的区别。
2. 简述如何在VRay渲染器中添加“VRay降噪器”元素，以提升画面质量。
3. 简述在3ds Max 2024中如何为场景创建天光照明效果。

第 10 章

综合案例解析

本章将展示如何使用 3ds Max 2024 进行次时代角色建模以及游戏复合场景建模，帮助用户进一步学习更多常用的建模方法、命令和制作流程，并且快速掌握制作次时代角色建模以及游戏复合场景模型时的布线方法与技巧。

10.1　制作次时代角色模型

现代数字娱乐产业中，机甲角色作为一种科幻题材的重要元素，广泛应用于影视动画、游戏开发和虚拟现实等领域。一个高质量的机甲角色不仅需要有独特的设计，还需要在3D建模、UV拆分和贴图制作等多个环节精细打磨。通过这些步骤，最终能够呈现出栩栩如生、细节丰富的三维机甲形象。

机甲角色的设计通常融入大量的高科技元素，如光滑的金属外壳、复杂的机械结构、发光的能量核心和各种武器系统。这些元素不仅使机甲看起来未来感十足，还能突出其强大的战斗能力。尽管机甲是机械体，但它们经常被设计得非常个性化，具有独特的外观和色彩方案，以便玩家能够在游戏中轻松辨认和感受其独特魅力。

本节以机甲角色为案例，如图10-1所示，从基础模型开始讲解，如头部、上半身、下半身等进行制作，并对模型进行UV拆分，包括使用ZBrush进行高模雕刻，通过Substance Painter和Photoshop等软件对模型进行贴图绘制。

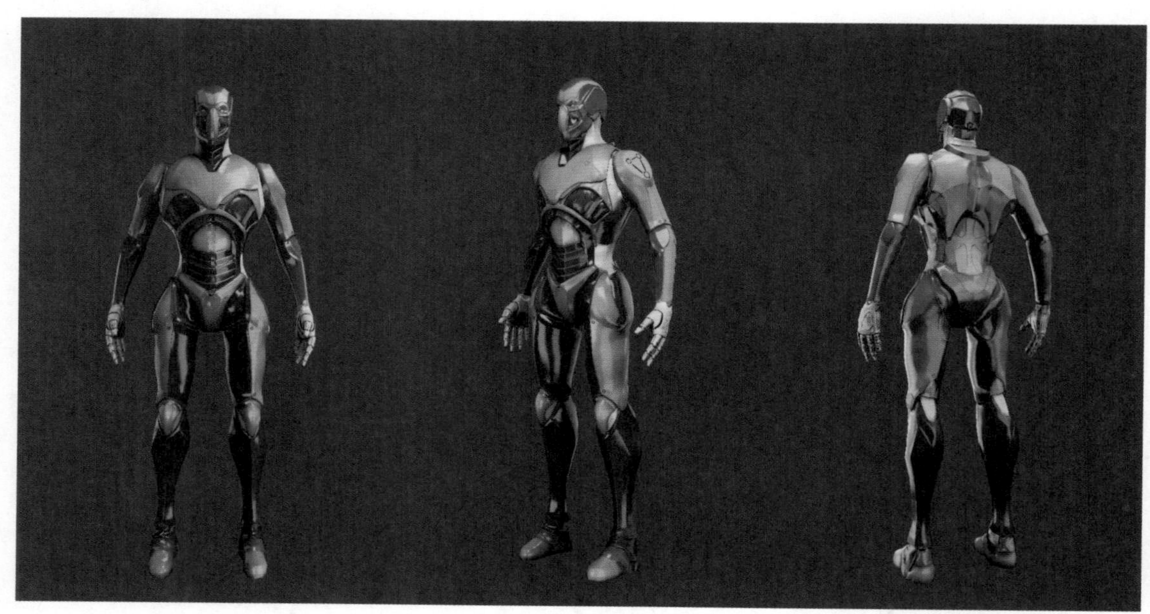

图10-1　机甲角色

10.1.1　雕刻模型

【例10-1】 本实例将讲解如何使用ZBrush软件雕刻机甲角色的高模，并对其进行减面操作。视频

01 打开ZBrush，在菜单栏中选择“导入”|“导入”命令，打开“选择要导入的文件”对话框，选择“juese.obj”文件，单击“打开”按钮，导入角色模型，如图10-2所示。

02 按照角色的身体结构雕刻出躯干部位的大致造型，如图10-3所示。

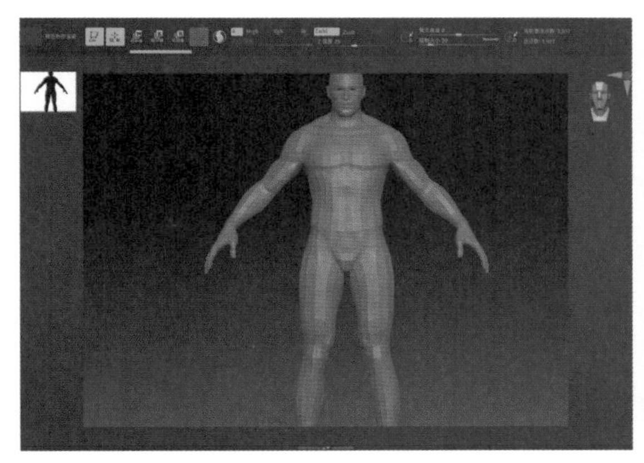

图 10-2　导入角色模型

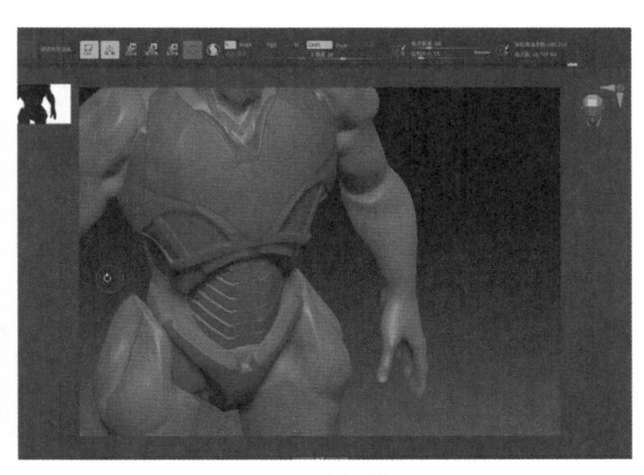

图 10-3　雕刻模型

03 雕刻出双腿的大致造型，如图 10-4 所示。

04 雕刻出背部的大致造型，如图 10-5 所示。

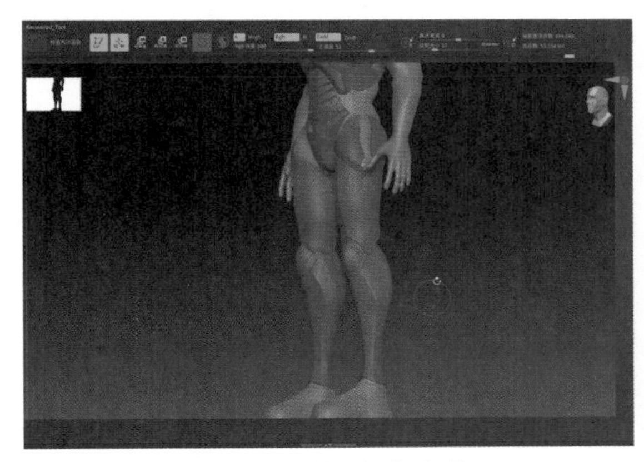

图 10-4　雕刻腿部的造型

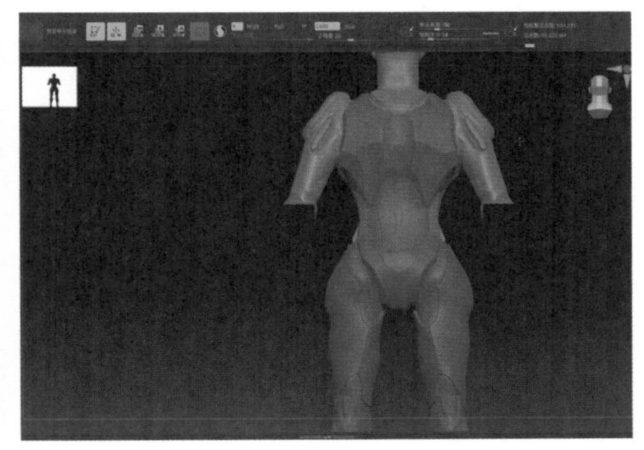

图 10-5　雕刻后背造型

05 雕刻出脸部的大致造型，如图 10-6 所示。

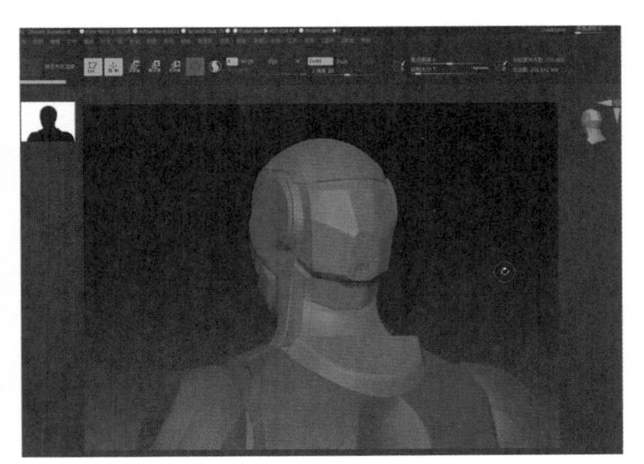

图 10-6　雕刻脸部造型

06 雕刻出脚部的大致造型，如图 10-7 所示。

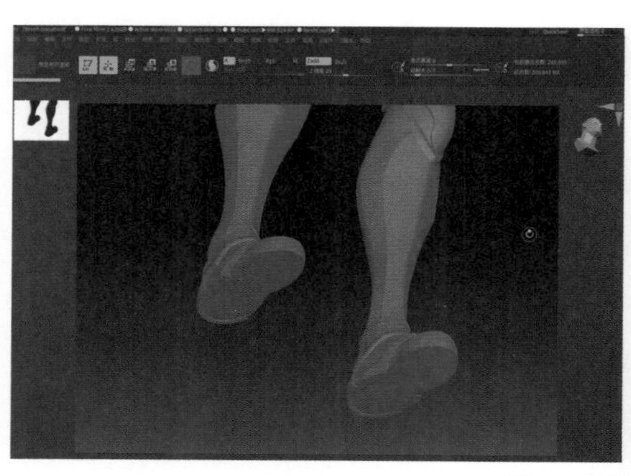
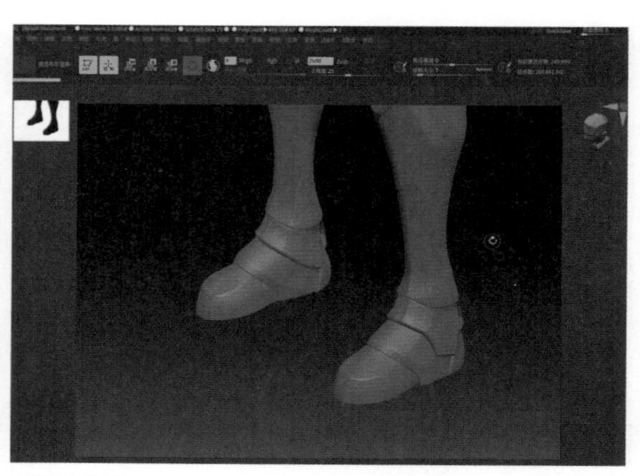

图10-7　雕刻脚部造型

07 完善所有模型结构，如图10-8所示。

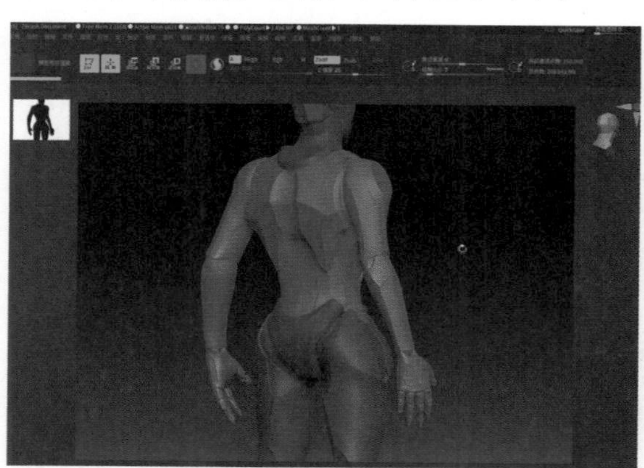
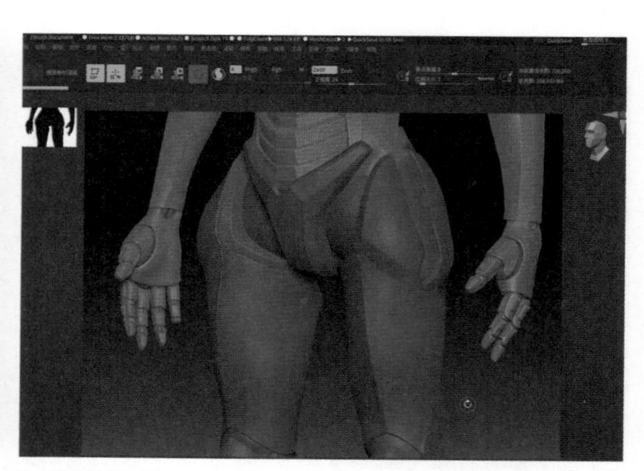

图10-8　完善所有模型结构

08 依次对模型的各个部位进行卡边操作，如图10-9所示。

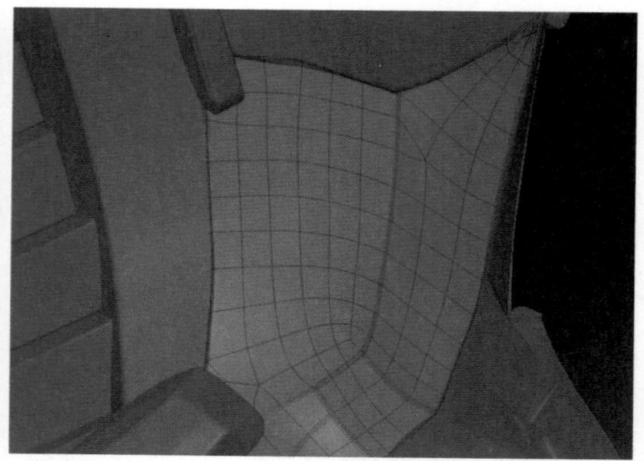

图10-9　进行卡边操作

09 在菜单栏中选择“Z插件”|“全部预处理”命令，如图10-10所示。

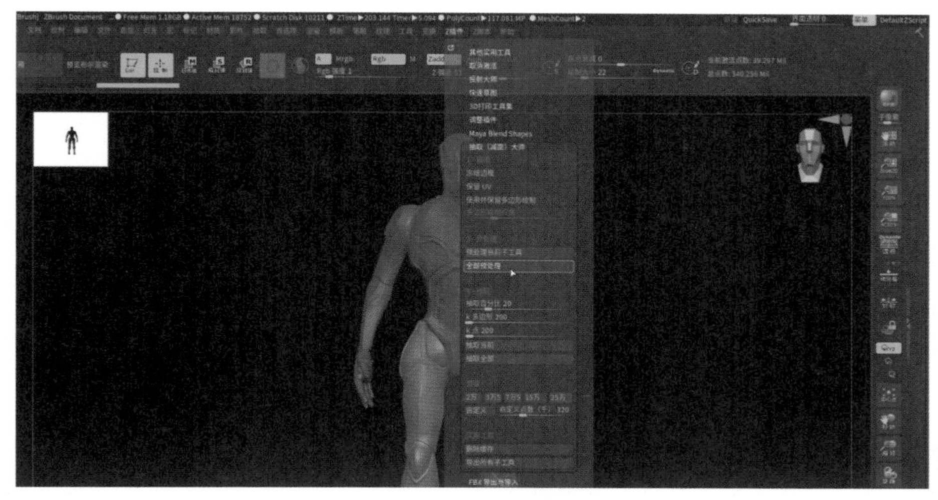

图10-10　选择“全部预处理”命令

10.1.2 拓扑低模并拆分 UV

【例10-2】 本实例将讲解如何拆分与摆放模型的UV。视频

01 启动3ds Max 2024，选择导入的模型，右击并选择“转换为”|“转换为可编辑多边形”命令，然后在石墨建模工具中选择“自由形式”选项卡，设置拓扑参数，然后通过单击鼠标，绘制出如图10-11所示的黑色线。

02 按右键结束绘制，即可生成面，然后调整顶点的位置，如图10-12所示。

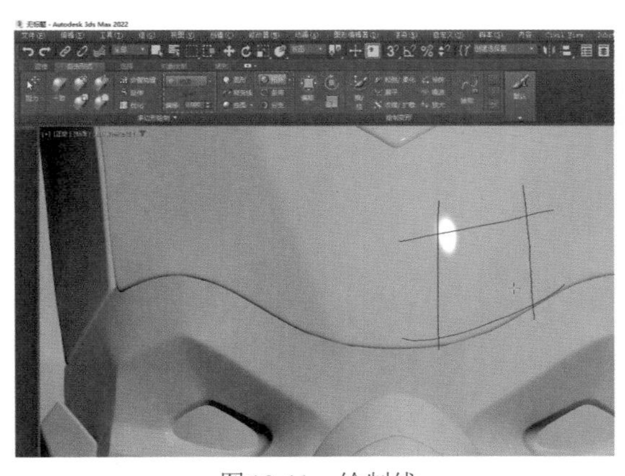

图10-11　绘制线

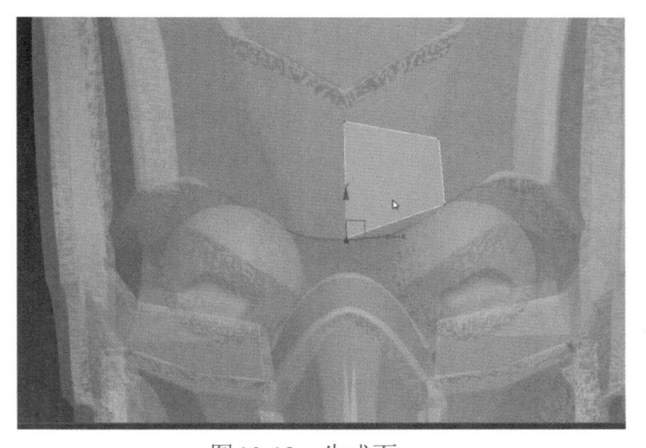

图10-12　生成面

03 在石墨建模工具中的“自由形式”选项卡中，单击“延伸”按钮，如图10-13所示。

04 将光标放置在面的边界边上，按Shift键并单击向外拖曳，延伸边，继续进行拓扑操作，如图10-14所示。

05 按照步骤1到步骤4的方法，拓扑出机甲的低模，效果如图10-15所示。

06 按M键打开“材质编辑器”窗口，选择机甲模型，在材质编辑器示例窗中选择一个材质球，单击“将材质指定给选定对象”按钮，然后单击“漫反射”右侧的“贴图”按钮，打开“材质/贴图浏览器”对话框，双击“棋盘格”选项，如图10-16所示。

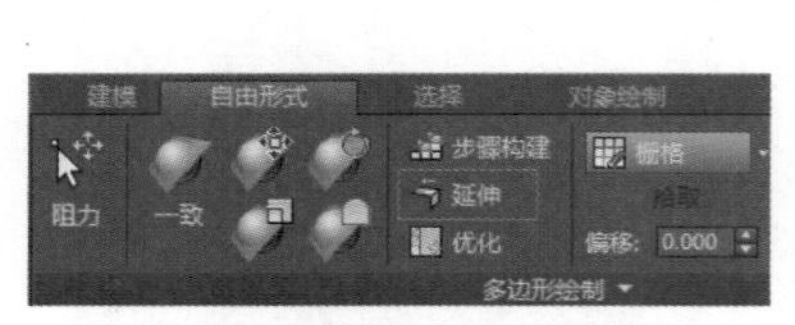

图10-13　单击“延伸”按钮

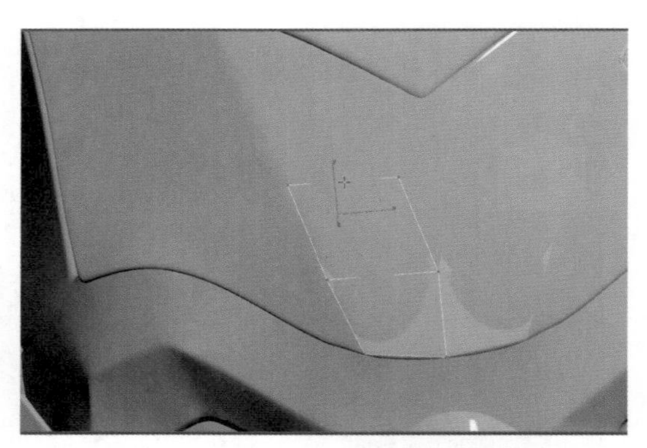

图10-14　生成面

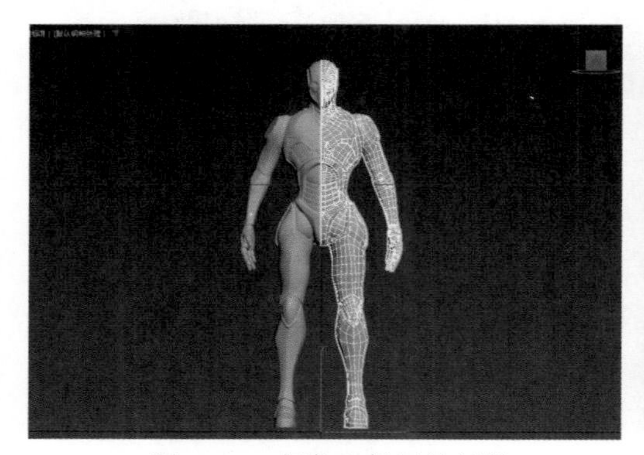

图10-15　拓扑出机甲的低模

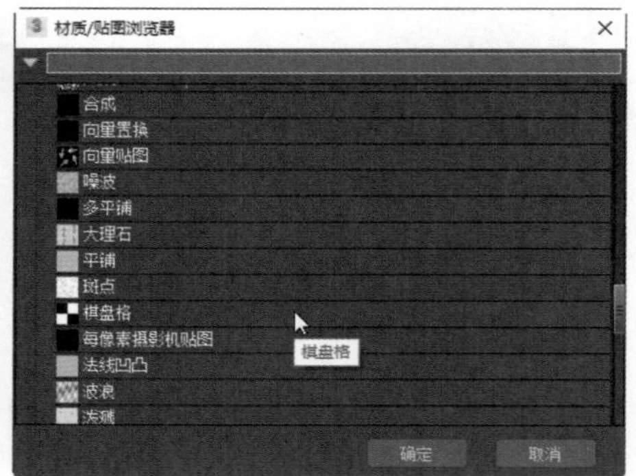

图10-16　双击“棋盘格”选项

07 单击“视口中显示明暗处理材质”按钮，棋盘格的显示效果如图10-17所示。

08 为低模添加一个“UVW展开”修改器，拆分低模的UV，并将其摆放至第一象限，选择如图10-18所示的边。

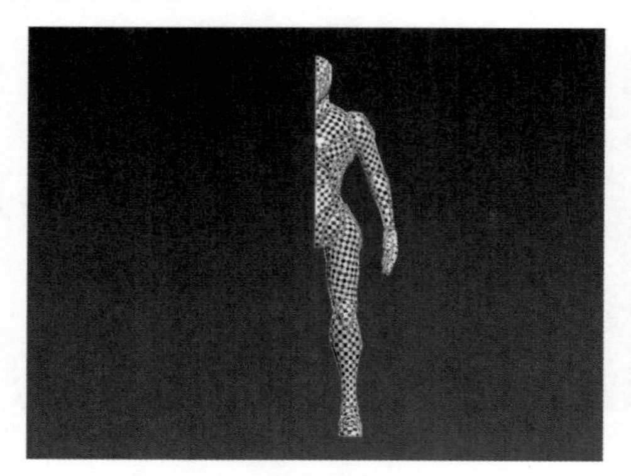

图10-17　棋盘格的显示效果

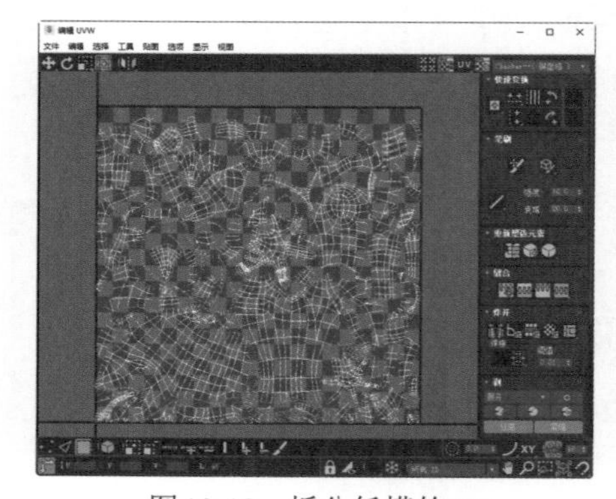

图10-18　拆分低模的UV

09 打开Marmoset Toolbag，分别导入低模和高模，如图10-19所示。

10 展开Output卷展栏，设置Master微调框的数值为4096×4096，展开Maps卷展栏，分别选中Normals、Curvature、Thickness、Ambient Occlusion复选框，然后单击Bake按钮，如图10-20所示，烘焙贴图。

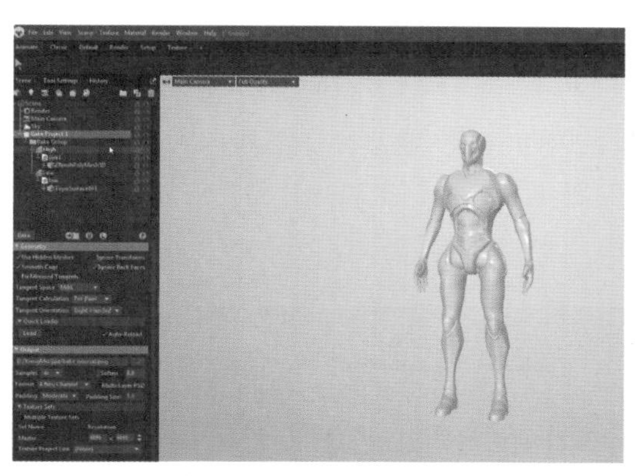

图 10-19　导入低模和高模

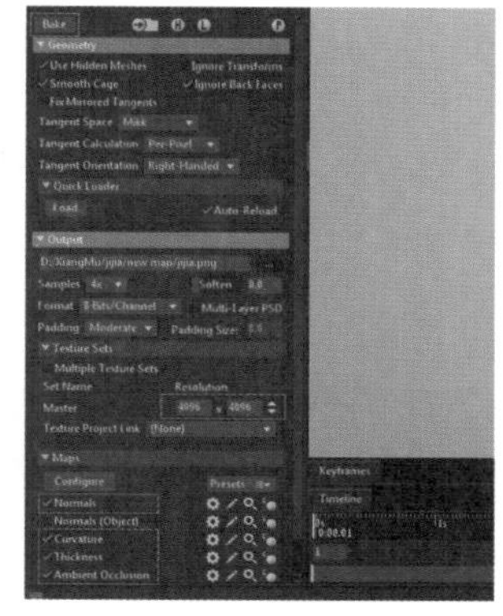

图 10-20　设置烘焙参数

11 打开Photoshop，导入模型各个部位的Normal贴图和UV，并修复法线出现破损的地方，以及修复Ambient Occlusion贴图，如图 10-21 所示，修复后将文件保存为PNG文件。

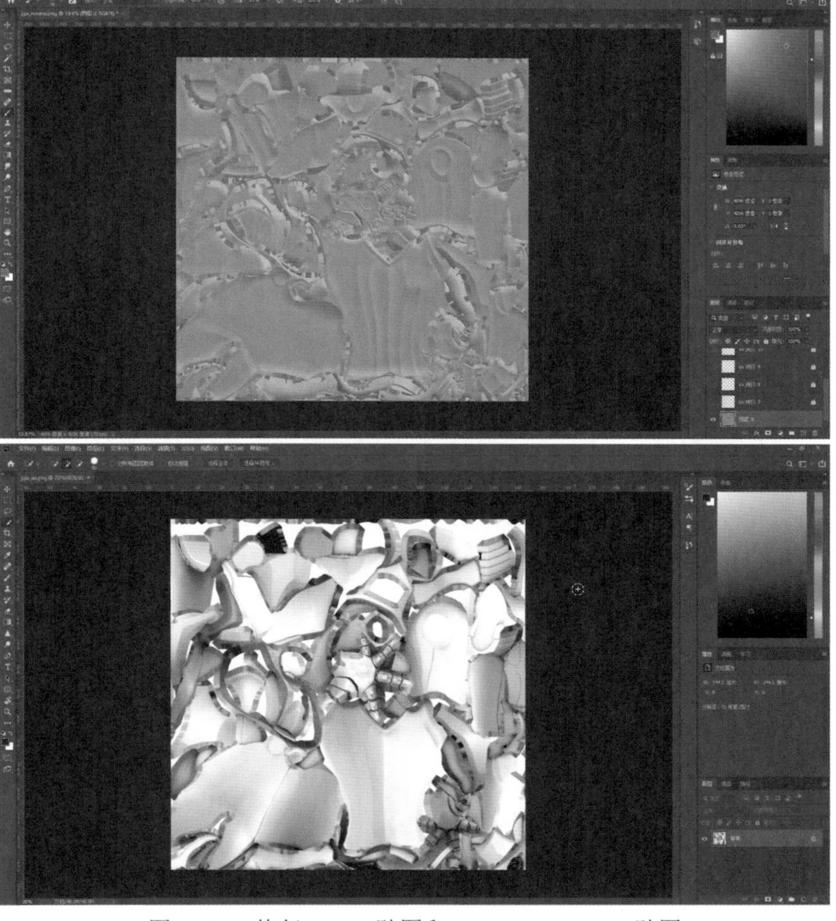

图 10-21　修复Normal贴图和Ambient Occlusion贴图

10.1.3 制作机甲贴图

【例10-3】本实例将讲解如何使用Substance Painter制作贴图。 视频

01 打开Substance Painter，依次将模型贴图拖曳至“TEXTURE SET纹理集设置”面板中的“模型贴图”选项卡中，然后制作模型的底色，如图10-22所示。

图10-22 制作模型的底色

02 制作模型阴影的效果，如图10-23所示。

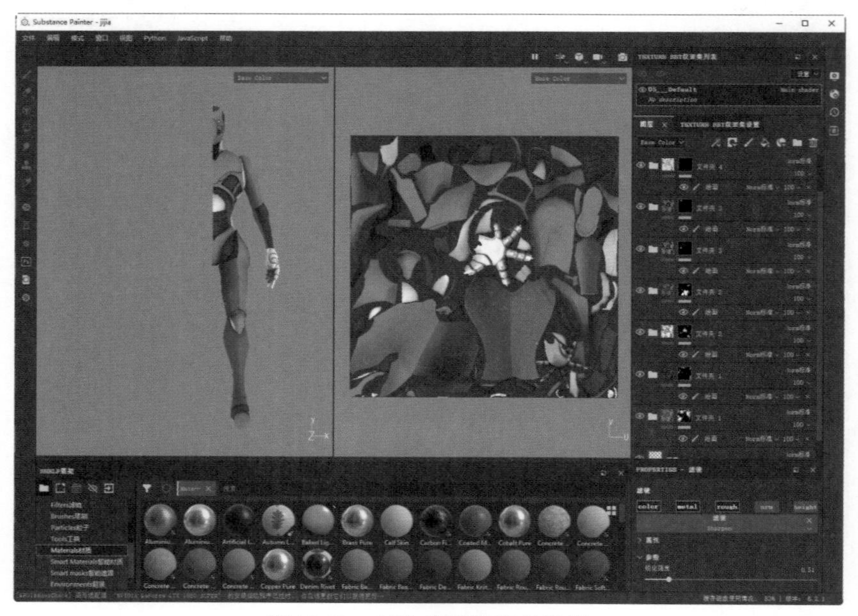

图10-23 制作模型阴影的效果

03 制作模型的纹理效果，如图 10-24 所示。

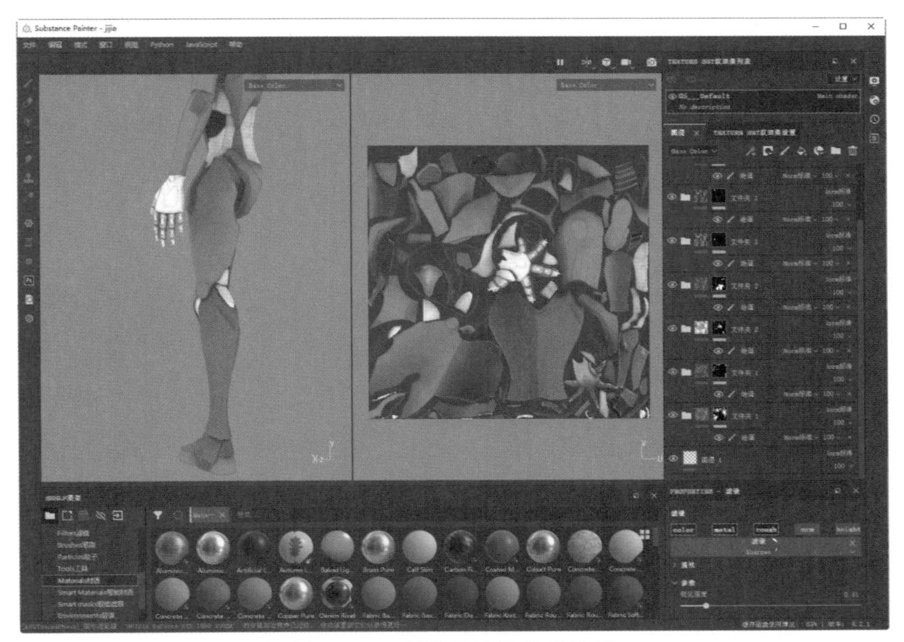

图 10-24 制作模型的纹理效果

04 继续为模型添加细节，如图 10-25 所示。

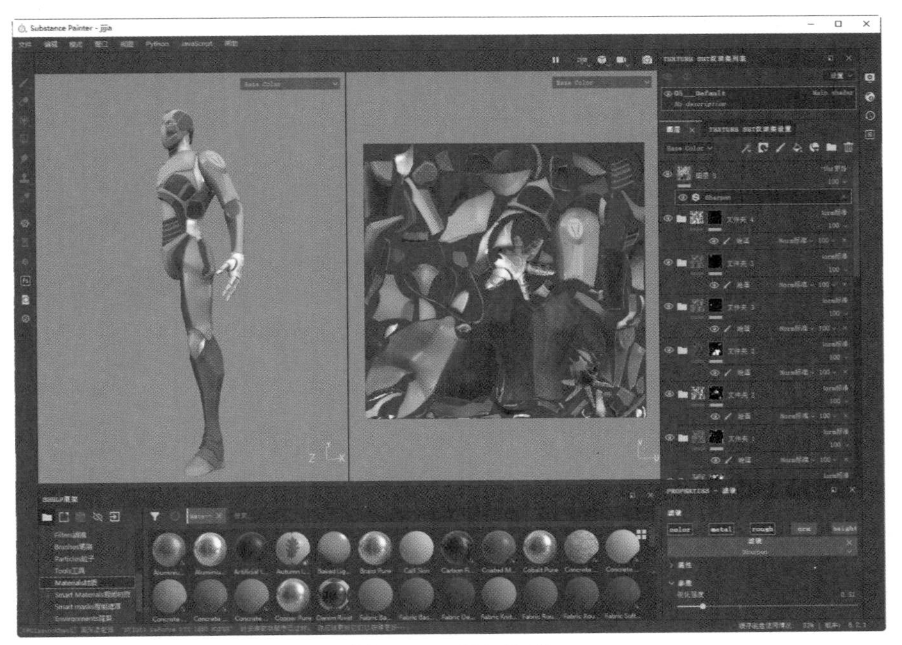

图 10-25 添加细节

05 打开“导出纹理”窗口，选择“输出模板”选项卡，设置贴图的参数，然后选择“设置”选项卡，设置保存的路径，单击“导出”按钮，如图 10-26 所示。

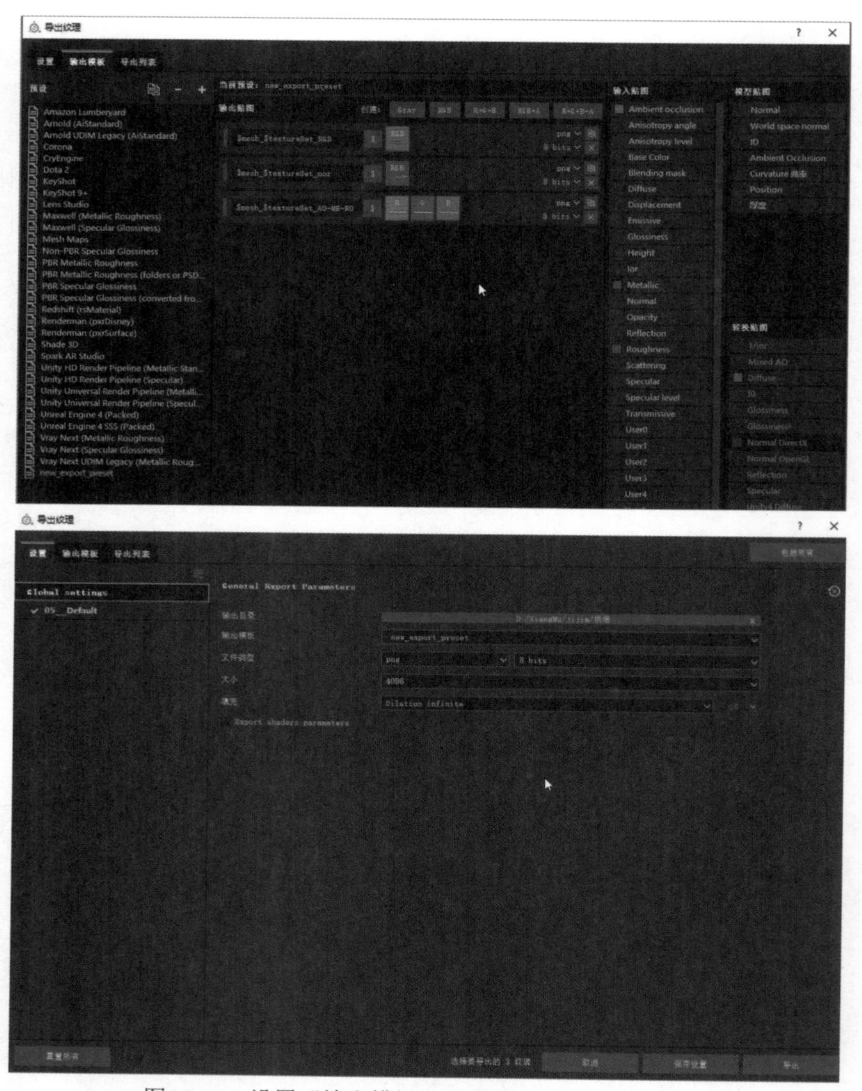

图10-26　设置“输出模板”选项卡和“设置”选项卡

10.1.4　使用V-Ray渲染模型

【例10-4】本实例将讲解如何使用V-Ray渲染模型。视频

01 回到3ds Max 2024，并在场景中设置好V-Ray灯光、天空光以及V-Ray摄影机，进入V-Ray摄影机视角，调整至合适的视角位置，单击“渲染设置”按钮，打开“渲染设置”对话框，单击“渲染器”下拉按钮，从弹出的下拉列表中选择“V-Ray 6，update2”选项，在“输出大小”选项组中设置“宽度”微调框数值为700，“高度”微调框设置为1000，如图10-27所示。

02 在V-Ray工具栏中单击“渲染当前帧/产品级渲染模式”按钮，如图10-28所示。

03 机甲角色模型的最终效果如图10-1所示。

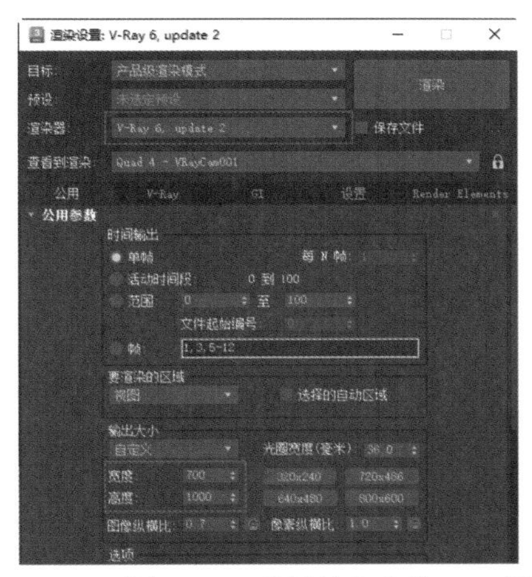

图 10-27　设置渲染参数

图 10-28　单击“渲染当前帧/产品级渲染模式”按钮

10.2　制作游戏复合场景

游戏场景是游戏中不可或缺的元素之一，游戏中的历史、文化、时代、地理等因素反映着游戏的世界观和背景，向玩家传达视觉信息，这也是吸引玩家的重要因素。游戏场景的风格主要有写实、写意和卡通三大类，由游戏的设定来决定。写实风格以写实为基础，注重场景元素的质感表现；写意风格重在虚实和意境的表达；卡通风格造型圆滑可爱，颜色鲜艳亮丽，注重造型元素风格的把握与提炼。

本节将讲解如何利用综合建模的方法制作游戏场景里的复合场景模型，如图 10-29 所示。考虑到网络游戏建筑模型不同于影视建筑模型及其运行速度，通常网络游戏建模都是尽量用最少的面把模型结构表现出来即可，重点概括出场景大致的造型和比例结构。

图 10-29　复合场景模型

10.2.1　制作亭子基础模型

【例 10-5】 本实例将讲解如何制作亭子基础模型。 视频

01 启动 3ds Max 2024，在场景中创建一个长方体，然后选择长方体的顶面，按 Shift 键向内挤出，制作如图 10-30 所示的结构。

02 按Ctrl+Shift快捷键，将面向上复制，在弹出的“克隆部分网格”对话框中选中“克隆到对象”单选按钮，然后单击“确定”按钮，如图10-31所示。

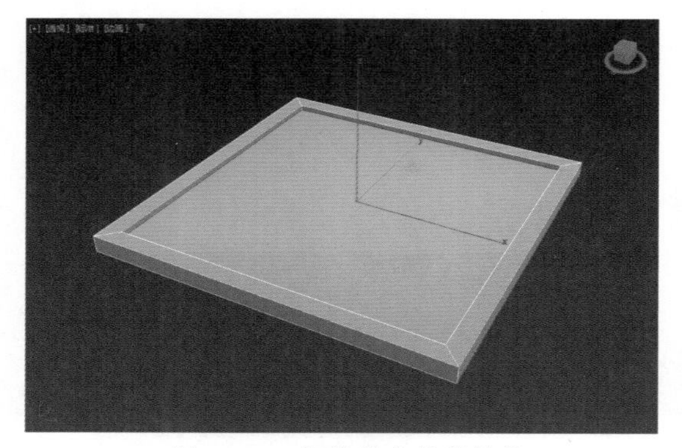

图10-30　调整长方体的结构

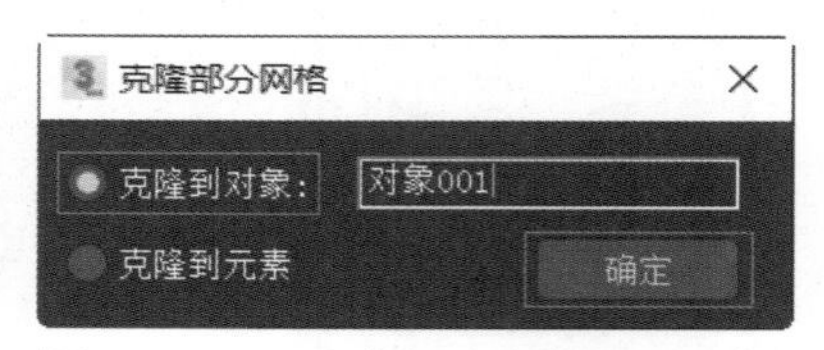

图10-31　“克隆部分网格”对话框

03 选择复制出的面，并调整其比例，如图10-32所示。

04 调整台基的造型，并选择台基的边，在“修改”面板的“编辑边”卷展栏中单击“切角”按钮右侧的“设置”按钮，设置“边切角量”数值为0.05m，然后单击“确定”按钮，如图10-33所示。

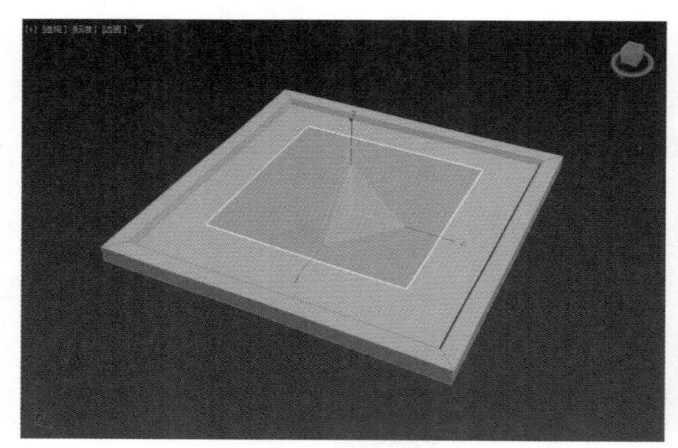

图10-32　调整面的比例

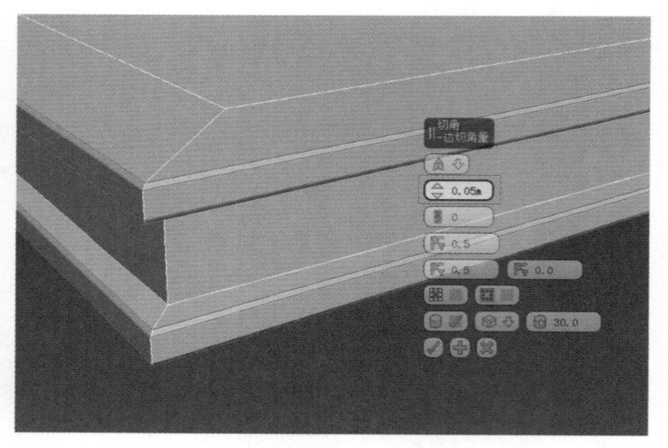

图10-33　设置“边切角量”数值

05 制作墙面和屋顶的大致造型并选择如图10-34所示的面。

06 在“修改”面板中单击“修改器列表”下拉按钮，从弹出的下拉列表中选择“FFD 2×2×2”选项，为其添加“FFD 2×2×2”修改器，如图10-35所示。

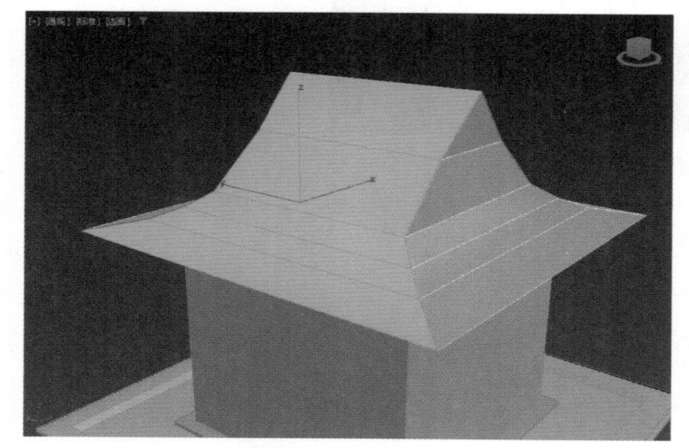

图10-34　制作屋顶的大致造型

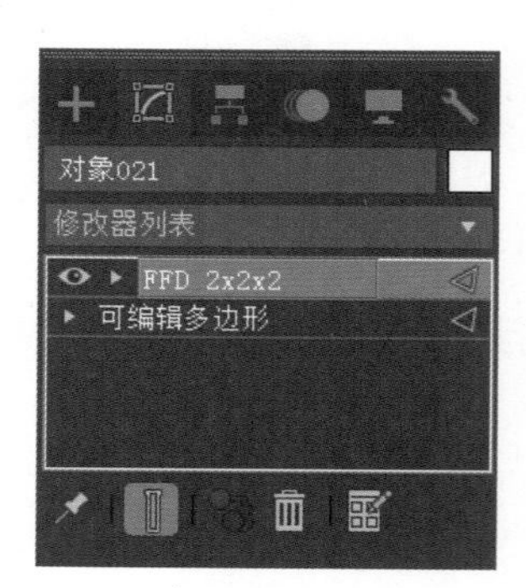

图10-35　添加“FFD2×2×2”修改器

07 调整屋顶的造型，如图10-36所示。调整完成后，右击并从弹出的快捷菜单中选择“转换为:”|“转换为可编辑多边形”命令。

08 添加“对称”修改器，展开“对称”卷展栏，在“镜像轴”组中单击X按钮，然后选中“翻转”复选框，如图10-37所示。

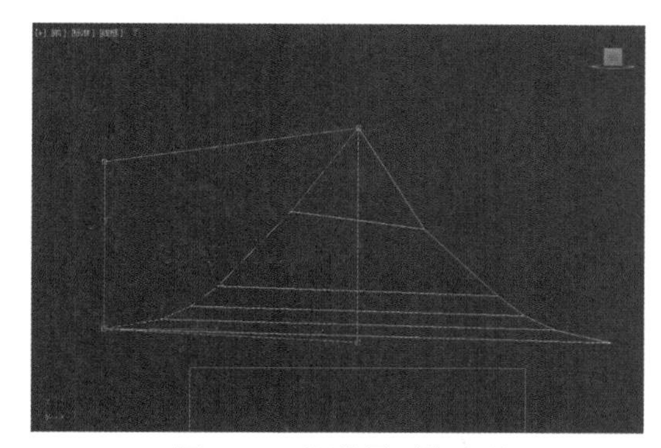

图10-36　调整屋顶的造型

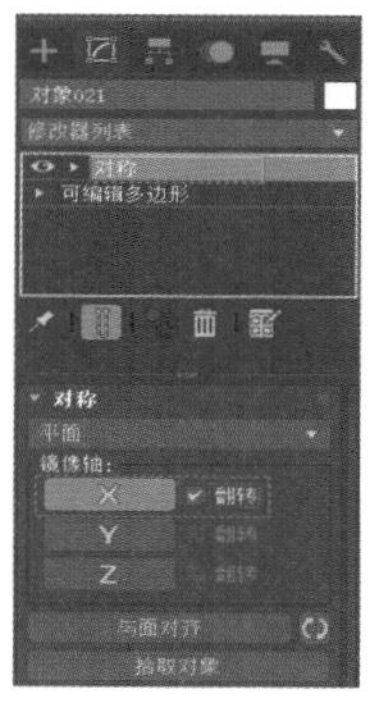

图10-37　添加“对称”修改器并设置参数

09 设置完成后，右击并在弹出的快捷菜单中选择“转换为:”|“转换为可编辑多边形”命令，然后按S键激活“捕捉开关”命令，调整顶点，如图10-38所示。

10 制作阁楼的大致造型，选择如图10-39所示的面，按Ctrl+Shift快捷键并沿X轴向外拖曳复制，如图10-39所示。

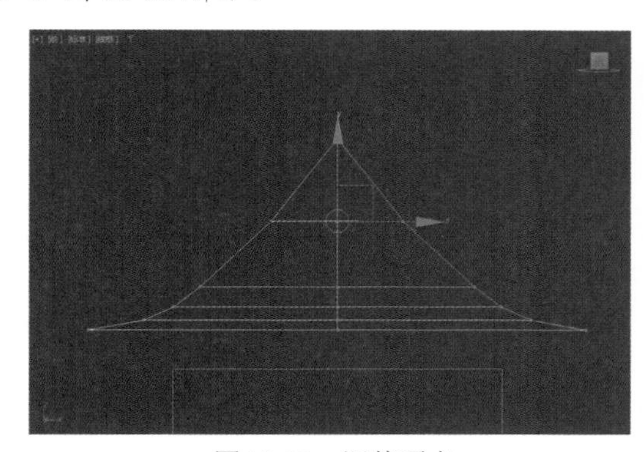

图10-38　调整顶点

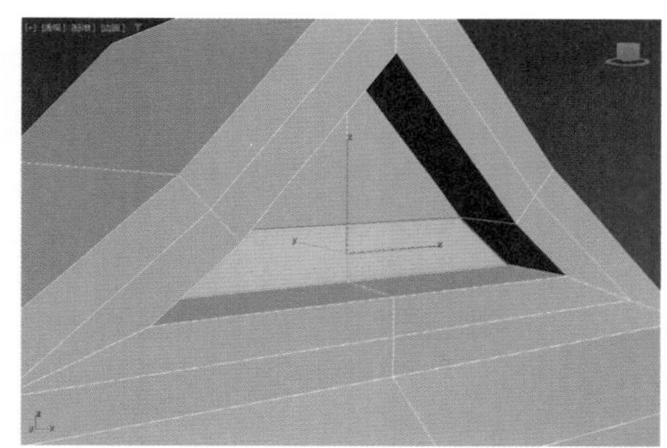

图10-39　复制面

11 选择面上所有的边线并按Shift键沿X轴向内挤出，然后将其放置于如图10-40左图所示的位置，并制作倒角，如图10-40右图所示。

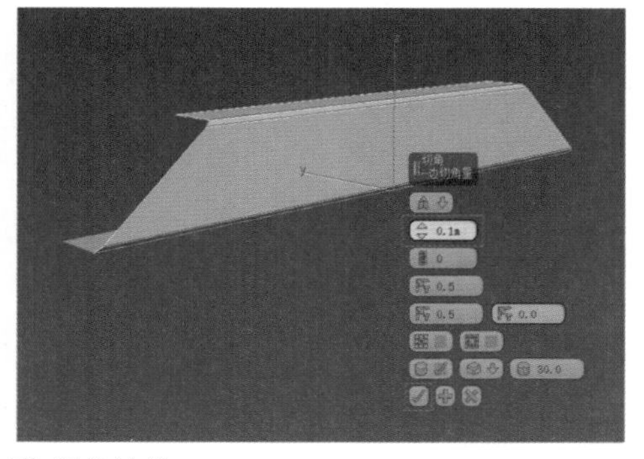

图10-40　挤出边并制作倒角结构

12 选择如图10-41所示的一条线段。

13 在“修改”面板中展开“编辑边”卷展栏，单击“利用所选内容创建图形”按钮，如图10-42所示。

图10-41 选择线段

图10-42 单击“利用所选内容创建图形”按钮

14 在弹出的“创建图形”对话框中选中“线性”单选按钮，如图10-43所示，然后单击“确定”按钮。

15 在“修改”面板中展开“渲染”卷展栏，选中“在渲染中启用”和“在视口中启用”复选框，设置“厚度”为0.5m，设置“边”的数值为12，如图10-44所示，右击并选择“转换为”|“转换为可编辑多边形”命令。

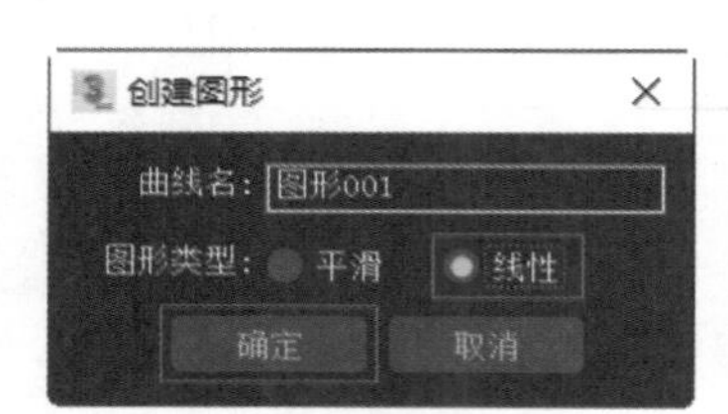

图10-43 “创建图形”对话框

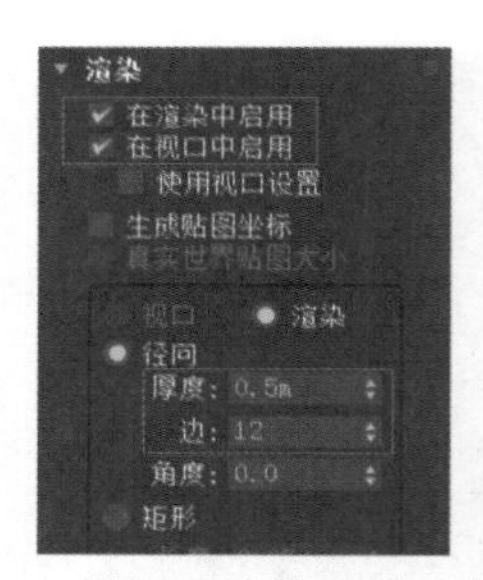

图10-44 设置“渲染”卷展栏参数

16 双击选择圆柱体底部的一圈边线，然后按Shift键多次沿Y轴向下挤出檐柱模型底部的造型，制作柱基的大致造型，如图10-45所示。

17 在“层次”面板中单击“仅影响轴”按钮，调整柱基的坐标轴至栅格中心点，在主工具栏中单击“镜像”按钮，复制出其余的檐柱模型，如图10-46所示。

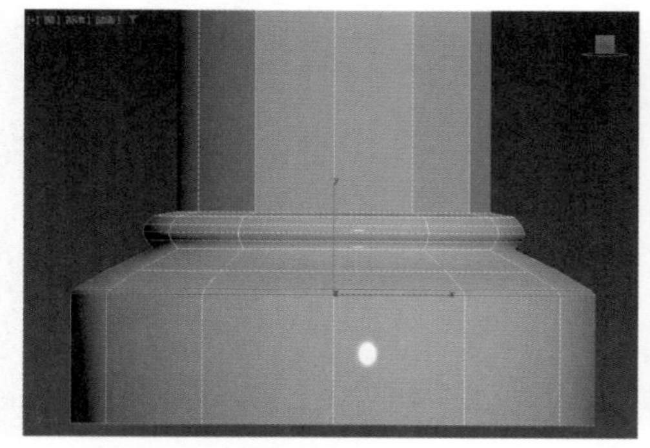

图10-45 挤出檐柱模型底部的造型

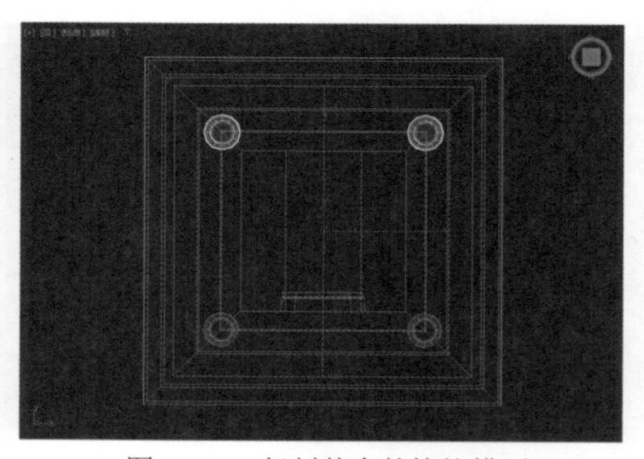

图10-46 复制其余的檐柱模型

18 框选如图 10-47 所示的房屋模型边线。

19 在“修改”面板的“编辑边”卷展栏中单击“连接”按钮右侧的“设置”按钮，设置“分段”数值为2，设置“收缩”数值为10，如图 10-48 所示，设置完后单击“确定”按钮，然后选择门位置的前后两个面，按Delete键删除。

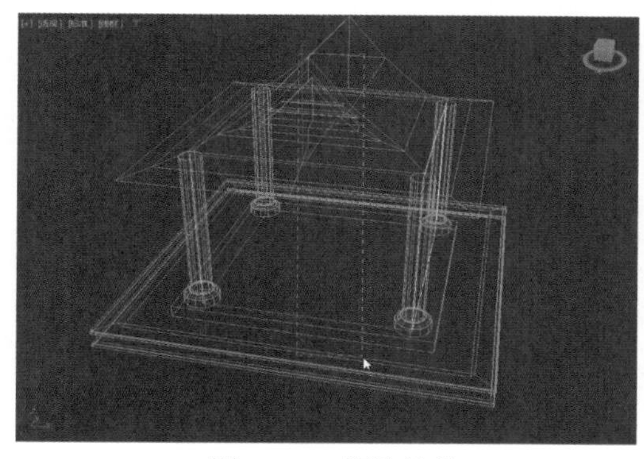

图 10-47　框选边线

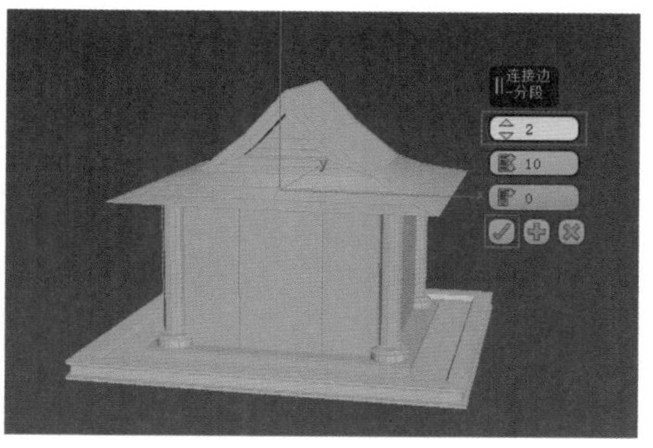

图 10-48　添加边

20 选择房屋模型，在“修改”面板中单击“修改器列表”下拉按钮，从弹出的下拉列表中选择“壳”选项，设置“内部量”数值为 0.1m，如图 10-49 所示。

21 调整柱子模型的比例，将坐标轴移动至栅格中心位置，然后复制其余的柱子模型，如图 10-50 所示。

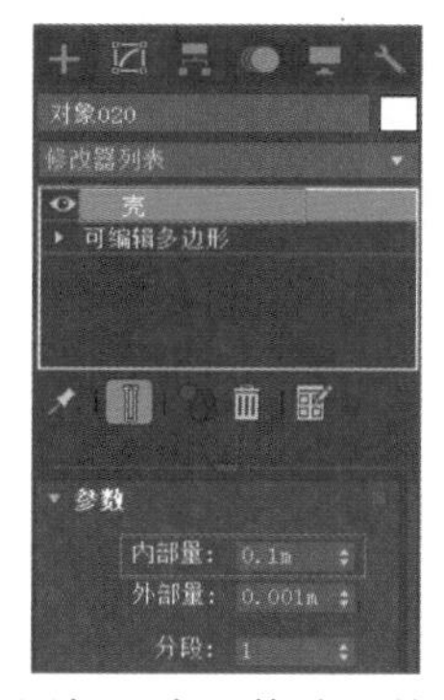

图 10-49　添加“壳”修改器并设置参数

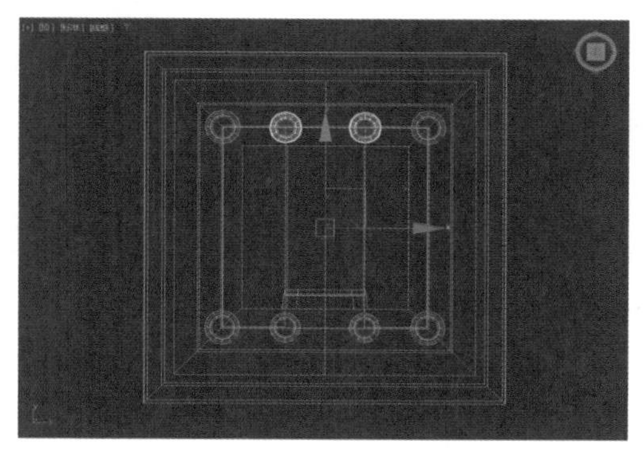

图 10-50　复制柱子模型

22 按照步骤 18 到步骤 20 的方法，制作门槛模型，如图 10-51 所示，并制作倒角结构。

23 调整屋顶模型的造型，如图 10-52 所示。

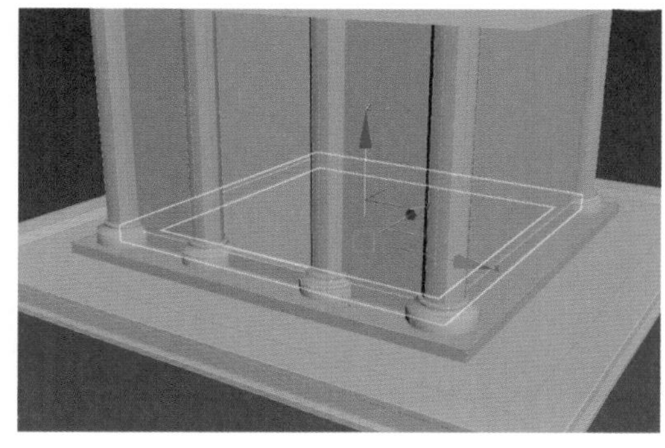

图 10-51　选择边制作门槛模型

图 10-52　调整屋顶模型的造型

24 创建一个圆柱体删除其前后的面，如图10-53所示，制作筒瓦模型。

25 按Shift键并拖曳圆柱体，在弹出的“克隆选项”对话框的“对象”组中选中“实例”单选按钮，设置“副本数”数值为5，单击“确定”按钮，如图10-54所示。

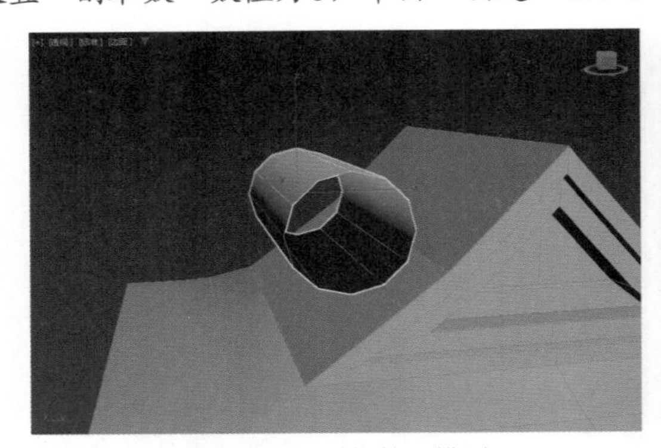

图10-53　制作筒瓦模型

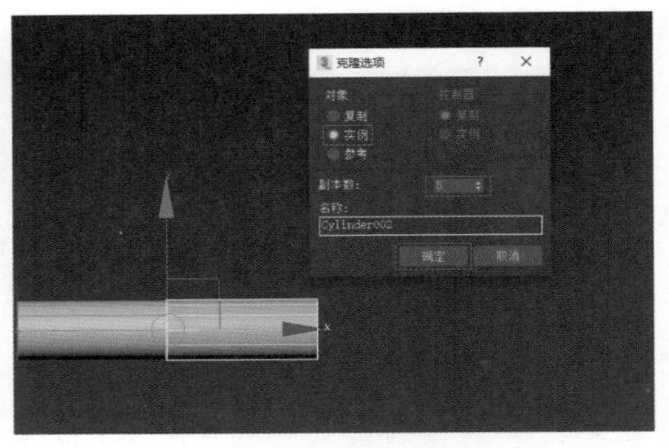

图10-54　“克隆选项”对话框

26 调整勾头瓦的造型，如图10-55所示。

27 创建一个长方体，制作板瓦模型，如图10-56所示。

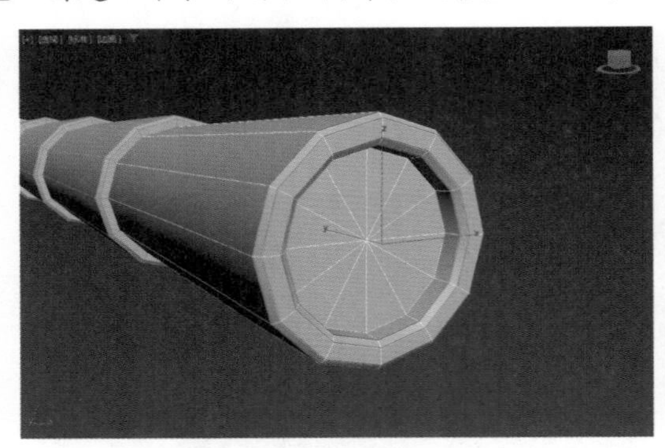

图10-55　调整勾头瓦的造型

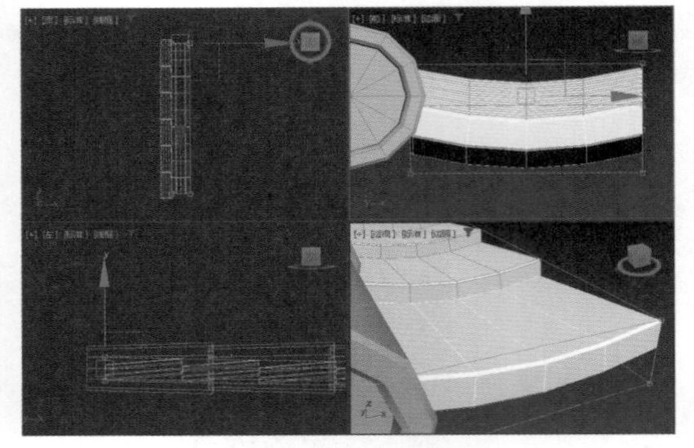

图10-56　制作板瓦模型

28 按住Shift键并沿X轴拖曳，在弹出的“克隆选项”对话框的“对象”组中选中“实例”单选按钮，设置“副本数”数值为23，然后单击“确定”按钮，如图10-57所示。

29 选择所有的瓦片，右击并在弹出的快捷菜单中选择“转换为:”|“转换为可编辑多边形”命令，然后右击并在弹出的快捷菜单中选择“附加”命令左侧的按钮，如图10-58所示。

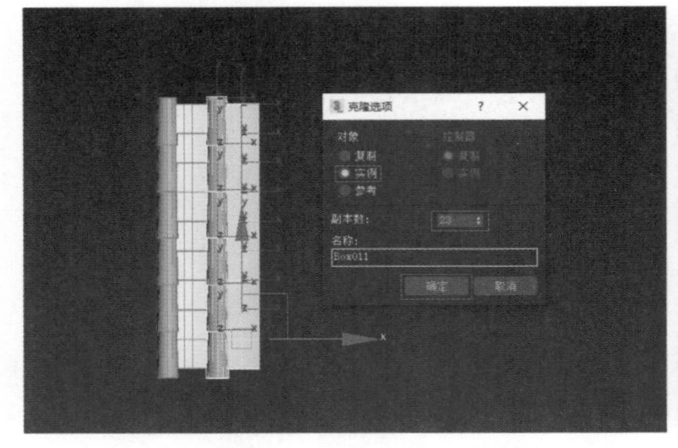

图10-57　“克隆选项”对话框

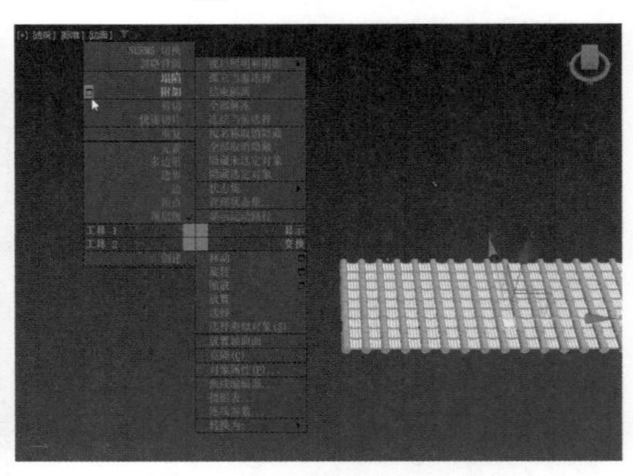

图10-58　选择“附加”命令

30 在弹出的“附加列表”对话框中，按Ctrl+A快捷键全选列表中的对象，然后单击“附加”按钮，如图10-59所示。

31 选择屋顶模型，按数字1键切换至“顶点”子对象层级，在“编辑几何体”卷展栏中单击“切割”按钮，如图10-60所示。

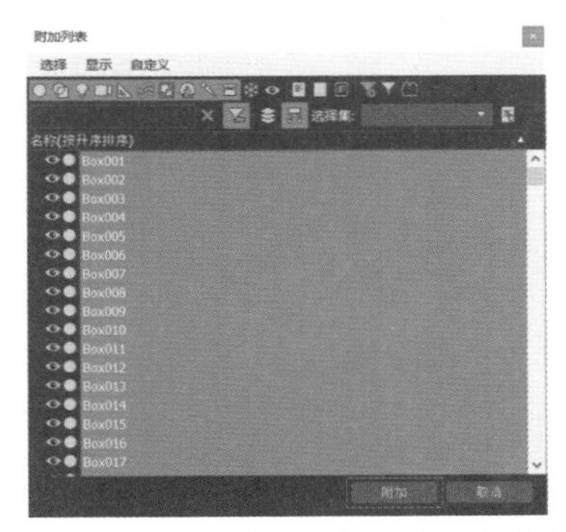

图10-59　全选“附加列表”对话框中的对象

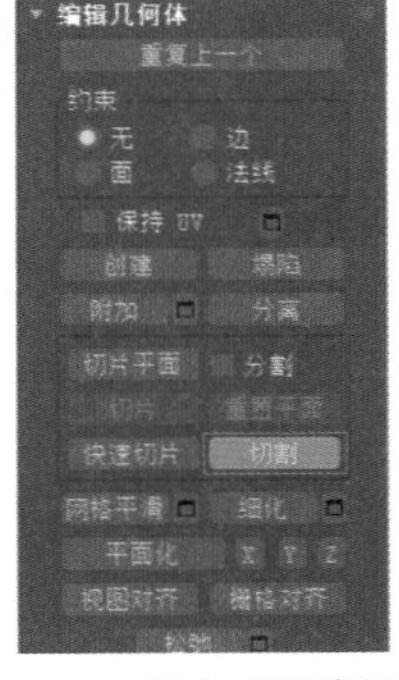

图10-60　单击“切割”按钮

32 在阁楼的一角处切割出两条边，在“修改”面板的“编辑边”卷展栏中单击“连接”按钮右侧的“设置”按钮，设置“滑块”数值为0，然后单击“确定”按钮，如图10-61所示。

33 选择顶点并调整造型，如图10-62所示。

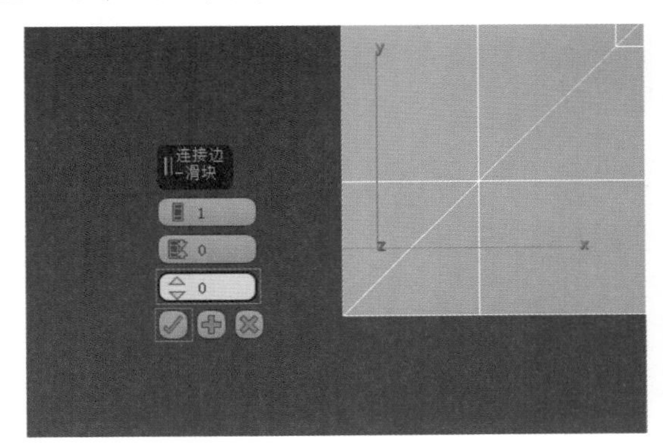

图10-61　设置“连接”参数

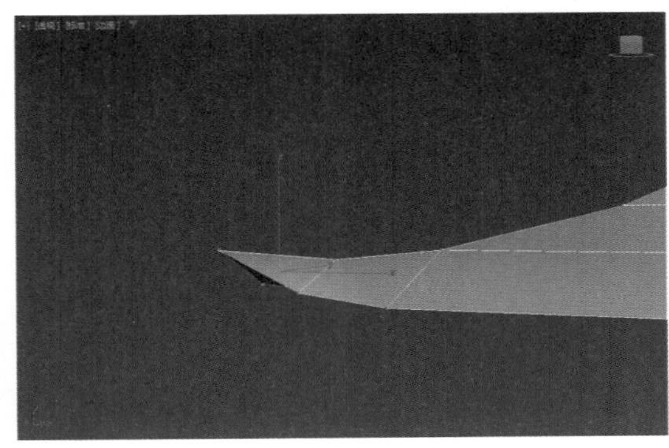

图10-62　选择顶点并调整造型

34 按照步骤8的方法，调整屋顶造型，如图10-63所示。

35 按照步骤6到步骤7的方法，调整瓦片造型，如图10-64所示。

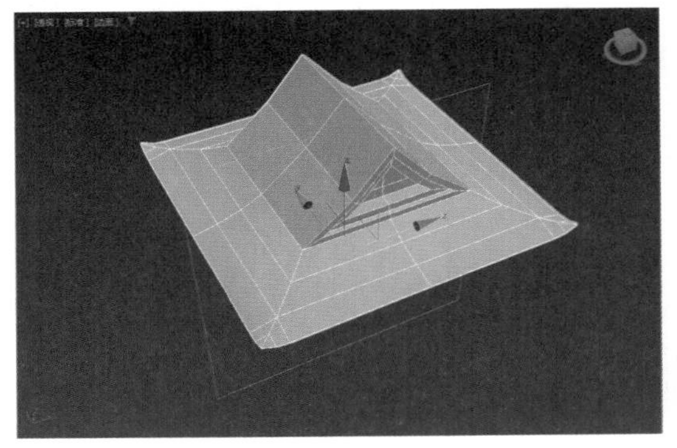

图10-63　调整屋顶造型

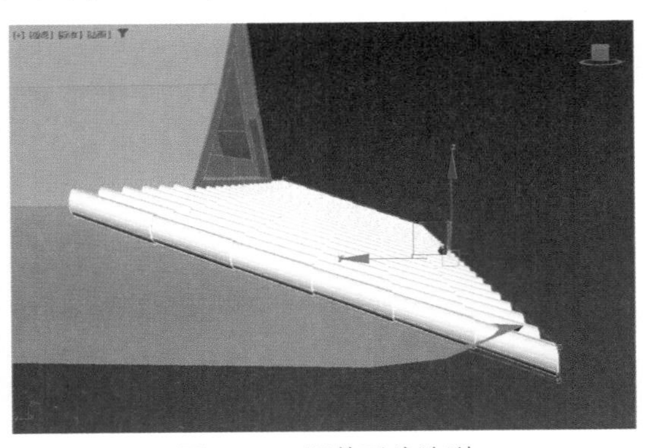

图10-64　调整瓦片造型

36 切换到顶视图，按F3键切换至物体线框显示，在“编辑几何体”卷展栏中单击“快速切片”按钮，如图10-65左图所示，按照屋顶的造型进行切割，如图10-65右图所示。

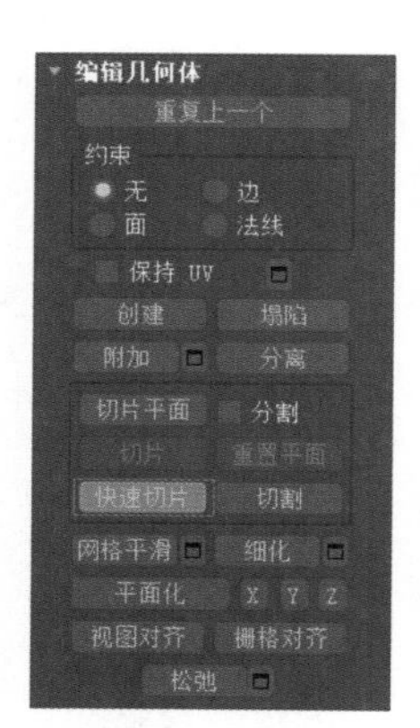

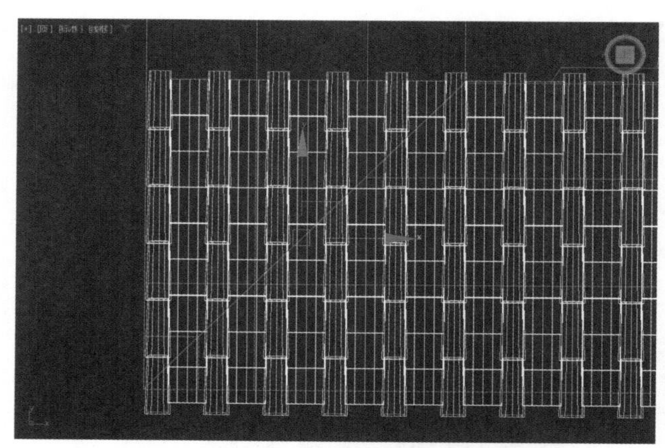

图10-65 单击“快速切片”按钮并按照屋顶的造型进行切割

37 选择需要调整的瓦片模型，为其添加“FFD 2×2×2”修改器，调整瓦片造型使其与屋顶贴合，如图10-66所示。

38 按照步骤17的方法，镜像瓦片，如图10-67所示。

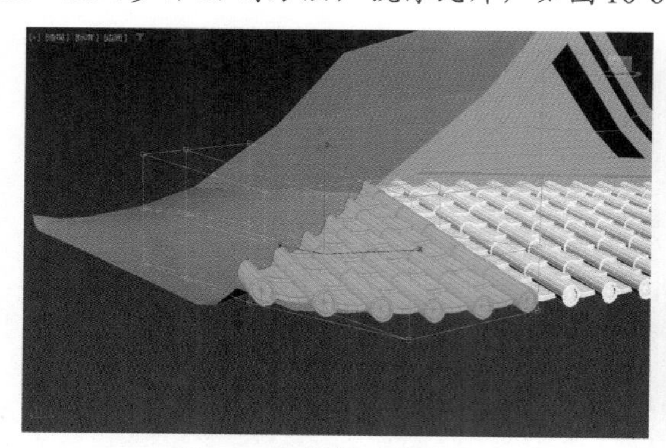

图10-66 调整瓦片造型

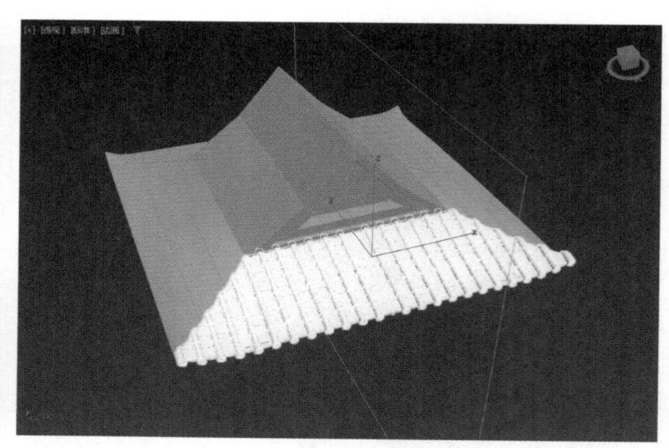

图10-67 镜像瓦片

39 选择如图10-68左图所示的面，按Delete键将其删除，选择右侧的筒瓦和勾头模型，按Ctrl+Shift快捷键并沿X轴拖曳进行复制，将复制的模型移至空缺的部位，如图10-68右图所示。

图10-68 删除多余的元素并复制模型

40 选择瓦片模型，调整其坐标轴至栅格中心点，然后在主工具栏中单击“镜像”按钮，制作阁楼的其余瓦片模型，效果如图10-69所示。

41 创建一个长方体，制作如图10-70所示的造型。

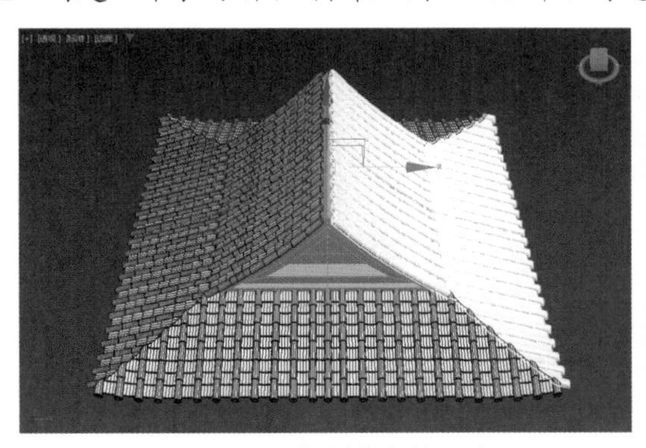

图10-69　复制其余的瓦片

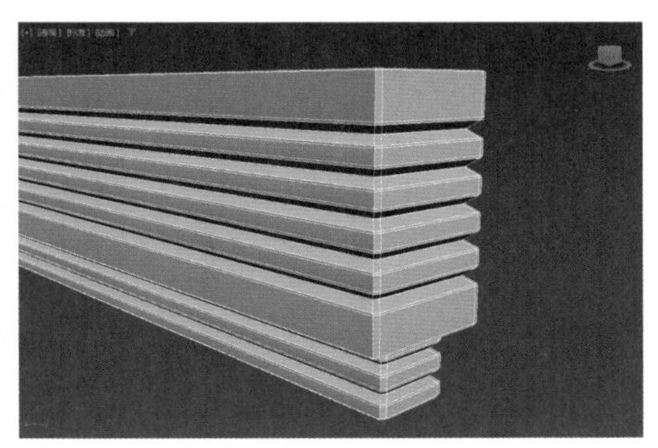

图10-70　创建长方体

42 创建一个长方体，制作倒角结构，然后创建一个圆柱体，将其放置于如图10-71所示的位置。

43 创建一个长方体，将其放置于顶部，并调整其造型，然后选择长方体，右击并选择“附加”命令，然后选择正脊模型，将两个模型附加为一个模型，选择如图10-72所示的边线。

图10-71　分别创建长方体和圆柱体

图10-72　选择边线

44 调整正脊模型底部和顶部大于四条边的面，如图10-73所示。

45 为正脊模型添加“FFD 2×2×2”修改器，调整其造型，如图10-74所示。

图10-73　调整布线

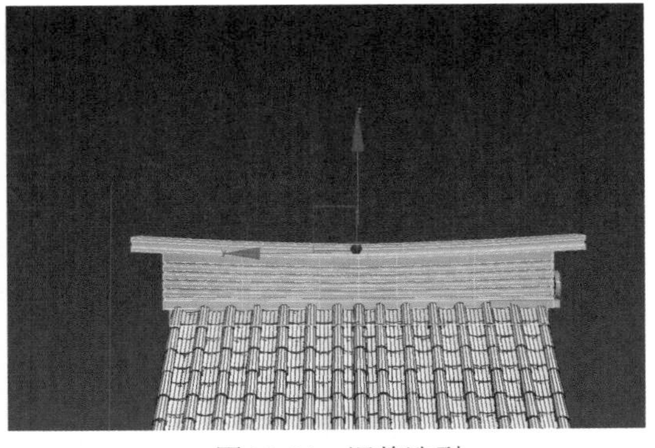

图10-74　调整造型

46 创建一个圆柱体，然后删除其前后以及底部的面，调整模型的造型并制作倒角结构，如图10-75所示。

47 按照步骤37到步骤38的方法，调整戗脊和垂脊模型的造型，如图10-76所示。

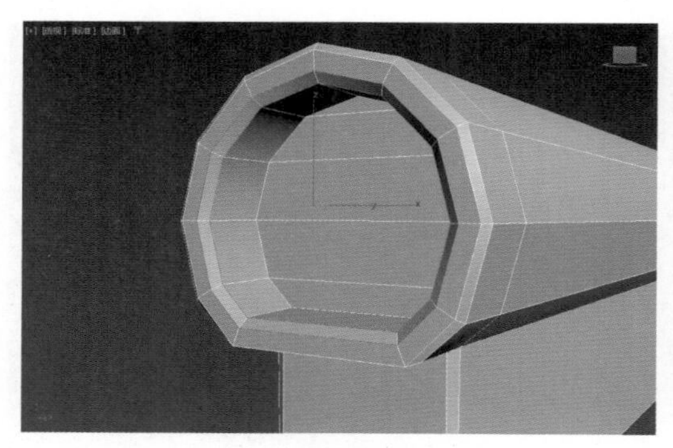

图10-75　调整圆柱体造型

图10-76　调整戗脊和垂脊模型

48 选择阁楼处的边线，在“编辑边”卷展栏中单击“切角”按钮，制作倒角结构，如图10-77所示。

49 选择门槛模型并按Shift键沿Y轴拖曳进行复制，然后选择如图10-78所示的边线。

图10-77　制作阁楼处边线的倒角结构

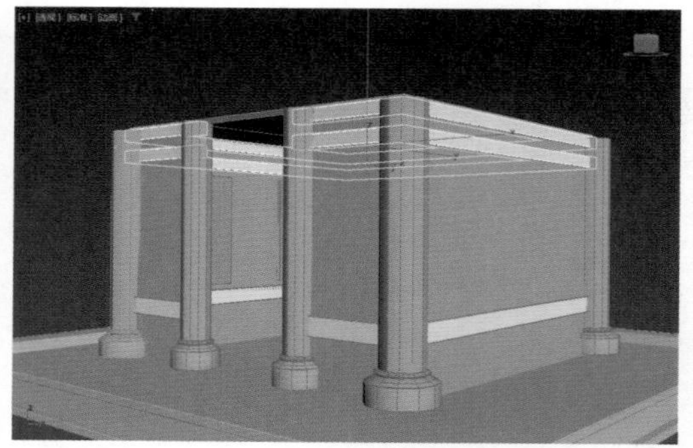

图10-78　选择边线

50 在“创建”面板中单击“螺旋线”按钮，在左视图中创建一条螺旋线，如图10-79所示，制作门帘模型。

51 在“修改”面板中展开“渲染”卷展栏，选中“在渲染中启用”和“在视口中启用”复选框，设置“长度”为0.04m，设置“宽度”为0.06m，如图10-80所示，然后右击并在弹出的快捷菜单中选择“转换为:”|“转换为可编辑多边形”命令。

图10-79　创建螺旋线

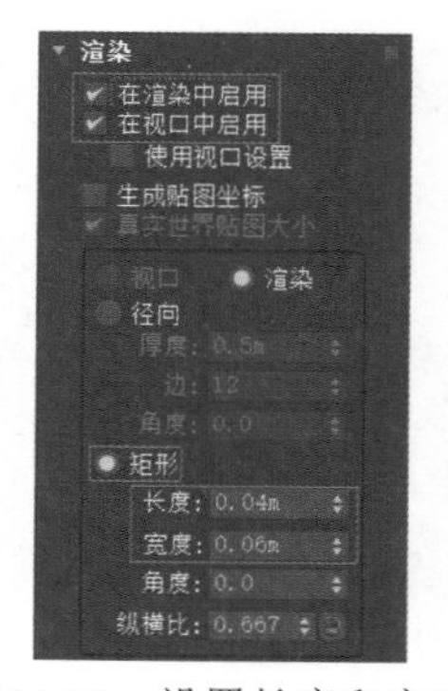

图10-80　设置长度和宽度

52 调整螺旋线模型的布线，如图10-81所示。

53 制作卷帘的造型，然后将其放置于如图10-82所示的位置。

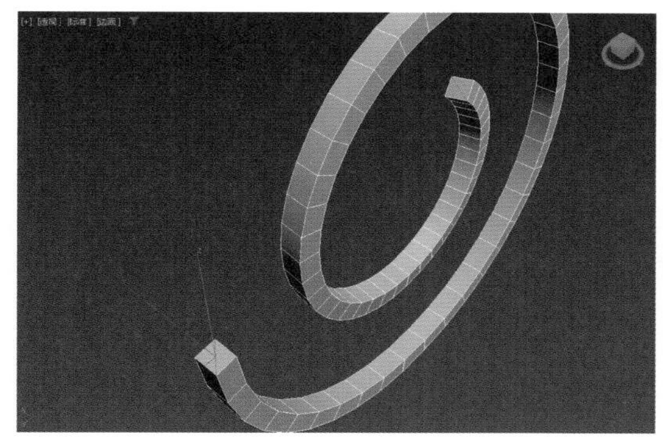

图10-81 调整布线

图10-82 制作卷帘的造型

54 选择门槛模型，添加两条循环边，按Ctrl+Shift快捷键，向上进行复制，然后调整其比例和位置，选择如图10-83所示的面。

55 创建一个长方体，制作直棂窗的大致造型，如图10-84所示。

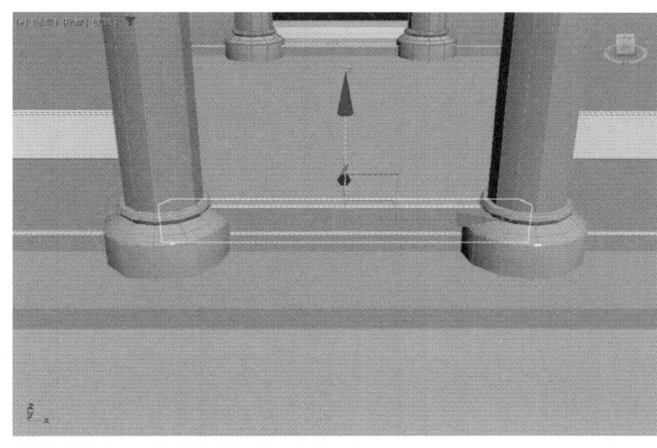

图10-83 选择面

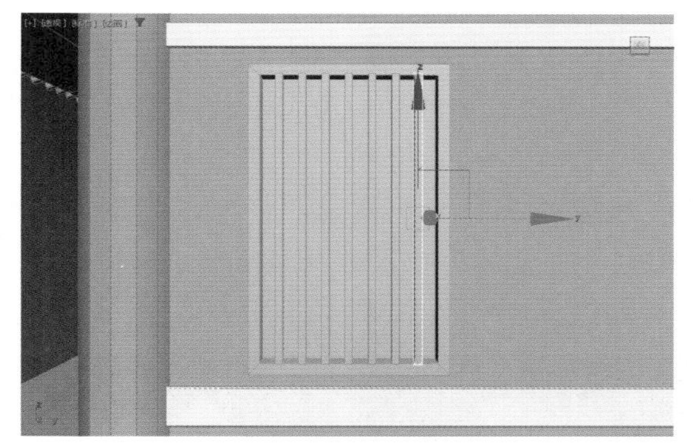

图10-84 制作直棂窗的大致造型

56 选择边框模型，在“修改”面板的“编辑几何体”卷展栏中单击“附加”按钮，并依次选择直棂条模型，将其附加为一组模型，然后选择窗户的边线，在“编辑边”卷展栏中单击“切角”按钮，制作倒角结构，如图10-85所示。

57 按照步骤17的方法，复制出其余的窗户模型，如图10-86所示。

图10-85 选择边线并制作倒角结构

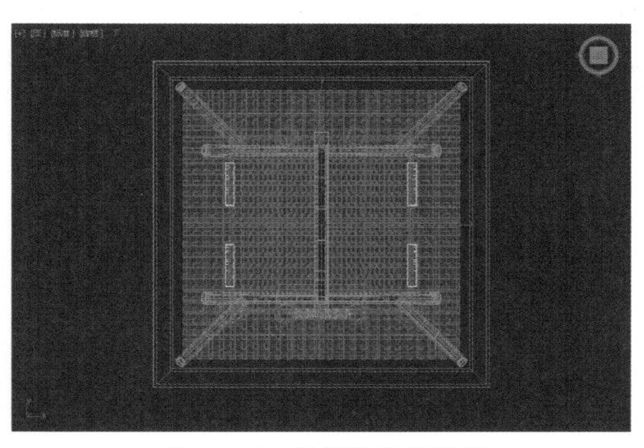

图10-86 制作窗户的造型

58 制作房屋侧面的装饰物，如图10-87所示。

59 制作另一半的象眼模型和台阶，并为台阶制作倒角结构，如图10-88所示。

图10-87　制作房屋侧面的装饰物

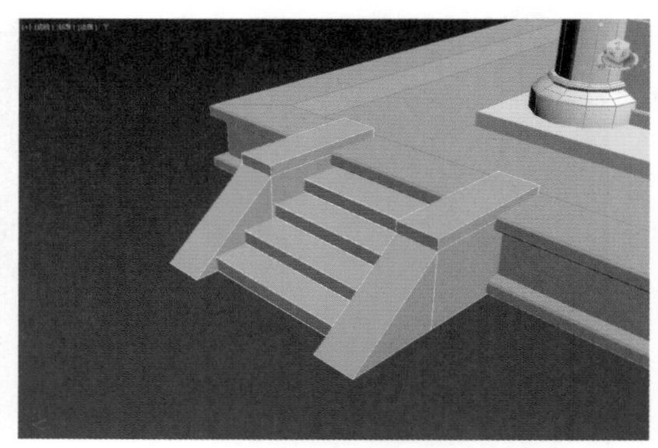
图10-88　制作象眼模型和台阶及倒角结构

10.2.2　制作低模和高模

【例10-6】本实例将讲解如何制作低模和高模。视频

01 选择所有模型，复制出两个副本，选择其中一个副本模型，对其进行卡线操作，在大纲视图中将副本模型组的对象名称修改为“High”，然后依次为模型添加OpenSubdiv修改器，细分模型，如图10-89所示。

02 选择另一个副本模型，将副本模型进行分组，在大纲视图中将副本模型组的对象名称修改为“Low”，对其进行减面，并创建多个平面模型，将其分别放置于瓦片的位置，如图10-90所示，作为低模。

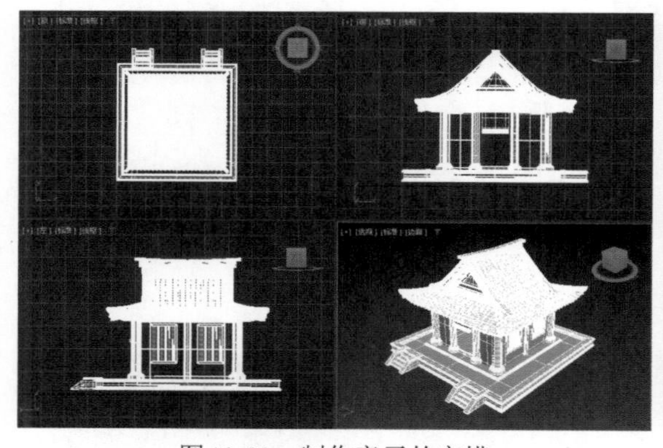
图10-89　制作亭子的高模

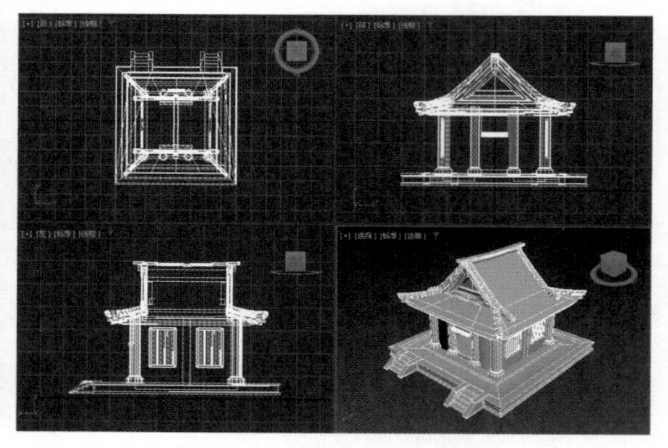
图10-90　制作亭子的低模

10.2.3　拆分 UV 并烘焙贴图

【例10-7】本实例将讲解如何拆分UV并烘焙贴图。视频

01 选择低模，添加一个“UVW展开”修改器，拆分低模的UV，如图10-91所示。

02 为模型设置软硬边，模型的硬边将显示为绿色，显示效果如图10-92所示。

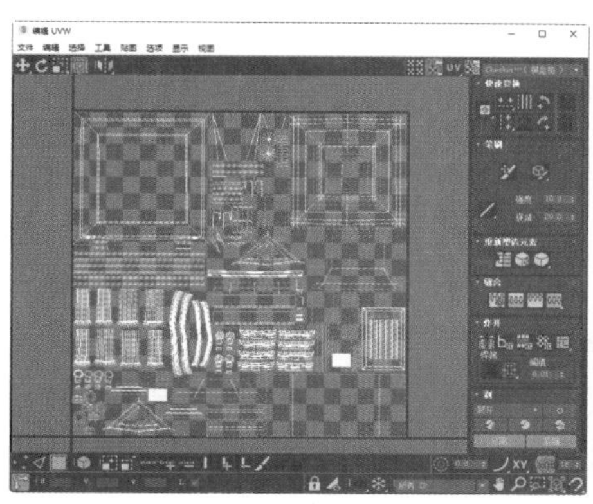

图 10-91　拆分低模的UV

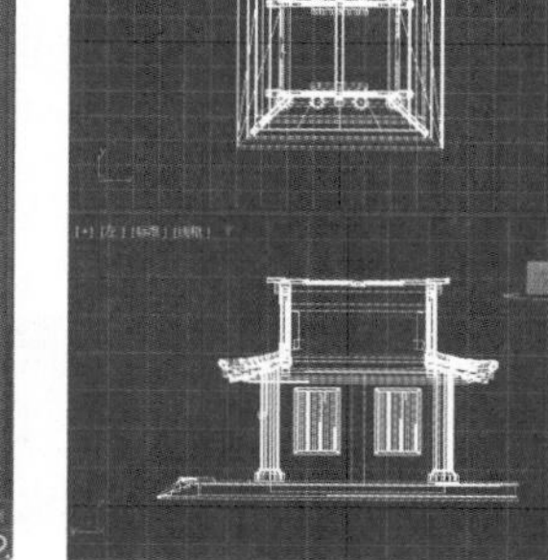

图 10-92　设置低模的软硬边

03 设置完成后，分别以OBJ的格式导出低模和高模，然后打开Marmoset Toolbag软件，分别导入低模和高模，进行烘焙贴图。然后打开Photoshop，导入模型各个部位的Normal贴图和UV，并修复法线出现破损的地方及Ambient Occlusion贴图，如图 10-93 所示，修复后将文件保存为PNG文件。

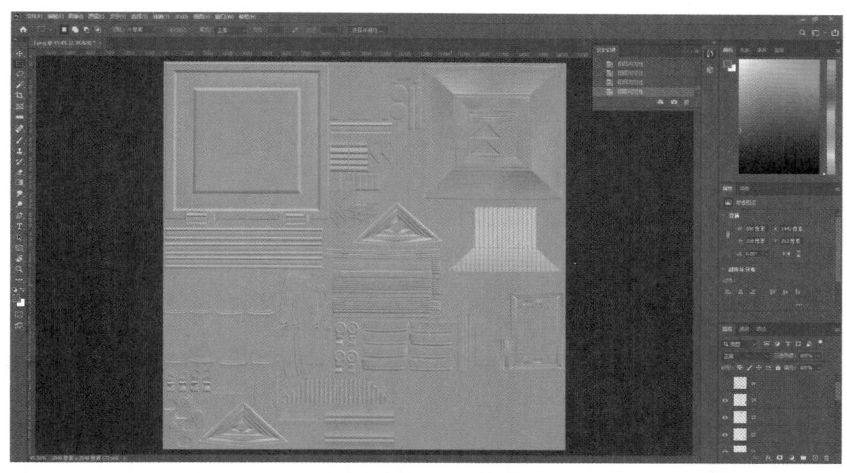

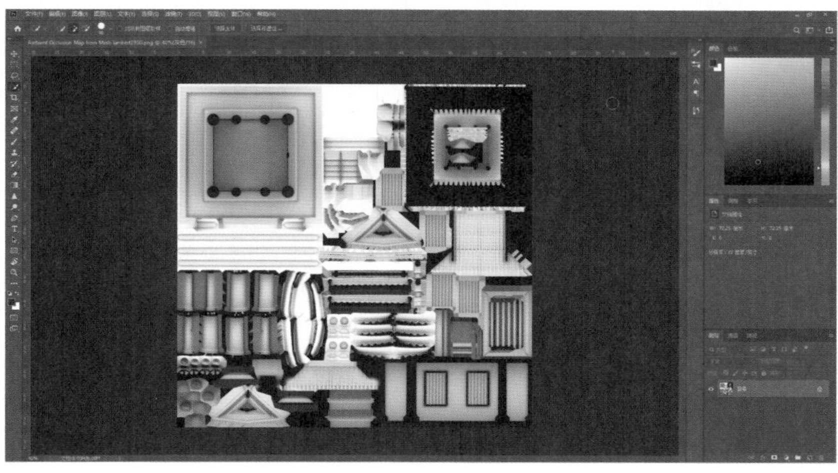

图 10-93　修复贴图

10.2.4 制作模型贴图

【例10-8】本实例将讲解如何使用Substance Painter制作贴图。视频

01 打开Substance Painter，依次将模型贴图拖曳至“TEXTURE SET纹理集设置”面板中的“模型贴图”选项卡中，然后制作模型的底色，结果如图10-94所示。

图10-94 制作模型的底色

02 制作模型阴影的效果，如图10-95所示。

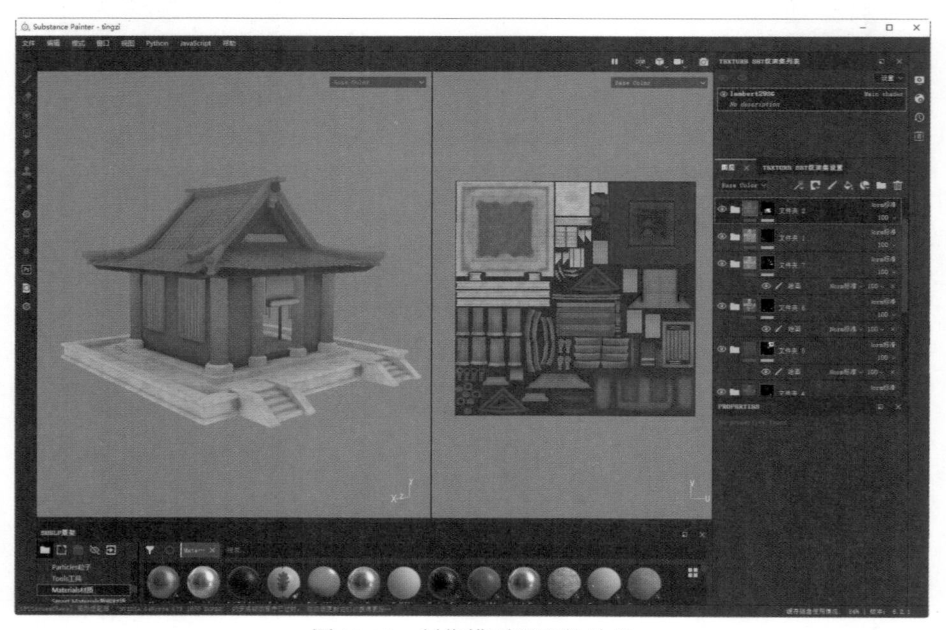

图10-95 制作模型阴影的效果

03 制作模型的纹理效果，如图10-96所示。

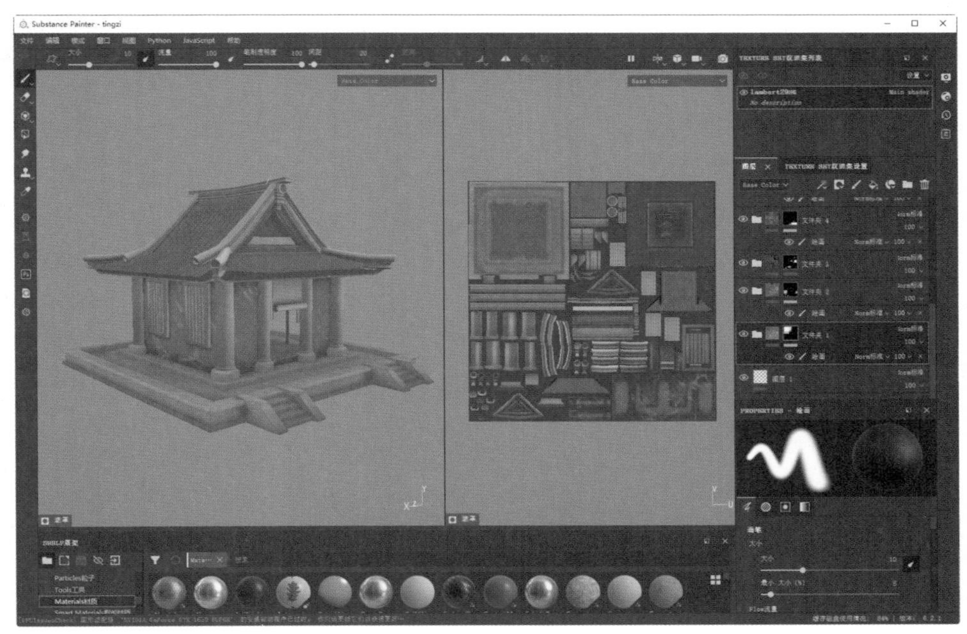

图10-96 制作模型纹理的效果

04 继续为模型添加细节，如图10-97所示。

图10-97 继续添加细节

05 打开“导出纹理”窗口，选择“输出模板”选项卡，设置贴图的参数，如图10-98所示。然后选择“设置”选项卡，设置保存的路径，单击“导出”按钮，如图10-99所示。

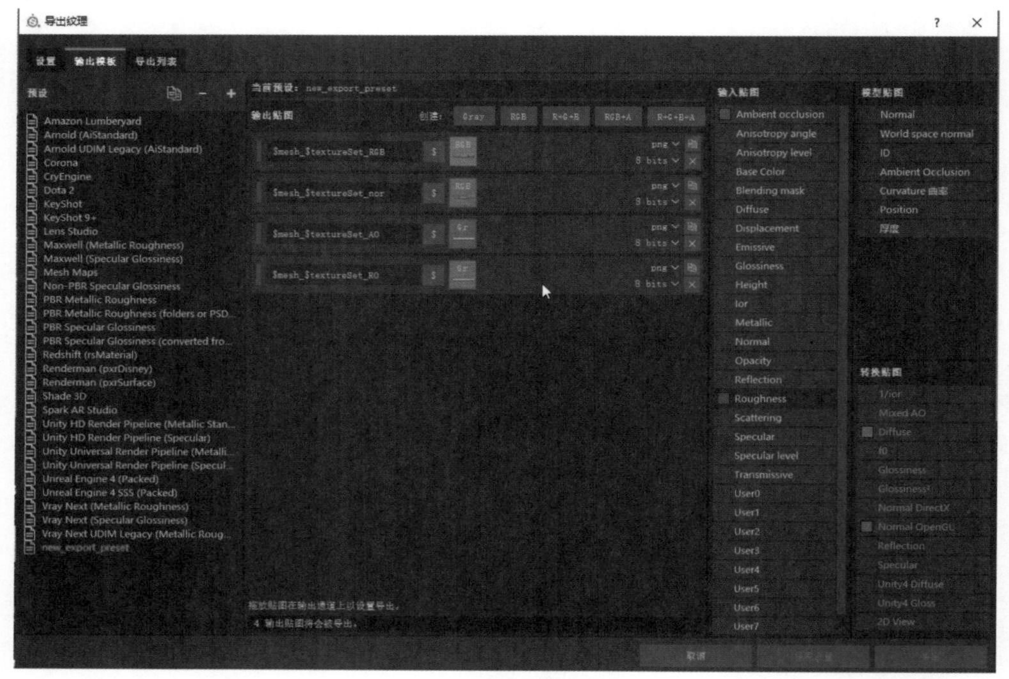

图10-98　设置贴图的参数

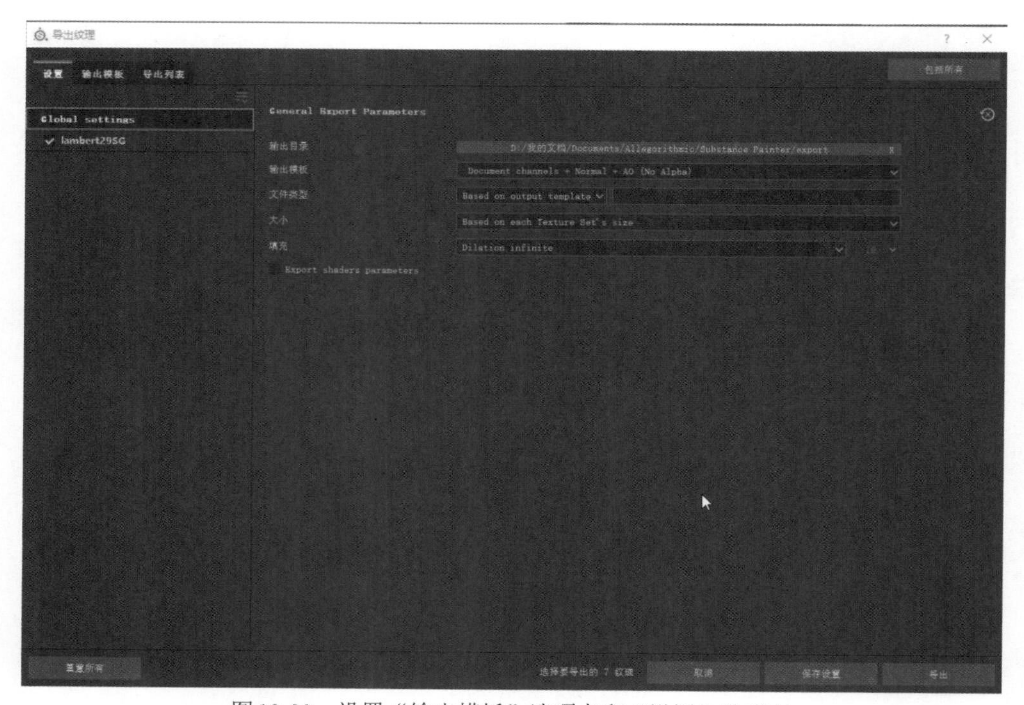

图10-99　设置“输出模板”选项卡和“设置”选项卡

10.2.5　使用 V-Ray 渲染场景

【例10-9】 本实例将讲解如何使用V-Ray渲染场景。

01 按照同样的方法制作场景中其余部分的贴图，在场景中设置好V-Ray灯光、天空光以及V-Ray摄影机，进入V-Ray摄影机视角，调整至合适的视角位置，如图10-100所示。

02 单击“渲染设置”按钮，打开“渲染设置”对话框，单击“渲染器”下拉按钮，从弹出的下拉列表中选择“V-Ray 6，update2”选项，在“输出大小”选项组中设置“宽度”微调框数值为1000，“高度”微调框为625，如图10-101所示。

图10-100　设置V-Ray灯光，天空光以及V-Ray摄像机

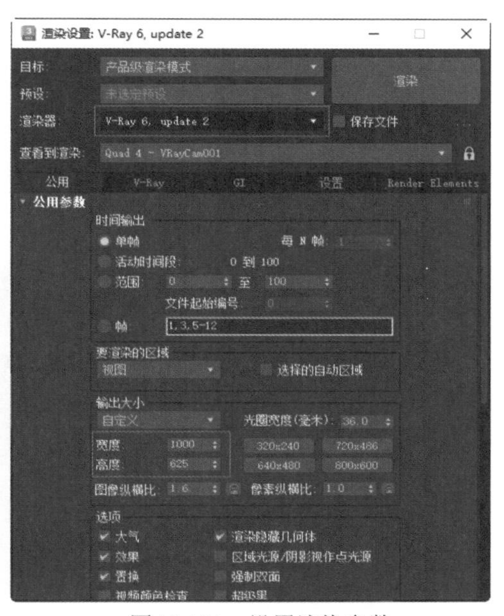

图10-101　设置渲染参数

03 在V-Ray工具栏中单击“渲染当前帧/产品级渲染模式”按钮，如图10-102所示，渲染场景。

04 在弹出的V-Ray Frame Buffer中即可显示渲染的效果，如图10-103所示。

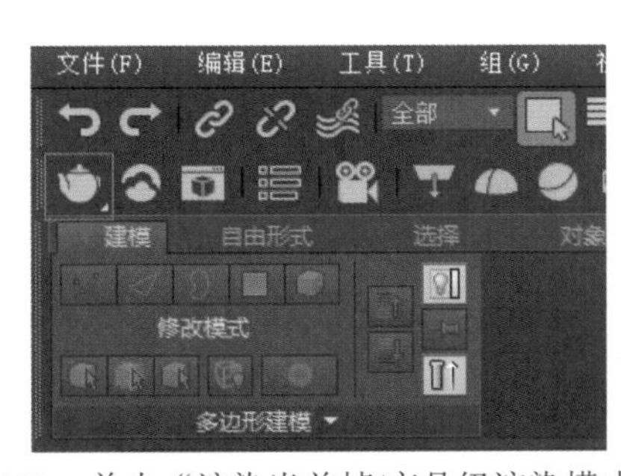

图10-102　单击“渲染当前帧/产品级渲染模式”按钮

图10-103　在V-Ray Frame Buffer中显示渲染效果

05 场景最终效果如图10-29所示。

10.3 习题

1. 收集游戏中与角色相关的模型，并对游戏角色模型进行分析。
2. 简述次时代角色模型的制作流程。
3. 创建如图10-104所示的人物角色模型，熟练掌握次时代角色模型的制作流程。

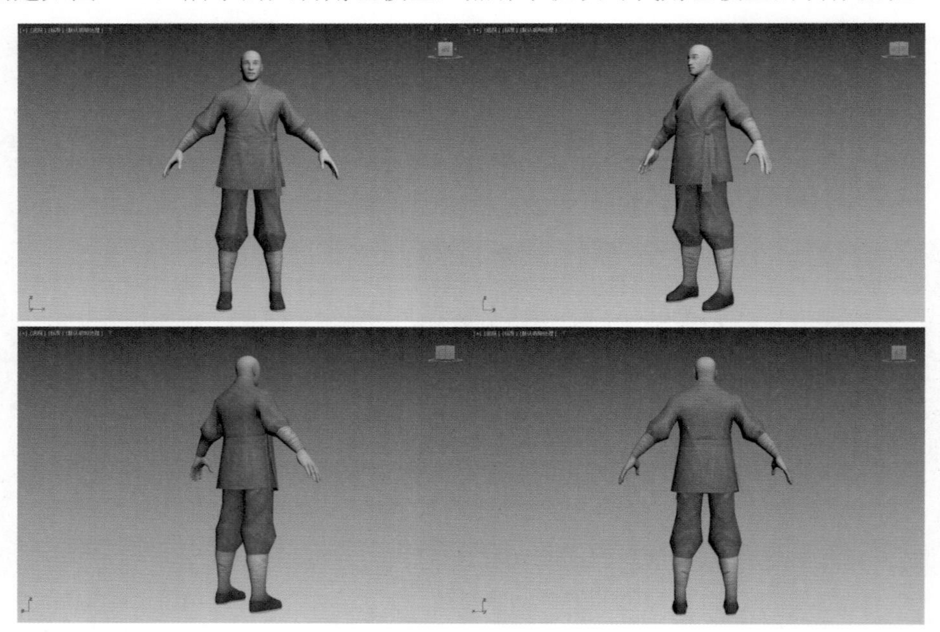

图10-104　人物角色模型